DIANTI ANZHUANG JIANTIAO
YU WEIXIU
QUANCHENG TUJIE

电梯安装检调与维修全程图解

本书编写组　组织编写

化学工业出版社

·北京·

内 容 简 介

本书根据电梯行业最新安全技术规范、国家与行业标准的要求，参考国家职业标准，分为 4 篇 22 章，详细讲解了电梯安装、检调与维修的方法与要点。

第 1 篇电梯基础知识，介绍了电梯的分类、性能及型号，电梯电气部件构造，电梯典型控制回路分析，电梯一体化控制系统，电梯电气控制应用。

第 2 篇电梯安装与调试，讲解了电梯安装前准备、电梯机械部件的安装、电梯电气部件的安装、电梯安全保护装置安装、电梯慢车调试、电梯快车调试、电梯安装新技术。

第 3 篇电梯检验与试验，阐述了电梯部件的检验、电梯安全保护装置的检验、电梯整机的检验与试验、电梯整机性能检验与试验、电梯能耗测试。

第 4 篇电梯修理与维护保养，讲述了电梯修理、电梯维护保养、电梯核心部件的维护保养、电梯应急救援、典型电梯维修实例。

本书贴近实际、图文并茂、语言通俗、易于理解，不仅可作为电梯安装维修工职业技能鉴定的培训教材和自学用书，也可供从事有关电梯设计、生产、安装、检测以及使用维修工作的工程技术人员和职业院校相关专业师生学习参考。

图书在版编目（CIP）数据

电梯安装检调与维修全程图解/本书编写组组织编写. —北京：化学工业出版社，2022.11（2024.11重印）
ISBN 978-7-122-42107-4

Ⅰ.①电… Ⅱ.①本… Ⅲ.①电梯-安装-图解②电梯-维修-图解 Ⅳ.①TU857-64

中国版本图书馆 CIP 数据核字（2022）第 162473 号

责任编辑：贾　娜	文字编辑：陈　喆
责任校对：李　爽	装帧设计：史利平

出版发行：化学工业出版社（北京市东城区青年湖南街 13 号　邮政编码 100011）
印　　装：北京天宇星印刷厂
787mm×1092mm　1/16　印张 24½　字数 616 千字　2024 年 11 月北京第 1 版第 2 次印刷

购书咨询：010-64518888　　　　　　　　　售后服务：010-64518899
网　　址：http://www.cip.com.cn

凡购买本书，如有缺损质量问题，本社销售中心负责调换。

定　　价：158.00 元

《电梯安装检调与维修全程图解》

编写组成员

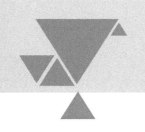

（按姓氏笔画排序）

主　任　王吉华

委　员　王吉华　　杨小波　　汪立亮　　陈忠民

　　　　连　昺　　汪倩倩　　张　晨　　周　宁

　　　　姚东伟　　徐　峰　　徐　淼　　黄　芸

　　　　程宇航　　琚秀云　　潘旺林　　潘明明

　　　　潘珊珊　　魏金营

前言

　　近三十年来，我国电梯行业的高速发展举世瞩目，在用电梯保有量、年增长量、年产量均稳居全球第一。我国已经成为全球最大的电梯生产和消费市场，是电梯领域的世界工厂和制造中心，世界上主要的电梯品牌企业均在我国建立独资或合资企业。电梯已与人们的日常生活密不可分，但各类电梯相关事故偶有发生。电梯行业的不平衡、不充分发展还不能很好地满足人们日益增长的生活需求。

　　随着电梯行业的快速发展，对相关人才的需求量急速增加，对其技能水平也提出了较高要求。电梯行业要健康可持续发展，人才是关键。培养和培训相关人才，一方面要在普通高等院校和职业学校中与时俱进地开设贴近社会和企业需求的课程；另一方面，要不断加强一线专业技术技能人员的培训学习。为此，我们组织特种设备检验机构、电梯行业协会及电梯企业、职业院校相关人员，共同编写了《电梯安装检调与维修全程图解》一书。

　　本书根据电梯行业最新安全技术规范、国家与行业标准的要求，参考国家职业标准，并结合职业技能鉴定的需要进行编写，全面系统地介绍了电梯类型、性能、型号及结构原理等基础知识，详细讲解了电梯安装与调试、电梯检验与试验、电梯修理与维护保养等内容。本书贴近实际，语言通俗、图文并茂、易于理解，力求读者学得会、记得住、用得上、能实战。

　　本书主要特色如下。

　　1. 注重贯彻行业最新安全技术规范和标准要求。将电梯行业安全理念和安全作业规范程序贯穿始终，旨在推动学习者安全习惯的养成，并体现《中华人民共和国特种设备安全法》《特种设备安全技术规范》（TSG 01—2004）、《特种设备使用管理规则》（TSG 08—2017）、《电梯维护保养规则》（TSG T5002—2017）、《电梯型式试验规则》（TSG T7007—2016）、《电梯监督检验和定期检验规则》（TSG T7001～T7006）第 3 号修改单及《电梯制造与安装安全规范》（GB 7588—2003）含第 1 号修改单的相关要求。

　　2. 紧扣从业人员技术技能培训需求。本书以企业人员培训最普遍、最迫切需要掌握的知识和技能为主体，强调内容的工程性、实用性和先进性，既可满足新员工岗前培训、职业技能鉴定和竞赛辅导培训以及在职工程技术人员继续学习的需求，也可供职业院校日常教学使用。

　　3. 全书突出图解的特点，提供了丰富的电梯实物照片和操作流程图片，一目了然，易读易用，操作性强，可以满足读者的实操需求。

　　本书由具有多年工作经验的企业维保专家和职业院校骨干教师共同编写而成。本书不仅可作为电梯安装维修工职业技能鉴定的培训教材和自学用书，也可供从事有关电梯设计、生产、安装、检测以及使用维修工作的工程技术人员和职业院校相关专业师生学习参考。

　　因编者水平所限，书中难免有疏漏和不妥之处，恳请读者批评指正。

本书编写组

第 12 章　电梯安装新技术 195

电梯检验与试验

参考文献 　　　　　　　　　　　　　　　　　　　　　　　　　　　　　　　**376**

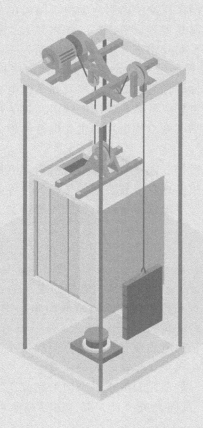

第1篇

电梯基础知识

第 1 章

电梯的分类、性能及型号

当今世界，电梯已是人们离不开的极其重要的交通（代步）工具。

高层建筑的拔地而起，令人瞩目的智能大厦（IB）的出现，显示了建筑业的飞速发展。作为现代信息高速公路首批受益者的智能大厦，是计算机技术、自动控制技术、网络及通信技术的综合产物，也是未来信息社会的典型缩影。

楼宇自动化（BA）、通信自动化（CA）、办公自动化（OA）及安全保卫自动化（SA）是智能大厦的四个功能模块。其中，楼宇自动化系统的核心实际上是一个分布式控制系统，也称为集散控制系统或分散控制系统，即集中管理、分散控制，由多台微机完成。楼宇中的电气设备多种多样，可产生各种不同形式的电气信号，因此提供了系统自动控制的可能性。例如照明、空调、给排水、消防、电梯（含扶梯）等。而电梯作为大厦控制系统的重要成员，有着举足轻重的地位。

早期的电梯大都采用直流牵引电动机，后来逐渐采用交流牵引电动机。随着电梯的广泛应用，人们已经认识到电梯的控制，尤其是电气控制是何等重要。第二次世界大战后，由于电子技术、自动控制技术的飞速发展，使电梯电气控制技术进入了炽热化时期。高度发展的电梯电气控制技术（简称电梯控制技术）促进了电梯制造业的迅速发展。在短短的几十年间，世界各国先后研制了型号各异的低中速电梯、性能优越的高速电梯及超高速电梯，融入了先进电子技术、自动控制技术、微机技术的数控电梯以及微机控制电梯等。近年来出现的交流调压调速电梯、交流变压变频调速电梯，是占据现今电梯市场的主要电梯品种，它们代表了当代世界电梯发展水平。

电梯结构与控制技术的全面发展促进了超高速电梯、无导轨电梯、音响指层电梯、有触觉操作盘电梯、声控电梯、双层电梯、大吨位集装箱电梯及节省空间的螺旋扶梯等的研制与使用，交通分析理论、微机管理理论的研究成果进一步加快了智能电梯的发展速度。

1.1 电梯的分类

根据 GB/T 7024—2008《电梯、自动扶梯、自动人行道术语》，电梯的定义为：服务于规定楼层的固定式升降设备。它具有一个轿厢，运行在至少两列垂直或倾斜角小于 15°的刚性导轨之间。轿厢尺寸与结构形式便于乘客出入或装卸货物。

显然，电梯是一种间歇动作、沿垂直方向运行、由电力驱动、完成方便载人或运送货物任务的升降设备，在建筑设备中属于起重机械。而在机场、车站、大型商厦等公共场所普遍使用的自动扶梯和自动人行道，按专业定义则属于一种在倾斜或水平方向上完成连续运输任务的输送机械，它们只是电梯家族中的一个分支。目前，美、日、英、法等国家习惯将电梯、自动扶梯和自动人行道都归为垂直运输设备。

由于建筑物的用途不同，客、货流量也不同，故需配置各种类型的电梯，因此各个国家对电梯的分类也采用不同方法。根据我国的行业习惯，大致归纳如下。

1.1.1　按速度分类

（1）低速电梯

电梯运行的额定速度在 1m/s 以下，常用于 10 层以下的建筑物内。

（2）快速电梯

电梯运行的额定速度为 $1 \sim 2m/s$，如 1.5m/s、1.75m/s，常用于 10 层以上的建筑物内。

（3）高速电梯

电梯运行的额定速度为 $2 \sim 3m/s$，如 2m/s、2.5m/s、3m/s，常用于 16 层以上的建筑物内。

（4）超高速电梯

电梯运行的额定速度为 $3 \sim 10m/s$ 甚至更高，常用于楼高超过 100m 的建筑物内。

随着电梯速度的提高，以往对高、中、低速电梯速度限值的划分也将做相应的调整。

1.1.2　按用途分类

（1）乘客电梯

为运送乘客而设计的电梯，主要用于宾馆、饭店、办公大楼及高层住宅。在设施安全、运行舒适、轿厢通风及装饰等方面要求较高，通常分为有司机操作、无司机操作两种。

（2）住宅电梯

供住宅楼使用的电梯，主要运送乘客，也可运送家用物品或其他生活物品。

（3）观光电梯

观光侧轿厢壁透明，装饰豪华、活泼，运行于大厅中央或高层大楼的外墙上，供乘客观光的电梯。

（4）载货电梯

为运送货物而设计的电梯，轿厢的有效面积和载重量较大。由于装卸人员常常需要随电梯上下，故要求安全性好、结构牢固。

（5）客货两用电梯

主要用于运送乘客，但也可运送货物。它与乘客电梯的区别主要在于轿厢内部的装卸结构有所不同。

（6）医用电梯

专为医院设计的用于运送病人、医疗器械和救护设备的电梯。轿厢窄而深，要求有较高的运行稳定性，有专职司机操作。

（7）服务（杂物）电梯

供图书馆、办公楼、饭店等运送图书、文件、食品等。轿厢的有效面积和载重量均较小，不允许人员进入及乘坐，门外按钮操作。

（8）车辆电梯

用于多层、高层车库中的各种客车、货车、轿车的垂直运输。轿厢面积较大，构造牢固。

（9）自动扶梯

与地面成 $30°\sim35°$ 的倾斜角，在一定方向上以较慢的速度连续运行，多用于机场、车站、商场、多功能大厦中，是具有一定装饰性的代步运输工具。

（10）自动人行道

在一定的水平或倾斜方向上连续运行，常用于大型车站、机场等处，是自动扶梯的变形。

（11）其他电梯

除上述电梯外，还有以下特殊用途的电梯。

① 冷库梯：在大型冷库和制冷车间完成运送货物的任务。

② 建筑施工梯：在施工现场，随建筑物层数的加高，运送施工材料及施工人员。

③ 消防梯：在发生火灾时，用于运送乘客、消防人员及消防器材。

④ 特殊梯：供特殊工作环境下使用，如防爆、耐热、防腐等。

⑤ 矿井梯：用于运送矿井内的人员及货物。

⑥ 运机梯：能将地下机库中几十吨甚至上百吨的飞机垂直提升到机场跑道上。

⑦ 斜运梯：为地下火车站和山坡站倾斜安装的集观光和运输为一体的运输设备。轿厢运行时倾斜直线上下，即同时具有水平和垂直两个方向的输送能力。

⑧ 座椅梯：人坐在由电动机驱动的椅子上控制椅子手柄上的按钮，使椅子下部的动力装置驱动人椅，沿楼梯扶栏的导轨上下运动。

1.1.3 按拖动方式分类

（1）交流电梯

用交流感应电动机作为驱动力的电梯。根据拖动方式又可分为交流单速电梯、交流双速电梯、交流三速电梯，交流调速电梯、交流调压调速电梯，以及性能优越、安全可靠、速度可与直流电梯媲美的交流调频调压调速电梯。

（2）直流电梯

用直流电动机作为驱动力的电梯。根据有无减速器，分为有齿直流电梯与无齿直流电梯。此类电梯的速度较快，一般在 $2m/s$ 以上。

（3）液压电梯

依靠液压传动的原理，利用电动泵驱动液体流动，由柱塞使轿厢升降的电梯。液压电梯速度一般为 $1m/s$ 以下。

（4）齿轮齿条电梯

采用电动机-齿轮传动机构，将导轨加工成齿条，轿厢装上与齿条啮合的齿轮，由电动机带动齿轮旋转完成轿厢升降运动的电梯。

（5）直线电动机驱动的电梯

用直线电动机作为动力源，是目前具有最新驱动方式的电梯。

1.1.4 按有无司机分类

（1）有司机电梯

必须由专职司机操作而完成电梯运行的电梯。

（2）无司机电梯

不需专门司机操作，由乘客按动所去楼层的按钮后，电梯自动运行到达目的楼层的电梯。此类电梯具有集选功能。

（3）有/无司机电梯

此类电梯可改变控制电路。平时由乘客操纵电梯运行，遇客流量大或必要时，改由司机操纵。

1.1.5 按控制方式分类

（1）手柄操纵控制电梯

由电梯司机在轿厢内控制操纵箱手柄开关，实现电梯的启动、上升、下降、平层、停止的运行状态。它要求轿门上装透明玻璃窗口或使用栅栏轿门，井道壁上有楼层或平层标记，电梯司机根据这些标记判断楼层数及控制电梯平层。此类控制多用于载货电梯。

（2）按钮控制电梯

它是一种简单的自动控制电梯，具有自动平层功能，常用于服务电梯或载货电梯。因按钮箱所在位置的不同可分为以下两种控制方式。

① 轿外按钮控制。电梯由安装在各楼层厅门口的按钮箱进行操纵。操纵内容通常为召唤电梯、指令运行方向和停靠楼层。当电梯接受了某一层楼的操纵指令后，在未完成此指令前是不接受其他楼层的操纵指令的。

② 轿厢内按钮控制。按钮箱在轿厢内，电梯只接受轿厢内的按钮指令，层站的召唤按钮只能点亮轿厢内指示灯（或启动电铃），不能截停和操纵轿厢。

（3）信号控制电梯

它是一种自动控制程度较高的电梯。除具有自动平层、自动开门功能外，还具有轿厢命令登记、层站召唤登记、自动停层、顺向截停和自动换向等功能。司机只要将停站的楼层按钮逐一按下，再按下启动按钮，电梯就自动关门运行，直到预先登记的指令全部执行完毕。在运行中，电梯能被符合运行方向的层站召唤信号截停。采用这种控制方式的常为有司机乘客电梯或客货两用电梯。

（4）集选控制电梯

它是一种在信号控制基础上发展起来的全自动控制的电梯。与信号控制电梯的区别在于能实现无司机操纵。其主要特点是：把轿厢内选层信号和各层外呼信号集合起来，自动决定上下运行方向，顺序应答。这类电梯在轿厢上设有超载保护装置，以免电梯超载。轿门上设有保护装置，以防乘客出入轿厢时被轧伤。

集选控制又分为双向集选和单向集选。对于双向集选控制的电梯，无论是在上行还是下行时，对层站的召唤按钮指令全部应答。对于单向集选控制的电梯，只能应答层站单一方向（上或下）的召唤信号。一般集选控制方式用得较多，如住宅楼内。

（5）并联控制电梯

2～3台电梯的控制线路并联起来进行逻辑控制，共用层站外召唤按钮，电梯本身具有集选功能。

当两台电梯并联工作时，一台电梯停在基站称为基梯，另一台电梯完成任务后停在最后停靠的层楼作为自由梯。基梯可优先为进入大楼的乘客服务，而自由梯准备接受基站以上出现的任何指令而运行。当基梯离开基站向上运行时，自由梯便自动下降到基站替补。当各楼层（基站除外）有要梯信号时，自由梯前往，并应答顺向要梯信号；当要梯信号与自由梯运行方向相反时，则按优化程序由离要梯层最近的一台电梯去应答完成。基梯和自由梯不是固定不变的，而是根据运行的实际情况随之确定。

对于三台并联集选组成的电梯，有两台电梯作为基梯，一台作为自由梯。其运行原则类同于两台并联控制电梯。

（6）群控电梯

群控电梯是微机控制和统一调度多台集中并列的电梯。它可分为如下两种。

① 梯群程序控制电梯。控制系统按照客流状态编制程序，按程序集中调度和控制。比如，将一天中的客流量情况分为若干种状态，即上行高峰状态、下行高峰状态、平衡状态、上行较下行大的状态、下行较上行大的状态、空闲状态等。电梯在工作中，根据当时的客流情况、轿厢载重量、层站召唤频繁程度以及运行一周的时间间隔等，自动选择或人工变换控制程序。如在上行高峰期，对电梯实行下行直驶控制等。

② 梯群智能控制电梯。智能控制电梯有数据采集、交换、存储功能，还可对数据进行分析、筛选和报告，并能显示出所有电梯的运行状态。计算机通过专用程序可分析电梯的工作效率、评价服务水平，并根据当前的客流情况，自动选择最佳的运行控制程序。

国外已研制出有关多功能大厦管理的专家系统，它包括大厦中所有的服务设备，如锅炉、暖通、空调、安防报警、梯群控制以及服务、管理等智能化系统。

（7）微机控制电梯

随着计算机技术的发展与应用，用微机作为交流调速控制系统的调速装置，可使传统调速系统中的有触点器件减少、可靠性大大提高，同时利用微机较强的逻辑、算术功能，可方便解决电梯调速中的舒适感问题。若把微机用于信号处理，便可取代传统的继电器逻辑控制电路。

1.1.6 按曳引机结构分类

（1）有齿曳引机电梯

曳引机有减速器，用于交直流电梯。

（2）无齿曳引机电梯

曳引机没有减速器，由曳引机直接带动曳引轮转动，用于直流电梯。

1.1.7 按有无机房分类

电梯按照有无机房一般分为有机房（小机房）电梯和无机房电梯，见表 1-1。无机房电梯与有机房电梯对比分析如表 1-2 所示。

表 1-1 电梯的分类

电梯类型	特点	图示
有机房 （小机房）电梯	有机房电梯需要单独布置一个房间,用来安放电梯的驱动主机、控制系统及限速器等电气部件。机房一般设置在整个电梯井道的最顶层	

电梯类型	特点	图示
无机房电梯	无机房电梯是相对于有机房电梯而言的,也就是说,利用现代技术将机房内设备在保持原有性能的前提下尽量小型化,省去了机房。将原机房内的控制柜、曳引机、限速器等移往电梯井道顶部或井道侧部,从而取消了传统的机房。无机房电梯一般采用变频驱动技术和永磁同步曳引机技术,因此具有节能、环保、不占用除井道以外的空间等优点	

表 1-2　无机房电梯与有机房电梯对比分析

项目	无机房电梯	有机房电梯
建筑成本	由于不需要机房,对建筑结构及造价有更大的益处,这就使得建筑师在设计上拥有更大的灵活性和便利性,给建筑师以更大的设计自由;节省空间,可以只在曳引机的下方制作一个检修平台;由于取消了机房,对业主来说,无机房电梯比有机房电梯的建筑成本要低	需要单独布置一个房间,用来安放电梯的曳引机、控制系统及限速器等电气部件,相应的建筑成本较高
屋顶要求	由于一些仿古建筑大楼整体设计的特殊性及对屋顶的要求,必须在有限的高度内安装电梯。另外,在风景名胜区,由于机房在楼层高处会破坏当地的民族异域性,如果使用无机房电梯(不必单独设置电梯的机房),可有效降低建筑物的高度	因在建筑顶部设置了独立的机房,从而增加了建筑物的高度
载重量要求	由于井道壁承受的支撑力有限,无机房电梯的载重量一般不宜过大,过大的载重量对井道壁承载要求过高,而通常钢筋混凝土的厚度为200mm,砖混结构的厚度为240mm,不适合承载过大	因设置独立的机房,建筑物设计时针对大载重量电梯相对比较容易实现
噪声	由于无机房电梯的曳引机和控制系统都设置在井道内,噪声的影响一般都非常大。另外由于采用刚性连接,噪声必须消化在井道里,再加上制动器的声音,声音都会放大	因设置独立的机房,在建筑物的顶部,有一定的隔音效果
振动	由于无机房电梯的曳引机采用刚性连接,共振现象不可避免地传到轿厢及导轨,对轿厢及导轨的影响比较大。所以,无机房电梯的舒适感明显弱于有机房电梯	有独立机房,曳引机与轿厢的共振影响较小
温度	电梯的发热量是比较大的,同时它的多种电子元件承受高温能力较差,而且现在普遍采用永磁同步无齿轮曳引机,其永磁同步电动机的温度也不宜过高,否则易引起"失磁"现象。另外,无机房电梯的曳引机等主要发热部件都在井道里,由于没有相应的降温和排风设施,从而导致无机房电梯的温度对曳引机及控制柜的影响比较大	部分有机房电梯在机房安装空调等降温设备,以保证机房空气温度保持在 5～40℃
故障维修及人员救援	由于无机房电梯的曳引机一般安装在井道内,维修曳引机相对麻烦。另外,在人员救援方面,无机房电梯有时还需配置应急救援装置,需要投入比较多的资金。所以,无机房电梯的维修和管理不如有机房电梯方便	有机房电梯的曳引机和控制系统维修都在机房内,因此维修比较方便。救援时也同时在机房内采用松闸盘车的方式,相对无机房电梯而言有一定的优势

1.2 电梯的主要性能指标

电梯作为建筑物的垂直交通工具，其性能好坏直接影响到人们的生产生活，越来越引起人们的关注。对电梯性能的要求，一般有安全性、可靠性、快速性、停站准确性、振动/噪声及电磁干扰、节能和装潢等几项。

1.2.1 安全性

电梯是运送乘客的，即使载货电梯通常也有人伴随，因此对电梯的第一要求便是安全。电梯的安全与设计、制造、安装调试及检修各环节都有密切联系。任何一个环节出现问题，都可能造成不安全的隐患，以致造成事故。电梯中应设置必要的安全设施，主要包括以下内容。

（1）超速保护装置

超速保护装置主要由限速器和安全钳组成。设在机房的限速器绳轮与设在底坑的张紧装置之间，是直径不小于 7mm 的较细钢丝绳。环绕张紧装置对环绕的钢丝绳每一分支的应力应不小于 150N。安全钳装在轿厢上，钢丝绳上的一点被压固在安全钳机构的绳握中。从而轿厢的上下运动便通过钢丝绳带动限速器绳轮一起转动，绳轮的转速便反映了轿厢的运动速度。绳轮带动一个离心机构，当绳轮转速超过设定值时，离心机构使夹绳装置动作，夹绳钳将钢丝绳夹住，使钢丝绳不能运动，而这时轿厢继续运动，则钢丝绳拉动安全钳的连杆机构，连杆机构将楔块拉入导轨与导靴之间，靠楔块与导轨间的摩擦力使轿厢减速，最终制停在导轨上。这样便可以防止轿厢高速坠落，保护设备和人身的安全。

类似地，在运行速度大于 1m/s 的电梯中，对重侧也设有安全钳。对重安全钳的动作速度应整定在略高于轿厢安全钳的动作速度上。轿厢的限速器、安全钳动作速度应不低于轿厢额定速度的 115%。

当限速器动作牵动安全钳的楔块插入导轨与导靴间开始制动时，轿厢由于惯性还会继续运行一段距离。若这段距离过大，则制动效果不佳；若这段距离过小，则制动太剧烈。所以通常规定一个合适的制停距离作为安全钳的考核指标。

在轿厢上应装有与安全钳联动的非自动复位开关，当安全钳动作时，该联动开关切断电梯的控制电路。

对于梯速大于 1m/s 的限速器，应装有非自动复位的超速开关。该开关在限速器动作速度的 95% 时，切断电梯的控制电路。

（2）切断控制电路装置

轿厢超越上下极限工作位置时，应有切断控制电路的装置。交流电梯（除杂物电梯）还应装有切断主电路电源的装置；直流电梯在井道上端站和下端站前，应装有强迫减速装置。对于正常运行的电梯，其轿厢不应超越上下端站。当控制电路故障失灵时，轿厢可能超越下端站继续下行（或超越上端站继续上行），这时必须及时停止轿厢的运行，以防止撞底（又称蹲底、冲底）或撞顶事故的发生。

以轿厢向下超越下层端站位置继续向下运行为例，这时轿厢首先撞开下减速开关，下减速开关发出信号，使轿厢减速到停止。如轿厢未在预定距离内停止，就将撞动下限位开关，下限位开关发出信号令轿厢停止运行。如果轿厢仍未及时停止运行，就会撞动下极限碰轮并通过钢丝绳带动下极限开关发出指令，使下行接触器断电或干脆切断电梯的控制电路电源或主电路电源。

当轿厢超越上层端站位置后，将先后撞上减速开关、上限位开关和上极限碰轮，从而使电梯停止运行。

（3）撞底缓冲装置

当极限位置保护开关仍未能使轿厢停止运动时，向下运行的轿厢就会撞向底坑（向上运行的轿厢就会冲向井道顶），这时就将出现撞底事故。为了减少撞底造成的危害，在底坑对应轿厢重心的投影位置应安装有缓冲器。

缓冲器有弹簧缓冲器和油压缓冲器两种：当额定梯速小于1m/s时，采用弹簧缓冲器；额定梯速大于1m/s时，采用油压缓冲器。而对于额定梯速为0.25m/s的电梯，则只要在底坑设置弹性实体（如橡胶）即可。

在轿厢载重量不超过110%的额定载重量、梯速不超过115%额定梯速（即限速器动作速度）时，弹簧缓冲器对轿厢所产生的瞬时减速度应不超过$2.5g$（即$24.5m/s^2$）。

当轿厢载有额定载重量，速度为115%额定速度时，在油压缓冲器的有效工作行程内，油压缓冲器对轿厢产生的平均减速度不大于$1g$，最大减速度不超过$2.5g$（即$24.5m/s^2$）。

（4）断相保护装置与相序保护装置

对三相交流电源，应设有断相保护装置和相序保护装置。

（5）设置层门、轿门电气联锁装置

在层门、轿门全部关好后才允许轿厢运行，以防止开门运行对乘客造成意外伤害。

电梯因中途停电或电气系统发生故障不能运行时，应有轿厢慢速移动措施。当突然停电或故障停车时，轿厢停在途中，乘客被关在轿厢内，这时可以通过曳引机上设置的盘车方便地将轿厢缓慢运行到相邻层站，手动开门，疏散乘客。

有些电梯设有断电平层（或称故障救援）装置，在出现突然断电或故障停车时，该装置自动投入使用，按最省力的方向使轿厢运行到邻近的层站，自动开门，疏散乘客。

1.2.2 可靠性

电梯的可靠性也很重要，如果一台电梯工作中经常发生故障，就会影响人们正常的生产生活，给人们造成很大的不便。不可靠也是事故的隐患，常常是不安全的起因。

要想提高电梯的可靠性，首先应提高构成电梯各个零部件的可靠性，只有每个零部件都是可靠的，整台电梯才可能是可靠的。

电梯的故障主要表现在电力拖动控制系统中。因此要提高电梯的可靠性，主要从电力拖动控制系统下手。电梯的电力拖动应尽量采用笼型异步电动机，因为这种电动机结构简单、坚固耐用、无需经常维修，与具有电刷、换向器的直流电动机相比，可靠性要高得多。电梯的控制系统应尽量避免采用大量的继电器，因为继电器寿命短，一般动作次数为10万～100万次，并且继电器触点容易烧灼，造成接触不良，或者因落上灰尘而增大导通电阻，从而影响工作的可靠性。现代电梯采用晶体管、晶闸管、集成电路及计算机代替接触器、继电器，将有触点控制改为无触点控制，使控制系统的可靠性大大增加，控制系统的性能也大大提高。

1.2.3 快速性

电梯作为一种交通工具，对于快速性的要求是必不可少的。快速可以节省时间，这对于处在快节奏的现代社会中的乘客是很重要的。快速性主要通过如下方法得到。

① 提高电梯额定速度。电梯的额定速度提高，运行时间缩短，达到为乘客节省时间的目的。现代电梯额定速度不断提高，目前超高速电梯额定速度已达10m/s。通常称额定速度低于1m/s的电梯为低速电梯，额定速度在1～2m/s的电梯为中速或快速电梯，额定速度在2～4m/s的电梯为高速电梯，额定速度在4m/s以上的电梯为超高速电梯。目前我国生产的电梯主要是快速电梯、中速电梯和低速电梯，高速电梯很少生产，超高速电梯尚无生产。在提高电梯额定速度的同时，应加强安全性、可靠性的保证，因此电梯额定速度提高，造价也会随之提高。

② 集中布置多台电梯。通过电梯台数的增加来节省乘客候梯时间。虽然不是直接提高梯速，但是为乘客节省时间的效果是同样的。当然电梯台数的增加不是无限制的，在乘客高峰期间，使乘客的平均候梯时间少于30s即可。

③ 尽可能地减少电梯启停过程中加减速所用时间。电梯是一个频繁启停的设备，它的加减速所用时间往往占运行时间的很大比重。电梯单层运行时，几乎全处在加减速运行中。如果加减速阶段所用时间缩短，便可以为乘客节省时间，达到快速的要求。

上述三种方法中，前两种需要增加设备投资，第三种方法通常不需要增加投资，因此在电梯设计时，应尽量减少启停时间。但是启停时间缩短意味着加速度和减速度的增大，而加速度和减速度的过分增大和不合理的变化将造成乘客的不适感。因此电梯启停过程中的速度变化就要兼顾快速性和舒适感这两个相矛盾的因素。

1.2.4　停站准确性

停站准确性又称平层准确度、平层精度。GB/T 10058—2009《电梯技术条件》对轿厢的平层准确度规定如表1-3所示。

表 1-3　电梯轿厢的平层准确度要求

电梯类型	额定速度/(m/s)	平层准确度/mm
交流双速电梯	0.25 或 0.5	≤±15
	0.75 或 1.0	≤±30
交直流快速电梯	1.5～2.0	≤±15
交直流高速电梯	≥2.0	≤±5

电梯轿厢的平层准确度与电梯的额定速度、电梯的负载情况有密切关系。负载重，则惯性大，梯速高，惯性也大。因此电梯在轻载、满载，上升、下降，单层运行（对于运行速度大于1.5m/s的电梯要有专用的单层运行曲线，此时梯速较低）、多层运行（此时梯速较高）的不同情况下，轿厢平层的外界条件各不相同，造成平层准确度也会有所不同。因此检查平层准确度时，分别以空载、满载做上下运行，到达同一层站停测量平衡误差，取其最大值作为平层站的平层准确度。

对于运行速度在1m/s以上的电梯，减速停车阶段通常都采用速度闭环控制，强制轿厢按预定的速度曲线运行，因此平层精度可以大大提高。

1.2.5　振动、噪声及电磁干扰

现代电梯是为乘客创造舒适的生活和工作环境的，因此要求电梯运行平衡、安静、无电磁干扰。

GB/T 10058—2009《电梯技术条件》规定：轿厢运行应平稳，乘客电梯与医用电梯的水平振动加速度应不大于 $5\mathrm{cm/s^2}$。

各机构和电气设备在工作时不得有异常撞击声或响声。乘客电梯与医用电梯的总噪声级应符合下列规定：轿厢运行（轿厢内）不大于 55dB，自动门机构（开关门过程）不大于65dB，机器间（峰值除外）不大于 80dB，发电机房（正常运行时）不大于 80dB。

由接触器、晶闸管、大功率晶体管开关动作时以及直流电动机换向器火花等引起的高频电磁辐射不应影响附近收音机、电视机等无线电设备的正常工作；同时，电梯的控制系统不应因周围电磁波的干扰而发生误动作现象。

1.2.6 节能

现代电梯应合理地选择拖动方式，以达到节能的目的。

1.2.7 装潢

现代电梯除了注重上述各方面性能外，还应注重外观装潢。电梯的装潢主要包括轿厢装潢、层门装潢及候梯厅的装潢。好的装潢令人赏心悦目，给人以高雅的享受。当然，装潢也要与周围环境相匹配，与电梯的内在质量、档次相匹配。

总之，现代电梯操作简便，乘坐舒适、快捷，安全可靠，是高新技术的结晶。电梯技术越来越成为工业技术中的一个重要门类，引起广大的科技人员、管理人员的关注。

1.3 电梯型号的编制

1.3.1 电梯型号编制规定

我国颁布的《电梯、液压梯产品型号编制方法》中，对电梯型号的编制方法的规定为：电梯、液压梯产品的型号由其类、组、型、改型代号，主参数，控制方式三部分代号组成，第二、三部分之间用短线分开。产品型号代号顺序如图 1-1 所示。

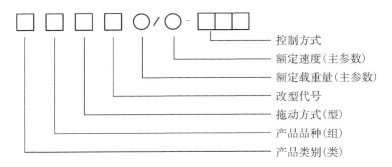

图 1-1 产品型号代号顺序

第一部分是类、组、型和改型代号。类、组、型代号用具有代表意义的大写汉语拼音字母表示，产品的改型代号按顺序用小写汉语拼音字母表示，置于类、组、型代号的右侧。

第二部分是主参数代号，其左侧为电梯的额定载重量，右侧为额定速度，中间用斜线分开，均用阿拉伯数字表示。

第三部分是控制方式代号，用具有代表意义的大写汉语拼音字母表示。

产品的类别、品种、拖动方式、主参数、控制方式的代号分别如下。

（1）类别（类）代号（表1-4）

表1-4 类别（类）代号

产品类别	代表汉字	拼音	采用代号	产品类别	代表汉字	拼音	采用代号
电梯	梯	TI	T	液压梯	梯	TI	T

（2）品种（组）代号（表1-5）

表1-5 品种（组）代号

产品类别	代表汉字	拼音	采用代号	产品类别	代表汉字	拼音	采用代号
乘客电梯	客	KE	K	杂物电梯	物	WU	W
载货电梯	货	HUO	H	船用电梯	船	CHUAN	C
客货两用电梯	两	LIANG	L	观光电梯	观	GUAN	G
病床电梯	病	BING	B	汽车用电梯	汽	QI	Q
住宅电梯	住	ZHU	Z				

（3）拖动方式（型）代号（表1-6）

表1-6 拖动方式（型）代号

拖动方式	代表汉字	拼音	采用代号	拖动方式	代表汉字	拼音	采用代号
交流	交	JIAO	J	液压	液	YE	Y
直流	直	ZHI	Z				

（4）主参数代号（表1-7）

表1-7 主参数代号

额定载重量/kg	表示	额定速度/(m/s)	表示	额定载重量/kg	表示	额定速度/(m/s)	表示
400	400	0.63	0.63	800	800	1.6	1.6
630	630	1.0	1	1000	1000	2.5	2.5

（5）控制方式代号（表1-8）

表1-8 控制方式代号

控制方式	代表汉字	采用代号	控制方式	代表汉字	采用代号
手柄开关控制、自动门	手、自	SZ	信号控制	信号	XH
手柄开关控制、手动门	手、手	SS	集选控制	集选	JX
按钮控制、自动门	按、自	AZ	并联控制	并联	BL
按钮控制、手动门	按、手	AS	梯群控制	群控	QK

1.3.2 产品型号举例说明

① TKZ1000/1.6-JX 表示直流乘客电梯，额定载重量1000kg，额定速度1.6m/s，集选控制。

② TKJ1000/1.6-JX 表示交流乘客电梯，额定载重量1000kg，额定速度1.6m/s，集选控制。

③ THY1000/0.63-AZ 表示液压载货电梯，额定载重量1000kg，额定速度0.63m/s，按钮控制、自动门。

第 2 章

电梯电气部件构造

电梯的电气部件在电梯运行的过程中起着至关重要的作用，必须对电梯的电气部件有基本的了解，才能完成对应电气部件的选型指导和现场调试。

2.1 电梯机房部件

电梯机房部件（图 2-1）通常由电梯曳引机、控制柜、限速器、夹绳器（如果有）和机房电源箱等组成。

2.1.1 电梯曳引机

曳引机（又称驱动主机）包括电动机、制动器以及曳引轮在内的依靠曳引轮绳槽摩擦力驱动或停止电梯的装置。

曳引机的功能是将电能转换成机械能直接或间接带动曳引轮转动，从而使电梯轿厢完成向上或向下的运动。

如图 2-2 所示，异步有齿轮曳引机一般由电动机、制动器、松闸手柄、减速器、盘车安全开关、曳引轮等组成。

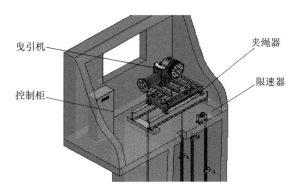

图 2-1　电梯机房部件

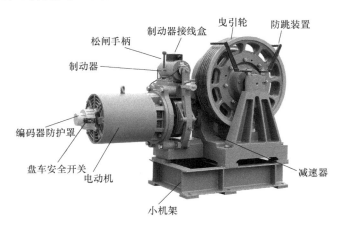

图 2-2　异步有齿轮曳引机

（1）曳引机分类（表2-1）

表2-1　曳引机分类

曳引机类型	特点	图示
蜗轮蜗杆有齿轮曳引机	蜗轮蜗杆有齿轮曳引机由电动机、制动器、减速器和曳引轮组成并固定在底座上。减速器的作用是降低电动机输出转速，同时提高输出转矩。蜗轮蜗杆的传动方式具有传动比大、运行平稳等优点。其电动机可分为交流电动机和直流电动机，广泛应用于中低速电梯中	
永磁同步无齿轮曳引机	永磁同步无齿轮曳引机与传统有齿轮曳引机相比，具有节能和噪声小、振动小的优点。由于永磁同步无齿轮曳引机受输出转矩和线速度的影响，一般采用2:1曳引比，增加了电梯用导轮、钢丝绳的数量，致使系统配置成本高；由于线速度高、曳引轮直径小加快了绳槽的磨损，降低了使用寿命	
行星齿轮曳引机	行星齿轮曳引机高效节能，传动效率不逊于永磁同步无齿轮曳引机。但由于齿轮加工精度要求高，现有加工手段难以满足要求，且运行噪声略大	

（2）曳引机性能比较（表2-2）

表2-2　曳引机性能比较

项目	蜗轮蜗杆有齿轮曳引机	永磁同步无齿轮曳引机	行星齿轮曳引机
效率、节能	效率为50%～70%，效率极低，能耗极高	效率为80%左右，效率一般（低转速导致电动机效率低）	效率≥96%，效率很高，超级节能
体积、重量	体积大，重量大，安装费力	体积一般，重量一般，安装尚不方便	结构紧凑，体积小，重量超轻，便于安装
制动可靠性	制动于电动机端，通过减速器的增力作用，制动力矩可以有效放大，可靠性好	制动于绳轮端，无增力机构，制动力必须设计很大才能保证冗余制动力，可靠性差	制动于电动机端，通过减速器的增力作用，制动力矩可以有效放大，可靠性好
其他特点	结构简单，噪声小，生产成本低，齿面容易磨损	结构简单，维护性好，需2:1安装，调速性差（启动转矩小）	运行平稳，寿命长，生产成本较高，噪声偏大

2.1.2 制动器

制动器的功能是使电梯轿厢保持在停止位置，防止轿厢移动，保证进出轿厢的人员和货物安全，还能在交流双速拖动技术不完善的梯种上参与减速平层过程。

电梯曳引机采用的制动器通常是常闭式摩擦型制动器，产生制动力的是制动衬与制动盘或制动鼓接触产生的摩擦力。一般采用带导向的压缩弹簧对制动衬产生压力，而制动器的释放是依靠电磁铁的电磁力抵消压缩弹簧的压力。制动器应具有合适的制动力矩，以便可靠地制停电梯。

释放制动器的电磁铁一般采用直流式电磁铁，这主要是因为直流电磁铁采用整体铁芯，结构简单，断电后无剩磁，磁铁的吸力无脉动。同时直流式电磁铁动作平稳可靠，噪声小，功耗低，寿命长。

不同电梯制动器的特点如表 2-3 所示。

表 2-3　不同电梯制动器的特点

电梯制动器类型	特点	图示
鼓式制动器	在有齿轮曳引机上，尤其是蜗轮蜗杆曳引机和斜齿轮曳引机这些体积较大的曳引机上，通常采用鼓式（闸瓦式）制动器 优点：简单可靠，闸瓦散热性好，易于安装调整，且制动力矩与方向无关 缺点：与其能够提供的制动力矩相比，尺寸相对较大，为弥补这个缺点，一般鼓式制动器安装在曳引机高速轴（靠近电动机侧的轴）上	
盘式制动器	盘式制动器摩擦的旋转元件是以端面工作的金属圆盘，称为制动盘。摩擦元件从两侧夹紧制动盘而产生制动力。大体上可将盘式制动器分为钳盘式和全盘式两类 优点：工作表面为平面且两面传热，制动盘旋转容易冷却，不易发生较大变形，制动效能较为稳定；体积小，重量轻，转动惯量较小，动作灵敏，制动性能稳定 缺点：调整比较困难，手动释放需要特殊机构	
块式制动器	块式制动器是依靠制动块压紧制动轮实现制动的制动器。单个制动块对制动轮轴压力大而不匀，故通常多用一对制动块，使制动轮轴上所受制动块的压力抵消 块式制动器有外抱式和内胀式两类	

小贴士：制动器在永磁同步无齿轮曳引机上，一般还可作为上行超速保护装置和轿厢意外移动保护装置的制停部件来使用。

2.1.3 控制柜

控制柜是各种电子元器件安装在一个有防护作用的柜形结构内的电控设备。电梯控制柜是整个电梯的控制中心，它担负着电梯运行过程中各类信号的处理、启动与制动、调速等过程的控制及安全检测几大职能。

电梯控制柜通常由逻辑信号处理、驱动调速和安全检测三大主要部分组成，主要配备有逻辑控制器（PLC 或微机板）、变频器（如果有）、接触器、继电器、变压器、整流器（如果有）、熔断器、开关、检修按钮等电气部件，并用导线相互连接，以完成控制曳引电动机去拖动电梯轿厢启动、运行和制动。

电梯控制柜一般分为有机房电梯控制柜、无机房电梯控制柜和家用电梯控制柜等（表 2-4）。

表 2-4   不同电梯控制柜的特点

电梯控制柜类型	特点	图示
有机房电梯控制柜	适用于有（小）机房的电梯，控制柜可以采用落地式安装；另外，在机房和井道同尺寸的小机房中，为节省空间，也可以采用壁挂式安装	
无机房电梯控制柜	一般用于无机房电梯，控制柜放置在顶层层门侧。对于分体式控制柜，可将主柜放置在井道内，层门侧放置操作柜 无机房电梯控制柜要求设计制动器松闸功能（一般有机械松闸和电动松闸两种），同时在松闸时通过预留的观察窗，观察和确定轿厢位置 因为无机房电梯控制柜一般放置在顶层，对噪声有一定要求，所以内部接触器一般采用静音接触器	
家用电梯控制柜	安装在别墅中的电梯使用的控制柜 要求控制柜外观精致，体积小巧；另外，因考虑民用电源一般为单相 AC220V 的配置，要求控制柜供电电源电压可适配单相 AC220V 或三相 AC380V 可选	

（1）变频器选型

变频调速技术的引入，是交流驱动和直流驱动优点的组合。变频器（图 2-3）可以为与之相连的交流电动机提供频率、电压可变的三相电源。

变频技术应用于电梯不但可以使电梯平层精度的提高成为可能，而且使电梯的运行舒适感和系统节能性能都有显著提高。

① 变频器原理。由电机学原理可知，三相异步电动机的转速可由下式表示：

图 2-3　变频器

$$n = \frac{60f}{p}(1-s)$$

式中　f——电源频率；

　　　p——电动机极对数；

　　　s——转差率。

旋转磁场的转速称为同步转速，同步转速是根据电动机的极对数和电源频率来决定的。所以，改变频率就可以改变电动机的转速。

② 交-直-交型变频器原理框图。将交流电通过整流回路变换成直流电；将变换后的直流电经过逆变回路变换成电压、频率可调节的交流电；利用交流三相电动机的转速与频率成正比的特点，通过改变电源的频率和幅度以达到改变电动机转速的目的（图 2-4）。

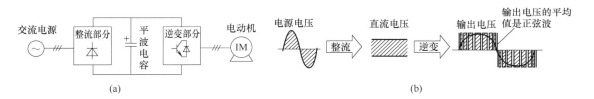

图 2-4　交-直-交型变频器原理框图

③ 变频器内部原理框图（图 2-5）。主回路由整流器（整流模块）、滤波器（滤波电容）和逆变器（大功率晶体管模块）三个主要部件组成。

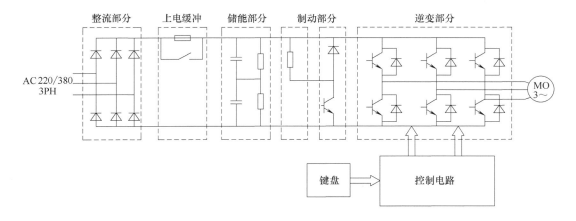

图 2-5　变频器内部原理框图

控制回路则由单片机、驱动电路和光电隔离电路组成。逆变器可由不同器件制作，如高频变频器用功率 MOS 晶体管、大容量变频器用 GTO 晶闸管、中小型变频器用 IGBT 晶体管等。

④ 变频器原理框图详解（表 2-5）。

表 2-5　变频器原理框图详解

类别		作用	主要构成器件
主回路	整流部分	将工频交流电变成直流电，输入无相序要求	整流器
	逆变部分	将直流转换为频率电压均可变的交流电，输出无相序要求	IGBT 或 IPM
	制动部分	消耗过多的回馈能量，保证直流母线电压不超过最大值	单管 IGBT 和制动电阻，大功率制动单元外置
	上电缓冲	降低上电冲击电流，上电结束后接触器自动吸合，而后变频器允许运行	限流电阻和接触器
	储能部分	保持直流母线电压恒定，降低电压脉动	电解电容和均压电阻
控制回路	键盘	对变频器参数进行调试和修改，并实时监控变频器状态	MCU（单片机）
	控制电路	交流电动机控制算法生成，外部信号接收处理及保护	DSP（或两个 MCU）

⑤ 变频器选型原则。以变频器额定输出电流不小于电动机额定电流为选型原则，同时电压等级相匹配为最佳。

小贴士：交-直-交型变频器的最大输出电压不大于其输入电压。

（2）制动电阻选型

变频器在带大位能负载高速下放时，从高速减至零速。从机械特性上分析，电动机产生与转速方向相反的大于负载的制动转矩，以保证负载在下降过程中减速，电动机工作在制动状态。在电梯运行中，空轿厢上行和满轿厢下行都会处于制动状态。

从能量角度分析，电动机处于发电状态，大量机械动能和重力位能转化为电能，除部分消耗在电动机内部铜损和铁损外，大部分电能经逆变器反馈至直流母线，使直流母线电压升高。如果电能在短时间内不能释放，就会使直流母线电压过高，变频器发生过电压故障。

普通变频器没有向电网逆变回馈的功能，往往需要依靠制动单元控制，将过量的电能消耗在制动电阻上。

不同制动电阻的特点如表 2-6 所示。

表 2-6　不同制动电阻的特点

制动电阻类型	部件特点	图示
波纹电阻	波纹电阻采用陶瓷管作为骨架，合金电阻丝均匀地绕制在骨架上，表面立式波纹有利于散热，并选用高阻燃耐高温的无机涂层，可有效保护电阻丝不被氧化，延长使用寿命	

制动电阻类型	部件特点	图示
铝壳电阻	外壳采用铝合金制造,表面具有散热沟槽,体积小,功率大,耐高温,过载能力强 　　核心采用氧化铝或陶瓷,外层镀上一层铝,再使用硅材料或非火焰水泥填料密封,具有耐气候性、防护等级高、利于机械保护、方便安装使用的优点	

　　根据上述描述,制动过程其实可以看作是曳引机向变频器反向发电的过程,所以制动电阻的选型与曳引机的功率有关。

　　功率计算:一般经验值,电梯用制动电阻的功率应为曳引机额定功率的 30% 左右。

　　阻值计算:

$$R = \frac{V^2}{1000PK}$$

式中　P——电动机功率,kW(采用 380V 标准交流电动机);

　　　K——回馈时的机械能转换效率;

　　　V——制动单元直流工作点,一般可取 700V;

　　　R——制动电阻等效电阻值,Ω。

　　由于机械损耗可忽略,即认为机械效率 K 等于 1,使电气制动功率留有余量。

　　将参数 $V = 700V$、$K = 1$ 代入上式之后,可以近似地得到以下公式:

$$R = \frac{V^2}{1000PK} = \frac{490}{P}$$

制动电阻的选取可参见表 2-7。

　　小贴士: 制动电阻具体选型应参考控制系统厂家的推荐参数。

表 2-7　制动电阻的选取

电动机功率/kW	制动电阻功率/W	制动电阻阻值/Ω
5.5	1650	89
7.5	2250	65
11	3300	45
15	4500	33
18.5	5550	26
22	6600	22
30	9000	16
37	11100	13
45	13500	11
55	16500	9

（3）接触器选型（表2-8）

交流接触器利用主触点来控制主回路，用辅助触点来导通控制回路。

表2-8　接触器的选型

电气部件特点	图示
一般选型时，需要考虑主触点容量和辅助触点数量、线圈电压等级相匹配 主触点：接触器主触点额定电流按电动机额定电流选用计算，即接触器主触点电流≥1.15×电动机额定电流 辅助触点：根据控制回路的设计，选择常开、常闭触点，必要时可以增加外置的辅助触点	

（4）变压器选型（表2-9）

变压器是利用电磁感应原理来改变交流电压的装置，主要部件是初级线圈、次级线圈和铁芯（磁芯）。

表2-9　变压器的选型

电气部件特点	图示
一般选型时，需要考虑输入电源的规格和输出电压的规格及容量 输入电压：国内一般采用AC380V或者AC220V输入。国外需根据实际电压选型 输出电压：AC220V线圈主要用于电梯光幕、门机供电电源等；AC110V线圈一般用于安全回路、门锁回路 其他线圈电压：用于曳引机制动器等设备供电电源 **小贴士**：变压器选型时需要先计算用电设备的用电功率，再反推变压器的输出功率	

2.1.4　限速器

当电梯轿厢的运行速度至少等于额定速度的115%时，限速器动作能切断安全回路或进一步使安全钳或上行超速保护装置起作用，使电梯减速直到停止。限速器（图2-6）一般有惯性式和离心式两种，其中离心式目前使用较广。

限速器装置一般由限速器、限速器钢丝绳及其端接装置、张紧装置三部分组成。

限速器一般安装在机房，限速器钢丝绳绕过限速器绳轮与安装在底坑附近导轨上的张紧装置在整个井道高度上构成一个封闭环路。其两端通过端接装置（一般是绳头）安装在安全钳提拉机构的拉杆上。张紧轮及所附带的重砣使限速器钢丝绳保持张紧，并在限速器绳轮的绳槽与钢丝绳之间形成足够的摩擦力（图2-7）。

当轿厢运行时，限速器钢丝绳能够同步地随轿厢上下运动并带动限速器绳轮转动。限速器就是靠绳轮转动来监测轿厢运行是否超速的。

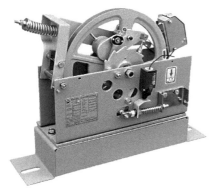

图 2-6　限速器

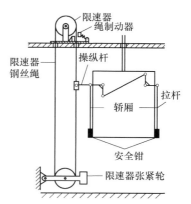

图 2-7　限速器装置的工作原理

2.1.5　夹绳器

夹绳器是一种上行超速保护装置。与限速器配套使用，当限速器检测到电梯上行超速时，触发夹绳器动作，通过夹紧曳引钢丝绳，使电梯减速。

夹绳器一般分为机械触发夹绳器和电触发夹绳器两种，其中电触发夹绳器普遍采用失电触发型。

目前，夹绳器还可以作为轿厢意外移动保护装置中的制停部件来使用。

2.1.6　机房电源主开关

在机房中，每台电梯都应单独装设一只能切断该电梯所有供电电路的主开关。机房电源主开关具有切断电梯正常使用情况下最大电流的能力。机房电源主开关在断开位置时能用挂锁或其他等效装置锁住，以确保不会出现误操作。机房电源主开关不应切断下列供电电路。

① 轿厢照明和通风（如有）；

② 轿顶电源插座；

③ 机房和滑轮间照明；

④ 机房、滑轮间和底坑电源插座；

⑤ 电梯井道照明；

⑥ 报警装置。

2.2　轿厢电气部件

轿厢是电梯用以承载和运送人员和货物的箱形空间，一般由轿厢架和轿厢体组成。

轿厢架是轿厢的承载结构，轿厢的负荷（自重和载重）由轿厢架传递到悬挂装置。当安全钳动作或蹲底撞击缓冲器时，还要承受由此产生的反作用力，因此轿厢架要有足够的强度。轿厢架一般由上梁、立柱、底梁和拉条（调节轿底水平度，防止底板倾翘）等组成。

轿厢体是形成轿厢空间的封闭围壁，除必要的出入口和通风孔外，不得有其他开口。轿厢体由不易燃和不产生有害气体和烟雾的材料组成。轿厢体一般由轿底、轿壁、轿顶、轿门等主要部件构成。

由于各类电梯的用途不同，因此其轿厢结构也不同（表 2-10）。

表 2-10 不同类型电梯的轿厢结构

部件特点	图示
轿顶通常采用不锈钢材料,轿底采用 2mm 厚 PVC 大理石纹地板或 20mm 厚大理石拼花	 客梯、住宅梯、医(病床)梯、货梯的轿厢
一般为玻璃轿壁结构,为使乘客心理上具有安全感。要求在高度 0.9～1.1m 之间设置一个扶手。扶手不得固定在玻璃上或与轿壁的玻璃部分相关联,以防在玻璃碎裂后扶手失效	 观光梯轿厢
该轿厢可以装载非商用汽车,要求空间比较大、载重量大、运行速度低。操纵箱一般安装在轿厢中部,乘客不需要下车即可直接触摸按钮或采用遥控方式选层	 汽车梯轿厢

为了乘客的安全和舒适,轿厢入口和内部的净高度不得小于 2m。为防止乘客过多而引起超载,轿厢的有效面积必须予以限制。在乘客电梯中,为了保证不会过分拥挤,规定了轿厢的最大有效面积(表 2-11)。

表 2-11 轿厢有效面积的规定

$Q^①$	$S^②$	$Q^①$	$S^②$	$Q^①$	$S^②$	$Q^①$	$S^②$
100③	0.37	525	1.45	900	2.20	1275	2.95
180④	0.58	600	1.60	975	2.35	1350	3.10
225	0.70	630	1.66	1000	2.40	1425	3.25
300	0.90	675	1.75	1050	2.50	1500	3.40
375	1.10	750	1.90	1125	2.65	1600	3.56

$Q^①$	$S^②$	$Q^①$	$S^②$	$Q^①$	$S^②$	$Q^①$	$S^②$
400	1.17	800	2.00	1200	2.80	2000	4.20
450	1.30	825	2.05	1250	2.90	$2500^⑤$	5.00

① 额定载重量，kg。

② 轿厢最大有效面积，m^2。

③ 一人电梯的最小值。

④ 二人电梯的最小值。

⑤ 额定载重量超过 2500kg 时，每增加 100kg，面积增加 $0.16m^2$。

注：对中间的载重量，其面积由线性插入法确定。

乘客数量应由下述方法获得。

① 按额定载重量/75 计算，计算结果向下圆整到最近的整数。

② 取表 2-12 中较小的数值。

表 2-12　乘客人数与轿厢最小有效面积

乘客人数/人	轿厢最小有效面积/m^2	乘客人数/人	轿厢最小有效面积/m^2
1	0.28	11	1.87
2	0.49	12	2.01
3	0.60	13	2.15
4	0.79	14	2.29
5	0.98	15	2.43
6	1.17	16	2.57
7	1.31	17	2.71
8	1.45	18	2.85
9	1.59	19	2.99
10	1.73	20	3.13

注：乘客人数超过 20 人时，每增加 1 人，增加 $0.115m^2$。

2.2.1　操纵箱

操纵箱是用开关、按钮操纵轿厢运行的电气装置，一般安装于轿厢内壁上。

操纵箱主要用来提供乘客进入轿厢后，操作电梯上下运行及到达所去楼层登记相关指令。操纵箱上一般有楼层显示板、楼层指令按钮、开关门按钮、警铃按钮、通话按钮以及电梯运行状态选择开关、照明开关、风扇开关、上下行选择按钮等。

（1）操纵箱类型分析（表 2-13）

表 2-13　操纵箱类型分析

操纵箱类型	部件特点	图示
箱体式操纵箱	箱体式操纵箱上部一般配置楼层显示板、楼层指令按钮、开关门按钮、警铃按钮、通话按钮 下部配置检修盒，主要有照明开关、风扇开关、消防开关等特殊功能开关 箱体式操纵箱一般为带底盒形式内嵌在轿厢上，也可以采用一体式操纵箱，作为轿壁一部分，直接固定在轿壁上	

操纵箱类型	部件特点	图示
扶手式操纵箱	扶手式操纵箱一般用于家用电梯,配置特殊的楼层显示板、楼层指令按钮、开关门按钮、警铃按钮、通话按钮 不设置独立的检修盒,对应的轿厢风扇控制开关可采用钥匙锁形式固定在扶手上	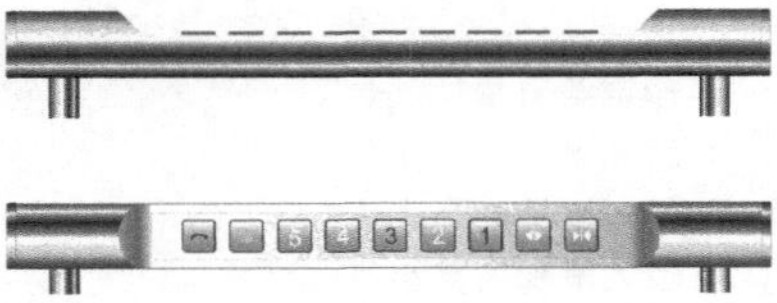
壁挂式操纵箱	采用超薄显示板,直接固定在轿壁上,不需要底盒 一般残疾人操纵箱配置壁挂式结构	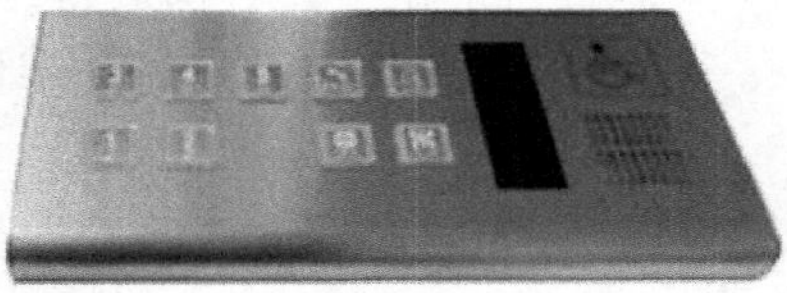

(2)操纵箱功能设计（表 2-14）

表 2-14 操纵箱功能设计

操纵箱功能配置	部件特点	图示
轿厢位置显示装置	显示轿厢运行位置和(或)方向的装置 点阵显示板:显示颜色有红色、蓝色、橙色等 液晶显示板:显示方式有断码液晶、真彩液晶等;显示模式有图片机和视频机(可以播放视频、音乐、广告等) 尺寸一般有 4.3in、7in、9.7in 等(在选型时,轿厢内显示板一般会选择较大尺寸)	 点阵显示板 　　　　　液晶显示板
铭牌	标出电梯的额定载重量及乘客人数(载货电梯仅标出额定载重量),如右图所示 所用字体高度不得小于:①10mm,指文字、大写字母和数字;②7mm,指小写字母 铭牌上应标出电梯制造厂名称或商标	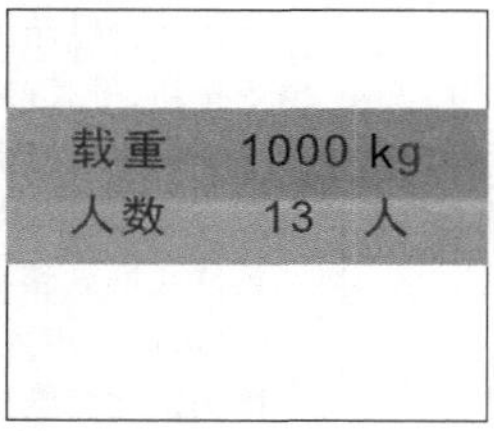

操纵箱功能配置	部件特点	图示
轿厢内对讲按钮、警铃按钮、应急灯	警铃按钮颜色一般采用黄色,并有警铃的图案对讲按钮(在操纵箱中是必须配置的,以便与救援服务持续联系)。乘客按下警铃按钮,接通对讲系统之后可直接通话,不必一直按住对讲按钮 应急灯一般采用应急照明电源。在正常照明电源发生故障的情况下,应急灯自动点亮,至少能使 1W 灯泡维持 1h 应急灯电压一般为 DC12V,个别的使用 DC6V	
楼层指示按钮	楼层指示按钮用于乘客召唤电梯,一般采用微动按钮,也有触摸式按钮 按钮字符可根据客户要求定义,一般设置 1、2、3、4…如右图所示 按钮可带盲文,发光颜色可以选配红色光、蓝色光等,形状可选择方形、圆形等	
开关门按钮	开门按钮是标准中要求的,在必要的情况下,使用人员能够通过开门按钮开门,即便是门正在关闭时也可以使门反开,以免门扇撞击到人,这是出于对保护使用人员的目的而设置的 关门按钮虽然不是标准上要求的(可以没有,因为它只是提高了电梯的运行效率,与安全无关),但是一般电梯仍将关门按钮作为标准配置 开门延时按钮一般用于载货电梯。在装载货物时,触发开门延时按钮,可以延长开门保持时间,方便货物进出	
检修盒	一般都设置有检修盒,主要有照明开关、风扇开关、消防开关等特殊功能开关 家用电梯操纵箱一般不设置检修盒,将对应的轿厢风扇控制开关采用钥匙锁形式固定在面板上	

2.2.2 轿顶检修装置

轿顶检修装置是设置在轿顶上方,供检修人员检修时使用的装置。

轿顶检修装置主要由两大部件组成,分别为轿顶接线盒与轿顶检修盒(表 2-15)。

表 2-15 轿顶检修装置

轿顶检修装置配置	部件特点	图示
轿顶接线盒	设在轿顶靠近轿厢内操纵箱一侧的接线盒,轿厢以及轿顶部分所有配线通过轿顶接线盒与随行电缆相连接,转接传送相关信号 轿顶接线盒上一般会安装有应急电源模块(提供五方对讲电源)、警铃、轿顶对讲副机等部件	
轿顶检修盒	轿顶检修盒主要用作检修人员在轿顶上操作电梯进行检修运行 它包括急停(红色)开关、上下运行按钮、公共按钮和状态转换(检修状态与正常状态)开关,并且带有AC220V 或者 AC36V 安全电压的插座	

2.2.3 轿厢报站装置

轿厢报站装置有到站钟和语音报站装置两种（表 2-16）。

表 2-16 轿厢报站装置

轿厢报站装置类型	部件特点	图示
到站钟	电梯到达目的层站时发出声响的一种装置,提醒乘客注意上下电梯 在某种场合,为区分上行或下行,报站音乐会不同,如上行响一声,下行响两声	
语音报站装置	电梯是高层建筑的重要机电设备,随着电梯使用范围的不断扩大,人们对电梯操作的智能化要求也不断提高。现代化智能大厦不仅要求电梯能够安全平稳地将乘客送达目的地,而且能够预报层站、插播宣传语及进行特定层站说明、特定情况提示,如"欢迎您光临××酒店""请不要倚靠轿门"等 语音报站装置的语言可根据客户需求定制	

2.2.4 轿厢安全装置

轿厢安全装置一般由轿厢安全窗、安全钳以及轿厢固定装置等组成（表 2-17）。安全钳是电梯安全运行必不可少的安全部件。

表 2-17　轿厢安全装置

轿厢安全装置配置	部件特点	图示
轿厢安全窗（轿厢紧急出口）	在轿厢顶部向外开启的封闭窗,供安装、检修人员使用或发生事故时援救和撤离乘客的轿厢应急出口 窗上装有当窗扇打开或没有锁紧时即可断开安全回路的开关 **小贴士**:轿厢安全窗和轿厢安全门并不是必须设置的	
安全钳	限速器动作时,使轿厢或对重装置停止运行,保持静止状态,并能夹紧在导轨上的一种机械安全装置。安全钳动作前,首先由限速器钢丝绳拉动安全钳拉杆,然后带动安全钳电气开关动作,从而切断安全回路,同时使制动器动作制动 在轿厢意外移动保护装置中也作为制停部件使用	
轿厢固定装置	当对无机房电梯的曳引机进行维修保养时,由于操作人员站在井道内的轿顶上而非机房地面上,因此轿厢应以机械方式固定在导轨上,以消除由于轿厢意外移动而产生的危险 维修曳引机时,将轿厢固定在轿顶平面位于井道顶部下约 2m 处 典型轿厢固定装置的操作步骤如下 ①将轿厢运行到上述任一位置。这些位置可以通过固定在导轨上的用以插入轿厢固定装置的固定板来辨别 ②翻动轿厢固定装置,将其从"收拢位置"转换到"设定位置"。轿厢固定装置上的固定件应完全插入导轨上固定板的孔内 ③翻动轿厢固定装置使其脱离"收拢位置"时,轿厢所有的电气操作将自动失效 ④在使用轿厢固定装置时应注意此时轿厢顶上有最大允许负载条件,以确保安全可靠 具体的维修保养作业内容和技术规范应参照各电梯生产厂商的技术要求	

2.2.5　门保护装置

门保护装置是指除关门行程最后 50mm 外，在其他行程内都能对进出层门、轿门的乘客和货物予以防夹保护的装置（表 2-18）。

表 2-18　门保护装置

门保护装置配置	部件特点	图示
安全触板	安全触板是一种接触式的机械动作机构 安全触板属于电梯轿门上的一个软门。当电梯轿厢在关门过程中接触到物体时,连接在轿门的开关会给控制系统一个开门信号,电梯开门,从而达到不伤人、不伤物的目的	
光幕	光幕是一种非接触感应光电式装置,由安装在电梯轿门两侧的红外发射器和接收器、安装在轿顶的电源盒及专用柔性电缆四大部分组成 在发射器内一般有 32 个(或 16 个)红外发射管,在单片机的控制下,发射接收管依次打开,自上而下连续扫描轿门区域,形成一个密集的红外线保护光幕。当其中任何一束光线被阻挡时,控制系统立即输出开门信号,轿门立即停止关闭并反转开启,直至乘客或阻挡物离开警戒区域后电梯门方可正常关闭,从而达到安全保护目的,这样可避免电梯夹人事故的发生	
关门力限制器	在电梯使用过程中,当门关闭行程 1/3 后,如果出现阻挡关门力大于 150N,关门力限制器动作,切断关门回路,并立即接通开门回路,反向开门 一般关门力限制器采用门机控制器监测门机堵转时反馈的电流值,间接判断出现阻挡,门机控制器输出反向开门信号,保护乘客和货物的安全	—

2.3　门机电气部件

门机是使轿门和（或）层门开启或关闭的装置。一般而言，电梯门机接收来自控制系统的开关门信号，由门电动机执行门的开启或关闭。门机控制系统主要有直流电阻调速门机控制系统和交流变频调速门机控制系统两大类，如表 2-19 所示。

表 2-19　门机控制系统

类型	特点	图示
直流电阻调速门机控制系统	门机供电电源为直流供电,一般为 DC110V;门电动机采用直流电动机	
交流变频调速门机控制系统	门机供电电源为交流供电,一般为 AC220V;门电动机采用交流异步电动机或交流永磁同步电动机	

2.3.1 门机电气部件组成

（1）门电动机（表 2-20）

表 2-20　门电动机

类型	特点	图示
直流电动机（电阻调速）	优点：调速方便，易于控制 缺点：直流电动机体积大，安装复杂以至于故障率高，功耗大，目前已基本被淘汰	
三相交流异步电动机	优点：结构简单，电机寿命长，调试简单 缺点：需要减速机构，门机体积较大	
三相交流永磁同步电动机	优点：低转速、大转矩、高效率、控制精度高、噪声低、体积小 缺点：最大转矩受永磁体去磁约束、抗振能力差、高转速受限制、功率小、成本高和启动困难等	

（2）位置反馈装置（表 2-21）

表 2-21　位置反馈装置

类型	特点	图示
双稳态开关	优点：开关信号稳定 缺点：控制精度不高，运动过程平滑性差	
码盘	优点：成本低，结构简单 缺点：信号易受干扰	

类型	特点	图示
光电编码器	优点：结构简单，稳定可靠，精度高（分辨率高） 缺点：成本略高	

（3）门机控制器（表 2-22）

一般情况下，变频控制的门机控制系统都配有门机控制器。门机控制器的主要作用是接收电梯控制系统提供的开关门信号，再通过门机编码器或速度控制开关的反馈信号来控制变频门机的开门、关门。

表 2-22　门机控制器

门机控制器类型	特点	图示
分体式门机控制器	优点：运行平稳，噪声小 缺点：调试复杂	
一体化门机控制器	优点：永磁同步电动机驱动、异步电动机驱动一体化，电动机驱动与逻辑控制一体化 缺点：成本略高	

2.3.2　门电动机工作过程

（1）直流门电动机控制系统原理分析（表 2-23）

表 2-23　直流门电动机控制系统原理分析

原理分析	图示
门机控制系统驱动装置采用直流门电动机的典型电气线路原理如右图所示	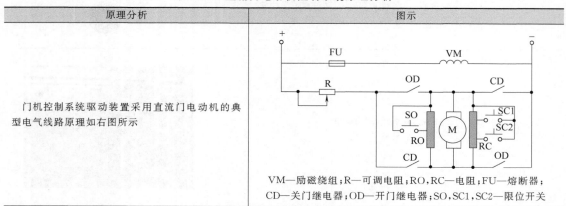 VM—励磁绕组；R—可调电阻；RO，RC—电阻；FU—熔断器；CD—关门继电器；OD—开门继电器；SO，SC1，SC2—限位开关

原理分析	图示
开门过程分析：当开门继电器 OD 吸合后，DC110V 电源正极经熔断器 FU 首先供给直流门电动机的励磁绕组 VM，同时经可调电阻 R→OD 的 1、2 触点→门电动机的电枢绕组 M→OD 的 3、4 触点至电源的负极，门电动机全速旋转。当电梯门开至约为门宽的 2/3 时，限位开关 SO 动作，使电阻 RO 被短接一部分，使流经此部分的电流增大，则总电流增加，从而使可调电阻 R 上的压降增大，亦即使门电动机电枢电压降低，导致电动机转速下降，开门速度减慢。直至电梯门完全打开，开门继电器 OD 失电复位，开门过程结束	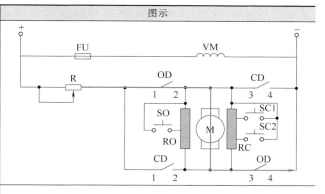
关门过程分析：当关门继电器 CD 吸合后，DC110V 电源正极经熔断器 FU 首先供给直流门电动机的励磁绕组 VM，同时经可调电阻 R→CD 的 1、2 触点→门电动机的电枢绕组 M→CD 的 3、4 触点至电源的负极，门电动机全速旋转。当电梯门关至约为门宽的 2/3 时，限位开关 SC1 动作，使电阻 RC 被短接一部分，使流经此部分的电流增大，则总电流增加，从而使可调电阻 R 上的压降增大，亦即使门电动机电枢电压降低，导致电动机转速下降，关门速度减慢。当电梯门继续关闭至尚有 100～150mm 时，限位开关 SC2 动作，又短接了电阻 RC 的很大一部分，关门速度再降低，直至电梯门完全关闭，关门继电器 CD 失电复位，关门过程结束	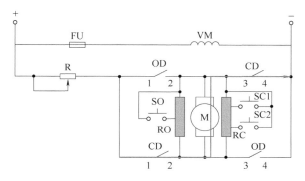

小贴士：当开关门继电器 OD、CD 失电复位后，则门电动机所具备的动能将全部消耗在电阻 RC 和 RO 上，门电动机进入能耗制动状态。由于电梯门完全关闭后，电阻 RC 的阻值很小，能耗制动很强烈，而且时间很短，迫使门电动机很快停车，这样在直流门电动机的开关门系统中无需机械刹车来迫使门电动机停止。这种直流门电动机的自动开关门控制系统在早期的电梯中使用极为广泛。

（2）交流调速门机控制原理分析

① 交流调速门机控制系统原理分析。

a. 双稳态开关控制。控制系统通过双稳态开关信号反馈，接收开关门减速信号、开关门限位信号，如图 2-8 所示。

• 开门过程分析：门机控制器 DI5 端子接收到系统的开门指令之后，门机执行开门动作（高速运行）。开门过程中，当开门减速端子 DI3 信号有效后，进入开门减速阶段，直到开门限位输入端子 DI4 有效，此时开门到位输出端子 TA3/TC3 动作，控制系统接收到开门限位之后，门机停止开门。

• 关门过程分析：门机控制器 DI6 端子接收到系统的关门指令之后，门机执行关门动作（高速运行）。关门过程中，当关门减速端子 DI2 信号有效后，进入关门减速阶段，直到关门到位输入端子 DI1 有效，此时关门到位输出端子 TA1/TC1 动作，控制系统接收到关门到位之后，门机停止关门。

双稳态开关控制回路各端子名称及功能说明如表 2-24 所示。

b. 编码器控制。控制系统通过编码器脉冲反馈，接收开关门减速信号、开关门限位信号，如图 2-9 所示。

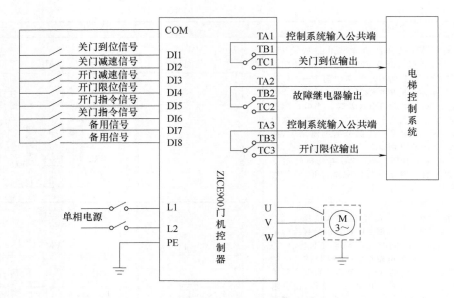

图 2-8　双稳态开关控制原理分析图

表 2-24　双稳态开关控制回路各端子名称及功能说明

端子名称	端子功能说明	备注
输入端子 DI1	关门到位信号常开输入	
输入端子 DI2	关门减速信号常开输入	
输入端子 DI3	开门减速信号常开输入	外部信号输入到门机控制器
输入端子 DI4	开门限位信号常开输入	
输入端子 DI5	开门指令常开输入	
输入端子 DI6	关门指令常开输入	
输出端子 TA1/TC1	关门到位常闭输出	门机控制器信号输出到控制系统
输出端子 TA3/TC3	开门到位常闭输出	

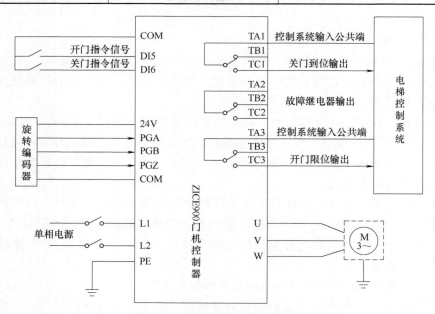

图 2-9　编码器控制原理分析图

• 开门过程分析：门机控制器 DI5 端子接收到系统的开门指令之后，门机根据门机编码器反馈的脉冲执行开门动作（高速运行）。开门过程中，一般开门运行到 70%门宽之后，进入开门减速阶段；然后运行到 96%门宽之后，开门限位输出端子 TA3/TC3 动作，控制系统接收到开门限位之后，门机停止开门。

• 关门过程分析：门机控制器 DI6 端子接收到系统的关门指令之后，门机根据门机编码器反馈的脉冲执行关门动作（高速运行）。关门过程中，一般关门运行到 70%门宽之后，进入关门减速阶段；然后运行到 96%门宽之后，关门到位输出端子 TA1/TC1 动作，控制系统接收到关门到位之后，门机停止关门。

编码器控制回路各端子名称及功能说明，见表 2-25。

表 2-25　编码器控制回路各端子名称及功能说明

端子名称	端子功能说明	备注
输入端子 DI5	开门指令常开输入	外部信号输入到门机控制器
输入端子 DI6	关门指令常开输入	
输入端子 24V	门机编码器 24V	门机编码器接线端子
输入端子 PGA	门机编码器 A 相	
输入端子 PGB	门机编码器 B 相	
输入端子 PGZ	门机编码器 Z 相	
输入端子 COM	门机编码器 0V	
输入端子 TA1/TC1	关门到位常闭输出	门机控制器信号输出到控制系统
输入端子 TA3/TC3	开门限位常闭输出	

② 交流调速门机开关门曲线原理分析（表 2-26）。

表 2-26　交流调速门机开关门曲线原理分析

原理分析	图示
（1）开门曲线分析 　当开门命令有效时,门机从零速开始经过时间 t_1 加速到频率 f_2 的速度运行 　再经过时间 t_2 加速到频率 f_3 的运行速度,门机进入开门高速运行,持续加速时间为 t_3 　当开门减速信号有效后,门机经过时间 t_4 匀减速到频率 f_1 的速度爬行 　当开门限位信号有效后,进入开门保持状态	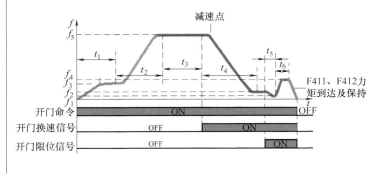
（2）关门曲线分析 　当关门命令有效时,门机从零速开始经过时间 t_1 加速到频率 f_3 的速度运行 　再经过时间 t_2 加速到频率 f_5 的运行速度,门机进入关门高速运行,持续加速时间为 t_3 　当关门减速信号有效后,门机经过时间 t_4 匀减速到频率 f_2 的速度爬行 　当关门限位信号有效后,门机再次减速到频率 f_1 的速度运行 　继续运行一段时间后,进行收刀动作,以频率 f_4 的速度进行收刀,收刀运行时间为 t_5,收刀完成后,以频率 f_1 的速度进入力矩维持阶段	

2.4 井道电气部件

电梯井道是电梯轿厢和对重装置或液压缸柱塞运动的空间，由底坑的底、井道顶、井道壁围成。电梯井道的尺寸是按照电梯选型来确定的，井道壁上安装电梯导轨和对重导轨，预留门洞安装电梯门，井道顶部一般设有机房。电梯井道一般有钢筋混凝土结构井道和钢结构井道两种（表2-27）。

表 2-27　电梯井道

井道类型	特点	图示
钢筋混凝土结构井道	现有高层建筑物在设计时,普遍预留钢筋混凝土结构井道并位于建筑物内部	
钢结构井道	钢结构井道一般用于观光梯、老楼加装电梯等	

2.4.1　召唤盒

召唤盒是设置在层站门一侧，召唤轿厢停靠在呼梯层站的装置。召唤盒安装于电梯门口侧壁，供乘客呼叫电梯用，通常按钮上还配有指示灯显示。

（1）召唤盒分类（表2-28）

表 2-28　召唤盒分类

召唤盒类型	特点	图示
箱体式召唤盒	带底盒,需要在墙壁上预留底盒安装孔,将底盒埋入墙中固定	
壁挂式召唤盒	无底盒,墙壁上不需要预留底盒安装孔,可以直接使用膨胀螺钉固定	

（2）召唤盒功能设计（表2-29）

表2-29　召唤盒功能设计

召唤盒功能配置	特点	图示
楼层位置显示装置	显示轿厢位置和运行方向的装置 点阵显示板：显示颜色有红色、蓝色、橙色等 液晶显示板：显示方式有断码液晶、真彩液晶等	
召唤按钮	用于乘客召唤电梯，一般采用微动按钮，也有触摸式按钮 按钮字符一般为上箭头、下箭头 按钮可以带盲文，发光颜色可以选配红色光、蓝色光等	
锁梯钥匙	在电梯不使用的情况下，可使用锁梯功能，使电梯停止服务 一般会在基站召唤盒上安装锁梯钥匙 **小贴士**：部分场合将消防开关集成到基站召唤盒中	

2.4.2　消防开关盒

消防开关盒是在发生火警时供消防人员使用。将电梯转入消防状态使电梯直接返回基站，释放轿厢内人员，防止层门外人员抢占电梯，而使电梯无法启动。

乘客电梯需具备该功能，消防开关盒应安装在基站召唤盒上方。消防开关盒表面应用透明易碎材料（1mm的透明薄玻璃）盖住，保证在使用时轻击就能使其破碎，从而方便拨动消防开关。消防开关必须采用红色醒目标志。消防开关盒类型如表2-30所示。

表2-30　消防开关盒

消防开关盒类型	特点	图示
箱体式消防开关盒	带底盒，需要在墙壁上预留底盒安装孔，将底盒埋入墙中固定 箱体式消防开关盒一般设置在大厅基站层	
壁挂式消防开关盒	无底盒，墙壁上不需要预留底盒安装孔，可以直接使用膨胀螺钉固定 **小贴士**：层门外的消防指的是消防返基站，并不是消防人员运行	

2.4.3 底坑检修箱、底坑开关盒

底坑检修箱与底坑开关盒是专为保证进入底坑的电梯检修人员的安全而设置的，如表2-31所示。

表 2-31 底坑检修箱与底坑开关盒

配置	特点	图示
底坑检修箱	在底坑检修箱上安装有非自动复位的急停开关，双稳态并标以"停止"字样，并且有防止误操作的保护，一般为红色蘑菇按钮。用于切断电梯运行控制电路，当离开底坑时应将其手动复位 另外还有底坑照明开关及相关的电源插座	
底坑开关盒	底坑内应当设置在进入底坑时和在底坑地面上均能方便操作的停止装置，所以当底坑深度过大时，需要安装两个急停开关，分别安装在底坑检修箱和底坑开关盒上 小贴士：井道照明开关也同样设置在检修人员开启底坑层门后就能方便触及的位置，一般设置在底坑开关盒上	

2.4.4 缓冲器与缓冲器开关

缓冲器是位于行程端部，用来吸收轿厢或对重装置动能的一种缓冲安全装置，如表2-32所示。

表 2-32 缓冲器与缓冲器开关

缓冲器类型	特点	图示
蓄能型缓冲器	只有在电梯运行速度≤1m/s时，使用蓄能型缓冲器 蓄能型（弹簧）缓冲器在受到冲击后，弹簧被压缩，电梯能量转化为弹性变形能。当缓冲结束后，弹性能释放，使电梯回弹。如此数次，直至弹性消耗殆尽，电梯才完全静止。要求弹簧的刚度必能足以承受最大压缩力 电梯速度很高时，回弹就十分严重。同时为了得到较小的减速度，弹簧必须做得很长，故蓄能型缓冲器仅适合于低速电梯。弹性变形能释放有一个过程，缓冲不平稳 可以不安装缓冲器开关	
耗能型缓冲器	耗能型缓冲器适用于任何运行速度电梯 当轿厢或对重装置撞击缓冲器时，柱塞向下运动，压缩油缸内的液压油，将电梯的动能传递给液压油，使液压油通过环形节流孔喷向柱塞腔。液压油通过环形节流孔时，由于流动面积突然缩小而形成涡流，使液压油内的质点相互碰撞、摩擦而产生热量，将电梯的冲击动能消耗掉，从而保证电梯安全可靠地减速停车。耗能型缓冲器无回弹作用，电梯的缓冲接近匀减速运动 当轿厢或对重装置离开缓冲器时，柱塞在复位弹簧力的作用下，恢复到正常的工作状态，而液压油则重新回流到油缸内 当采用耗能型缓冲器时，应安装有相应的缓冲器开关	

缓冲器类型	特点	图示
聚氨酯缓冲器	一般电梯运行速度≤1m/s时,可以使用聚氨酯缓冲器 聚氨酯缓冲器是利用聚氨酯材料的微孔气泡结构来吸能缓冲,在冲击过程中相当于一个带有多气囊阻尼的弹簧。聚氨酯缓冲器具有重量轻、安装简单、无需维修、缓冲效果好、耐冲击、抗压性能好、缓冲过程中无噪声的优点。但是,聚氨酯缓冲器容易老化、干裂、脱落,若维保不到位,容易存在安全隐患	

缓冲器是电梯机械安全系统中的最后一道保障。当轿厢或对重装置蹲底时起缓冲作用,安装位置在电梯井道底坑内。

2.4.5 限速器张紧轮

限速器张紧轮(图2-10)是张紧限速器钢丝绳的绳轮装置。为保证限速器动作时能够可靠触发安全钳,钢丝绳应处于张紧状态。

张紧轮及所附带的重砣使限速器钢丝绳保持张紧,并在限速器轮的绳槽与钢丝绳之间形成足够的摩擦力。

张紧轮或其配重自由悬垂于底坑中,很容易受到风或电梯运行气流的影响而摆动,极易与电梯其他部件碰撞。为避免这种情况发生,要求张紧轮或其配重要有导向装置,以使其位置被限定在允许的范围内。

图 2-10　限速器张紧轮

由于限速器钢丝绳的断裂或过分伸长(松弛)都会使限速器不起作用或发生误动作,为防止上述故障影响到限速器的功能,应有一个电气开关监控以上两种故障状态。通常情况下,这个电气开关安装在限速器钢丝绳的张紧轮上,通过监视限速器张紧轮的位置来确定是否发生限速器钢丝绳断裂或过分伸长的故障。在发生上述两种故障时,这个电气开关被触发,使电梯停止运转,以避免更严重的危险发生。

2.4.6 井道照明

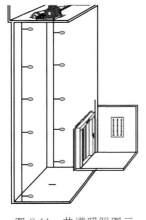

图 2-11　井道照明图示

底坑、井道应安装永久性的检修电气照明(图2-11),主要是为了在维修期间,即使门全部关上,井道也能被照亮。

井道的最高点与最低点0.5m处内应各设一盏灯,中间每盏灯之间间隔建议不大于7m。

在所有的门关闭时,在轿顶面以上和底坑地面以上1m处的照度均至少为50lx。

开关的位置应设在机房内靠近入口的适当高度和进入底坑后容易触及的地方,并且两开关应互联,一般采用双联开关实现。

井道照明应不受电梯电源主开关控制。

小贴士:50lx相当于50支烛光的点光源在相距1m处所产生的亮度。

2.4.7 终端保护装置

为了防止终端越位导致冲顶和蹲底事故发生，在井道顶端、底端必须装设极限开关。极限开关在轿厢或者对重装置（如有）接触缓冲器前起作用，并且在缓冲器被压缩期间保持其动作状态。

终端保护装置除了极限开关之外，一般还设有减速开关和限位开关（表 2-33）。

表 2-33　终端保护装置

终端保护装置	特点	图示
减速开关	一般电梯都设置减速开关，通常安装在正常换速点相应位置。电梯运行到减速开关位置，减速开关动作，控制系统开始强迫减速，保证电梯有足够的换速距离 　减速开关上下终端对称设置，电梯运行额定速度越大，减速开关设置越多。最靠近端站的减速，可以描述为一级减速，远离端站以此类推二级减速、三级减速等	（图示：上极限 FLSU、上限位 DLSU、上一级减速 USS1、上二级减速 USS2、上三级减速 USS3、下三级减速 DSS3、下二级减速 DSS2、下一级减速 DSS1、下限位 DLSD、下极限 FLSD；顶层、轿厢、地坎；标注 DLSU、USS1、DSS1、FLSD）
限位开关	若减速开关未能使电梯有效减速停止，则限位开关动作，迫使电梯停止。正常运行时，限位开关不动作 　方式一：采用机械机构的限位开关，一般上限位开关动作后，电梯不可以上行，但是仍能检修下行。同样，下限位开关动作后，电梯不可以下行，仍能检修上行 　方式二：部分控制系统厂家采用软限位方式（即不安装限位开关），限位功能通过控制系统的软件判断 　电梯上行到终端位置，上减速开关和上下平层开关动作。此时如果电梯继续向上运行，上平层开关会脱开，此时控制系统默认电梯冲出平层位置，进入上限位状态，电梯不可以上行，但是仍能检修下行；同样，电梯下行到终端位置，下减速开关和上下平层开关动作。此时如果电梯继续向下运行，下平层开关会脱开，此时控制系统默认电梯冲出平层位置，进入下限位状态，电梯不可以下行，但是仍能检修上行 　**小贴士**：一般限位开关安装在距离超出平层位置控制在 50mm 左右	（限位开关实物照片）

终端保护装置	特点	图示
极限开关	极限开关应设置在尽可能接近端站时起作用而无误动作危险的位置上 安装在轿厢侧壁上的机械撞弓在轿厢冲顶或蹲底时,触发极限开关动作。极限开关动作后,电梯应不能自动恢复运行 **小贴士**:一般限位开关与极限开关的安装,其先后动作距离控制在100mm以内	上极限开关 上限位开关

2.4.8　电线电缆

应用于电梯的电缆规格一般有以下几种。

RVV——聚氯乙烯绝缘软电缆,用于信号回路控制。

VVR——聚氯乙烯绝缘及护套电力电缆,用于动力线回路控制。

TVVBP——扁形聚氯乙烯护套电缆,用于信号回路控制,主要应用于随行电缆(图 2-12)。

随行电缆用于传输控制柜与轿厢间的信息,并为轿厢提供电源。随行电缆作为井道电线电缆最为重要的组成部分,主要包括随行电缆和随行电缆架。随行电缆架应安装在电梯正常提升高度 $(1/2H + 1.5)$ m 的井道壁上,并设置电缆中间固定卡板予以固定。

图 2-12　随行电缆

轿底应装有轿底电缆架,并做两次保护。随行电缆通常有两种不同结构,即圆形电缆与扁形电缆。

第 3 章

电梯典型控制回路分析

电梯控制回路在电梯的设计、修理中起着至关重要的作用，必须对电梯的电气原理图有深入的了解，才能完成相应电梯的电气设计、生产指导和现场调试。

3.1 电源回路分析

我国电梯一般采用"三相五线制"供电电源。"三相五线制"是指三相电的三个相线（又称火线，即 A、B、C 线）、中性线（又称零线，即 N 线）以及地线（PE 线）。三相负载对称时，三相线路流入中性线的电流矢量和为零，但对于单独的一相来讲，电流不为零。三相负载不对称时，中性线的电流矢量和也不为零，会产生对地电压。"三相五线制"分为 TT 接地方式和 TN 接地方式，其中 TN 又分为 TNS、TNC、TNCS 三种方式。

我国规定，民用供电线路相线之间的电压（即线电压）为 380V，相线和地线或中性线之间的电压（即相电压）均为 220V。进户线一般采用单相二线制，即三个相线中的任意一相和中性线（作零线）。如遇大功率用电器，需自行设置接地线。

3.1.1 电源回路分析

一般电梯电源回路的核心是控制变压器，控制变压器的主要作用：一是为控制系统提供各种元器件工作所需不同等级的控制电压，如安全回路电源、制动器电源、楼层显示板电源、门机电源等；二是提供"隔离"，保证后级控制电源的安全性。

① 如图 3-1 所示，总电源采用三相 AC380V 供电，经过控制变压器变压分成三路输出，分别是 AC110V（用于安全回路）、DC110V（用于制动器回路）、AC220V（用于门机和光幕电源以及开关电源供电回路），每路电源都有单独的保护开关。

② 安全回路同名端接地保护，实现接地故障的防护。

安全回路同名端无接地保护时，安全回路中某一点接地，在变压器隔离的作用下，回路没有任何安全隐患。当出现两点接地时，通过大地就会短接中间的安全开关，造成安全隐患。

如在安全回路同名端增加接地保护，当安全回路中出现一个点接地时，变压器输出回路通过两处的接地线造成短路，回路出现大电流，空气开关或熔断器动作，断开安全回路供电电源，从而实现安全回路接地故障的防护，如图 3-2 所示。

③ 相序继电器用于供电源缺相、错相的保护。

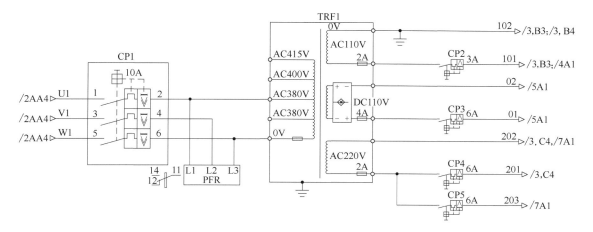

图 3-1　电源回路分析

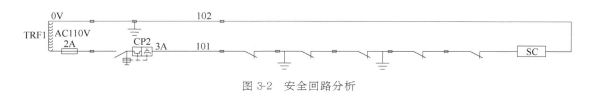

图 3-2　安全回路分析

3.1.2　轿厢照明回路分析

为了给使用者提供一个安全便利的环境，轿厢内要求设置永久照明。轿厢照明开关需单独设置，当主开关断开时，轿厢照明、风扇、报警装置的电源不应被切断。

轿厢照明回路分析如图 3-3 所示。

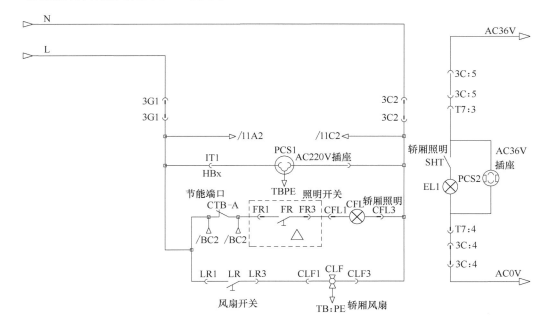

图 3-3　轿厢照明回路分析（一）

① 轿厢风扇、照明通过轿顶板 CTB-A 的节能端口 A、AM 控制。当电梯使用时，节能端口接通，轿厢风扇、照明灯工作；当电梯不使用时，节能端口断开，轿厢风扇、照明灯自动停止工作。

② 轿厢风扇除自动控制外，还可通过开关控制；轿厢照明开关可选。

③ AC220V 插座采用 2P＋PE 型。

④ 轿顶照明和行灯插座都为 AC36V 电源。

轿厢照明回路分析如图 3-4 所示。

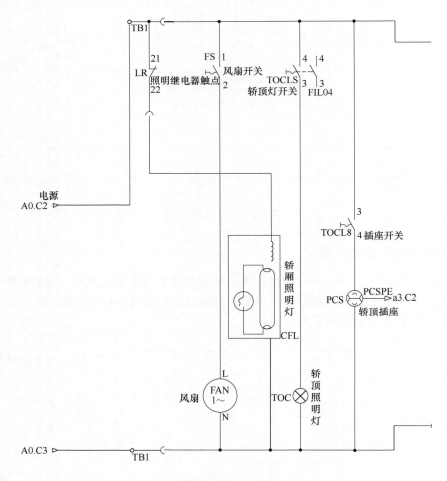

图 3-4　轿厢照明回路分析（二）

① 轿厢照明灯通过照明继电器自动控制，电梯正常使用时，照明灯工作；电梯节能状态时，照明继电器释放，照明灯不工作。

② 轿厢风扇通过轿厢风扇开关控制。

③ 轿顶插座可通过插座开关控制。

④ 轿顶照明和轿顶插座都为 AC220V 电源。

3.1.3　井道照明回路分析

井道照明不受电梯主电源开关控制。为了使用方便，无论在机房或者在底坑均能控制井道照明，要求控制井道照明的开关在机房和底坑都要设置。在正常情况下，无论井道照明处于何种状态（燃亮或熄灭），也无论机房或者底坑的开关处于何种状态，通过改变其中任意一个开关的状态，都可根据要求任意燃亮或者熄灭井道照明。为了达到这样的目的，在机房和底坑的井道照明开关不应采用串联或者并联形式，否则不可能在上述两个位置实现井道照明的完全控制。

井道照明回路分析如图 3-5 所示。

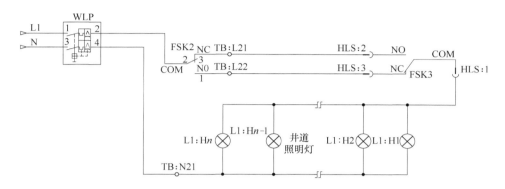

图 3-5　井道照明回路分析

① 井道照明的电源，通过一个独立的 WLP 开关来控制，不受主电源开关控制。

② 在机房和底坑分别设计一个双联开关 FSK2、FSK3，控制井道照明设备，以达到机房和底坑都可以控制井道照明灯点亮和熄灭的目的。

3.2　安全回路、门锁回路及检修回路分析

只有在所有安全开关都接通的情况下，安全接触器吸合（或者微机板对应输入信号有效），电梯才能正常运行。

为保证电梯必须在全部门关闭后才能运行，在每扇层门及轿门上都装有门电气联锁开关。只有在门电气联锁开关全部接通的情况下，电梯才能正常运行。

3.2.1　安全回路分析

如图 3-6 所示安全回路特点如下。

① 安全回路。所有安全开关串联接通时，安全接触器 SC（如果有）吸合或主控板安全反馈有效。

② 紧急电动运行回路。机房紧急电动运行时，临时短接安全钳开关、限速器开关、上下极限开关、缓冲器开关以及上行超速保护装置上的开关。

轿顶检修按 SRT 置于检修状态时，则紧急电动运行失效（紧急电动时短接的回路，自动断开）。

③ 门锁回路。门锁回路串接在安全回路末端，只有安全回路、门锁回路全部导通，主控板门锁反馈信号才有效。

如图 3-7 所示安全回路特点如下。

① 安全回路。层门锁和轿门锁串入安全回路末端，电梯在开门时，安全回路接触器 KJT 会释放。

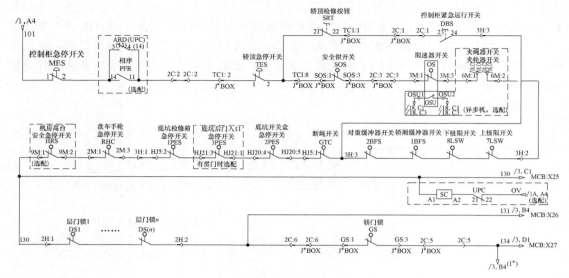

图 3-6　安全回路分析（一）

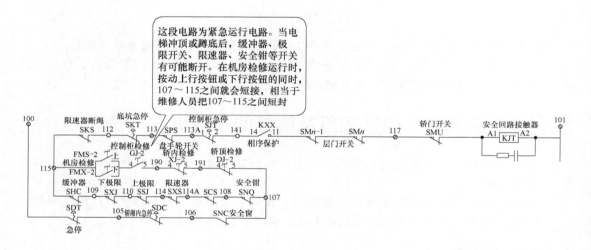

图 3-7　安全回路分析（二）

② 紧急电动运行回路。控制柜处于紧急电动状态，按上行按钮或下行按钮，临时短接安全钳开关、限速器开关、上下极限开关、缓冲器开关等。

轿顶检修运行一旦实施，则紧急电动运行失效（紧急电动时短接的回路自动断开）。

③ 门锁回路。无单独的门锁接触器，层门锁和轿门锁直接串入安全回路。

如图 3-8 所示安全回路特点如下。

① 安全回路。机房紧急电动运行开关打在正常状态，当所有安全开关闭合时，安全接触器动作。

② 紧急电动运行回路。机房紧急电动运行开关动作时，按机房公共按钮和紧急电动上行（或下行）按钮，临时短接安全钳开关、限速器开关、夹绳器开关、上下极限开关、缓冲器开关等。

③ 门锁回路。层门锁和轿门锁单独检测，有对应的层门锁继电器和轿门锁继电器。

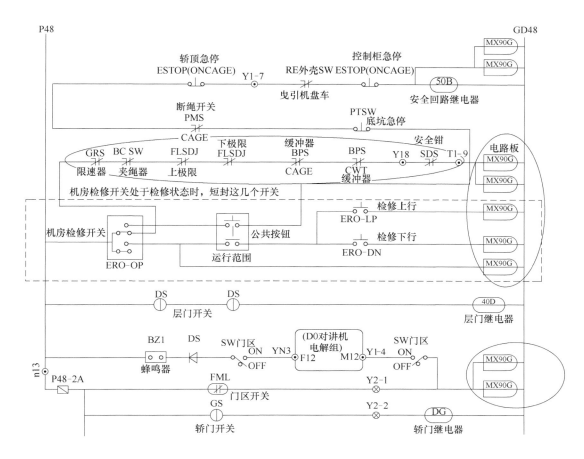

图 3-8 安全回路分析（三）

3.2.2 检修回路分析

如图 3-9 所示，轿顶检修开关 SRT 置于检修状态时，对应触点 1 和 2 断开、3 和 4 接通，同时切断主控板输入端子 X9 正常信号，电梯进入检修状态。

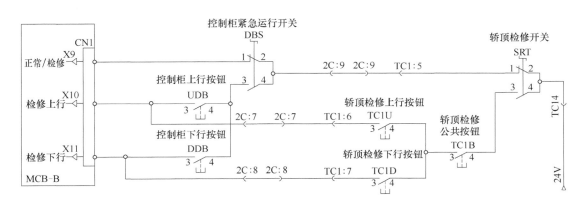

图 3-9 检修回路分析（一）

同时按下轿顶公共按钮和检修上行按钮或检修下行按钮，对应主控板输入端子 X10 或 X11 有效，电梯开始检修上行运行或检修下行运行，如图 3-10 所示。

① 轿顶检修通过轿顶 CAN 通信至控制系统。

② 检修信号进入轿顶一体板 X12 检测，检修运行时轿厢速度不应大于 0.63m/s。

③ 紧急电动运行信号进入主控板 X9 检测，紧急电动运行时轿厢速度不应大于 0.3m/s。

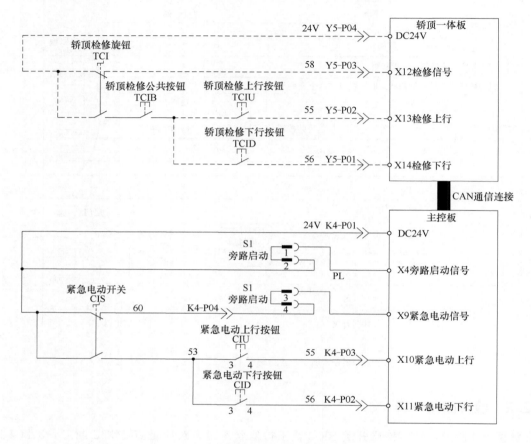

图 3-10　检修回路分析（二）

④ 通过 S1 插件，可触发门锁旁路装置。门锁旁路装置启动以后，主控板 X4 和 X9 断开，控制系统自动进入门锁旁路和紧急电动运行状态。

单独短接层门锁或轿门锁时，电梯进入旁路运行状态，轿底声光报警装置启动，输出声光报警信号，用于警示轿顶上和轿厢内的工作人员。

3.3　电梯运行时序分析

控制系统接收运行信号，一般有多段速和模拟量两种方式，通过主控板控制的接触器或主控板上的微型接触器接通和释放的时间和先后顺序控制电梯的运行。

3.3.1　变频电梯驱动多段速控制

图 3-11 为变频驱动多段速控制回路。所谓多段速是指在特定的输入端口下，对输入到

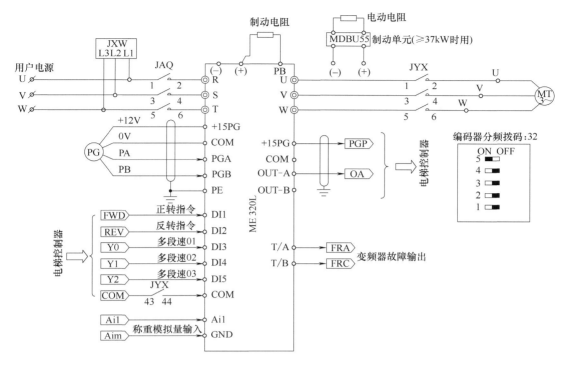

图 3-11　变频驱动多段速控制回路

JAQ—安全接触器；JYX—运行接触器；JXW—相序继电器；PG—编码器；

T/A，T/B—变频器故障输出；DI3～DI5—逻辑控制速度端子组合

该端口的信号进行不同的组合，通过不同组合的参数控制运行速度。电梯的加速、减速曲线由变频器相关参数决定。

（1）多段速指令输出逻辑

以汇川技术 ME320L 型变频器为例，变频器多段速的输出指令由 DI5、DI4、DI3 三个输入端子组合而成。多段速指令输出逻辑如表 3-1 所示。

表 3-1　多段速指令输出逻辑

端子 DI5	端子 DI4	端子 DI3	频率设定
0	0	0	多段速 0
0	0	1	多段速 1
0	1	0	多段速 2
0	1	1	多段速 3
1	0	0	多段速 4
1	0	1	多段速 5
1	1	0	多段速 6
1	1	1	多段速 7

（2）多段速控制参数推荐设定

以 ME320L 型变频器为例，多段速控制参数推荐设置如表 3-2 所示。

表 3-2　多段速控制参数推荐设置

功能号	名称	默认值	推荐设定值	注释
F0-00	控制方式	1	1	有速度矢量控制
F0-01	命令源选择	1	1	0:面板控制 1:端子控制 2:串行口通信
F0-02	速度选择	1	1	多段速
F6-00	多段速度 0	0.00Hz	0.00Hz	未使用
F6-01	多段速度 1	0.00Hz	0.00Hz	零速(启动零速时间由主控板设置)
F6-02	多段速度 2	0.00Hz	0.00Hz	未使用
F6-03	多段速度 3	0.00Hz	1.2Hz	爬行速度(调整平层时加减)
F6-04	多段速度 4	0.00Hz	6~10Hz	检修速度(根据实际需要设置)
F6-05	多段速度 5	0.00Hz	现场设定	正常低速(曲线 1)1.0m/s 以下用
F6-06	多段速度 6	0.00Hz	现场设定	正常中速(曲线 2)1.75m/s 以下用
F6-07	多段速度 7	0.00Hz	现场设定	正常高速(根据实际需要设置)
F6-08	多段速 0 加减速时间选择	1	1	
F6-09	多段速 1 加减速时间选择	1	1	
F6-10	多段速 2 加减速时间选择	1	1	
F6-11	多段速 3 加减速时间选择	1	1	
F6-12	多段速 4 加减速时间选择	1	4	
F6-13	多段速 5 加减速时间选择	1	2	
F6-14	多段速 6 加减速时间选择	1	3	
F6-15	多段速 7 加减速时间选择	1	3	
F7-02	加减速时间 1s 曲线开始段比例	30%	40%	
F7-03	加减速时间 1s 曲线结束段比例	30%	40%	
F7-06	加减速时间 2s 曲线开始段比例	30%	40%	
F7-07	加减速时间 2s 曲线结束段比例	30%	40%	
F7-10	加减速时间 3s 曲线开始段比例	30%	40%	
F7-11	加减速时间 3s 曲线结束段比例	30%	40%	
F7-14	加减速时间 4s 曲线开始段比例	30%	40%	
F7-15	加减速时间 4s 曲线结束段比例	30%	40%	

3.3.2　变频电梯驱动模拟量控制

所谓模拟量控制是指在特定的输入端口下,输入 0~10V 的电压信号,变频器对应的端口根据电压的变化输出对应的速度。

电梯的加速、减速曲线由电梯控制器相关参数决定。

(1)变频模拟量控制回路

图 3-12 为变频驱动模拟量控制回路。

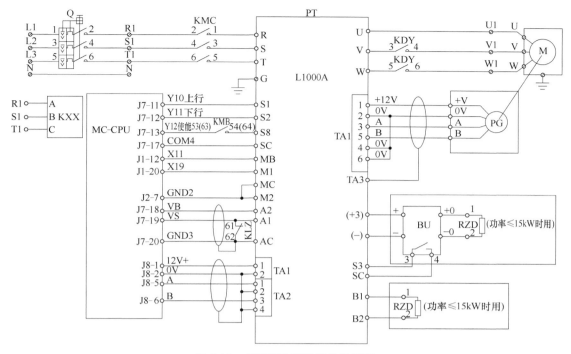

图 3-12 变频驱动模拟量控制回路

L1000A—安川 L1000A 型变频器；MC-CPU—主控板；KMC—安全接触器；KDY—运行接触器；

PG—编码器；KMB—抱闸接触器；KXX—相序继电器；Q—电源主开关；RZD—制动电阻；BU—制动单元

（2）模拟量控制参数推荐设定

用"初始化"参数 A1-03＝2220，将变频器参数初始化。按表 3-3 设置变频器模拟量控制参数，设置 01-03＝2，01-04＝1。

表 3-3 模拟量控制参数设置

参数	说明	设定值	备注
A1-02	控制模式的选择	7	带 PG 的 PM 矢量
B1-01	频率指令的选择	1	模拟量输入
B1-02	运行指令的选择	1	控制回路端子（顺序控制）
d1-01	频率指令 1	0	未使用
d1-02	频率指令 2	0	自学习速度（根据实际需要设置）
d1-03	频率指令 3	0	检修运行速度（根据实际需要设置）
d1-04	频率指令 4	0	爬行速度（根据实际需要设置）
d1-05	频率指令 5	0	低速（v_1）（根据实际需要设置）
d1-06	频率指令 6	0	中速 1（v_2）（根据实际需要设置）
d1-07	频率指令 7	0	中速 2（v_3）（根据实际需要设置）
d1-08	频率指令 8	0	高速（v_4）（根据实际需要设置）
H1-03	选择端子 S3 的功能	24	外部故障
H1-04	选择端子 S4 的功能	14	故障复位
H1-05	选择端子 S5 的功能	F	未使用
H1-06	选择端子 S6 的功能	F	未使用
H1-07	选择端子 S7 的功能	F	未使用
H1-08	选择端子 S8 的功能	9	基极封锁指令（闭点接点）
H2-01	选择端子 M1 与 M2 的功能	50	制动器打开指令
H3-01	端子 A1 信号电平选择	0	0～10V
H3-02	端子 A1 功能选择	0	10V＝E1-04

参数	说明	设定值	备注
H3-03	端子 A1 输入增益	95%	根据现场实际整定设置
H3-04	端子 A1 输入偏置	0	
H3-09	端子 A2 信号电平选择	1	−10～+10V
H3-10	端子 A2 功能选择	14	转矩补偿（使用正余弦编码器时设置为 1F）
H3-11	端子 A2 输入增益	60%	根据现场实际整定设置
H3-12	端子 A1 输入偏置	0	

3.3.3 典型启动曲线原理分析

启动时需要调整零速保持时间、制动接触器断开时间、运行接触器吸合时间。一般是系统内部先输出零速运行信号，然后再输出制动接触器控制信号，防止电梯溜车，从而保证启动的平稳。典型启动曲线如图 3-13 所示。

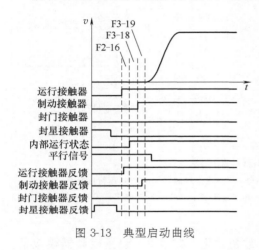

图 3-13 典型启动曲线

（1）启动过程分析

电梯接收到启动信号之后，启动过程分析如下。

① 封星接触器（如果有）。首先输出封星接触器控制信号（如果有），封星接触器吸合，此时需要有封星接触器反馈信号。

② 运行接触器。系统接收到封星接触器反馈信号之后，输出运行接触器控制信号，运行接触器吸合，此时需要有运行接触器反馈信号。

③ 内部运行状态。系统接收到运行接触器反馈信号之后，系统内部进入运行状态。

④ 制动接触器。系统接收到内部运行信号之后，输出制动接触器控制信号，制动接触器吸合，此时需要有制动接触器反馈信号。

⑤ 正式运行。系统接收到制动接触器反馈信号之后，输出电流，电梯启动运行。

（2）封星接触器用途分析

封星接触器一般与永磁同步电动机配合使用，在运行接触器处于释放状态时松开抱闸，这时电梯轿厢向重载方向自由落体运行，带动电动机旋转。永磁同步曳引机在受外力作用旋转时相当于发电机，此时通过封星接触器临时短接电动机的输入三根引线，线圈中将产生与轿厢相反方向的反向电动势，实现阻碍轿厢快速运行。

（3）内部运行信号分析

接触器可以直接切断或导通大的电流，但静态元件就有所不同。对于通用变频电梯，变频器内部都使用静态元件，其自身的特殊要求通过它的电流不应是突变的大电流，尤其在输出端更是如此。如果静态元件的工作输出未关断而输出端突然断路，将产生巨大的浪涌冲击，不但损坏静态元件，而且造成接触器触点拉弧烧损。这就是通用变频器的使用条件中不允许在电动机和变频器之间连接电磁开关、电磁接触器的原因。

经常性地导通和切断大电流也极易损坏静态元件。因此，当静态元件和与之串联的接触器工作时，应使接触器先与静态元件导通，而后与静态元件切断，这样就可以防止静态元件中产生浪涌冲击。

3.3.4 典型停车曲线原理分析

调整好各接触器的控制时序，可以增加停车舒适感，防止溜车。典型停车曲线如图 3-14 所示。

电梯接收到平层信号之后，停车过程分析如下。

（1）封门接触器（如果有）

输出封门接触器控制信号（如果有），封门接触器吸合，此时需要有封门接触器反馈信号。

（2）制动接触器

系统接收到停车信号之后，断开制动接触器控制信号，制动接触器释放，此时需要有制动接触器反馈信号。

（3）内部运行状态和封门接触器（如果有）

系统接收到制动接触器反馈信号之后，系统内部撤销运行状态和断开封门接触器信号，封门接触器释放，此时需要有封门接触器反馈信号。

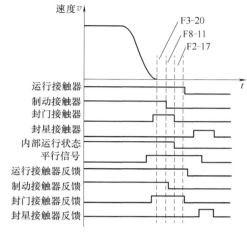

图 3-14　典型停车曲线

（4）运行接触器

系统接收到制动接触器反馈信号之后，断开运行接触器控制信号，运行接触器释放，此时需要有运行接触器反馈信号。

（5）封星接触器（如果有）

系统接收到运行接触器反馈信号之后，封星接触器（如果有）释放，此时需要有封星接触器反馈信号。

（6）正式停车

完成上述操作之后，电梯正常停车。

小贴士： 封门信号，主要用于提前开门或开门再平层，属于选配功能。信号处理时一般采用取得型式试验报告的含有电子元件的安全电路实现（提前开门或开门再平层模块）。

3.4　制动器控制回路分析

当电梯处于静止状态时，电动机和制动器的线圈中均无电流通过，制动闸瓦在制动弹簧压力作用下，将制动轮抱紧，确保电动机不旋转。

电动机通电旋转的瞬间，制动器电磁铁中的线圈得电，电磁铁芯迅速磁化吸合，克服制动弹簧压力，使制动闸瓦打开，闸瓦与制动轮完全脱离，电梯得以运行。

当电梯轿厢到达所需停站时，制动器电磁铁中的线圈失电，电磁铁芯中的磁力迅速消失，制动闸瓦在制动弹簧的作用下再次将制动轮抱住，电梯停止运行。

曳引机采用的制动器通常是常闭式摩擦型制动器，产生制动力的是制动衬与制动盘或制动鼓接触产生的摩擦力。一般采用带导向的压缩弹簧对制动衬产生压力，而制动器的释放是依靠电磁铁的电磁力抵消弹簧的弹力。

制动器应具有合适的制动力矩，以便能够可靠制动电梯。

释放制动器的电磁铁一般采用直流式电磁铁，这主要是因为直流式电磁铁采用整体铁芯，结构简单，断电后无剩磁，电磁铁的吸力无脉动；同时直流式电磁铁动作平稳可靠，噪声小，功耗低，寿命长。

3.4.1 常用制动器控制及反馈检测回路

（1）常用制动器控制及反馈检测回路原理分析（图3-15）

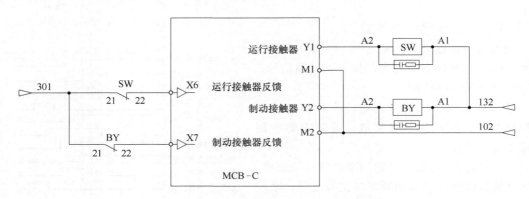

图3-15 常用制动器控制及反馈检测回路原理分析

MCB-C—主控板；SW—运行接触器；BY—制动接触器

接触器"触点粘连"分析如下。

GB 7588—2003要求：当电梯停止时，如果其中一个接触器的主触点未打开，最迟到下一次运行方向改变时，应防止电梯再运行。

运行接触器SW的辅助触点进入主控板的X6端口检测，当出现运行接触器SW吸合之后未释放，下一次运行时系统保护，防止电梯再运行。

制动接触器BY的辅助触点进入主控板的X7端口检测，当出现制动接触器BY吸合之后未释放，下一次运行时系统保护，防止电梯再运行。

上述设计符合GB 7588—2003的要求。

（2）典型制动器线圈控制回路原理分析（图3-16）

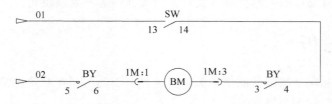

图3-16 典型制动器线圈控制回路原理分析

SW—运行接触器；BY—制动接触器；BM—制动器线圈；

01，02—制动器线圈电源输入；1M：1，1M：3—制动器接线端子

"两个独立电气装置"分析如下。

GB 7588—2003要求：切断制动器电流，至少应用两个独立的电气装置来实现。

制动器回路中，采用两个接触器——运行接触器SW和制动接触器BY控制制动器线圈供电电源的通断。

电梯运行时，运行接触器和制动接触器分别吸合，线圈得电则制动器打开；电梯停止时，运行接触器和制动接触器分别释放，线圈失电则制动器闭合。

小贴士：对于所谓的"独立"可以如下理解。

① 触点不能出自同一接触器，也不应存在电气联动、机械联动。

② 两组触点在安全控制上不能存在主从关系，即当这两组触点中的一组发生粘连时，另一组触点应不受影响，仍能正常工作，不会出现故障的连锁反应。

3.4.2　典型带降压功能的制动器控制及反馈检测回路

（1）典型带降压功能的制动器控制及反馈检测回路原理分析（图 3-17）

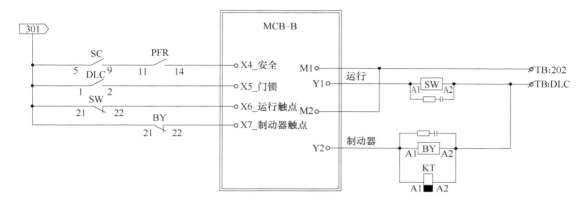

图 3-17　典型带降压功能的制动器控制及反馈检测回路原理分析

MCB-B—主控板；PFR—相序继电器；DLC—门锁接触器；SW—运行接触器；

BY—制动接触器；SC—安全接触器；KT—延时断开继电器

接触器"触点粘连"分析如下。

GB 7588—2003 要求：当电梯停止时，如果其中一个接触器的主触点未打开，最迟到下一次运行方向改变时，应防止电梯再运行。

运行接触器 SW 的辅助触点进入主控板的 X6 端口检测，当出现运行接触器 SW 吸合之后未释放，下一次运行时系统保护，防止电梯再运行。

制动接触器 BY 的辅助触点进入主控板的 X7 端口检测，当出现制动接触器 BY 吸合之后未释放，下一次运行时系统保护，防止电梯再运行。

上述设计符合 GB 7588—2003 的要求。

（2）制动器线圈控制回路原理分析（图 3-18）

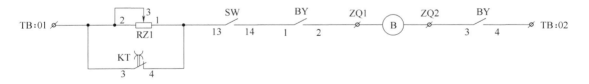

图 3-18　制动器线圈控制回路原理分析

BY—制动接触器；SW—运行接触器；KT—延时断开继电器；TB：01，TB：02—输入电源接线端子；

ZQ1，ZQ2—制动器线圈接线端子；RZ1—滑动电阻

"两个独立电气装置"分析如下。

GB 7588—2003 要求：切断制动器电流，至少应用两个独立的电气装置来实现。

制动器回路中，采用两个接触器——运行接触器 SW 和制动接触器 BY 控制制动器线圈供电电源的通断。

电梯运行时，运行接触器和制动器接触器分别吸合，线圈得电则制动器打开；电梯停止时，运行接触器和制动器接触器分别释放，线圈失电则制动器闭合。

（3）制动器电气控制原理分析

在电梯启动时，控制系统输出制动器控制信号，制动接触器 BY 和延时断开继电器 KT 得电，短接滑动电阻部分阻值，同时运行接触器 SW 和制动接触器 BY 吸合，制动器得到完整的启动电压，制动器打开。

电梯在经过一段时间延时之后，延时断开继电器 KT 释放，回路串入部分滑动电阻 RZ1 进行分压，通过对滑动电阻 RZ1 的阻值调节，可使得制动器电压维持在需要的电压。

3.5 驱动控制回路分析

电梯拖动系统主要由电动机、供电装置、速度检测装置和调速装置等构成，其中电动机必须是能适应频繁启动、制动的电梯专用电动机。电梯的调速控制主要是对电动机的调速控制。电梯运行性能的好坏，在很大程度上取决于其拖动系统性能的优劣。

电梯拖动系统的分类和特点如下。

① 直流调速拖动系统。直流电动机具有调速性能好、调速范围大的特点，因此很早就应用于电梯。它控制的电梯速度可以达到 4m/s，但是，由于采用发电机和电动机组形式驱动。机组结构体积大，耗电大，维护工作量较大，造价高，因此常用于对速度、舒适感要求较高的电梯中。

② 变极交流拖动系统。三相异步电动机转速与定子绕组的磁极对数、电动机的转差率及电源频率有关，只要调节定子绕组的磁极对数就可以改变电动机的转速。

电梯上使用的交流电动机有单速、双速及三速之分。变极调速具有结构简单、价格较低等优点；但磁极只能成倍变化，其转速也成倍变化，换速时极数相差特别大，无法实现平稳运行，加上电动机效率低，只限于载货电梯使用，现已趋于淘汰。

③ 变压调速拖动系统。交流异步电动机的转速与定子所加电压成正比，改变定子电压可实现变压调速。

常用反并联晶闸管或双向晶闸管组成变压电路，通过改变晶闸管的导通角来改变输出电压的有效值，从而改变转速。

变压调速具有结构简单、效率较高、电梯运行比较平稳、舒适感良好等优点。但当电压较低时，最大转矩锐减，低速运行可靠性差，且电压不能高于额定电压，这就限制了调速范围；此外供电电源含有高次谐波，加大了电动机的损耗和电磁噪声，降低了功率因数。

④ 变压变频调速拖动系统。交流电动机转速与电源频率成正比，连续均匀地改变供电电源的频率，就可以平滑地改变电动机的转速，但同时也改变了电动机的最大转矩。电梯为恒转矩负载，为了实现恒定转矩调速，获得最佳的电梯舒适感，变频调速时必须同时按照比例改变电动机电源电压，即变压变频调速。

变压变频调速拖动系统的性能远远优于前两种交流拖动系统，可以与直流拖动系统相媲美。目前，变压变频调速拖动系统是电梯中应用最多的。

3.5.1 交流双速电梯驱动回路

（1）工作原理

在图 3-19 中，M 为电梯专用交流双速异步电动机；KM1、KM2 为电动机正反转接触器，用于实现电梯上、下行控制；KM3 为电梯高速运行接触器；KM4 为电梯低速运行接触器；KM5 为启动加速接触器；KM6～KM8 为减速制动接触器，用以调整电梯制动时的加速度。

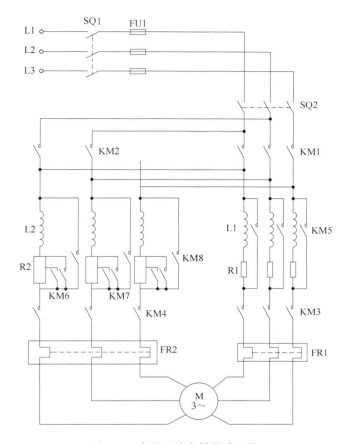

图 3-19　交流双速电梯驱动回路

　　L1、L2 与 R1、R2 为串入电动机定子电路中的电抗和电阻，当 KM1 或者 KM2 与 KM3 得电吸合时，电梯将进行上行或下行启动，延时后，KM5 通电吸合；短接 R1、L1，电梯将转为上行或下行的稳速运行。

　　当电梯接收到停层指令后，KM3 失电释放，KM4 得电吸合，电动机切换到低速接法，转入阻抗制动，实现上行与下行的低速运行，且 KM6～KM8 依次得电吸合，用来控制制动过程的强度，提高停车制动时的舒适感；至平层位置时，接触器全部失电释放，制动器释放，电梯停止运行。

　　（2）主要特点

　　① 电路简单。

　　② 电动机的高速绕组与低速绕组分别独立，该类型电动机可称作"交流双绕组双速电动机"。高速绕组的极数一般是 6 极，低速绕组的极数一般是 24 极。

　　③ 检修时使用低速绕组，正常运行时两个绕组交替使用。

　　④ 缺点是舒适感较差，平层误差较大。

3.5.2　交流调压调速电梯驱动回路

　　（1）工作原理

　　① 电梯检修运行时电流路径如图 3-20 实线所示。接到电动机的低速绕相上，电梯向上

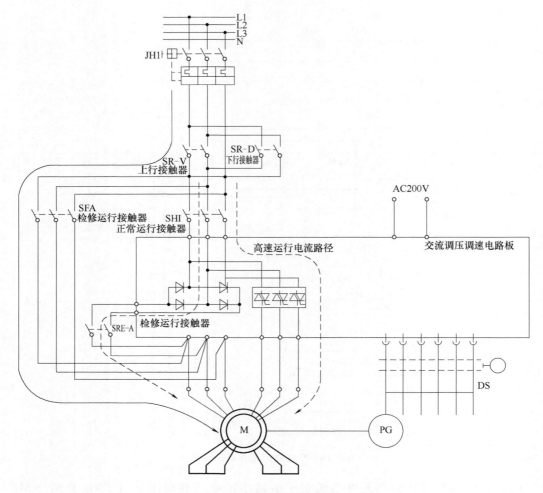

图 3-20　交流调压调速电梯驱动回路

或向下运行。

②电梯正常运行时电流路径如图 3-20 粗虚线和细虚线所示。细虚线通过调速器的晶闸管控制三相电源接到电动机的高速绕组上；粗虚线通过整流晶闸管把两根相线整流（电流的大小通过电路板调整），送到电动机低速绕组的其中两组上实现直流制动。启动和停止慢速时，粗虚线所示直流制动电流大，而细虚线所示电流小；高速运行时，粗虚线所示电流为零，细虚线所示电流最大。

③电动机转动时，编码器有脉冲信号送到电路板上，否则电梯报故障，停止运行。

（2）元器件的作用

JH1：电源开关。

M：双绕组双速三相异步电动机。

SR-V：上行接触器，电梯上行时吸合。

SR-D：下行接触器，电梯下行时吸合。

SHI：正常运行接触器，电梯正常上行或下行时吸合。

SFA：检修运行接触器，电梯检修上行或下行时吸合。

SRE-A：正常吸合、检修时断开接触器，电梯正常运行时吸合，检修时断开。

DS：调速器，触发晶闸管，控制电梯速度。

PG：编码器，产生脉冲使电动机转动与 DS 调速，实现闭环。

（3）电路特点

① 电动机是交流双绕组双速电动机。

② 检修电路与正常运行电路是分别独立的。

③ 有一个检修运行接触器 SFA。

④ L1、L2 是两根相线，供电路板使用。

3.5.3 变频电梯驱动多段速控制

变频电梯驱动多段速控制回路如图 3-21 所示。电梯的加速、减速曲线由变频器相关参数决定。

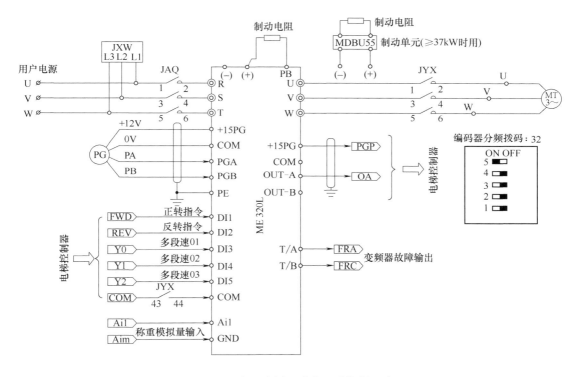

图 3-21 变频电梯驱动多段速控制回路

3.5.4 一体化驱动控制主回路（图 3-22）

三相 AC380V 电源经过安全接触器 SC 的主触点，进入一体化控制器。一体化控制器根据主控板反馈的运行信息，在底层驱动部分通过变压变频方式，控制电动机转速，实现电梯的控制。

电路特点如下。

① 电动机采用交流电动机。

② 驱动和控制组合在一起，实现一体化控制。

③ 使用一个运行接触器，配合变频驱动器自带的静态元件控制电动机。

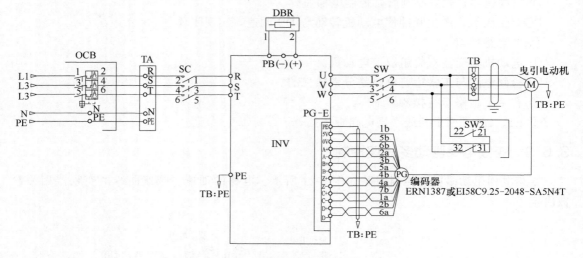

图 3-22　一体化驱动控制主回路

第**4**章

电梯一体化控制系统

电梯一体化控制系统顺应时代的潮流。本章主要介绍一体化控制系统概念并分析国内主流的一体化控制系统，讲解默纳克、新时达、蓝光一体化控制系统配套电气部件的输入/输出端口定义，完成电气配套的选型。

4.1 电梯一体化控制系统简介

传统的电梯控制系统大多采用微机板（或 PLC）与变频器分开的模式；而电梯一体化控制系统是电梯的逻辑控制与变频驱动控制的有机结合和高度集成（图 4-1），即将电梯专有微机控制板的功能集成到一体化控制器中，在此基础上，将变频器驱动电梯的功能充分优化。

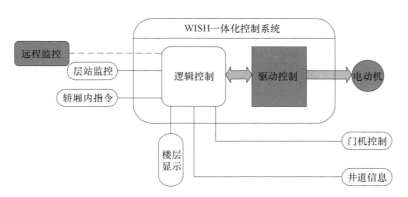

图 4-1　电梯一体化控制系统

电梯一体化控制系统主要由主控制器、层站召唤、楼层显示等组成。主控制器高度集成了电梯的逻辑控制与驱动控制功能，接收并处理平层、减速等井道信息以及其他外部信号，输出控制运行接触器、制动接触器。

（1）一体化的定义和分类

以往电梯行业所使用的控制器和变频调速驱动器都是分立的，其中控制器故障率高，控制器与驱动器之间采用多段速或模拟量运行，导致布线复杂、控制效率低，从而造成电梯运行稳定性较差、运行效率低。随着科技的发展，一种新型技术——"电梯一体化控制技术"逐渐发展成熟。

所谓电梯一体化控制技术，是指将电梯驱动系统与电梯逻辑控制系统高度集成，从而实现一体化。根据一体化思路的不同，一般将其分为以下两类。

① 结构一体化。当前市场上主要的一体化控制器，是把以往的电梯控制主板和变频器的驱动部分结合到一块控制板上，其功能特点如下。

a. 一体化控制的电梯系统，省去了控制板与变频器接口的信号线，方便使用的同时减少了故障点。控制板与变频器之间的信息交换不再局限于几根线，可以实时进行大量的信息交换。

b. 直接停靠，每次运行节省 3～4s 的爬行时间，能使乘客乘坐更舒适，减少乘客焦躁心理。一些控制板也通过模拟量方式进行直接停靠，不足之处是模拟量容易受到干扰。一体化结构通过芯片之间的数据交换代替模拟量，解决了干扰问题。

c. 传统的控制板加变频器的结构，对曲线数目有约束。固定的速度段对层高不能灵活充分利用，一体化控制不限制曲线的数目，可自动生成无数条曲线。另外直接停靠的效果，将电梯运行效率提高到极致。

d. 基于大量信息的交换，一体化可以更准确地判断电梯状况，并迅速地进行调整，且对电梯故障的判断更加准确，处理更加灵活。例如直接停靠、高平层精度的实现。

② 功能一体化。将电梯看作一个整体，不分逻辑控制和驱动控制，不要求控制板和驱动板是否是一块控制板。

由于变频器输出的波形中含有大量的谐波成分，其中高次谐波会使变频器输出电流增大，造成电动机绕组发热，产生振动和噪声，加速绝缘老化。同时各种频率的谐波会向空间发射不同频率的无线电干扰，还可能导致其他设备误动作。但是由于实际现场确实需要将变频驱动和主机进行远距离控制，这就需要调整变频器的载波频率来减少谐波及干扰或增加交流电抗器，但增加现场的调试难度和控制系统的成本。

功能一体化在功能上能够达到现有一体机的效果，在结构上可以将控制板和驱动板分为两块，而且控制板和驱动板分开的距离可以达到 50m 以上。控制系统在功能上完全具备现有一体化控制系统的功能，并且可以在一些特殊的场合应用。

（2）一体化控制器与传统控制器比较分析（表 4-1）

表 4-1 一体化控制器与传统控制器比较分析

比较项目	一体化控制器	其他同类产品
先进性	省去了控制板与变频器接口的信号线,减少了故障点。控制板与变频器之间的信息交换不再局限于几根线,可以实时进行大量的信息交换 真正距离控制,不对曲线的数目进行限制,一体化结构通过芯片可自动生成 N 条曲线。再加上直接停靠的效果,将电梯运行效率提高到极致。每次运行节省 3～4s 的爬行时间,乘客乘坐更舒适,减少乘客等待时的焦躁心理 基于信息的大量交换,一体化可以更准确地判断电梯状况,并迅速地进行调整;另外,对电梯故障的判断更加准确,处理更加灵活	一些控制板通过模拟量方式直接停靠,不足之处是模拟量容易受到干扰 传统的控制板加变频器的结构,对曲线的数目有约束,固定的速度段对层高不能灵活充分利用。采用数字量多段速控制或者采用 0～10V 的电压外接变频器模拟量端口 1.75m/s 的电梯控制板加变频器配置时,一般有一个高速曲线 1.75m/s、一个低速曲线 1m/s,多层运行 1.75m/s,单层运行 1m/s。当楼层高度允许运行 1.7m/s 的速度时,只能运行 1m/s,而一体化则可以运行 1.7m/s
经济性	选用一体化控制器,最少仅需 28 芯随行电缆,还具有层站显示及召唤、轿顶控制板等配件的价格优势 同步、异步驱动一体化,仅需通过修改控制参数即可实现(需外配不同的 PG 卡)	微机板＋通用变频器的模式导致控制柜成本较高,并且配件价格较高 同步、异步独立;同步机型比异步机型价格更高;PG 卡需另配

比较项目	一体化控制器	其他同类产品
适用性	调试简单,修改参数仅需一个操作器即可实现;可以在轿厢通过外接调试器修改控制柜内任意参数 人机界面丰富,调试简单,体积小,节省机房空间	调试较为复杂。需对变频器参数、微机控制器参数配合调试,并且相互独立,无法统一调试 无法实现在轿厢修改控制柜任意参数 参数复杂、众多

(3) 控制系统配置分析(表 4-2)

表 4-2　控制系统配置分析

比较项目	一体化控制器	其他同类产品
选型原则	按照一体化驱动器额定输出电流大于等于额定电流的选型原则,针对目前国内主流的曳引机,可完全实现1:1配置,且运行性能卓越	驱动控制器采用安川 G7 或 L7、SIEI 的 AVyL 系列,按1.15~1.3倍的变频器额定电流大于电动机启动电流的原则选用。参照目前各个厂家的经验,需放大一挡使用
其他配置	PG 卡标准配置 另标配灵活实用的贴心小键盘,可供简单的调试和维修操作	PG 卡需另配 操作面板需另配
外围配置	层站:每层一块串行通信层楼显示板 轿厢:一块轿顶控制板,丰富的轿厢控制功能 一块串行通信楼层显示板 一块指令分配板(最大 16 楼层)	层站:每层一块串行通信层楼显示板 轿厢:一块操纵箱控制板,简单的轿厢控制功能 一块串行通信楼层显示板 一块指令分配板(最大 8 楼层)
编码器	有齿轮曳引机异步电动机:标准增量型 AB 相编码器 无齿轮同步曳引机:可适配 U、V、W8192 编码器,亦可配置 SIN/COS 编码器	有齿轮曳引机异步电动机:标准增量型 AB 相编码器 无齿轮同步曳引机:可适配 A、B、Z 编码器(安川 L7),亦可配置 SIN/COS 编码器(SIEI)
称重补偿	采用 SIN/COS 编码器可实现无称重启动补偿 亦可选用安于轿底、调试简洁的模拟量称重装置,与轿顶控制板标准接口连接,实现精确的轿厢负载称量和启动补偿	SIEI 采用 SIN/COS 编码器可实现无称重启动补偿 安川 L7 仅有一个模拟量输入端口,若配模拟量称重装置,需额外增加模拟量接口板
应急救援	AC220V 小功率 UPS、48V 蓄电池可轻松实现超低成本的停电应急救援方案 此种应急救援方案因控制系统全部参与工作,使得系统更安全、更可靠	采用蓄电池给抱闸供电释放抱闸的救援方式不是非常安全 或另配标准的应急电源(断电再平层),成本较高

(4) 国内主流电梯一体化系统介绍

国内主流的电梯一体化控制系统主要有默纳克系统、新时达系统和蓝光系统(表 4-3)。

表 4-3　国内主流的电梯一体化控制系统介绍

分类	特点	图示
默纳克系统	双 32 位处理芯片 同步、异步一体化 支持开环低速运行 电流环参数自学习,舒适感好,免调试 N 曲线自动生成,超短层自动识别 同步机免角度自学习 支持轿厢调试 无称重传感器启动补偿技术,使电梯无需安装称重装置 具有优良的启动舒适感 支持 CANbus、Modbus 通信方式,减少随行电缆数量,实现远程监控 多类别故障处理,详细记录故障信息 多级密码功能,提高操作专业性 采用先进的直接停靠技术,电梯运行效率更高 基于互联网的无线远程监控系统接口,方便异地指导调试、维护和监视电梯运行 中英文液晶操作器	 NICE3000new 电梯一体化控制器

分类	特点	图示
新时达系统	双 32 位处理芯片 同步、异步一体化 硬件的基极封锁,解决运行中断门锁过电流问题 结合安全回路采样,实现输出接触器不拉弧 同步电动机无需编码器相位角自整定 全 CAN 总线通信,使整个系统接线简单 采用先进的直接停靠技术,电梯运行效率更高 无称重传感器启动补偿技术,使电梯无需安装称重装置 具有优异的启动舒适感 具有平衡系数自学习功能 采用结构模块化设计,每个模块采用硬连接,可方便拆卸和更换 多级密码功能,提高操作专业性 基于互联网的无线远程监控系统接口,方便异地指导调试、维护和监视电梯运行 中英文液晶操作器	 AS380S 电梯一体化控制器
蓝光系统	双 32 位处理芯片 同步、异步一体化 轻松旋转或静止电动机参数自学习、电动机初始角度自学习 全 CAN 总线通信,使整个系统接线简单 采用先进的直接停靠技术,电梯运行效率更高 无称重传感器启动补偿技术,使电梯无需安装称重装置 具有优异的启动舒适感 多类别故障处理,详细记录故障信息 基于互联网的无线远程监控系统接口,方便异地指导调试、维护和监视电梯运行	 IBL6 U 电梯一体化控制器

4.2 默纳克一体化控制系统应用

以默纳克 NICE3000new 系列电梯驱动控制一体机为例。该控制系统集中了电梯控制器和高性能矢量变频器的功能,以其为核心,即可组成一个电梯驱动控制系统。NICE3000new电梯一体化控制系统主要包括电梯一体化控制器、轿顶控制板(MCTC-CTB)、轿厢内显示板(MCTC-HCB)、轿厢内指令板(MCTC-CCB),以及可选择的提前开门模块、远程监控系统等,如图 4-2 所示。

一体化控制器通过电动机编码器的反馈信号控制电动机,同时以脉冲计数的方式记录井道各位置开关的高度信息,实现准确平层、直接停靠、保障运行安全的目的。

轿顶控制板与一体化控制器采用 CANbus 通信,实现轿厢相关部件的信息采集与控制。

厅外显示板与一体化控制器采用 Modbus 通信,只需简单设置地址,即可完成所有楼层外召唤的指令登记与显示。

NICE3000new 一体化控制器的系统框图如图 4-3 所示。

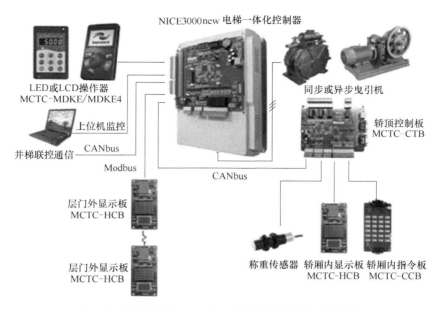

图 4-2　NICE3000new 电梯一体化控制系统组成示意图

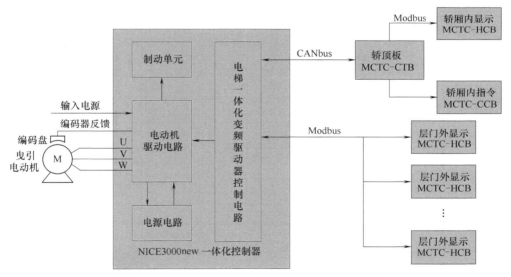

图 4-3　NICE3000new 一体化控制器的系统框图

（1）电梯一体化控制器介绍（表 4-4）

表 4-4　电梯一体化控制器介绍

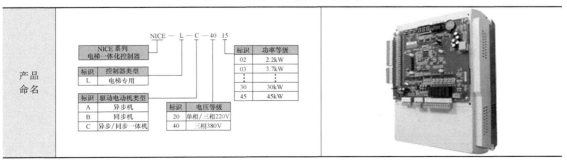

	标号	名称	功能说明	
主回路端子定义	R、S、T	三相电源输入端子	交流三相 380V 电源输入端子	三相交流电源 安全接触器 ⏚ + − R S T PB U V W ⏚ POWER MOTOR 制动电阻 (37kW 以下功率机型接线)
	+、−	直流母线正负端子	37kW 及 37kW 以上控制器外置制动单元连接端子及能量回馈单元连接端子	
	+、PB(P)	制动电阻连接端子	①37kW 以下控制器制动电阻连接端子 ②37kW 及以上功率控制器直流电抗器连接端子(出厂时自带短接片,若不外接直流电抗器,请勿拆除短接片)	
	U、V、W	控制器输出端子	连接三相电动机	
	⏚	接地端子	接地端子	

	标号	代码	端子名称	功能说明	
控制回路端子定义	CN1	X1～X16	开关量信号输入	输入电压范围:DC10～30V 输入阻抗:4.7kΩ 光耦隔离输入 电流限定 5mA 开关量输入端子,其功能由 F5-01～F5-24 设定	
	CN9	X17～X24	开关量信号输入		
		Ai/M	模拟量差分输入	模拟量称重装置使用	
	CN3	24V/COM	外部 DC24V 输入	提供 24V 电源,作为整块板的 24V 电源	
		MOD+/−	485 差分信号	标准隔离 RS-485 通信接口,用于层门外召唤与显示	
		CAN+/−	CAN 总线差分信号	CAN 通信接口,与轿顶板连接,无机房监控板和 DI/DO 扩展板接口	
	CN2	X25～X27/XCM	强电检测端子	输入电压 AC110V±15%,DC110V±20% 安全、门锁反馈回路,对应功能由 F5-37～F5-39 参数设定	

	标号	代码	端子名称	功能说明
控制回路端子定义	CN7	Y1/M1 ~ Y6/M6	继电器输出	继电器常开触点输出 5A/DC250V,对应功能由 F5-26~F5-31 设定
	CN4	CAN 2+/2−	CAN2 总线差分信号	CAN2 通信接口,用于群控或并联/群控
		MOD 2+/2−	485 差分信号	MOD2 通信接口,用于小区监控和物联网

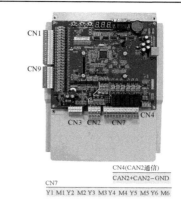

CN4(CAN2通信)
CAN2+CAN2−GND

CN7
Y1 M1 Y2 M2 Y3 M3 Y4 M4 Y5 M5 Y6 M6

	名称	功能说明
主控板跳线	J1	模拟量输入接地端,左边标识 COM 端表示接地(使用主控板模拟量时,必须接到 ON 位置)
	J5	轿顶板 CAN 通信终端电阻,标识 ON 一端表示接上终端电阻
	J7	控制板接地,短接表示将控制板地与底层变频器地实现共点
	J9/J10	厂家、用户使用时只短接 J9 右边两个插针
	J12	PG 卡连接端口

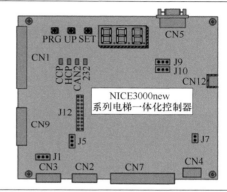

	名称	代码	端子名称	功能说明
状态指示灯	状态指示灯	COP	CAN1 通信指示灯	与轿顶板通信正常时亮
		HOP	MOD 通信指示灯	与显示板通信正常时亮
		CAN2	CAN2 通信指示灯	通信正常时常亮;进入并联、群控状态时闪亮
		232	232 串口状态指示灯	232DB9 串口通信正常时亮
	CN12	RJ45 接口	操作器接口	用于连接液晶或数码操作器

（2） PG 卡介绍（表 4-5）

表 4-5 PG 卡介绍

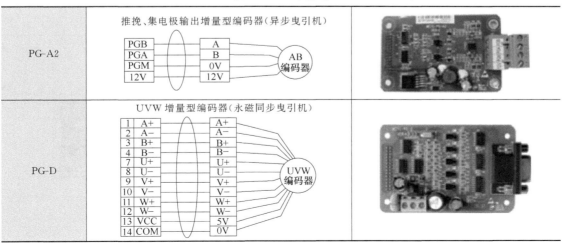

| PG-A2 | 推挽、集电极输出增量型编码器(异步曳引机)
PGB—A
PGA—B
PGM—0V
12V—12V AB编码器 | |
| PG-D | UVW 增量型编码器(永磁同步曳引机)
1 A+ —A+
2 A− —A−
3 B+ —B+
4 B− —B−
7 U+ —U+
8 U− —U−
9 V+ —V+
10 V− —V−
11 W+ —W+
12 W− —W−
13 VCC —5V
14 COM —0V UVW编码器 | |

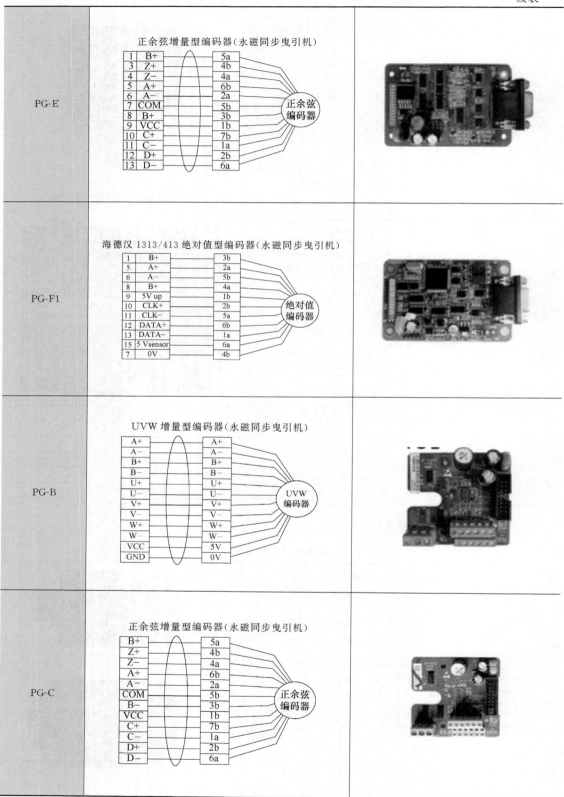

PG-E	正余弦增量型编码器(永磁同步曳引机)	
	1 B+ → 5a 3 Z+ → 4b 4 Z- → 4a 5 A+ → 6b 6 A- → 2a 7 COM → 5b 8 B+ → 3b 9 VCC → 1b 10 C+ → 7b 11 C- → 1a 12 D+ → 2b 13 D- → 6a 正余弦编码器	
PG-F1	海德汉 1313/413 绝对值型编码器(永磁同步曳引机)	
	1 B+ → 3b 5 A+ → 2a 6 A- → 5b 8 B+ → 4a 9 5V up → 1b 10 CLK+ → 2b 11 CLK- → 5a 12 DATA+ → 6b 13 DATA- → 1a 15 5 Vsensor → 6a 7 0V → 4b 绝对值编码器	
PG-B	UVW 增量型编码器(永磁同步曳引机)	
	A+ → A+ A- → A- B+ → B+ B- → B- U+ → U+ U- → U- V+ → V+ V- → V- W+ → W+ W- → W- VCC → 5V GND → 0V UVW编码器	
PG-C	正余弦增量型编码器(永磁同步曳引机)	
	B+ → 5a Z+ → 4b Z- → 4a A+ → 6b A- → 2a COM → 5b B- → 3b VCC → 1b C+ → 7b C- → 1a D+ → 2b D- → 6a 正余弦编码器	

（3）轿顶控制板介绍（表4-6、图4-4）

表4-6　轿顶控制板端子定义

端子标识		端子名称	端子标识		端子名称
CN2	+24V/COM	外接DC24V电源	CN5	A-AM（常闭）	轿厢风扇/照明控制输出
	CAN+/CAN−	与主控板CAN通信接口		B-AM（常开）	
CN1	+24V/COM	DC24V电压输出	CN4	B1-BM	开门信号1输出
	MOD+/MOD−	与显示板Modbus通信接口		B2-BM	关门信号1输出
CN6	Ai-M	模拟量称重信号输入		B3-BM	强迫关门1输出
CN3	P24	+24V电源		C1-CM	开门信号2输出
	X1	光幕1输入		C2-CM	关门信号2输出
	X2	光幕2输入		C3-CM	强迫关门2输出
	X3	开门限位1输入		D1-DM	上行到站信号输出
	X4	开门限位2输入		D2-DM	下行到站信号输出
	X5	关门到位1输入	CN7/CN8		与指令板通信DB9针端口
	X6	关门到位2输入	CN10		外引键盘RJ45接口
	X7	满载信号（100%）输入			
	X8	超载信号（110%）输入			

图4-4　轿顶控制板

图4-5　指令板

（4）指令板介绍（表4-7、图4-5）

表4-7　指令板端子定义

序号	对应接口	2、3脚	1、4脚	端子接线说明
1	JP1～JP16	楼层1～16按钮输入	楼层1～16显示输出	当指令板作为级联指令板使用时，JPn输入信号对应16+n层按钮输入
17	JP17	开门按钮输入	开门显示输出	
18	JP18	关门按钮输入	关门显示输出	
19	JP19	开门延时按钮输入	开门延时显示输出	
20	JP20	直达输入	非门区停车输出	当指令板作为级联指令板使用时，此类端子无效（级联指令板用作后门控制时，JP17可实现后门开门）
21	JP21	司机输入	保留	
22	JP22	换向输入	保留	
23	JP23	独立运行输入	保留	
24	JP24	消防员运行输入	保留	

注：1、2脚为电源正极，PCB板上有白色圆点标记或者焊接引脚为方形的为1脚。

（5）显示板介绍（表 4-8）

表 4-8　显示板端子定义

端子	功能	引脚定义			
		1	2	3	4
JP1	锁梯输入/上行到站灯输出	+24V	+24V	锁梯输入	上行到站灯输出
JP2	消防输入/下行到站灯输出	+24V	+24V	消防输入	下行到站灯输出
JP3	上行召唤按钮输入	+24V	+24V	上行按钮输入	按钮灯输出
JP4	下行召唤按钮输入	+24V	+24V	下行按钮输入	按钮灯输出
CN1	电源、通信端子	+24V	MOD+	MOD−	COM
S1	楼层地址设置按钮				

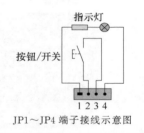

JP1～JP4 端子接线示意图

注：端子背面针脚焊盘为方形者为 1 脚，向另一侧依次为 2、3、4 脚。

（6）手持操作器介绍

手持操作器如图 4-6 所示。

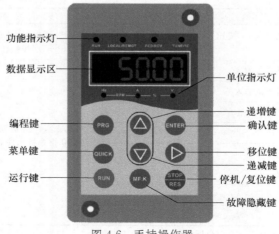

图 4-6　手持操作器

第5章

电梯电气控制应用

电梯电气控制是电梯运行的核心组成部分，控制应用与发展对电梯设计者而言有着至关重要的作用，它是电梯控制的延伸和设计的再验证。

本章主要介绍轿厢意外移动保护应用、IC 卡控制与应用、停电应急自动救援应用、电梯节能技术应用和电梯物联网应用。

5.1 轿厢意外移动保护应用

轿厢意外移动保护简称 UCMP。UCMP 保护的目的是防止乘客在进出电梯轿厢时受到轿厢意外移动造成的伤害（图 5-1）。

图 5-1　乘客在进出电梯轿厢时受到轿厢意外移动造成的伤害

电梯轿厢意外移动事故的特点如下。

① 对乘客和物品产生剪切和挤压。

② 伤害较为严重。

③ 随着电梯数量的增加和部分老旧电梯的相关零部件失效，事故数量逐年增加。

5.1.1　UCMP 的组成

UCMP 组成如图 5-2 所示。

（1）检测子系统（图 5-3）

在电梯门没有关闭的前提下，最迟在轿厢离开开锁区域时，应由符合标准要求的电气安

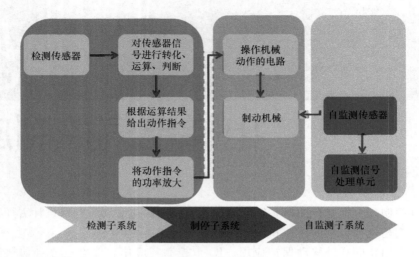

图 5-2　UCMP 组成

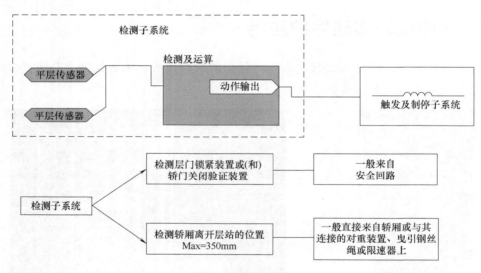

图 5-3　检测子系统

全装置检测到轿厢的意外移动。

　　检测子系统应当由一个或者多个电气安全装置组成。一般而言，该系统的功能是检出轿厢意外移动的状态，并对触发和制停子系统发出制停指令。

　　① 通过安装在轿厢上的位置信号检测器件，提供信号至安全电路板，用于检测轿厢是否位于平层区域内（表 5-1）。

表 5-1　位置信号检测器件

器件	图示
干簧管开关	

器件	图示
光电开关	
安全电路板	

② 通过限速器检测轿厢在提前开门或开门再平层时的相对位置和运行速度（表 5-2）。

表 5-2　限速器

器件	图示
EOS 电子限速器	
机械式特殊设计限速器	
可检测意外移动的离心式限速器	

③ 通过绝对值编码器或者井道位置传感器检测轿厢在提前开门或开门再平层时的相对位置和运行速度（表 5-3）。

表 5-3　绝对值编码器和井道位置传感器

器件	图示
绝对值编码器	
井道位置传感器	

（2）制停子系统（图 5-4）

制停子系统的制停部件应作用在以下几方面。

① 轿厢；

② 对重装置；

③ 钢丝绳系统（悬挂绳或补偿绳）；

④ 曳引轮；

⑤ 只有两个支撑的曳引轮轴上。

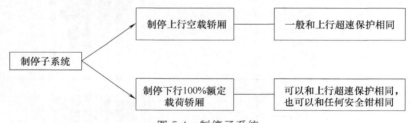

图 5-4　制停子系统

① 作用于轿厢或对重装置的制动部件（表 5-4）。

表 5-4　作用于轿厢或对重装置的制动部件

器件	图示
安全钳	
双向安全钳	

器件	图示
夹轨器	

② 作用于钢丝绳系统（悬挂绳或补偿绳）夹绳器。

③ 作用于曳引轮或者曳引轮轴的曳引机制动器（表 5-5）。

表 5-5　作用于曳引轮或者曳引轮轴的曳引机制动器

器件	图示
鼓式制动器	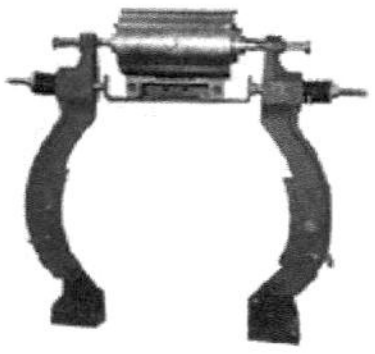
块式制动器	
钳盘式制动器	
夹轮器	
作用于曳引轮轴且靠近曳引轮的制动器	
作用于曳引轮轴而不靠近曳引轮的制动器	

（3）自监测子系统（图5-5）

当使用曳引机制动器作为制动元件时，自监测子系统作用如下。

① 监测驱动主机制动器制动或释放的检测装置。

② 监测制动力（制动力矩）的系统或装置。

a. 监测制动器提起（或释放）＋ 每15天自动监测一次制动力。

b. 监测制动器提起（或释放）＋ 定期维护保养时监测制动力。

c. 每24h自动监测一次制动力。

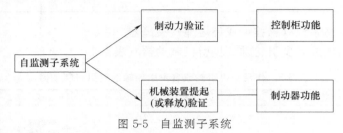

图5-5　自监测子系统

自监测子系统中监测曳引机制动器制动或释放的装置和监测制动力的系统或装置见表5-6。

表5-6　自监测子系统

器件	图示
制动器开关	制动器开关
制动力监测	

5.1.2　UCMP 典型方案

① 平层感应器、安全电路板、制动器组成的 UCMP（表5-7）。

表5-7　平层感应器、安全电路板、制动器组成的 UCMP

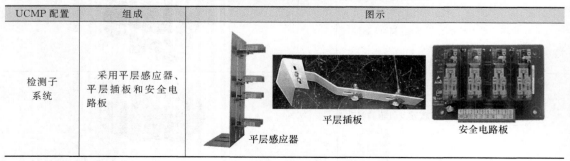

UCMP 配置	组成	图示
检测子系统	采用平层感应器、平层插板和安全电路板	平层插板　安全电路板　平层感应器

UCMP 配置	组成	图示
制停子系统	采用永磁同步曳引机鼓式制动器	
自监测子系统	制动器开关自监测	 制动器开关

② 专用限速器和夹绳器或安全钳组成的 UCMP（表 5-8）。

表 5-8　专用限速器和夹绳器或安全钳组成的 UCMP

UCMP 配置	组成	图示
检测子系统	电子限速器	
制停子系统	夹绳器（上行）安全钳（下行）	 夹绳器 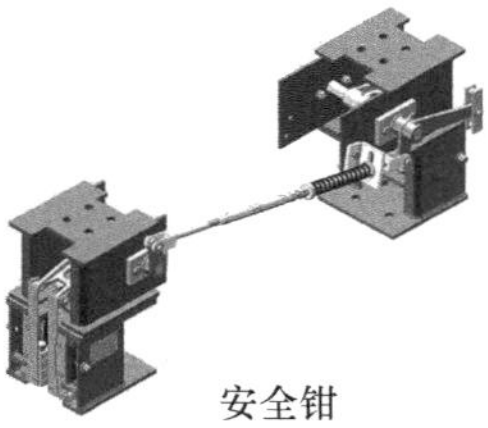　　　　安全钳

③ 门区检测单元和夹绳器组成的 UCMP（表 5-9）。

表 5-9　门区检测单元和夹绳器组成的 UCMP

UCMP 配置	组成	图示
检测子系统	门区检测单元	

UCMP 配置	组成	图示
制停子系统	特殊夹绳器	

5.2 IC 卡控制与应用

　　随着房地产业的快速发展，国家倡导的节能省地型住宅建设政策广泛落实，高层住宅建设逐渐成为房地产开发和消费的主体。同时也给售后物业管理带来了很多问题和困难，其中最突出的是电梯设备的使用、维修、管理成本高和物业收费困难等问题。IC 卡电梯控制管理系统的研制及应用，对解决以上问题提供了技术上的支持，为物业管理创造了新环境。

5.2.1 IC 卡系统简介

　　（1）IC 卡系统的组成（图 5-6）

加密锁

管理软件

系统管理中心

写卡器

发卡

选择权限楼层

读取IC卡

图 5-6　IC 卡系统的组成

　　IC 卡系统的操作流程如下。

　　① 管理软件＋加密锁；

　　② 系统管理中心；

　　③ 写卡器；

　　④ 发卡；

　　⑤ 读取 IC 卡；

　　⑥ 选择权限楼层。

（2）读卡器的分类（表 5-10）

表 5-10　读卡器分类

类型	特点	图示
刷卡型	直接使用 IC 卡刷卡控制电梯	
密码型	管理人员在巡查等特殊情况下直接输入密码使用电梯；业主可对 IC 卡系统设定密码，用来在接待访客或把卡遗忘在家中时，直接输入密码以使用电梯	
指纹型	采集电梯使用人员的指纹，通过按指纹就可以控制电梯	

（3）IC 卡的分类（表 5-11）

IC 卡工作的基本原理是：射频读写器向 IC 卡发出一组固定频率的电磁波，IC 卡内有一个 LC 串联谐振电路，其频率与读写器发射的频率相同。这样在电磁波激励下，LC 串联谐振电路产生共振，从而使电容内有了电荷；在这个电容的另一端，接有一个单向导通的电子泵，将电容内的电荷送到另一个电容内存储，当所积累的电荷达到 2V 时，此电容可作为电源为其他电路提供工作电压，将 IC 卡内数据发射出去或接收读写器的数据。

表 5-11　IC 卡分类

类型	特点	图示
卡片型	每张 IC 卡有唯一的 32 位序列号 有 16 个扇区，每个扇区为 4 块，每块 16 个字节，以块为存取单位，每个扇区有独立的一组密码及访问控制	
钥匙扣型	具备卡片型的功能，可挂在钥匙扣上，携带方便。外观小巧玲珑，坚固耐用，不掉色。有多种款式和颜色可供选择 产品防水、防振、防腐蚀	

（4）IC 卡系统的作用

① 刷卡使用电梯，无卡不能使用电梯。

② 设置用户使用次数、使用时间、使用日期。

③ 选层功能：可单独控制每个楼层，刷卡后可直接到达指定楼层。

④ 增加对电梯楼层自由使用时间的限制，可设置电梯任意时间段内解除或使用 IC 卡控制系统，并可在特殊情况下立即进入或解除楼层限制。

⑤ 用户可对 IC 卡系统设定密码，不使用 IC 卡时也可直接输入密码使用电梯。

⑥ 智能呼梯功能：用户用手机拨打指定电话即可呼梯，使用户乘电梯到达指定楼层，达到与输入密码相同的效果。

⑦ 远程通信功能：通过 485 通信，远程读取用户使用记录、远程发行设置卡以及楼层限制卡、远程更新黑名单等功能。

5.2.2　IC 卡控制

IC 卡控制主要有楼层控制型、电梯门控制型和楼宇对讲联动控制型三种，同时具有控制和收费的功能（表 5-12）。

表 5-12　IC 卡控制

类型	特点	图示
楼层控制型（内呼控制）	①用户进轿厢后刷 IC 卡，然后手动选取所要楼层 ②用户进轿厢后刷 IC 卡，系统自动登记所要楼层 ③所选楼层必须是经过授权的楼层，未经授权的楼层不能被选择	
电梯门控制型（外呼控制）	有效节能，同时也间接保障了住户的人身和财产安全 优点：读卡器安装在电梯轿厢外部，有卡人员需在电梯外刷卡，能够使无卡人员无法进入电梯轿厢，起到安全节能的目的 缺点：在需要严格管理的情况下，电梯能够到达的每一楼层都需要加装读卡器，造成读卡器的安装数量较多，综合投入成本较大	
楼宇对讲联动控制型	访客无需刷卡就可实现乘梯，运行完毕则自动计费一次	访客呼叫　→　业主给开锁信号 单元门开放　→　电梯自动降到1层迎接访客　→　访客进入电梯　→　电梯只开放业主所居住的楼层

典型电梯控制如表 5-13 所示。

表 5-13　典型电梯控制

分类	特点	图示
用于操纵箱	①召唤按钮中开关的一根线由控制器输出切断(在控制器未输出情况下,按电梯楼层按钮,不起作用) ②刷 IC 卡后,控制器根据 IC 卡预制的信息,控制设备插件 J1～J8 的输出(常开转为常闭),间接接通对应楼层召唤按钮,允许电梯召唤	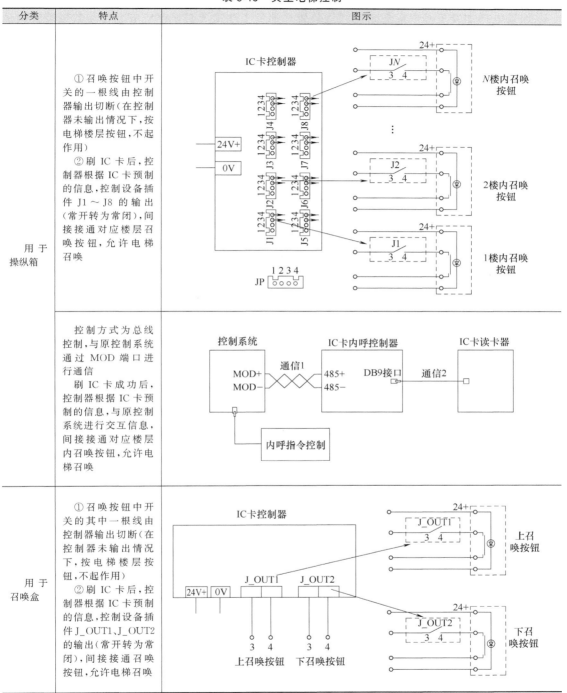
	控制方式为总线控制,与原控制系统通过 MOD 端口进行通信 刷 IC 卡成功后,控制器根据 IC 卡预制的信息,与原控制系统进行交互信息,间接接通对应楼层内召唤按钮,允许电梯召唤	
用于召唤盒	①召唤按钮中开关的其中一根线由控制器输出切断(在控制器未输出情况下,按电梯楼层按钮,不起作用) ②刷 IC 卡后,控制器根据 IC 卡预制的信息,控制设备插件 J_OUT1、J_OUT2 的输出(常开转为常闭),间接接通召唤按钮,允许电梯召唤	

5.3　停电应急自动救援应用

电梯在正常使用过程中,一旦遇到软故障(如非电梯安全回路、门锁回路)或供电系统故障（如缺相、停电、火警），使电梯停在井道里不能继续正常运行，被困在轿厢内的乘客会有紧张、恐惧、烦躁等情绪，甚至生命受到严重威胁。

如果电梯加装了停电应急自动救援装置，遇到上述情况时，停电应急自动救援装置则会立刻自动投入工作，使电梯继续运行到就近层站平层、开门，从而确保被关在轿厢内的乘客能够得到最快捷、安全的全自动救援措施，避免人工救援速度缓慢的问题，进而避免悲剧事件的发生。

停电应急救援装置一般使用 UPS 电源或 ARD 电源，救援时需要与原控制系统配合使用；直接驱动电机型，救援时脱离控制系统，直接带曳引机。

（1）不间断电源 UPS（图 5-7）

一种含有储能装置，以逆变器为主要组成部分的恒压恒频的不间断电源。

图 5-7 不间断电源 UPS

UPS 电源系统由五部分组成：主路、旁路、电池等电源输入电路，进行 AC/DC 变换的整流器，进行 DC/AC 变换的逆变器，逆变和旁路输出切换电路以及蓄能电池。UPS 设备通常对电压过高和电压过低都提供保护。

为方便 UPS 电源系统的日常操作与维护，设计了系统工作开关、主机自检故障后的自动旁路开关、检修旁路开关等开关控制。

（2）ARD 装置（图 5-8）

电梯正常工作过程中，ARD 装置处于监控状态，当因各种原因造成电梯突然断电时，电梯在 5s（时间可设置）内迅速投入工作。

监测守候状态和应急救援过程都在微电脑控制下自动完成，无需人为干预。

一般设计使用的涓流充放电电路，对蓄电池进行充放电，克服二次电池自放电特性，不需人为对蓄电池进行充放电及其他保养，大大延长了蓄电池的寿命。

（3）直接驱动电机型（图 5-9）

发生停电事件时检测到输入电压丢失，通过程序或外围的开关设定，切入备用电源，由备用电源提供控制器所需电源，由互锁接触器短接同步电动机的绕组；进入停电救援功能，封闭外部电源。若电梯停止在开门区域，电梯门处于关闭状态，由备用电源打开电梯门；若电梯停止在非开门区域，先松开机械刹车，利用轿厢载荷与对重装置的重量差，使电梯向重量较重的一侧缓慢移动，在安全状态下移动至开门区域打开电梯门。

图 5-8 ARD 装置

图 5-9 直接驱动电机型

5.3.1 UPS 救援简介

（1）UPS 电源特性

当有 AC220V 交流电时，L、N 电路对蓄电池进行充电，同时装置直接输出 AC220V 电压。当出现断电时，UPS 立即通过逆变器输出单相 AC220V 电源到负载。

（2）UPS 救援工作原理

根据 UPS 电源特性，在电梯停电情况下，通过外围控制回路切换到 UPS 供电，UPS 输出单相 AC220V 电源给原控制系统供电（包括变频器、主控板、控制变压器、制动器、门机控制器等）。

原控制系统使用 UPS 电源，带动曳引机以低速运行，同时监控电梯的安全、门锁、平层等状态，到达平层位置后开门撤离受困人员，完成救援工作。

小贴士：控制系统本身需要支持单相 AC220V 低压运行功能。

（3）UPS 救援电源回路分析（图 5-10）

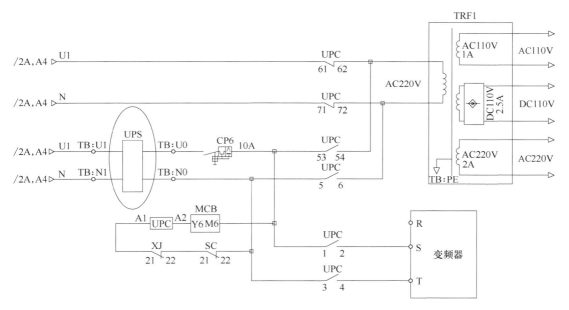

图 5-10 UPS 救援电源回路分析

在电梯停电情况下，原控制系统直流母线电压由 500V 左右降到 300V 左右时，通过底层电容残余电量触发主控板继电器 Y6、M6 动作，继电器吸合之后，UPC 接触器线圈得电吸合，切换到 UPS 控制电路，UPS 输出单相 AC220V 电源给原控制系统供电。

（4）UPS 救援控制回路分析（图 5-11）

UPC 接触器之后吸合，通过 UPC 接触器的辅助触点进行以下控制。

① 触点 13、14 用于短接相序继电器，接通安全回路（停电时，相序继电器不工作，对应触点已断开）。

② 触点 81、82 提供主控板停电应急自动救援启动信号，主控板接收到此信号之后，进入停电应急救援程序。

小贴士：目前 UPS 救援方式在电梯应用中普遍使用，但是 UPS 救援方式比较复杂，在将来的使用中将逐步被淘汰。

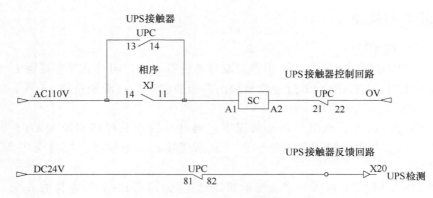

图 5-11　UPS 救援控制回路分析

5.3.2　ARD 装置救援简介

（1）ARD 电源特性

当 L1、N 接入 AC220V 交流电时，对 ARD 系统蓄电池进行充电。当输入端子有电源接入时，输出端子直接输出电压给控制系统。当出现断电或者缺相时，在确认断电至少等待 3s 后，进行逆变输出，输出电压为单相 AC220V（或单相 AC380V 或三相 AC380V）。当接收到电梯控制系统发出的停止信号后，15s 左右关闭逆变输出。

（2）ARD 救援工作原理

根据 ARD 电源特性，在电梯停电情况下，ARD 延时至少 3s 后给原控制系统供电（包括变频器、主控板、控制变压器、制动器、门机控制器等），同时提供给原控制系统应急运行信号。原控制系统使用 ARD 电源，带动曳引机以低速运行，同时监控电梯的安全、门锁、平层等状态，到达平层位置后开门撤离受困人员，完成救援工作。

（3）三相 AC380V 的 ARD 救援主回路分析（图 5-12）

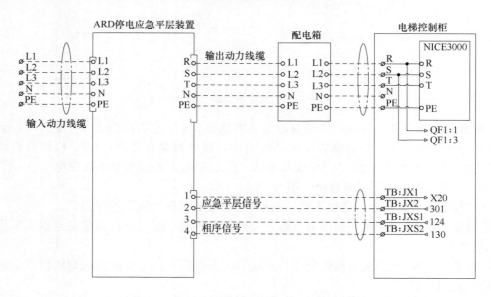

图 5-12　三相 AC380V 的 ARD 救援主回路分析

停电时，ARD 电源经过逆变之后，输出两相 AC380V 电源或三相 AC380V 电源进入配电箱，提供控制系统电源。

同时输出停电应急信号和短接相序继电器信号，提供给控制系统，控制系统接收到应急救援信号之后进入自动救援状态。

小贴士：ARD 救援时输出如果为两相 AC380V，对应控制系统本身需要支持两相 AC380V 低压运行功能。

（4）单相 AC220V 的 ARD 救援回路分析（图 5-13）

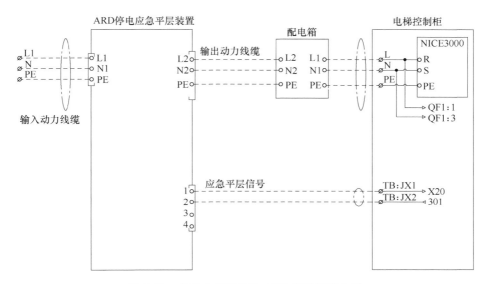

图 5-13　单相 AC220V 的 ARD 救援回路分析

停电时，ARD 电源经过逆变之后，提供 AC220V 电源进入配电箱，提供控制系统电源。

同时输出停电应急信号，提供给控制系统，控制系统接收到应急救援信号之后进入自动救援状态。

5.3.3　直接带曳引机救援简介

（1）工作原理

采用电气互锁自动反馈方式，电梯主电源无需串入停电应急自动救援装置。外电网正常时，停电应急自动救援装置不会影响电梯的正常运行。外电网发生停电、缺相等异常情况而造成电梯不能正常工作时，停电应急自动救援装置至少等待 3s 后投入工作，切换电梯控制回路进入应急运行状态。

在应急救援过程中，外电网供电恢复不影响停电应急自动救援装置的正常工作。

在救援过程中，检测电梯系统的安全回路、门锁回路及检修回路，确保救援过程中安全运行。在电梯检修过程中，停电应急自动救援装置不工作。

（2）直接驱动救援回路分析（图 5-14）

停电应急自动救援装置与电梯控制柜独立，当电梯正常电源断电时，停电应急自动救援装置通过互锁接触器，将电梯的控制权全部接管，控制轿厢运行到最近的平层位置并开门使乘客安全撤离。

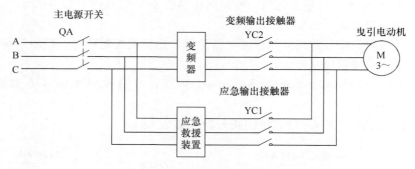

图 5-14　直接驱动救援回路分析

小贴士：在控制上 YC2 和 YC1 电气联锁。

5.3.4　救援应用分析

（1）投入运行要求分析

当电网电源断电或者缺相时，停电应急自动救援装置在判断电梯状态稳定后，至少等待3s 才能自动投入救援运行。

电梯在运行期间突然停电，如果停电应急自动救援装置未经延时后立即投入工作，或者停电应急自动救援装置在工作期间电梯主电源又突然恢复，电梯控制柜立即投入工作，这两种情况可能使得停电应急自动救援装置和控制柜的控制发生冲突，造成系统损坏，甚至使电梯发生不可预测的危险。

① 电梯处在检修运行、紧急电动运行、对接操作状态时，停电应急自动救援装置不得投入运行。

在进行检修工作时需要断开主电源的情况下，为了防止停电应急自动救援装置工作给检修人员带来意外伤害，该装置除了需设置手动隔离开关外，还应对检修开关的状态进行采集。电梯在检修状态时停电应急救援装置不能投入工作，以保证检修时的安全。

② 人为切断电梯的主电源开关时，停电应急自动救援装置不得投入运行。

这一点是设计人员及检验人员最容易忽略的。很多停电应急自动救援装置的输入电源接在主电源开关之后，当维修需要断开主电源开关时，停电应急自动救援装置自动投入工作，启动电梯，维修人员在毫无准备的情况下很容易造成事故或伤亡。

因此，电梯的主电源开关必须能切断包括停电应急自动救援装置在内的所有供电。切断主电源开关后，电梯应自动不能进行任何操作，以确保安全。在停电应急自动救援装置的输出上建议设置一个断路开关，该断路开关与电梯主电源开关有机械联动，断开主电源开关同时也切断停电应急自动救援装置的输出。

③ 电梯的电气安全装置动作时，停电应急自动救援装置不得投入运行。

完成自动救援运行后，应当维持动力驱动的自动门开门状态不小于10s，此后应当退出自动救援工作状态，关闭电梯层门、轿门，恢复主电源回路。

（2）切换开关要求分析

应当设置一个非自动复位控制开关。当开关处于关闭状态时，停电应急自动救援操作装置不能启动应急运行，只能对蓄电池充电。

（3）电源隔离要求分析

停电应急自动救援操作装置投入使用后，必须自动隔断外电网对电梯系统的供电，防止外电源与应急电源造成冲突。如果使用符合接触器触点隔断电网电源，该接触器发生故障时，应当防止电梯的再启动。

（4）对电梯的控制要求分析

停电应急自动救援操作装置工作时，对电动机和制动器的控制应当符合国标的要求，电动机运行时限制器也应当起作用，且应当在轿厢以自动救援运行速度运行最大楼层间距行程的时间加 10s 前起作用。

（5）恢复供电后电梯正常运行要求分析

在直接带曳引电动机救援模式的情况下，在进行停电应急运行时控制柜是不工作的，如果轿厢从某一层移动至另一层，控制柜可能不能正确检测到轿厢位置，造成电梯楼层显示错误。

此时，如果电梯恢复到正常状态接受登记的指令快车运行，电梯可能会因位置信号错误而运行混乱，造成冲顶、蹲底等故障。因此，在这种救援模式下，控制柜必须要有有效措施，来防止冲顶、蹲底等故障的发生。例如，可采用能直接反映轿厢位置的绝对值编码器防止层楼位置信号错误，或在恢复供电时使轿厢自动运行到基站复位。

（6）储能设备能量检测要求分析

停电应急自动救援装置的作用，就是在停电时能将轿厢移动至最近层平层位置撤离乘客。因此，停电应急自动救援装置能否提供足够的能量将轿厢移动至平层位置是一项重要的技术指标。

检验的方法是停电应急自动救援装置充电完成后，使其在该电梯最不利的应急运行状态下运行，检查其能否运行到平层位置。

因此，电梯最不利的应急运行状态包括以下两点。

① 运行时最大电流下的负载。如果停电应急自动救援装置能根据负载自动选择运行方向，最大电流时的负载可能为半载时；如果停电应急自动救援装置不能根据负载自动选择运行方向，最大电流时的负载应为额定负载上行。

② 最长距离才能到达平层的位置。选择层高最大的两层，且让电梯在离平层位置最远点开始运行，检查停电应急自动救援装置能否将轿厢移动至平层位置。

另外还应注意：如果电动机电源和制动器电源取自不同的蓄电池，制动器电源的能量足够，而电动机电源的能量不足时，可能出现制动器打开，而电动机不能启动，造成电梯溜车的危险。因此，这种情况必须有相应的保护电路。

5.4 电梯节能技术应用

对宾馆、写字楼等的用电情况调查统计表明，电梯用电量非常高，仅次于空调用电量，高于照明、供水等的用电量。

使用变频调速的曳引电梯，当电梯轿厢处在空载上行和满载下行时，曳引机释放大量再生电能，而给曳引机供电的整流器电流不可逆，因此造成曳引机释放的再生电能大量堆积在变频器直流母线端，引起变频器直流母线电压升高。如不能及时处理，将引起变频器过电压，甚至损坏。

传统的做法是使用大功率电阻把再生电能消耗掉，但是这样做会造成更大的电能浪费。因为大功率电阻在消耗电梯再生能量时，会释放大量热能，引起电梯机房温度升高，电梯元器件性能会降低。为了不使电梯元器件性能降低，就得保持机房温度在规定的范围内。一般的做法是采用空调或风机维持电梯机房温度，所以大功率电阻耗能的方法不仅使电梯再生能量白白消耗掉，而且由于使用空调和风机，会引起第二次的能量浪费。

5.4.1　电梯曳引机节能技术

曳引机作为电梯的核心部件，直接影响着电梯的节能效率。曳引机技术经历了蜗轮蜗杆传动曳引机、行星齿轮和斜齿轮传动曳引机、永磁同步无齿轮曳引机三个发展阶段，几种形式曳引机的性能比较如表 5-14 所示。

表 5-14　几种形式曳引机的性能对比

性能特点	异步电动机 蜗轮蜗杆减速器	永磁同步电动机 行星斜齿轮	永磁同步电动机 无齿轮
效率	60%～70% 效率较低	≥96% 效率很高	80%～90% 效率一般
体积	体积大 重量重、安装费力	结构紧凑 体积小、安装方便	体积较小 重量轻、安装方便
制动	制动于电动机端，通过减速器的增力作用，制动力矩得到有效放大，可靠性好	制动于电动机端，通过减速器的增力作用，制动力矩得到有效放大，可靠性好	制动于绳轮端，无增力机构，制动器需设计很大以保证冗余制动力，可靠性略差
其他	结构简单 噪声小 齿面易于磨损 生产成本低	运行平稳 寿命长 噪声偏大 生产成本较高	结构简单 易于维护 一般需 2∶1 安装

5.4.2　电梯驱动控制系统节能技术

（1）能量反馈节能技术

把直流制动单元替换为 PWM 能量回馈装置（图 5-15），既可以节能，又可以降低机房温升。

能量回馈装置，通过自动检测变频器的直流母线电压，将变频器直流环节的直流电压逆变成与电网电压同频同相的交流电压，经多重噪声滤波环节后连接到交流电网，从而达到能量回馈电网的目的，有效节省电能。

使用能量回馈装置后，省去制动单元和制动电阻，电梯节能的同时，有效降低机房的温升，进一步达到节能的目的。

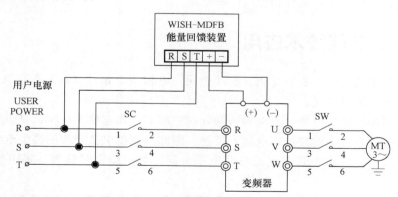

图 5-15　PWM 能量回馈装置

（2）四象限节能技术

① 双 PWM 可逆整流控制系统（图 5-16）。近年来集成电梯逻辑控制与驱动控制的一体

化控制系统已成为电梯控制的主流配置。若在现有基础上，进一步集成能量反馈技术，无疑可以为客户创造更多价值。

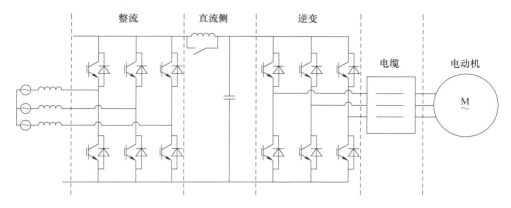

图 5-16　双 PWM 可逆整流控制系统

此类控制系统是由 PWM 整流器和 PWM 逆变器构成的双 PWM 可逆整流控制系统，无需增加任何附加电路。通过对变频元的开关元件按照一定的控制规律进行通断控制就可消除电网侧谐波污染，实现高功率因数及能量双向流动，方便电动机四象限运行，并且电动机动态响应时间短，是高质量能量回馈技术的最新技术之一。

② 双 PWM 控制技术的工作原理（图 5-17）。当电动机处于拖动状态时，能量由交流电网经整流器对中间滤波电容充电，逆变器在 PWM 控制下将能量传送到电动机。

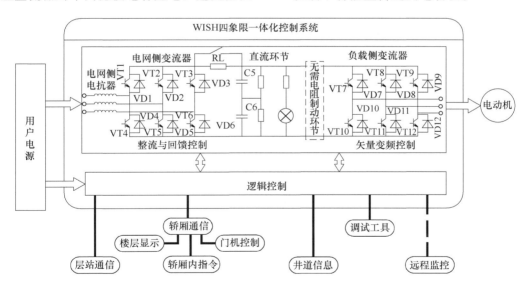

图 5-17　双 PWM 控制技术的工作原理

当电动机处于减速运行状态时，由于负载惯性作用进入发电状态，其再生能量经逆变器中开关元件和续流二极管向中间滤波电容充电，使中间直流母线电压升高。此时整流器中开关元件在 PWM 控制下将能量回馈到交流电网，完成能量的双向流动。

由于 PWM 整流器闭环控制的作用，使变频器直流母线电容端的直流电能转变为与交流电网同频率、同相位、同幅值的三相对称正弦波电能回馈给电网，最大限度地抑制能量回馈装置对电网的谐波污染。

双 PWM 控制技术打破了过去变频器的单一结构，采用 PWM 整流器和 PWM 逆变器提高了系统功率因数，并且实现了电动机的四象限运行，这给变频器技术增添了新的生机，形成了高质量能量回馈控制技术的最新发展趋势，为电梯节能降耗奠定了技术基础。

电梯一体化控制系统中变频驱动回路若要实现四象限运行，必须满足以下条件。

① 电网侧需要采用可控变流器。当电动机工作于能量回馈状态时，为了实现电能回馈电网，电网侧变流器必须工作于逆变状态，不可控变流器不能实现逆变。

② 直流母线电压要高于回馈阈值。变频器要向电网回馈能量，直流母线电压值一定要高于回馈阈值，只有这样才能向电网输出电流。电网电压和变频器耐压性能决定阈值大小。

③ 回馈电压的频率与相位必须和电网电压相同。回馈过程中必须严格控制其输出电压频率和电网电压频率相同，以避免浪涌冲击。

（3）共直流母线节能技术（图 5-18）

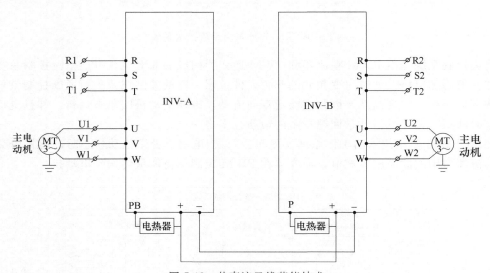

图 5-18　共直流母线节能技术

即使能量回馈装置有电抗器、电容器等滤波环节。使用双 PWM 脉宽调制器波形也不免有些畸变，其中掺杂着高次谐波，与市电的正弦波、频率有些差别。这些高次谐波对电网以及用电设备都有不可忽视的影响。

在电梯使用频率较大的地方，一般都是使用两台或者多台电梯，这对电梯节能提供了一种新思路——共直流母线节能方式，即将电梯各驱动变频器中直流部分并联。

共直流母线传动系统主要包括变频器、直流接触器、直流熔断器等。

共直流母线系统比较突出的特点是电动机的电动状态和发电状态可以互享，即连接在直流母线上的任何一台电梯重载下降和轻载上升时产生的能量，都通过各自的逆变器反馈到直流母线上，连接在直流母线上的其他电梯就可以充分利用这部分能量，从而减少从电力系统中消耗的能量，达到节能目的。

5.4.3　电梯群控节能技术

电梯全速运行时所消耗的电能远远低于减速和加速时所消耗的电能。电梯停靠的次数越多，所消耗的电能就越多。通过群控系统，能有效减少电梯系统的停靠次数，提高输送效率，从而达到节能的目的。

（1）多台电梯群控技术（图 5-19）

对于多台电梯群控，其主要优化目标有减少乘客平均候梯时间、减少乘客平均乘梯时间、降低长候梯率和减少电梯群控系统运行能耗损耗。综合以上四种评价标准，对多个目标进行优化，实现电梯的多目标化调度。

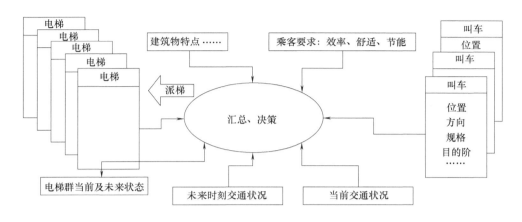

图 5-19　多台电梯群控

（2）模糊神经网络的应用（图 5-20）

将变量模糊化，把四种规则映射到神经网络，利用神经网络的学习能力来调整改善规则。模糊神经网络的应用，使得自动适应各种不同的交通条件成为可能。乘客候梯时间可以保持在较小的数值，借助于模糊推理的数据整理分析，使得对交通量的变化具有较好的预判性。

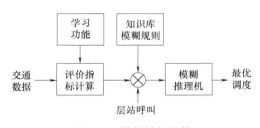

图 5-20　模糊神经网络

另外，神经网络的自学习能力使得系统适应于长期间内的交通量变化，系统能够适应建筑物内的各种条件变化。与模糊控制相比平均候梯时间、长候梯率都有明显改善，并有效地控制乘梯的"扎堆现象"。

5.5　电梯物联网应用

电梯物联网是利用先进的物联网技术，将电梯接入互联网，使电梯制造商、监管部门、维保单位、配件企业、物业公司、电梯乘客、行业协会和房产企业之间可以进行有效的信息和数据交换，从而实现对电梯的智能化管理，保障电梯的可靠运行。

随着我国高层建筑的快速发展，对电梯安全性能和控制系统的要求越来越高，相应的安全监视系统也要求更先进、更可靠、更容易实现与互联网对接，从而实现电梯远程联网和监管的目的。

电梯物联网监控系统的产生是我国电梯行业的发展趋势。该系统通过特制的感应器，采集电梯相关运行数据，通过微处理器进行非常态数据分析，经由 3G、GPRS、以太网络或 RS485 等方式进行数据传输，由服务器进行综合处理，实现电梯故障报警、困人救援、日常管理、质量评估、隐患防范、多媒体传输等功能的综合性电梯管理平台，如图 5-21 所示。

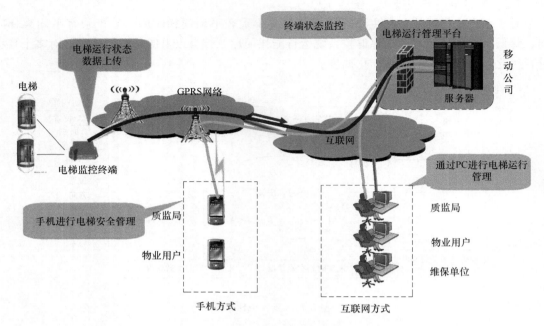

图 5-21　电梯物联网监控系统

5.5.1　电梯物联网运营平台

电梯物联网也是一个免费的公共信息平台，任何用户都可以免费访问和享用电梯物联网的资源。

（1）电梯搜索引擎

电梯相关的企业、产品、配件和服务等都可以在搜索引擎中找到答案。

（2）新闻咨询平台

各种电梯行业内的新闻和咨询，甚至房产行业和物业企业的时事要闻也会在平台上出现。

（3）标准法规平台

电梯行业内的各种法律、法规、标准和规范都可以在平台上进行查阅。

（4）互动知识分享平台

用户可以根据自身的需求，有针对性地提出与电梯相关的技术问题，其他用户可以对这些问题给出解答；同时，这些问题的答案又会进一步作为搜索结果，提供给其他有类似疑问的用户，达到知识共享的效果。

（5）专家维修指导平台

对于各种类型的电梯故障，平台根据不同的故障现象和描述给出不同的参考解决方案，供维修人员和相关技术人员参考。

（6）技术交流平台

电梯物联网将会定期转载最新的电梯技术类论文，为电梯技术人员的学习和交流提供了有效的平台支撑。

（7）企业展示平台

各企业（电梯/房产/物业）都可以充分利用平台展示自己的产品和服务等。

（8）电子商务平台

各企业还可以将电梯相关的产品及服务的供求信息发布到电梯物联网上，实现电梯圈的电子商务。

（9）电梯圈社交平台

用户可以随时随地与单位同事、电梯圈同行保持紧密的联系，了解他们的动态，分享个人的生活和工作点滴，共同讨论电梯技术问题，畅谈电梯业的发展。

（10）政府和行业协会信息发布平台

政府和行业协会可以利用电梯物联网平台发布一些行业资讯和政策法规。

（11）其他信息的平台

当地的天气、出行、重大新闻、股市行情以及电梯行业企业发生的重要事情等都会实时反映在平台上，供访问者查阅。

5.5.2 电梯物联网组成

表 5-15 为电梯物联网组成。

表 5-15　电梯物联网组成

组成子系统	系统特点	图示
数据采集系统	通过传感器采集电梯相关运行数据（如主控制器端子信号、平层信号、故障信号等），并通过微处理器进行数据分析	
数据传输系统	将数据采集系统采集分析后的数据，经由 4G、5G、GPRS 或 RS485 等方式进行传输	
中心处理系统	中心服务器进行综合处理，分析电梯运行状态的多种可能性，实现电梯故障报警、困人救援、日常管理、质量评估、隐患防范等	
应用软件系统	通过手机 APP、网络平台系统对电梯进行实时监控	

5.5.3　默纳克与新时达物联网解决方案

（1）默纳克物联网（表 5-16）

表 5-16　默纳克物联网

方案	图示
方案一：经济型需求来自电梯厂本身 ①远程协助：电梯技术专家通过获取一体化控制器功能码、端子状态、输出电流/电压，来远程协助现场工程师完成调试与故障处理 ②维保管理：通过维保签到、维保过程记录来管理现场维保人员绩效，提高工作效率 ③故障提醒：电梯出现故障时自动短信提醒，可提高快速反应能力，减少乘客投诉，提高客户满意度和美誉度 ④保养提醒：按照设定的保养计划自动提醒维保人员，提高维保服务质量	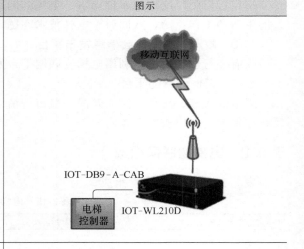
方案二："物联网＋无线对讲"，在方案一的基础上增加对讲功能，与电梯原有对讲系统融合，形成 GSM 电话无线对讲 方案特点：成本最低，性价比高，安装方便，容易调试，设置四个接警对讲号码，可远程修改接警号码；可替换有线多局对讲系统，借用中控室电话机形成五方电话无线对讲	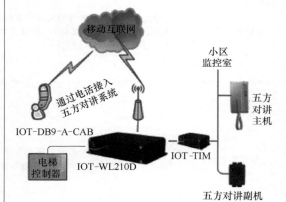
方案三：地方标准解决方案 ①电梯安全运行监控系统要求：具有运行参数采集功能、具有图像采集功能、具有语音对讲功能、具有电梯故障记录功能和断市电后系统正常运行 2h 功能 ②电梯安全运行监控中心要求：支持电梯受困人员报警时语音对讲功能和视频查看功能、支持可配置短信告警、支持电梯故障报警的应急处置和支持电梯受困人员报警的应急处置 方案特点：以最经济的解决方案满足质监局要求，降低了客户成本。在以太网线不好布的情况下，IOT-WL100D 更换为 IOT-WL300D，采用 4G 或 5G 来传输图像识别电梯轿厢内是否有人	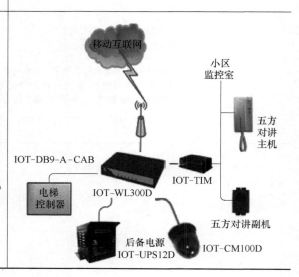

方案	图示

方案四:多媒体集成方案(需求来自开发商和业主,用于酒店、商场等高档商业场所)

IOT-WD3102 的功能:数据采集、视频播放语音报站、楼层显示图像识别和视频采集物业公告

方案特点:可镶嵌在操纵箱内,功能多,成本低,远程联网更新公告、视频要求井道内有 4G 信号甚至 5G 信号,酒店、商场等高档/公共场所一般均有信号

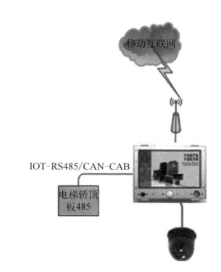

方案五:传媒运营方案

方案特点:配套传媒运营媒体发布服务平台 18.5in、23in 可选高端大屏幕;本地 U 盘或远程联网更新公告、媒体文件拥有前述方案所有功能

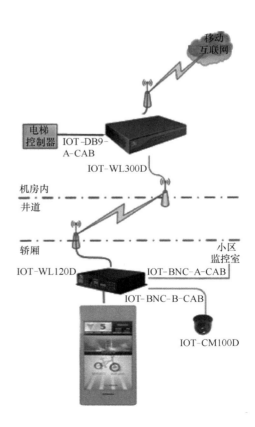

（2）新时达物联网（表5-17）

表5-17　新时达物联网

方案	特点	图示
原控制系统监控	优势：充分利用电梯制造商原有监控信息平台和信息采集通道 不足：硬件投入较大，安装复杂，运行费用高	
小区无线组网	优势：硬件成本低，安装简便，运行费用低 不足：电梯制造商需进行数据接口开发，编程难度大	
其他厂家通信转换	优势：硬件成本低，安装简便，运行费用低 不足：新时达提供的监控平台可能不完全符合整梯厂的要求（新时达也可以为客户私人定制）	

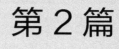

第 2 篇

电梯安装与调试

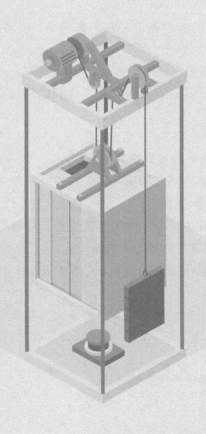

第**6**章

电梯安装前准备

6.1 安全注意事项

安全是电梯安装的重中之重，必须严格遵守《安全操作规程》，尽可能避免在安装过程中出现安全问题或事故。

了解电梯安装前的安全注意事项，首先需要考虑可能发生的风险。电梯安装存在的风险有剪切、挤压、坠落、撞击、被困、火灾、电击、化学物品危害等。电梯安装过程中，要规避这些风险并采取防护。安全是一切的前提，只有在保证安全的前提下才能开展相关工作。

电梯安装一般要求如下。

① 进入作业场所应穿戴劳动防护用品，作业前应检查设备和工作场地；设备应定人、定岗操作。

② 工作中，应集中精力，坚守岗位，不准擅自把自己的工作交给他人。

③ 两人以上共同作业时，应有主有从，统一指挥；在工作场所不应打闹、玩耍和做与本职工作无关的事情。

④ 严禁酒后进入工作岗位。

⑤ 安装完毕或中途停电，及时切断安装用电源后方可离岗。

⑥ 切断电源开关时，应设置"有人工作，严禁合闸"的警示牌，必要时应设专人监护或采取防止电源意外接通的措施。非工作人员禁止摘牌合闸。

⑦ 所有电气设备、机械设备及装置的外露可导电部分，除另有规定外，应有可靠的接地，并保持其连通性。非电气安装、调试人员不准进行电梯的安装与调试。

⑧ 注意警示标识，严禁跨越危险区，严禁攀登吊运中的物件，以及在吊物、吊臂下通过或停留。

⑨ 在安装现场应设置安全遮挡和标识；应提供充足照明以确保安全出入及安全的工作环境，控制开关应安装在接近工作场所出入口的地方。

⑩ 应保护所有的照明设备。

⑪ 所有金属移动爬梯与地面接触部位应有绝缘材料和防滑措施。

6.1.1 安全标识

安全标识如表 6-1 所示。

表 6-1 安全标识

序号	标识内容	数量	标识建议张贴位置	标识图片
1	曳引轮上下行旋转方向标识	1 个	主机曳引轮轮罩上	
2	警告保护膜标识		粘贴于围壁和门板保护膜上出厂	
3	层门开锁警示标识	每层 1 个	层门三角锁	
4	小心绊倒标识	1 个	机房内有障碍物时	
5	电梯保养暂停使用标牌	1 个	维保使用(首层)	
6	电梯平层标识(1~31)	1 个	机房墙上	

序号	标识内容	数量	标识建议张贴位置	标识图片
7	电梯平层标识(32~62)	总楼层为32~62层时为1个	机房墙上	
8	起吊标识	1个	机房主机上方吊钩	
9	小心轧手标识	1个	主机曳引轮轮罩上	
10	严禁向井道内抛物标识	每层1个	安装时贴在层门口	
11	电梯机器危险未经允许禁止入内	1个	机房大门	
12	井道施工注意安全标识	1个	施工井道入口处	
13	电击危险标识	1个	控制柜门外侧	

序号	标识内容	数量	标识建议张贴位置	标识图片
14	严禁脚踩标识		轿顶部件及有机房电梯机房线槽上	 严禁脚踩 Avoid Stepping
15	轿厢跌落危险标识	1个	轿顶防护栏上	 轿厢跌落危险 Top. of. Car Fall Hazard
16	井道内物体移动危险标识	1个	轿顶	 井道内物体移动危险 Moving Equiption Hazard In Hoistway
17	当心冲顶危险标识	1个	顶层墙上	 当心冲顶危险 Overhead Crash Hazard In Hoistway
18	对重块危险标识	1个	对重架上	 对重块危险 Counterweight Hazard

序号	标识内容	数量	标识建议张贴位置	标识图片
19	底坑危险标识	1个	底坑墙上	 底坑危险 Pit Hazard
20	锁定并加上标识	1个	机房电源箱或控制柜上修理用	 锁定并加上标识 Lockout a Tag Required
21	需戴硬盔标识	1个		 需戴硬盔 Hard-Hat Required
22	机房电压标识	1个	机房电源箱	 VOLTS 机房电压标识 Voltage Indication Tag for Machine Room
23	底坑内对重坠落危险标识	1个	底坑防护栏上	 底坑内对重坠落危险 Counterweight Hazard In Pit
24	当心落物标识	1个	轿顶防护栏上或底坑防护栏上	 当心落物 Caution Falling Object

序号	标识内容	数量	标识建议张贴位置	标识图片
25	当心坠落标识	1个	轿厢护脚板上	
26	无机房曳引机紧急救援操作程序标识	无机房电梯1个	无机房控制柜门内侧	
27	有机房曳引机紧急救援操作程序标识（有齿轮主机）	有机房电梯1个（有齿轮主机）	机房墙上	
28	有机房曳引机紧急救援操作程序标识（无齿轮主机）	有机房电梯1个（无齿轮主机）	机房墙上	
29	严禁扒门、推门标识（底色透明）	层门、轿门套数	层门、轿门处	

序号	标识内容	数量	标识建议张贴位置	标识图片
30	电梯安全使用须知标识(底色透明)	1个	轿厢内	
31	进入工地安全标识(底色白色)	1个	机房	
32	电梯安装注意安全标识(底色白色)	1个	首层	
33	项目框架图标识(底色白色)	1个	机房	
34	上下行标识(中黄)	1套	曳引机罩	
35	同机房梯号区分标识	共用机房时,共3套	控制柜、曳引机、机房电源箱	

序号	标识内容	数量	标识建议张贴位置	标识图片
36	平层指示标识（底色 Y07 中黄）	1个	机架上	平层标记 →
37	盘车装置指示标识（底色 Y07 中黄）	1个	机房墙上（电梯故障时，用盘车手轮搬动电梯）	盘车装置
38	楼层指示标识（底色 Y07 中黄）	1套	护脚板上（标识根据现场来制作）	
39	须佩戴安全带标识			必须佩戴安全带 MUST WEAR SEAT BELT
40	须持证上岗（特殊）标识			必须持证上岗 MUST HOLD CERTIFICATE
41	须戴安全帽标识			必须佩戴安全帽 MUST WEAR SAFETY HELMET

序号	标识内容	数量	标识建议张贴位置	标识图片
42	须戴防护手套标识			必须戴防护手套 MUST WEAR PROTECTIVE GLOVES
43	须穿防护鞋标识			必须穿安全鞋 SAFETY SHOES REQUIRED IN THIS AREA
44	须戴护目镜标识			必须佩戴护目镜 MUST WEAR SAFETY GLASSES

6.1.2 安全注意事项

安全注意事项如表 6-2 所示。

表 6-2　安全注意事项

安全注意事项	内容	图示
建筑结构的安全要求	①由监督人员对机房、井道和各层门口的结构及防水、防火措施进行检测 ②对井道进行检查,保证井道大小和垂直度符合土建布置图及国标要求 ③确认机房吊钩、楼顶吊钩的负载能力,确保负载能力满足吊装要求	—
每天工作开始前的检查	①安全防护装置(如脚手架、安全网等)检查 ②机械、电气设施(如电焊机、提升设备等,特别是安全装置)检查 ③辅助工具(如氧气瓶、乙炔瓶)检查 ④其他操作装置检查 ⑤警示标识检查	—
工作环境的要求	①工作环境必须保持清洁并注意防火 ②清除工作现场中任何可能影响工作人员的不安全因素 ③根据工作环境的安全要求使用合适的安全防护用具 ④在井道的每层层门处设置安全防护设施,并配备明显、清晰的警示标识	—

安全注意事项	内容	图示
操作人员的要求	①必须持有特种设备安装操作证 ②安装工作中应穿戴适合的防护用品,如安全帽、安全带等 ③在进行远距离工作时,操作人员必须保持建立通信系统的良好习惯	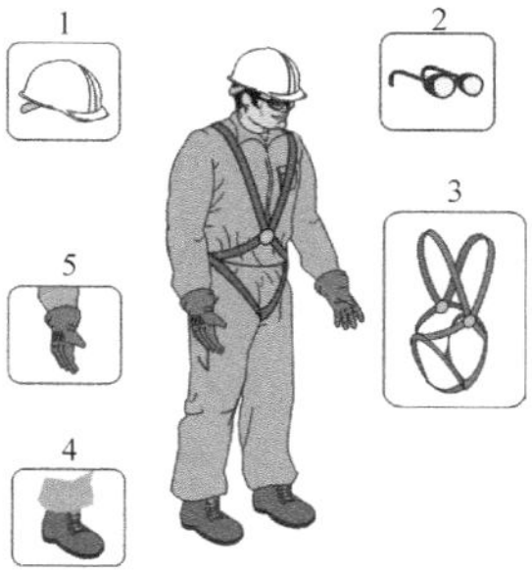
井道安全要求	①应在弯曲部分、梁或地面边缘等部位实施保护措施 ②为了防止坠落和落物,应在各层的门口安装护栏和防护网,如右图所示 ③在井道脚手架上采取安装平台和头顶保护措施 ④严禁在井道内的不同楼层同时进行多项工作 ⑤防火:在使用手提式切割机或焊接设备及气割设备时,应注意防止发生火灾。应将可燃物品放置到安全的地点 ⑥气体的管理:危险气体(如氧气、乙炔)必须由专业人员管理。危险气体应存放在通风良好的地方,并且尽量避免接近高温或长时间的暴晒 ⑦安全防护:安装人员必须遵守安全作业守则,工作时应互相监督。在操作焊接和气割及钻孔时必须佩戴护目镜。电焊机在使用之前必须确定无故障,在操作时确保安全 ⑧慢车操作:禁止未经允许的人员进入机房和井道。在进行操作之前,应确认所有的安全线路工作正常,在电气设备上的任何工作只有在关断电源的情况下才能进行。关断电源必须由专业人员进行,在此期间必须在机房电源箱上放置警告牌,并且用挂锁锁住,提醒人们严禁接通电源开关。机房电源箱如右图所示	 层门防护网 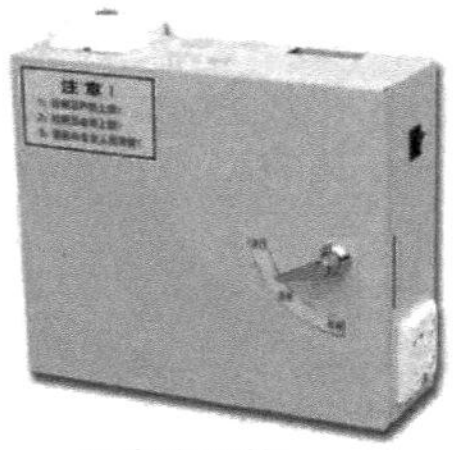 机房电源箱
设备安全使用要求	①未经批准,不允许任何安装人员以外的其他人使用电梯设备或者进入井道 ②对有问题的设备要进行标识,并从作业现场清走	—
安全用电要求	①每台电梯井道应单独供电,在底层井道入口附近设电源开关 ②井道内应有足够的亮度,在脚手架中间位置上沿整个井道高度每隔2~2.5m处安装一个有护罩的照明灯,同时根据需要在适当位置设置手灯插座 ③移动电具的金属外壳必须可靠接地 ④电梯所需要的动力电源应通到机房内,确保安全使用电源	—
每天工作结束后的安全检查	每天工作结束时,应检查各电气开关和气体阀门是否关闭,防火设备是否处于良好的位置,是否有不安全的因素。一旦发现异常的情况应立即予以处理,消除安全隐患,保证现场能正常工作	—

6.2 安装准备

在正常情况下，按照电梯制造商与甲方（用户）签订的《产品买卖合同》和《产品安装合同》相关规定，在电梯产品货到甲方（用户）安装现场的前两个月，电梯安装单位会派前期施工人员，前往用户单位勘察电梯井道、机房、层门、底坑尺寸是否符合电梯合同中双方确认的并由电梯制造商提供的设计图。在前期，施工人员实际勘测井道后，还需要填写"产品施工联系单"，一式两份，由双方人员签字确认，一份交给甲方负责人，一份带回作为安装进场前准备工作的依据。

根据《特种设备使用管理规则》（TSG 08—2017）规定，特种设备在投入使用前，使用单位必须持有关资料到所在地区的地、市级以上（含地、市级）特种设备安全监督管理部门申请办理使用登记。但在实际情况中，由于甲方不知道其办理程序，此项工作就由电梯制造商代为办理，即通常所称的交钥匙工程。如果不办理开工告知手续，一旦被当地特种设备安全监督管理部门检查到，其结果往往是电梯施工单位受处罚。因此，在电梯货到现场前就应该办理此手续。办理开工告知手续需向特种设备安全监督管理部门提供相应资料，如制造许可、安装许可、开工告知书（包括工程的详细信息）、施工方案、安装人员操作证、电梯随机文件资料、安全部件型式试验证书及出厂调试证明等。

6.2.1 工地勘察

工地勘察包括以下几个方面。

（1）机房用途方面

①电梯曳引机及其附属设备和滑轮应设置在专用房间内，只有专业人员才可以进入。

②机房内不用于电梯以外的其他用途，也不可以设置非电梯用的线槽、电缆或其他无关设备。

③机房内仅可放置该机房的空调设备、火灾探测器和灭火器。

（2）机房尺寸方面

①机房应有足够的尺寸，以允许人员安全、方便地对有关设备进行操作。工作区域的净高度不应小于2m，供活动的净高度不得低于1.8m。

②机房地面高度不一且相差大于0.5m时，应设置楼梯或台阶，并设置护栏，以确保人员的安全。

③机房通道门的宽度不应小于0.6m，高度不应小于1.8m，且门不得向机房内开启。

④通往净空场地的通道宽度不得低于0.5m。

（3）机房的温度控制、照明及供电要求

①机房应有适当的通风或空调设备，将机房温度控制在5～40℃。

②机房应设有永久性的电气照明，地面上的照度不应小于200lx。在机房内靠近入口（或多个入口）处的适当高度应设有一个开关，控制机房照明。

③机房内提供电梯电源开关的装置，设置位置必须是在机房内明显位置，且能迅速切断电源，距离地面高度为1.3～1.5m。

（4）机房内搬运设施

①在机房顶板或横梁的合适位置，应装设一个或多个适用的具有安全工作载荷标识的金属支架或吊钩。

② 电梯曳引机旋转部件的上方应有不小于 0.3m 的垂直净空。

（5）井道部分

① 井道宽度、井道深度、顶层高度、底坑深度等与载重量、速度及各个厂家电梯部件尺寸有直接关系，按施工图要求勘查即可。

② 井道垂直度允许偏差值：

提升高度小于 30m，为 0～25mm；

提升高度大于 30m、小于 60m，为 0～35mm；

提升高度大于 60m、小于 90m，为 0～50mm；

提升高度大于 90m，需根据每个厂家要求而定。

③ 井道底坑应无渗水、漏水。

④ 井道圈梁或预埋铁从底坑地板向上起 0.5m 为第一挡圈梁或预埋铁，由此往上每隔固定尺寸（由厂家规定，但不大于 2.5m）设一挡圈梁或预埋铁，最后一挡从井道顶部向下起 0.5m 设一挡圈梁或预埋铁。

6.2.2 安装准备过程

安装准备过程如表 6-3 所示。

表 6-3　安装准备过程

步骤	操作内容	图示
（1）与客户沟通	进入施工现场应遵守客户的有关规章制度,并应与客户议定相关的安装规定,如施工方案、安全注意事项等。施工方案的内容具体包括 ①施工项目的概况及特点 ②项目组织管理机构及人员配置 ③项目进度表 ④施工作业流程及技术措施 ⑤施工过程质量控制点及保证措施 ⑥施工过程安全生产、文明施工及保证措施 ⑦人员、机具、材料及加工件的使用计划 ⑧竣工移交注意事项 ⑨起重机、脚手架操作方案	
（2）核实井道	检查井道尺寸、机房尺寸是否与客户已经确认的电梯井道布置图相符;底坑是否密封、防水;确定安装所需的电源是否符合要求 根据电梯土建图和相应的测量工具核对电梯井道平面尺寸、顶层高度、底坑深度、楼层距离、机房平面尺寸,查看机房是否有预留孔（相关位置及尺寸）,是否有吊钩（相关位置及尺寸）及吊钩的承载能力等,门洞尺寸、各楼层层显及外呼孔洞是否符合规范要求,底坑防水、施工用电等情况是否到位,不符合项应书面告知客户	

步骤	操作内容	图示
(3)材料存放	确定材料的存放区域是否安全,大小是否适合	
(4)确定安装计划	准备工作完成后,应与客户确定安装计划	
(5)开工告知	向特种设备安全监督管理部门办理开工告知	
(6)施工前技术交底和安全培训	施工前的技术交底内容:向施工人员详细介绍本项目的施工方案,介绍本项目的工作任务(落实到人)及工作进度(明确具体日期) 安全培训内容:检查各工种人员持证情况及防护用品配备状况,讲解现场安全作业要领,分析典型事故案例引以为戒,学习本单位的安全制度	

6.3　开箱检查

电梯发货前,项目负责人需与建设单位沟通,安排专门的仓库放置相关物品。收货时需按照装箱清单上的物品核对是否有遗漏和损坏,如有,联系电梯制造单位补充、更换。

开箱检查要求如表 6-4 所示。

表 6-4　开箱检查要求

步骤	操作内容	图示
(1)场地及通道	确认材料堆放场地及通道顺畅 发货前,确认材料堆放场地及运输通道是否满足要求,如不满足,需考虑是否和客户沟通延期发货或者变更运输线路,并做好相关准备工作,如二次搬运的叉车等	
(2)外观	货物至工地后,根据装箱单检查包装箱的数量是否缺少,检查包装箱外观是否完整,无误后安排叉车或吊车接货。包装箱的堆放不要超过两层,以免倾倒而砸伤人员	
(3)核对货物	卸货完成后,根据现场进度要求,安装单位向厂家申请开箱检验。得到同意后,安装单位和厂家及客户一同开箱检验,用工具将包装箱打开,按照装箱清单核对货物。发现有错件、缺件、损件拍照取证,填写在记录单上,向厂家申请补发。在开箱清点无误时,按部件的安装位置将其搬运至就近放置,大件避免二次搬运。电气小部件及机械零件应放置在电梯专用仓库中	

续表

步骤	操作内容	图示
(4)材料堆放	材料堆放应整齐、有序、规范,并做好必要的防护,以免材料堆放不当或防护不当造成损坏	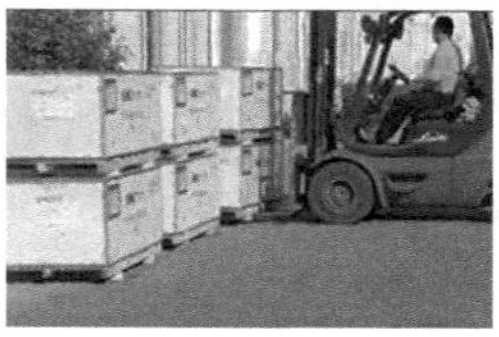
(5)清理	清理开箱场地残留杂物	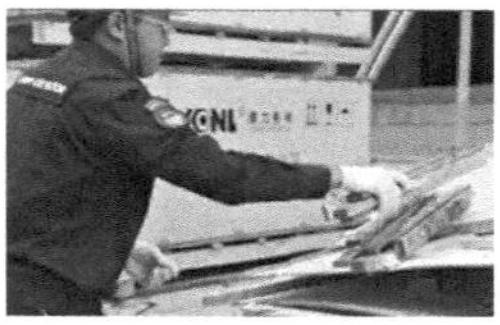
(6)确认	现场开箱人员签字确认	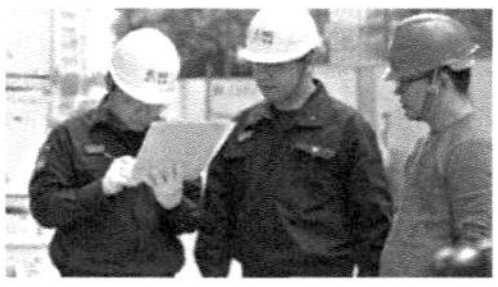

第7章

电梯机械部件的安装

电梯机械部件的安装至关重要，直接影响到电梯运行的舒适感。

本章主要介绍整梯机械部件的安装，分别为脚手架的搭建，样板架及吊线的安装，曳引机、导轨、层门、轿厢、对重装置、曳引钢丝绳、补偿装置的安装。通过本章的学习，可以掌握电梯主要机械部件的安装要点。

7.1 脚手架搭建

电梯安装是一项高空作业，为便于安装人员在井道内安全施工，一般需要在井道内搭建脚手架。搭建脚手架必须由持证的建筑单位特种作业人员操作，也可以委托有资质的专业机构搭建。

钢管架所使用的钢管是工地常用的 $\phi40mm$ 厚壁钢管，根据井道尺寸选择长度适当的钢管。钢管接头采用专用钢管扣件，不得使用铁丝进行捆扎固定。挑选钢管时应将严重生锈、弯曲、变形、开裂等影响质量和强度的钢管、扣件剔除。

7.1.1 脚手架的技术要求

① 结实牢固，水平度和垂直度符合相关要求。

② 不影响放样板线。

③ 不影响安装井道内的部件。

④ 横杆的顶头长度不得小于 50mm。

⑤ 横杆的顶头要求调整杆与墙体顶紧，防止晃动。

⑥ 立杆高度大于 30m 时，横杆必须伸出墙体进行加固。

⑦ 施工平台下方必须有安全网保护，防止坠落事故发生。

7.1.2 脚手架的安全要求

① 脚手架必须由持有相应有效特种作业操作证的作业人员搭建和拆除。施工前进行安全技术交底，严格按照有关操作规程施工。

② 作业人员应穿防滑鞋、悬挂安全带，并戴好安全帽，做好分工及协调配合工作。

③ 作业人员应带工具袋，操作工具应放在工具袋内，以防坠物伤人。搭设材料应随搭设速度随用随上，以免放置不当掉落伤人。

④ 每次收工前，架上材料应使用完，不要存留在作业面上。已搭好的脚手架应形成稳定结构，不稳的要临时加固。在搭设过程中，作业人员应避开落物的区域。

⑤ 严格控制搭设高度（≤24m/段），严禁超高搭设脚手架。

7.1.3 搭建脚手架的工作过程

表 7-1 为搭建脚手架的工作过程。

表 7-1 搭建脚手架工作过程

步骤	操作内容	图示
(1)准备工作	脚手架搭建应在井道土建施工完成并勘测合格后进行。搭建脚手架之前必须先清理井道,清除井道内、井壁上或机房楼板下因土建施工所留下的露出表面的异物,底坑内的积水、杂物也必须清理干净,井道的各层门洞应有良好的防护,能防止杂物及人员滚入井道	
(2)材料要求	电梯井道脚手架一般采用扣件式钢管脚手架,搭建时需用的构件主要有脚手架管、直角扣件、旋转扣件、对接扣件、脚手架底座、脚手架板	
(3)脚手架立管搭设要求	脚手架平台最高点位于井道顶板下 1.5～1.7m 处为宜,以便安放样板。顶层脚手架立管最好用四根短管。拆除此短管后,余下的立管顶点应在最高层牛腿下面 500mm 处,以便在轿厢安装时拆除	
(4)脚手架平台搭设要求	脚手架立管挡距以 1.4～1.7m 为宜。为便于安装作业,每层层门牛腿下面 200～400mm 处应设一挡横管,两挡横管之间应加装一挡横管,以便于上下攀登。脚手架每层最少铺 2/3 面积的脚手板,各层交错铺板,以减少坠落危险	
(5)脚手架固定	脚手板两端伸出立管 150～200mm,用 8 号铁丝将其与立管绑牢	
(6)脚手架布置	脚手架在井道的平面布置尺寸应结合轿厢、轿厢导轨、对重装置、对重导轨、层门等之间的相对位置,以及电线槽管、接线盒等的位置,在这些位置前留出适当的空隙,供吊挂铅垂线之用	
(7)脚手架验收	脚手架必须经过有关安全技术部门检查验收后,方可使用	

7.2 样板架的安装

7.2.1 样板架的制作要求

① 样板架必须制作精准、结实，并符合布置的尺寸要求。样板架应选用无节疤、不易变形、经过烘干处理的木料，并且应四面刨光、平直方正。当提升高度增加时，木材厚度也应增厚。

② 一般情况下，顶部和底部各设置一个样板架。但在安装基准线时，由于环境影响可能发生偏移和建筑有较大日照变形的情况下，应增加一个或一个以上中间样板架。

③ 样板架上必须用清晰的文字注明轿厢中心线、对重中心线、层门和轿门中心线、层门和轿门净门口净宽、导轨中心线名称等。

样板架结构如图7-1所示。

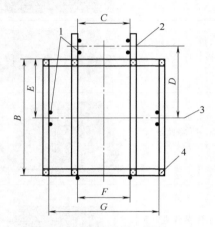

图 7-1　样板架结构

B—轿厢深；　C—对重导轨支架距离；　D—轿厢架中心线与对重架中心线距离；　E—轿厢架中心线至轿厢后壁距离；　F—开门净宽；
G—轿厢导轨支架距离；
1—铅垂线；　2—对重中心线；　3—轿厢中心线；　4—连接铁钉

7.2.2 样板架的验收要求

① 样板架水平偏差不大于3/1000。

② 样板架应牢固准确。制作样板架时，样板架托架的木质、强度必须符合规定要求，保证样板架不会发生变形或坍塌。

③ 放样板架时，井道上下作业人员应保持联络畅通。

④ 底坑配合人员应在放样人员允许下才可进入底坑，并保持联系。放样板线时，钢丝上临时所拴重物不得过大，必须捆扎牢靠，放线时下方不得站人。

⑤ 基准线尺寸必须符合图样要求，各基准线偏差不应大于±0.3mm，基准线必须保证垂直。

7.2.3 样板架的安装工作过程

样板架的安装如表7-2所示。

表 7-2　样板架的安装

步骤	安装要求和操作过程	图示
(1)材料准备	根据图样,进行样板架材料加工及辅料准备	

步骤	安装要求和操作过程	图示
(2)制作样板架及关键尺寸标注	标出轿厢中心、对重导轨中心线、门中心线、净开门宽度线及各放线点位置	
(3)样板架初步固定及样板线放置	在吊挂铅垂线各点位置上,用薄锯条锯成斜口,其旁钉一钢钉,将铅垂线嵌入斜口,防止移位	1—机房楼板;2—样板架;3—样板架托架;4—井道 样板线放置图
(4)复测	根据样板架铅垂线在井道位置测出的尺寸,校验井道、机房、层门口土建尺寸。若偏差较大,重新调整样板架位置,必要时可做修正处理,保证电梯部件的安装位置合理	层门中心 机房复核图

7.3 曳引机的安装

曳引机的功能是将电能转换成机械能,直接或间接带动曳引轮转动,从而使电梯轿厢完成向上或向下的运动。如图 7-2 所示,曳引机一般由电动机、制动器、松闸装置、减速器、盘车装置、曳引轮和导向轮等组成。

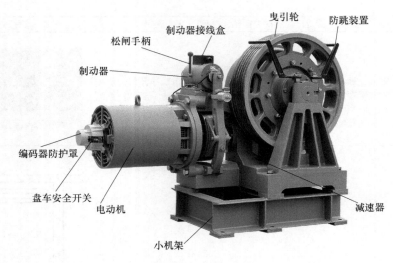

图 7-2 曳引机

2∶1 曳引系统绕绳方式示意图如图 7-3 所示。

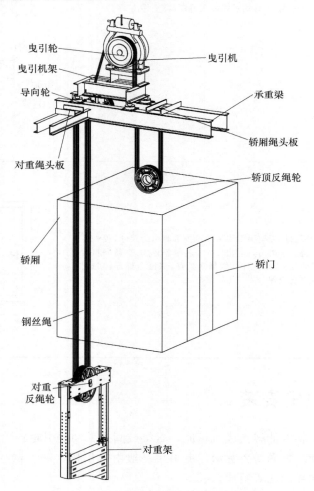

图 7-3 2∶1 曳引系统绕绳方式示意图

典型主机结构示意图如图 7-4 所示。

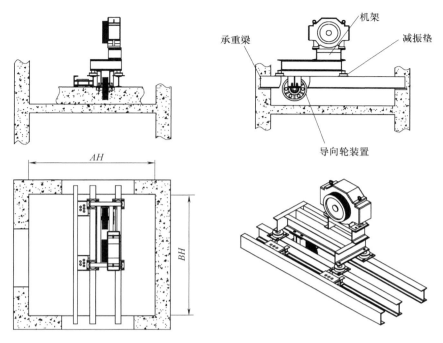

图 7-4　典型主机结构示意图
AH—轿厢宽度；　BH—轿厢深度

7.3.1　定位并确定机房安装尺寸

确定机房安装尺寸如表 7-3 所示。

表 7-3　确定机房安装尺寸

安装要求和操作过程	图示
确定机房布置要求及熟悉驱动系统，确认机房设备安装关键点。根据轿厢及对重中心位置确认曳引机、导向轮安装位置。根据机房布置要求，在机房地面使用墨斗弹线标注	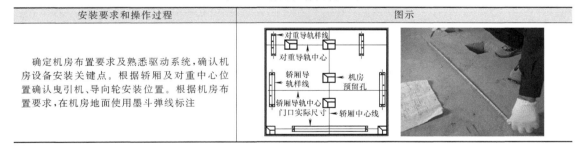

7.3.2　承重梁的安装

承重梁的安装如表 7-4 所示。

表 7-4　承重梁的安装

序号	安装要求和操作过程	图示
1	利用机房顶上的吊钩和手拉葫芦将承重梁吊起就位，应注意吊钩、吊索、葫芦和吊带等的起吊能力必须满足安全要求	

序号	安装要求和操作过程	图示
2	承重梁安装过程中应始终使其上下翼缘和腹板同时受垂直(沿铅垂线)方向的弯曲载荷,而不允许其侧向受水平方向的弯曲载荷,以免产生变形	
3	由于承重梁自重较大,移动时应注意用力适当,防止翻转压伤手指或脚背	
4	承重梁两端固定在机房的坚实承重墙上,其支撑长度应超过墙厚中心20mm,且不应小于75mm。承重墙上应放平整的钢板,水平度不大于2/1000	
5	用垫片调节搁机大梁的水平度和相互间的高度差。多根承重梁安装好后,上平面的水平度应不大于0.5/1000,承重梁上平面相互间的高度差不大于0.5mm,且相互间的平行度不大于2mm	

7.3.3 曳引机组的安装

曳引机组的安装如表7-5所示。

表7-5 曳引机组的安装

序号	安装要求和操作过程	图示
1	吊起机架,将减振垫安装到机架底部,如右图所示 组装完成后将整个机架下放到承重梁上,要求放置稳固。必须根据项目土建图确定机架中心线位置	
2	吊起曳引机,将曳引机安装到机架上,采用螺栓组连接,如右图所示 调整曳引机和机架座的位置,使得曳引机达到如下安装技术要求 ①曳引机位置偏差:在水平面内曳引轮直径方向的安装误差不大于2mm;在水平面内曳引轮轴向的安装误差不大于1mm。安装、检验时,可在曳引轮中心绳槽内挂铅垂线,通过查看铅垂线与样板架上的基准位置是否重合来校正曳引机的位置 ②曳引轮端面对铅垂线的偏差在空载或满载工况下均不大于2mm。在安装、检验时,在曳引轮端面(远离曳引机的电动机侧)挂两根线锤,测量同一线锤与曳引轮端面上两个测量点的水平距离的差值不大于2mm	
3	曳引机和机架位置定位准确后,将机架组件安装到承重梁上,采用螺栓组和压导板固定	

7.3.4 导向轮的安装

导向轮的安装如表 7-6 所示。

表 7-6　导向轮的安装

安装要求和操作过程	图示
将导向轮组件安装到机架上,采用螺栓组紧固件。调整导向轮组件(可在连接处加调整垫片),使得导向轮达到如下要求 ①导向轮位置偏差:在水平面内导向轮直径方向的安装偏差不大于 2mm,在水平面内导向轮轴向的安装偏差不大于 1mm(校验方法同曳引轮) ②导向轮端面对铅垂线的偏差在空载或满载工况下均不大于 2mm。安装、检验时,在导向轮端面挂两根线锤,通过测量同一线锤与导向轮端面上两个测量点的水平距离的差值不大于 2mm ③安装后导向轮应转动灵活,运转时无异常声音	

7.3.5 绳头板的安装

绳头板的安装如表 7-7 所示。

表 7-7　绳头板的安装

步骤	安装要求和操作过程	图示
(1)轿厢绳头板安装	以焊接方式固定。固定绳头槽钢组件焊接在支撑槽钢和承重梁上,然后将轿厢绳头板焊接在固定槽钢组件上	
(2)对重绳头板安装	将对重绳头板槽钢一端固定在机房的坚实承重墙上,其技术要求同承重梁的安装,另一端焊接在承重梁上	

7.4　导轨的安装

安装导轨之前,要先安装导轨支架。导轨支架按电梯安装平面布置要求,固定在电梯井道内的墙壁上,以支持和固定导轨构件。

导轨支架安装方式有埋入式、焊接式、预埋螺栓或膨胀螺栓固定式、对穿螺栓固定式 4 种。

导轨支架间距不得大于 2.5m,最低导轨支架距底坑不得大于 1m,最高导轨支架距井道顶不大于 0.5m。在特殊情况下，若导轨支架间距大于 2.5m，需校核导轨强度。

导轨分轿厢导轨和对重导轨，是轿厢和对重装置运行的导向部件。导轨用压导板固定在导轨支架支撑面上，导轨支架牢固地安装于井道壁上。当安全钳起作用时，导轨能支撑轿厢及其负载或对重装置的作用。所以导轨的安装质量对电梯运行性能有着直接的影响。在安装时，应严格控制导轨支架安装质量和导轨安装质量，以提高电梯安装质量。

7.4.1 导轨支架的安装技术要求

① 导轨支架安装前要复核基准线，其中一条为导轨中心线，另一条为导轨支架安装辅助线，一般导轨中心线距导轨端面 10mm，与辅助线间距为 80～100mm。

② 每根导轨至少有两个导轨支架，最低导轨支架距底坑不大于 1000mm，最高导轨支架距井道顶不大于 500mm，中间导轨支架间距不大于 2500mm 且均匀布置。

③ 安装导轨支架并校正。对于可调式导轨支架，调节定位后紧固螺栓，并在可调试位置焊接两处，焊接长度不小于 20mm，以防位移。

④ 导轨支架应保持水平，其水平误差不大于 1.5%；导轨支架应保持垂直，其垂直度误差不大于 0.5mm。

⑤ 托架在井道内一般采用膨胀螺栓固定。根据固定托架所用膨胀螺栓的直径，选用相应直径的钻头，先在所标识的膨胀螺栓位置处钻孔，并打入膨胀螺栓，然后固定托架。

⑥ 在垂直方向紧固导轨支架的螺栓应朝上，螺母在上，以便于查看其松紧。

⑦ 若井壁较薄，墙厚小于 150mm，又无预埋铁时，不宜使用膨胀螺栓固定，应采用穿墙螺栓固定。

⑧ 焊接的导轨支架要一次焊接成型，不可在调整导轨后再补焊，以防影响调整精度。组合式导轨支架在导轨调整完毕后，必须将其连接部分点焊，以防移位。

7.4.2 导轨的安装注意事项

① 当电梯轿厢和对重装置分别压缩缓冲器时，各导靴均应不超出导轨。

② 导轨工作表面应无磕碰、毛刺和弯曲，每根导轨的直线度误差不大于长度的 1/6000；单根导轨对安装基准线每 5m 的偏差应不大于下列数值：轿厢导轨和装有对重安全钳的对重导轨为 0.6mm；不设安全钳的对重导轨为 1.0mm。

7.4.3 导轨的安装工作过程

（1）导轨支架的安装

① 确定导轨支架安装位置及固定方式（表 7-8）。安装导轨之前，要先安装导轨支架。导轨支架按电梯安装平面布置要求，固定在电梯井道内的墙壁上，以支持和固定导轨构件。

表 7-8　确定导轨支架安装位置及固定方式

安装要求和操作过程	图示
导轨支架间距不得大于 2.5m，最低导轨支架距底坑不得大于 1m，最高导轨支架距井道顶不大于 0.5m 中间导轨架间距≤2.5m 且均匀布置，如与接导板位置干涉，间距可以调整，但相邻两层导轨支架间距不能大于 2.5m 每根导轨至少应有两个导轨支架支撑，但对于最上段导轨如果长度小于 800mm，则只需用一挡导轨支架支撑即可，具体数值按项目土建图标注执行	

② 打膨胀螺栓（表 7-9）。

表 7-9　打膨胀螺栓

序号	安装要求和操作过程	图示
1	导轨的钢膨胀螺栓仅适用于水泥构件，即混凝土井道，不适用于砖结构构件。水泥壁厚度不小于 120mm	
2	钢膨胀螺栓尺寸为 M12、M16 等规格。打膨胀螺栓孔时，位置准确且垂直于墙面，深度要适当。一般以膨胀螺栓被固定后，护套外端面和墙壁表面相平为宜。若墙面垂直误差较大，可局部剔修，使之和导轨支架接触面间隙不大于 1mm，然后用薄垫片垫实 螺栓距水泥边缘及螺栓间距尺寸见下表 表格见下	

螺栓规格	螺栓距水泥边缘/mm	螺栓间距/mm	钻孔直径/mm	钻孔深度/mm
M12	不小于 100	不小于 100	18	65 ± 2
M16	不小于 120	不小于 120	22	75 ± 2

序号	安装要求和操作过程	图示
3	用铁凿清除工作面的浮土和不平整处，保证紧固构件与水泥工作面接触良好	
4	按上表要求垂直于水泥工作面钻孔，钻孔深度通过调节冲击钻上的标尺杆端部与钻头端部间的距离来控制。用竹枝或小木棍将钻孔中的水泥灰清除干净	
5	将螺杆连套筒一起放入孔中，使用专用撞击套撞击螺栓套筒，直至专用撞击套上的红色标识线与水泥面平齐为止（套筒沉入水泥表面 10mm）	
6	用力臂长度不小于 240mm 的 24 号扳手紧固 M16 螺栓，要求施加 40～57kgf 力，用力臂长度不小于 190mm 的 19 号扳手紧固 M12 螺栓，要求施加 20～29kgf 力。紧固后应将膨胀螺栓的大垫圈两点焊在紧固构件上，如右图所示 注：1kgf=9.80665N	

③ 轿厢导轨支架的安装。角钢形式的安装如表 7-10 所示。

表 7-10　角钢形式的安装

序号	安装要求和操作过程	图示
1	通过钢膨胀螺栓固定支撑角钢（固定支架）。根据现场井道实际尺寸，截取撑架脚（可调支架）长度	

序号	安装要求和操作过程	图示
2	待安装调整完毕确保无误后,将连接处满焊,清除焊渣并补漆,焊接位置如右图所示	满焊
3	导轨与导轨支架通过压导板固定	压导板 底板
4	如有加强角钢,需将其与撑架脚和支撑角钢焊接牢固	满焊 加强角钢

钢板折弯形式的安装如表 7-11 所示。

表 7-11　钢板折弯形式的安装

序号	安装要求和操作过程	图示
1	由两块折弯钢板组成,可通过长腰孔调节导轨支架的长度,也可通过对导轨支架的长短边进行互换,以满足不同的井道尺寸,如右图所示	
2	用膨胀螺栓将固定支架固定在井道壁上,再用螺栓将可调支架和固定支架连接起来,如右图所示 待安装调整完毕确保无误后,将连接处满焊,清除焊渣并补漆,焊接位置如右图所示	加强角钢

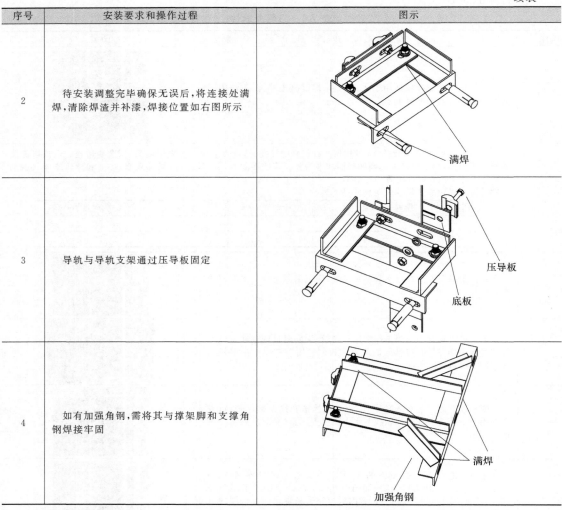

④ 对重导轨支架的安装（表7-12）。

表7-12　对重导轨支架的安装

序号	安装要求和操作过程	图示
1	通过钢膨胀螺栓固定支撑角钢（固定支架）。根据现场实际尺寸，截取撑架脚长度	
2	将撑架板与撑架脚（固定支架与可调支架）通过螺栓连接 待安装调整完毕确保无误后，将连接处满焊，清除焊渣并补漆	
3	导轨与导轨支架通过压导板固定	
4	安装完成后如右图所示	

（2）导轨的安装（表7-13）

表7-13　导轨的安装

步骤	安装要求和操作过程	图示
（1）检查导轨	导轨搬运至底坑时，需先在底坑内敷设木板，以防导轨搬移时碰伤导轨端口。应注意所有导轨的榫头或榫槽应在同一方向上。检查导轨具体做法如下 ①安装前先检查导轨是否平直及是否有严重损伤，避免安装完成后无法保证舒适感 ②清理与修正导轨连接处及导轨表面的杂物和毛刺，清理后为防锈应涂一层油膜	
（2）底坑第一根导轨的安装	拆除导轨支架的基准线，从样板架上悬下铅垂线。铅垂线以导轨顶面30mm为基准，准确地稳固在底坑样板架上，以此铅垂线作为导轨的初步固定基准线 对准导轨样板铅垂线将导轨定位，并用压导板将导轨固定到支架上。用木块或者砖头将第一挡导轨底部垫高约50mm，其中50mm为卸荷校轨作业中抽去的部分 **小贴士**：导轨校正时，必须将导轨安放在坚实地面或导轨座上	

步骤	安装要求和操作过程	图示
（3）中间导轨的安装	利用连接板螺栓孔将导轨逐根由下至上用卷扬机或者人力进行吊升。用棉纱抹干净接头部件后，利用加厚型连接板（厚为24mm）螺栓孔将T114/B导轨连接起来，螺母旋紧至弹簧垫圈略有压缩为止，待校轨时再进行紧固	
（4）最上段一根导轨的安装	将最上段导轨按实测尺寸切断，使得导轨顶离机房楼板底50～100mm，然后固定在导轨支架上，如右图所示	

（3）导轨及导轨距的校正（表7-14）

电梯导轨的调整即校正导轨的安装精度，以保证电梯运行质量。对于运行速度低于2m/s的电梯，校正导轨使用初校卡板和导轨精校尺。

表7-14　导轨及导轨距的校正

序号	安装要求和操作过程	图示
1	导轨的校正采用卸荷调校导轨的方法，具体做法如下 ①从最下一根导轨开始校正 ②校第一根导轨时，将第二根及以上导轨的压板收紧，然后将第一根导轨下面的木块（50mm）用锤子打掉，再松开第一根导轨和第二根导轨的连接螺栓，将第一根导轨沉下，使导轨连接部位的榫舌与榫槽分开 ③校正第一根导轨后，将第二根导轨沉下，校正第二根导轨 ④依次由下至上将导轨沉下进行校正	
2	导轨校正部位应在导轨接头处以及导轨支架处，利用校轨尺对导轨距进行校正 当导轨支架垂直度不良影响导轨垂直时，需要通过导轨垫片来调节	
3	确认导轨连接处的局部缝隙 a 不大于0.5mm，如右上图所示 确认导轨连接处有无接头台阶，当接头台阶大于下表要求时，应用导轨刨进行刨轨修光，修光长度校正如右下图所示 表格见下： 	接头台阶(D)/mm	修光长度(A)/mm	
	轿厢导轨	对重导轨
≤0.5	≥150	≥150		

序号	安装要求和操作过程	图示
4	导轨连接处平面的不平度:可用 500mm 钢尺,靠在导轨表面用塞尺检查 a、b、c、d 处,均不应大于下表的规定 ①a、b 间隙修正:可将连接板螺栓完全拧紧后,用专用工具进行调整 ②c、d 间隙修正:可在图(b)中标识"×"处插入 0.1mm 厚垫片进行调整 表格: <table><tr><td>导轨连接处</td><td>a</td><td>b</td><td>c</td><td>d</td></tr><tr><td>应不大于/mm</td><td>0.05</td><td>0.15</td><td>0.15</td><td>0.05</td></tr></table> (a)导轨侧工作面　　(b)导轨端面	

注:待导轨安装调整完毕确保无误后,将连接处满焊,螺栓连接部分用点焊固定,并清除焊渣,刷上油漆以防生锈。

7.5 层门的安装

电梯安全事故与故障多发生在层门上。安装好电梯层门,对于电梯安全运行、减少电梯故障率非常重要。

电梯层门安装在层站,每个层站都有层门,且每台电梯都有自己独立的层门。在轿厢没有到达层站的平层位置时,层门关闭,防止有人掉入井道。

层门和轿门按照结构形式可分为中分门、旁开门、垂直滑动门、铰链门等。

层门系统由层门地坎、层门上坎架、门框、层门部件组成。层门系统是设置在井道层站入口的门系统,层门系统中的门锁和层门自动关闭装置的可靠性在安装过程中一定要高度重视。

层门由门框、地坎、层门上坎、门扇和门锁等组成。

① 门框。门框又称门套,是层门的出入口。它与土建直接固定,下面固定在地坎两侧,中间通过加强筋与墙体相连,顶部与门头用螺栓固定。层门的门框有小门框和大门框之分。小门框主要用在普通楼层;大门框由不锈钢、大理石等多种装潢形式做成,一楼大厅使用较多。

② 地坎。地坎位于层门的下部,与墙体固定。地坎上面安装层门滑道,供层门门扇开启或关闭。

③ 层门上坎。层门上坎位于层门的上部,与墙体固定,层门上坎上还有门锁电气开关。

④ 门扇。门扇由钢板或不锈钢加工成型,是一个安全防护部件。电梯不在本层时,门扇关闭,防止有人掉入井道。

⑤ 门锁。门锁用于门扇关闭时把门扇锁住，不用专用钥匙在外人员不能打开门扇。

门扇从中间往两侧开启，而关门时则从两侧向中间关闭的层门称为中分开门，在办公楼、住宅楼应用较多。门扇从左侧到右侧或从右侧到左侧开启，关门时相反，这种层门称为旁开门，在工厂、医院应用较多。

7.5.1 地坎的安装

地坎的安装如表 7-15 所示。

表 7-15　地坎的安装

步骤	安装要求和操作过程	图示
（1）安装前土建确认	中分门层门地坎支架调节范围为 X（根据实物尺寸），轿厢地坎至层门地坎的间隙为 30mm，故轿厢地坎样板垂线至层门井道壁 $D=X+30$mm **小贴士**：距离超出调节范围时需要垫固定支架，距离太小时需要局部土建整改	
（2）托架固定支架安装位置确定	①根据建筑承包商以书面形式提供标高线，结合土建布置图层门开门宽度，画好记号 ②在井道层门口标高线向下 210mm±25mm 平行线，垂直位置为两侧净开门尺寸线与中间尺寸线	
（3）托架固定支架安装	钻两个 ϕ14mm×100mm 的膨胀螺栓孔，嵌入 M12×110mm 膨胀螺栓，每个地坎支架安装两个膨胀螺栓 **小贴士**：位置调整好后，地坎支架长孔位需点焊垫片，以免位置变动	
（4）挡泥板安装	将地坎挡泥板套入地坎底部	
（5）地坎安装及高度调节	把地坎连同挡泥板一起用 M8 螺栓与地坎托架连接，并拧紧螺栓。调整地坎横向、纵向水平度，然后调节地坎高度（地坎完成后应高于地坎装饰面 2～5mm，防止楼层向井道渗水），调好后拧紧托架螺栓	
（6）地坎水平度及间隙调整	调节地坎横向、纵向水平度。调节层门地坎与轿厢地坎间距（30～35mm），同时调整层门地坎中心与轿厢地坎中心重合，拧紧地坎螺栓（复查一次，确认以上尺寸符合要求）	
（7）护脚板安装	用螺栓将护脚板安装在地坎上，检查护脚板平行度，护脚板下端向内倾斜约 2mm。护脚板下部应固定，以防抖动	

7.5.2　门框与上坎的安装

若混凝土结构墙上有预埋铁，可将层门上坎的固定螺栓直接焊接在预埋铁上；若混凝土结构墙上没有预埋铁，可在相应位置加两个 M12 膨胀螺栓安装 150mm×100mm×10mm 的钢板作为预埋铁使用。

若门滑道、门立柱离墙超过 30mm，应加垫圈固定。若垫圈较高，宜采用厚铁管两端加焊铁板的方法加工制成，以保证其牢固。

门框与上坎的安装如表 7-16 所示。

表 7-16　门框与上坎的安装

步骤	安装要求和操作过程	图示
(1)门框组装	在层门楼面上将门框两立柱与门框横梁固定,连接处无台阶,立柱内侧对应基准孔,并调节两立柱之间的距离与开门距一致	
(2)门框安装	门框拼接完成后,将立柱下端与地坎固定	
(3)上坎安装	将层门上坎与门框连接的连接支架用 M8 螺栓安装在门框横梁两端,螺栓先不要拧紧 上坎放置于门框横梁上,上坎底边插入支架的槽口,将上坎两端的螺孔与支架螺孔对准,用两个 M8 螺栓将上坎和支架固定。调整上坎中心与地坎中心在同一垂线上,将支架与门框的连接螺栓紧固	
(4)上坎支架定位	先将两个上坎支架用 M8 螺栓与上坎连接,稍稍拧紧螺栓。挂线锤调整门框垂直度,此时用记号笔画出上坎支架膨胀螺栓孔与井道墙壁的位置	
(5)上坎支架安装	根据标识的孔位,在井道墙面钻孔,嵌入 M12 膨胀螺栓,垫上方形厚垫片、弹簧垫,并拧紧 检查支架与墙面的啮合平整度,如有偏差则将支架拆下,调整支架为 90°角,否则易造成上坎扭曲变形,影响层门顺畅移动	
(6)调整门框与上坎	调整门框左右、前后两个方向的垂直度(通过调节上坎左右、前后方向来调整门框),同时确保门球与轿厢地坎间距符合要求(门球与轿厢地坎间隙 5~10mm),并测量上坎导轨与轿厢导轨相对平行度偏差不大于 2mm。对固定螺栓要求:门框上框架安装时水平误差应不大于 1/1000,门框直框架安装时垂直度应不大于 1/1000	

7.5.3 门扇的安装

门扇的安装如表 7-17 所示。

表 7-17　门扇的安装

步骤	安装要求和操作过程	图示
(1)滑块安装	将滑块安装在层门下沿,啮合深度应不小于地坎槽深度的 2/3 以上	
(2)层门安装	安装层门与门挂板连接螺栓	
(3)层门调整	调节层门固定螺栓及必要的 U 形插片,可调整垂直度、相对平整度。调整门扇之间、门扇与门框、门扇与地坎之间距离以及层门垂直度与平整度,参见下表	

区分	部位	标准值/mm	图示
门隙	门之间	上下端 100mm 间 $A=C=5\pm1$	上端 A　其他部分 B　下端 C
	门和装饰框	其他 $B=4\sim6$	
重叠量	全闭时门之间 门和装饰框	$L\geqslant12$	L
安装时	全开时 全闭时	一般 $\lvert A-B\rvert\leqslant3.0$	A
		$1.2\lvert A-B\rvert\leqslant2.0$	B
		$C\leqslant1.0$	C
门吊起高度	门和地坎面	$h=4\sim6$	h
偏心间隙	钢制型 树制型	$a=0.1\sim0.3$ $b=0\sim0.1$	a b
倾斜	门上坎架和门导轨之间	$\lvert a-b\rvert=\leqslant1$	
平面差	中分门之间	$A\leqslant1.0$	B A

步骤	安装要求和操作过程	图示
(4)层门自闭装置的安装及调整	将重锤钢丝绳与重锤连接,把铁块放入重锤槽中。根据开门距调节重锤钢丝绳长短,门扇闭合后重锤底部应留有 10cm。检查层门在无外力作用下,在任何位置均能自动关闭	

步骤	安装要求和操作过程	图示
(5)偏心轮间隙	偏心轮与门导轨间隙不大于 0.5mm,门闭合后在最不利点施加 150N 力时,门间隙不超过 30mm	

7.5.4 门锁的调整

门锁能把关闭的门扇锁住,不用专用钥匙在外人员不能打开门扇。

① 安装前应对锁钩、锁臂、滚轮、弹簧等按要求再进行调整,使其灵活可靠。

② 门锁和层门的安全性能不符合图样要求应进行修改。

③ 调整层门门锁和门安全开关,使其达到:只有当两扇门(或多扇门)关闭达到有关要求后才能使门锁触点和门安全开关接通。如门锁固定螺孔可调,门锁安装调整就位后,必须加定位螺钉,防止门锁移位。

④ 当轿门与层门联动时,锁钩应无脱钩及夹刀现象;在开关门时应运行平稳,无抖动和撞击声。

门锁的调整如表 7-18 所示。

表 7-18 门锁的调整

步骤	安装要求和操作过程	图示
(1)门锁调整	门扇闭合后,调节锁钩间隙与刻度线齐平,锁钩啮合量不小于 7mm。门锁触点良好,保证锁钩间隙不影响门触点功能,并检查三角外开门锁功能 锁钩十字线同下钩顶点齐平	
(2)门球与轿厢地坎间隙检查调整	轿厢安装完成后,调节门球与轿厢地坎间隙,要求为 5～10mm(逐层调整)	
(3)门刀与门球间隙检查调整	轿厢安装完成后,调节门球与门刀啮合度至少为 8mm,门球应在主副门刀中间(逐层调整),左右间隙一致	

7.6 轿厢的安装

安装好电梯导向装置后,即可安装电梯轿厢。电梯轿厢是乘客接触最多的部件,大多数乘客都是通过轿厢的运行状态来判断电梯质量的。安装好电梯轿厢对于电梯安全和乘客感受至关重要。

电梯轿厢(图 7-15)主要由轿厢架、轿厢体组成。轿厢架是承重构架,由底梁、立柱、上梁组成,在轿厢架上还装有安全钳、导靴、反绳轮等。轿厢体由轿底、轿顶、轿门、轿壁组成,在轿厢上安装有自动门结构、轿门安全机构等,在轿厢架和轿底之间还装有对重

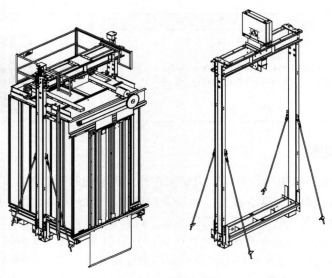

图 7-5 电梯轿厢

装置。

有脚手架安装轿厢一般都在顶层端站组装，以便于组装过程中起吊部件、核对尺寸、与机房联系。无脚手架安装轿厢在底层端站组装，以电梯轿厢架、轿底作为安装平台。

轿厢架是轿厢的承载结构，轿厢的自重和载重由轿厢架传递到悬挂装置。当安全钳动作或蹲底撞击缓冲器时，轿厢架还要承受由此产生的反作用力，因此轿厢架要有足够的强度。

轿厢架由上梁、立柱、下梁等组成。上梁和下梁各用两根槽钢制成，立柱用角钢或槽钢制成。

7.6.1 轿厢架的安装准备

轿厢一般都在井道最高层（或最高层的下一层）内安装，安装顺序为：下梁→立柱→上梁→轿底→轿壁→轿顶。安全钳在安装下梁时先安装好。

轿厢架的安装准备如表 7-19 所示。

表 7-19 轿厢架的安装准备

步骤	安装准备	图示
(1)平台搭建	方案 1：一般情况下，先拆去最高层脚手架 在顶层层门口对面的混凝土井壁相应位置上安装两个角钢托架(用 100mm×100mm 角钢)。在层门口牛腿处横放一根木方。在角钢托架和横木上架设两根 200mm×200mm 木方(或两根 20 号工字钢)。然后把木方端部固定 方案 2：若井壁为砖混结构，则在层门口对面的井壁相应的位置上凿两个与木方大小相适应的孔，用以支撑木方一端	
(2)吊具准备	在轿厢导轨的中心点位置，通过机房楼板孔和机房内承重梁吊钩上悬挂起重用 3t 以上环链手拉葫芦	

7.6.2 轿厢架的安装

轿厢架的安装如表 7-20 所示。

表 7-20　轿厢架的安装

序号	安装要求和操作过程	图示
1	首先将下梁放在架设好的木方或工字钢上,下梁一端(即安全钳上安装提拉杆端)与限速器在一侧,限速器位置参照项目土建图,一般在后侧。调整安全钳钳口与导轨顶面间隙,然后将下梁稳固,防止松动。同时调整下梁的水平度,使其横向、纵向水平度均不大于 1/1000	
2	分别吊装两侧的立柱。安装立柱时,下梁与立柱对应的螺孔内穿上螺栓 M20×50mm。立柱在整个高度上的铅垂度小于等于 1.5mm。然后,拧紧轿厢立柱与下梁的连接螺栓	
3	用手拉葫芦将上梁吊起,与两侧立梁用螺栓连接好。调整上梁的横向、纵向水平度,使水平度小于 1/2000。检查轿厢架的对角线偏差小于 2mm,最后将螺栓紧固	
4	安装轿顶轮组件:首先拧开螺母,然后将螺栓穿入与上梁组件连接的孔内,最后用螺母拧紧	
5	安装上下防尘罩时,使用 8 个 M6×20mm 的法兰面螺栓将防尘罩与上梁组件进行紧固。安装时适当调整防尘罩橡胶板(挡绳角钢)安装位置,避免在电梯运行全程与钢丝绳干涉	

7.6.3　轿底组件的安装

轿底组件的安装如表 7-21 所示。

表 7-21　轿底组件的安装

序号	安装要求和操作过程	图示

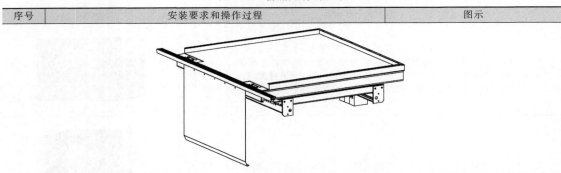

注：地板配置为 PVC(3mm 厚度)材质时，PVC 地板贴好出厂，所以在安装轿底组件的过程中，需保护好已贴好的地板；地板配置为大理石(20mm 厚度)材质时，在安装工作完成之后再贴大理石，以防被破坏，而且在铺设大理石之前要先进行预铺

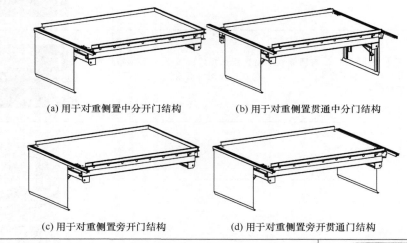

(a) 用于对重侧置中分开门结构　　　　(b) 用于对重侧置贯通中分门结构

(c) 用于对重侧置旁开门结构　　　　(d) 用于对重侧置旁开贯通门结构

1	将地坎托架用螺栓连接在轿底板上，不要拧紧螺栓。调整地坎高度，地坎应略高于轿底平面 0.5～1.0mm，拧紧螺栓	
2	用手拉葫芦将轿底组件吊起，然后放于下梁上，从下梁下部向上穿入螺栓，螺栓不要拧紧。调整轿底两侧与轿厢立柱的间隙，保证轿底在轿厢架的中心位置，并调整轿底横向、纵向的水平度，调整时应在轿底不受外力的状态下进行，其水平度偏差应不大于 1/1000。调整完成后，拧紧螺栓	
3	用螺栓将拉条螺杆组件和立梁上的拉筋耳子连接好，并拧紧螺栓	

序号	安装要求和操作过程	图示
4	调节拉条螺杆下端的螺母,将拉条螺杆座凸出的螺柱插入轿厢托架的堵头孔中,并拧紧螺母	
5	在护脚板孔与地坎托架对应的腰孔内,穿入开槽沉头螺栓 M6×20mm(共5个)。在护脚板支架与架板(焊于轿底板)对应的孔内穿入螺栓,再在架板(焊接于护脚板)与护脚板对应的孔处穿入螺栓,最后逐个拧紧螺栓	
6	踢脚板分为侧踢脚板和后踢脚板(两者安装方式相同)。先将踢脚板置于对应的轿底边框上,从边框自下向上穿入螺栓,并逐个拧紧螺栓	
7	将轿厢导靴用螺栓安装在上梁组件的导靴安装板上,下梁组件上的轿厢导靴安装方式与之相同,共4个轿厢导靴	

7.6.4 轿厢体的安装

轿厢体安装一般是在钢丝绳安装完成后进行的,如表 7-22 所示。轿厢体由轿底、轿壁和轿顶组成封闭围壁,形成运送乘客或货物的空间。轿底安装到轿厢架下梁的底框架之上,轿厢体的其他部分再依次安装在轿底上,并用 4 根拉杆调节。

表 7-22　轿厢体的安装

序号	安装要求和操作过程	图示
1	根据不同轿厢规格的要求,将轿厢的左侧、右侧和后侧的轿壁连接好,用螺栓穿入两个冲孔轿壁。调整轿壁(轿厢内侧)平面差(≤1mm)及轿壁高低差(≤0.5mm),调整完成后,拧紧螺栓	
2	将已连接好的后侧轿壁搬入井道,置于后侧踢脚板之上,并调整后侧轿壁的垂直度。然后用螺栓 M6×20mm 拧紧后侧踢脚板和后侧轿壁	
3	将轿厢侧壁搬入井道,置于侧踢脚板之上,并调整侧轿壁的垂直度。然后用螺栓 M6×20mm 拧紧侧踢脚板和侧轿壁,安装方式同上一步骤	

序号	安装要求和操作过程	图示
4	用螺栓穿入转角处的后侧轿壁与两侧轿壁对应的孔内,并拧紧螺栓	
5	将轿顶吊起,置于轿厢围壁之上,以防前轿壁装好后无法吊入轿顶	

7.6.5 轿顶的安装

轿顶的安装如表 7-23 所示。

表 7-23 轿顶的安装

序号	安装要求和操作过程	图示
1	在轿顶三个边沿(后面、两侧面),将螺栓穿入轿顶与轿壁后不要紧固,轿顶前边沿和操纵箱、前轿壁也是穿入螺栓后不要紧固,调整轿壁和操纵箱垂直度偏差(≤1.5mm)。然后逐个将螺栓紧固,螺栓组件的数量根据轿厢规格而定	
2	将门楣用螺栓与轿顶连接,先不要拧紧螺栓	
3	拧紧门楣与轿厢前壁、操纵箱、轿顶的连接螺栓,拧紧侧壁与轿厢前壁、操纵箱的连接螺栓	

7.6.6 轿厢校正架的安装及测量调整

轿厢校正架的安装及测量调整如表 7-24 所示。

表 7-24 轿厢校正架的安装及测量调整

序号	安装要求和操作过程	图示
1	校正架用螺栓固定在校正座上,另一端的橡胶圈与立梁轻轻接触,通过长腰孔来调整轿顶左右两侧的校正架,使轿厢前后、左右四个方向的垂直度在整个高度偏差≤1.5mm,调整好后拧紧螺栓	
2	测量轿厢体的对角线,其偏差应小于 2mm。测量轿门框的对角线,其偏差应小于 2mm。测量轿厢净开门宽度、门楣高度	

序号	安装要求和操作过程	图示
3	在轿厢不受外力的状况下,测量轿厢正面及侧面的垂直度,其偏差应小于1/1000。测量轿门框的正面及侧面的垂直度,其偏差应小于1/1000	

7.6.7 油杯的安装

油杯的安装如表 7-25 所示。

表 7-25 油杯的安装

安装要求和操作过程	图示
待电梯井道、导轨打扫清洁后,将油杯用螺栓固定在轿厢导靴(安装在上梁组件上)的 U 形槽内	

7.6.8 门机与轿门的安装

门机与轿门的安装如表 7-26 所示。

表 7-26 门机与轿门的安装

步骤	安装要求和操作过程	图示
(1)门机定位	门机中心要对准门口中心线,并要求垂直;另外,导轨要保证水平 安装门机时在轿厢直梁上安装横梁安装臂,连接好斜拉杆并临时紧固	
(2)门机调整	①确定开门机的中心和轿厢出入口的中心一致 ②控制门导轨和轿厢地板前端的水平距离,控制门导轨与轿厢地坎水平面的高度距离 ③调整好开门机的位置和尺寸,紧固门机部件的螺栓和门机与轿厢的螺栓	
(3)轿门安装	用螺栓把轿门门扇与门机挂板连接好 安装门滑块,调整轿门门扇垂直度和两门扇平整度,保证轿门下端与轿厢地坎的间隙	
(4)门刀安装	门刀安装后,调整门刀的垂直度和门刀与层门地坎、层门门球的间隙 ①门刀与层门地坎之间距离为5~10mm ②门刀的固定刀片与层门门锁的脱钩滚轮之间的距离为5~10mm	
(5)开关门调整	机械限位调整,使两侧门板开足后与轿厢前壁齐平	

7.6.9　轿顶护栏、风机及吊顶的安装

轿顶护栏、风机及吊顶的安装如表 7-27 所示。

表 7-27　轿顶护栏、风机及吊顶的安装

序号	安装要求和操作过程	图示
1	通过螺栓将左右两片已焊好的侧护栏固定在上梁上	
2	将两个后撑架连接在两片已固定好的侧护栏之间,在最上面的后撑架上固定一个醒目的警示牌,都用螺栓固定	
3	轿顶上的护脚板有左前侧护脚板、右前侧护脚板、后侧护脚板(2 个)。将护脚板置于对应的轿顶边框上,从护脚板向下穿入螺栓,并拧紧螺栓	
4	风机安装在轿顶上,将风机一侧插入轿顶的长条孔内,调整风机的位置,将螺栓一一放入长条孔内并拧紧	
5	由于轿厢有不同的规格,所以吊顶也有不同的规格,但是安装方式都相同。在安装之前,首先将运输时临时用于固定吊顶亚克力板或阳光板的十字盘头自攻螺钉拆除,然后在吊顶的四个角处用螺栓将吊顶固定在轿顶上	

7.7　对重装置的安装

对重装置用以平衡轿厢的重量和部分电梯载重,减少电动机功率的消耗。当轿厢或对重装置撞在缓冲器后,可避免冲顶或蹲底故障的发生,从而保障电梯安全。

对重装置由对重块、对重架、底坑防护装置组成。它是借助曳引绳经曳引轮与轿厢相连接,在运行过程中起平衡作用的装置。底坑防护装置设置在底坑,位于轿厢和对重块之间,是对维修人员起保护作用的安全设施。

对重架用槽钢或钢板焊接而成,对重架顶部安装反绳轮或绳头装置;对重块用铸铁或铁框水泥块做成。

7.7.1 对重装置的安装

对重装置的安装如表 7-28 所示。

表 7-28　对重装置的安装

步骤	安装要求和操作过程	图示
（1）准备工作	①在底层拆除局部脚手架横挡，以对重能进入井道就位为宜 ②在适当高度（以方便吊装对重架为准）的两相对的对重导轨支架上拴上钢丝绳扣，在钢丝绳扣中央悬挂一手拉葫芦。钢丝绳扣应拴在导轨支架上，不可直接拴在导轨上，以免导轨受力后移位或变形 ③在对重缓冲器两侧各支一根木方，高度＝缓冲器底座高度＋缓冲器自由高度＋两个调节座高度（200mm）＋缓冲间距，并且要求木方有足够强度 弹簧/聚氨酯型缓冲器缓冲间距为 200～350mm，液压型缓冲器为150～400mm	
（2）放置对重架	将对重架搬运至井道内（对重装置上部伸入井道内），用钢丝绳扣将对重导向轮和手拉葫芦链钩连在一起。用手拉葫芦将对重架缓缓吊起到预定高度，扶住对重架，推向对重导轨处。把对重装置上下四个导靴安装上去，螺栓暂不拧紧	
（3）调整导靴	调整导靴，使得两侧导轨与对重架边距离相同，且导靴中心在导轨中心线上，靴衬应垂直。调节导靴两导轨端面与两导靴内表面间隙之和不大于 2.5mm。固定后做好标识以便以后更换	
（4）搁置对重架	松开手拉葫芦，将对重架放置在木方上	
（5）安装油杯	将油杯用螺栓固定在对重导靴上	
（6）放置对重块	在脚手架相应位置（以方便装入对重块为准）搭设操作平台。将对重块一端放入对重架，并推入对重内侧，另一端提起后放入对重架，对重块数量先放 2/3	
（7）安装对重块固定板	对重块固定板与对重架用压板固定。固定板需压紧对重块，避免运行时产生撞击声	
（8）后续调整	待钢丝绳安装完成并进入调试后，将对重块加到适当数量，以满足平衡系数要求，并安装对重块防跳压板	

7.7.2 底坑防护装置的安装

底坑防护装置的安装见表 7-29。

表 7-29 底坑防护装置的安装

步骤	安装要求和操作过程	图示
(1)将上、中、下防护板与连接支架用螺栓连接	将上、中、下防护板与连接支架用螺栓连接 将底坑防护装置用压导板连接在对重导轨上,防护栏不低于 2.5m	
(2)调整底坑防护装置的位置	将底坑防护装置调整至下端离底坑地面不大于 300mm 处,上端离底坑地面不小于 2.5m 处,防护板应垂直。并调整防护板与对重块的距离,与轿厢最外边缘距离,最后固定对重防护板	

7.8 曳引钢丝绳的安装

7.8.1 曳引钢丝绳的安装内容和要求

① 应在清洁宽敞的场地进行,并在放绳过程中检查曳引钢丝绳有无弯死、松股现象。

② 曳引钢丝绳安装时必须采用旋盘式放置,释放曳引钢丝绳自身扭力。

③ 应先从轿厢绳头穿入→轿顶(轿底)反绳轮→曳引轮→导向轮→对重反绳轮→对重绳头(该方式主要依靠曳引槽摩擦力,可节省体力,并防止放绳过程中脱手后钢丝绳下坠)。

④ 将曳引钢丝绳端头从锥套下方向上穿入,折弯后绳端头向下穿回,锥套内放入锥形楔块,用力向上提起受力侧曳引钢丝绳,再将绳端头收紧。图 7-6 为曳引钢丝绳安装示意图。

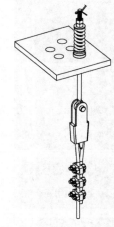

图 7-6 曳引钢丝绳安装示意图

⑤ 每根曳引钢丝绳绳头端应用 3 个绳夹固定,并且绳夹排列整齐。相邻两绳夹应错开,避免运行时因曳引钢丝绳抖动而发出响声,U 形螺栓扣在曳引钢丝绳的尾段上。绳夹不得在曳引钢丝绳上交替布置。

⑥ 曳引钢丝绳张力不均会造成轿厢抖动,磨损曳引轮,所以悬挂曳引钢丝绳后应进行张力检测,电梯投入使用后也应定期对曳引钢丝绳张力进行检测。

a. 将轿厢开到全程约 1/2 处,用紧急三角钥匙打开轿厢上一层层门,按下轿顶红色急停开关后进入轿顶。

b. 将曳引钢丝绳按一定顺序予以编号,如 A、B、C、D、E、F,以便记录数据。

c. 使用 200N 测力计,测量每根曳引钢丝绳等距离状态下的力。如将曳引钢丝绳 A 沿水平方向拉离原位 150mm,记下测力计上的值;采用同样方法分别测量曳引钢丝绳 B、C、D、E、F,并记录其值。测量时各曳引钢丝绳受力点应在同一水平线上。

根据计算出的张力百分比进行判断,对超标的曳引钢丝绳张力予以调整(调整钢丝绳锥套上的螺母，使曳引钢丝绳受力趋于均衡）。调整时应将锥套别住，防止曳引钢丝绳转动。曳引钢丝绳张力需要经过反复几次调整才能达到满意的效果，因为当松或紧锥套螺栓时，曳引钢丝绳不会立即随之变化到位，需要经过反复运行，将曳引钢丝绳上受到的调整力"擀"均匀。

7.8.2　曳引钢丝绳的安装工作过程

曳引钢丝绳的安装如表 7-30 所示。

表 7-30　曳引钢丝绳的安装

步骤	安装要求和操作过程	图示
（1）准备工作	应在清洁宽敞的场地进行，并在放绳过程中检查曳引钢丝绳有无弯死、松股现象	
（2）曳引钢丝绳放置	曳引钢丝绳的安装必须采用旋盘式放置，释放曳引钢丝绳自身扭力 应先从轿厢绳头穿入→轿顶（轿底）反绳轮→曳引轮→导向轮→对重反绳轮→对重绳头（该方式主要依靠曳引槽摩擦力，节省体力，并防止放绳过程中脱手后曳引钢丝绳下坠）	正确的解法　　　错误的解法
（3）锥套安装	将曳引钢丝绳端头从锥套下方向上穿入，折弯后绳端头向下穿回，锥套内放入锥形楔块，用力向上提起受力侧曳引钢丝绳，再将绳端头收紧	
（4）绳夹安装	每根曳引钢丝绳绳端头应用 3 个绳夹固定，并且绳夹排位整齐。相邻两绳夹应错开，避免运行时因曳引钢丝绳抖动而发出响声。绳夹 U 形弯口应在绳头端，拧紧绳夹	50～150　　≤50mm 300～500
（5）绳头安装	将绳头锥杆从绳头板下方向上穿出，套上弹簧圈，并初步将螺母拧上，调整曳引钢丝绳张力，使得曳引钢丝绳张力差不大于平均值的 5% ，否则重新调整。调整完成后拧紧螺母，并插上开口销	
（6）二次保护	曳引钢丝绳安装完成后应进行钢丝绳防扭转二次保护	曳引钢丝绳　　绳夹 绳头组合

步骤	安装要求和操作过程	图示
(7)安装防跳装置	曳引钢丝绳安装完成后，调整主机、导向轮、轿厢反绳轮、对重反绳轮的挡绳杆间隙，其间隙不大于曳引钢丝绳直径的 1/3	
(8)空置绳槽设定	以技术图样为准	

7.9　补偿装置的安装

电梯在运行中，轿厢侧和对重装置侧的钢丝绳的长度以及轿厢下的随行电缆的长度在不断变化。如 50m 高建筑物内使用电梯，用 6 根 ϕ13mm 钢丝绳，总重约 360kg。随着轿厢和对重装置位置的变化，这个总重量将轮流分配到曳引轮两侧。为了减小电梯传动中曳引轮所承受的载荷差，提高电梯的曳引性能，宜采用补偿装置。

补偿装置是平衡由于电梯提升高度过高、曳引绳过长造成运行过程中偏重现象的部件。补偿装置安装示意图如图 7-7 所示。

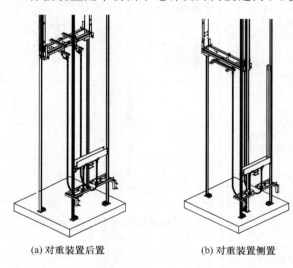

(a) 对重装置后置　　(b) 对重装置侧置

图 7-7　补偿装置安装示意图

对提升高度大于 30m 的电梯还需安装重量补偿装置。补偿装置由补偿链（绳）、导向装置组成，补偿链或补偿绳一端固定在对重装置上，另一端固定在轿厢下梁的补偿支架上。补偿导向装置在底坑的对重装置下面。每根补偿链的悬挂点应在同一平面上。

对重侧补偿链的悬挂点应在补偿导向装置的中心位置，以减少补偿链与导向装置的撞击和避免由于补偿链卡阻而造成的危险。

若电梯额定速度大于 2.5m/s，则应使用带张紧轮的补偿链（绳），并符合下列条件：应由重力保持补偿链（绳）的张紧状态，应设置检查装置来检查补偿链（绳）的张紧状态，张紧轮的节圆直径与补偿链（绳）的公称直径之比应不小于 30。若电梯额定速度大于 3.5m/s，则还应在上面所设基础上增加防跳装置，以防补偿链（绳）在高速运动过程中跳动太大。这是由于补偿链（绳）跳动太大时，将使电梯运行时晃动加剧。因此在防跳装置上还应设置监测装置，当防跳装置动作过大时能使电梯曳引机停止运动。

7.9.1　补偿链的安装说明和要求

安装时应去除补偿链在卷曲过程中产生的螺旋缠绕状，以防外裹橡胶、塑料层因扭曲造成龟裂或剥离。

去除螺旋缠绕状的方法：当补偿链轿底一端挂好后，开慢车至顶端，量好补偿链所需长度，并截断。然后将补偿链拖在底面的部分卷起扎好，让它离地 1m 以上，静态悬挂 24h，待放清缠绕后挂上另一端。当电梯运行几天后，检查补偿链在运行中是否还有螺旋、缠绕现象，如果有则再重复一次。

安装弯曲半径要求如表 7-31 所示。

表 7-31　安装弯曲半径要求

额定速度/(m/s)	弯曲半径 R 值/mm	额定速度/(m/s)	弯曲半径 R 值/mm
1.0~1.75	115≤R≤175	2.0~2.5	280≤R≤355

注：安装后弯曲半径应尽量接近表中要求的数值。

补偿链导向装置示意如图 7-8 所示。

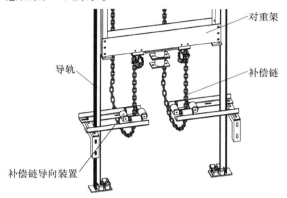

图 7-8　补偿链导向装置示意图

7.9.2　补偿装置的安装工作过程

（1）轿厢底悬挂装置的安装

对重后置式补偿装置的安装如表 7-32 所示。

表 7-32　对重后置式补偿装置的安装

序号	安装要求和操作过程	图示
1	首先将轿厢补偿链悬挂架的上支架（槽钢）用 M16 螺栓固定在轿厢下梁上部，然后将其下支架（角钢）用 M16 螺栓固定在轿厢下梁底部，最后，上下支架用拉杆连接起来	
2	将横梁用 M12 螺栓与下支架连接（以上工作可在轿厢架拼装时完成）。横梁上装上 U 形螺栓，补偿链连接在 U 形螺栓上。预留两环用于连接二次保护钢丝绳，二次保护钢丝绳绕过另一个 U 形螺栓与补偿链连接	

（2）对重底补偿链的安装（表 7-33）

表 7-33　对重底补偿链的安装

安装要求和操作过程	图示
对重侧补偿链挂在吊环上，吊环用 U 形螺栓连接悬挂在补偿链悬挂板上。补偿链预留两环用于连接二次保护钢丝绳，二次保护钢丝绳上端悬挂在 U 形螺栓上	

（3）补偿链导向装置的安装（表 7-34）

表 7-34　补偿链导向装置的安装

安装要求和操作过程	图示
补偿链导向装置由导轮支架和导轮组件组成。先将导轮支架和导轮组件用螺栓连接，再将导轮支架用 $M12 \times 125mm$ 的膨胀螺栓固定在井道墙壁上 　　安装时应进行补偿链试挂以调整导向装置位置，保证导向装置中心线与悬挂点应在同一直线上，防止平衡补偿链与导向装置因摩擦增大产生意外故障	

第**8**章

电梯电气部件的安装

电梯是典型的机电一体化设备,通过人机交换界面实现设备与人的互动;电梯乘客操作人机界面,通过井道里的电缆实现与控制系统的通信,电梯控制系统根据电梯各个零部件状态做出判断,应答并实现相关动作。

本章主要介绍控制系统(控制柜、机房电源箱)、人机交换系统、线系统、平层感应装置等的安装。

8.1 控制系统的安装

电气控制柜是对电梯运行进行控制的装置,主要有微处理器、各类电气控制板、调速装置等。本节主要介绍控制系统核心——控制柜和机房电源箱的安装。

8.1.1 控制柜的安装内容和要求

控制柜是电梯控制系统的核心部件,控制电路板、变频器与电气部件集中的地方,也是价格昂贵的部件之一。控制柜严禁雨淋暴晒,移动时要轻抬轻放。

控制柜放到机房的合适位置,用铅笔画出控制柜的位置,用电锤打孔固定膨胀螺栓,把控制柜固定即可。图 8-1 为典型控制系统布置示意图。

(1)控制柜安装的技术要求

① 地面平整,线槽美观大方,接头处连接地线。

② 控制柜垂直放置。

③ 控制柜必须连接地线,接地线电阻不得大于 4Ω,接地线必须是黄绿双色电线。

(2)线槽安装的技术要求

① 所有线槽应固定良好且在拐角内侧处应放置橡胶皮,用以保护电缆及电线。

② 导线在线槽及金属软管内不准有接头。

③ 单根导线接在插入式接线端子时,导线头要双折插入固定;接在非插入式接线端子时,导线要打圈顺向压接。两根以上导线压接时,在导线头间要垫平垫圈再压接。

④ 若线槽采用焊接法接地,则线槽的接地线全部装好才可敷设导线。

(3)机房电源箱安装的技术要求

机房电源箱设置在机房入口处,能方便迅速地触及。机房电源箱的操作机构高度宜距机房楼面 1.3m 处,如几台电梯共用一个机房,各台电梯机房电源箱应做好标识、易于识别。机房内零线和接地线应始终分开,接地线的颜色为黄绿双色绝缘电线,按规定选用接地线规格且应有良好的接地。接地线应分别直接接至接地线柱上,不得互相串接再接地。

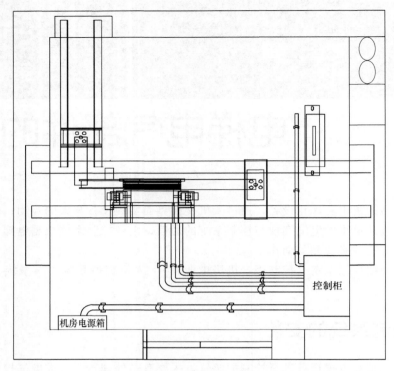

图 8-1　典型控制系统布置示意图

8.1.2　控制系统的安装

控制系统的安装如表 8-1 所示。

表 8-1　控制系统的安装

步骤	安装要求和操作过程	图示
（1）确定控制柜安装位置	根据机房布置及现场机房的实际情况,在机房地面画好控制柜位置、做好线槽布线,要求横平竖直,尽量减少转弯口。注意编码器线、动力线以及控制线必须单独布线 **小贴士**:控制柜安装时应按图样规定的位置施工,如无规定,应根据机房面积、结构形式合理布置,但必须符合维修方便、巡视安全的原则	
（2）地面钻膨胀螺栓孔,固定控制柜	通过底部四个膨胀螺栓孔进行固定,符合:①控制柜正面距门、窗不小于 600mm;②控制柜的维修侧距墙不小于 600mm;③控制柜距机械设备不小于 500mm	
（3）安装机房电源箱	机房电源箱应安装于机房进门即能随手操作的位置,但应避免雨水和长时间日照。开关以手柄中心高度为准,一般为 1.3~1.5m。安装时要求牢固,横平竖直	
（4）机房电源箱的电路连接	根据机房电源箱配电系统图,从配电房开关通过电缆送到机房电源箱三相断路器的进线端和照明断路器的进线端连接;经三相断路器的出线端导线送到电气控制柜,照明断路器的出线端则分别连接井道、轿厢照明线路	

步骤	安装要求和操作过程	图示
(5)布置线槽	要求横平竖直,尽量减少转弯口。按照机房及井道的布线图敷设线路;线槽按机房布置图进行安装,且动力线和控制线隔离敷设	
(6)布置主机编码器与控制柜之间的连线	该线只能布置在独立线槽且要可靠接地并与其他线槽之间距离≥200mm,连接处应用接地线可靠连接	
(7)布置控制柜与电动机相连的动力线	布置控制柜与电动机相连的动力线,线槽敷设到机座上方100mm 为止	
(8)布置控制柜其他电缆	布置控制柜与限速器开关、盘车开关、制动器开关、制动器线圈、夹绳器开关(异步主机配置)的电缆	
(9)布置机房电源箱到控制柜的线缆	布置机房电源箱到控制柜的线缆	
(10)固定线槽盖	电缆敷设完成后,用压板压住电缆,用自攻螺钉固定线槽盖板和线槽盒体	

8.2 人机交换系统的安装

人机交换系统,包括轿厢内操纵箱(内选)和召唤盒(外呼)。操纵箱是通过开关、按钮操纵轿厢运行的电气装置,一般安装于轿厢内壁上,主要用于乘客进入轿厢后,操作电梯上下运行及到达目标楼层登记相关指令。操纵箱面板上一般有楼层显示、楼层指令按钮、开关门按钮、警铃按钮、对讲按钮、电梯运行状态选择开关、照明开关、风扇开关、上下行选择按钮及其他特殊功能按钮。操纵箱按作用可分为主操纵箱、副操纵箱、残疾人操纵箱,其中残疾人操纵箱需要设置盲文。操纵箱按安装方法可以分为嵌入式和壁挂式(多用于残疾人操纵箱)。

轿厢内显示板需要显示的信息包括电梯位置、电梯运行方向、检修、超满载信号等。

召唤盒设置在各个楼层电梯入口层门的旁边，一般有上下两个带箭头的按钮，供乘客召唤轿厢来本层使用。基站的召唤盒还需要有锁梯钥匙开关，供锁梯使用；同时，在消防基站的召唤盒上方有一个消防开关，在发生火灾时，打碎面板，压下开关，使电梯进入消防运行状态。

召唤盒显示板需要显示的信息包括电梯位置、电梯运行方向、检修、满载信号等。

操纵箱和召唤盒的召唤方式可分为按钮式和触摸式；其显示可分为段码显示、点阵显示和真彩液晶显示。

8.2.1　操纵箱（嵌入式）的安装

操纵箱（嵌入式）的安装如表 8-2 所示。

表 8-2　操纵箱（嵌入式）的安装

步骤	安装要求和操作过程	图示
（1）固定操纵箱箱体	拧开操纵箱盖子上的螺栓，将操纵箱引入轿壁内 用螺栓将操纵箱临时组装在轿厢后，用衬托调整上下间隙，并紧固螺栓。此时，召唤盒的深度建议大于轿壁约 1mm	
（2）操纵箱内电缆接线	将操纵箱电线从轿壁加强带之间通过，并将其绑定后连接好相关插件	
（3）操纵箱面板安装	一般操纵箱面板都是精制成品，安装时切勿损伤。盖好操纵箱面板后应检查按钮是否灵活有效，不应有弹不起的现象存在	

8.2.2　召唤盒的安装

召唤盒的安装如表 8-3 所示。

表 8-3　召唤盒的安装

步骤	安装要求和操作过程	图示
（1）定位	用钢卷尺测量预留孔的位置，召唤盒底部与装饰地面距离宜为 1.2～1.4m，与层门边距为 0.2～0.3m 各楼层间召唤盒的安装高度偏差宜小于 5mm，同一电梯厅召唤盒的安装高度偏差宜小于 2mm	
（2）根据定位位置钻孔，安装召唤底盒	将召唤盒安装在召唤底盒上，召唤盒表面与外墙面的垂直度≤±1mm，召唤盒面板与装饰面配合平整	
（3）连接相关插件与接地线	连接相关插件与接地线	

8.3 线系统的安装

井道线路是指在电梯井道中敷设线槽、线管和线缆，主要包括从控制柜到层门门锁、召唤盒、减速开关、极限开关、限速器张紧轮开关、底坑急停开关、井道照明开关、消防开关等。

随行电缆连通了控制柜与轿厢上的电气零部件，是控制柜和轿厢通信的媒介，一般包括轿厢照明、轿顶照明插座、轿顶检修开关、安全钳开关、轿顶急停开关、轿厢操纵箱、司机独立功能、风扇照明开关等电缆。现在多采用扁形电缆，由多股电线组成。内部又可分为几种不同的颜色或不同的电缆编号，以便在使用时容易区分。

随行电缆架应安装在电梯正常提升高度的 $1/2H+1.5\text{m}$（其中 H 为电梯正常提升高度）的井道壁上，并设置电缆中间固定卡板以固定。

电缆的型号一般由以下八部分组成。

① 用途代码——不标为电力电缆，K 为控制电缆，P 为信号电缆。

② 绝缘代码——Z 为油浸纸，X 为橡胶，V 为聚氯乙烯，YJ 为交联聚乙烯。

③ 导体材料代码——不标为铜，L 为铝。

④ 内护层代码——Q 为铅包，L 为铝包，H 为橡胶，V 为聚氯乙烯护套。

⑤ 派生代码——D 为不滴油，P 为干绝缘。

⑥ 外护层代码——V 为聚氯乙烯，Y 为聚乙烯，电力电缆和控制电缆外有外套表示，橡套电缆基本没有外套表示。

⑦ 特殊产品代码——TH 为湿热带，TA 为干热带。

⑧ 额定电压，单位 kV。

电梯的电缆规格如下。

① RVV——聚氯乙烯绝缘软电缆，用于信号控制回路。

② VVR——聚氯乙烯绝缘聚氯乙烯护套电力电缆，用于动力回路控制。

③ TVVBP——扁形聚氯乙烯护套电缆，用于信号控制回路，主要应用于随行电缆。

小贴士：轿底应装有轿底电缆架，并做二次保护。

8.3.1 随行电缆的安装

随行电缆是连接运动的轿厢底部与井道固定点之间的电缆，随行电缆架是架设随行电缆的部件。

安装井道电缆架时，应注意电缆避免与限速器钢丝绳，极限开关、限位开关、减速开关支架，传感器支架及对重装置安装在同一垂直交叉位置。

井道电缆架应安装在电梯正常提升高度 $1/2H+1.5\text{m}$ 的井道壁上。如电缆直接进入机房，井道电缆架应安装在井道顶部的墙壁上，但要在提升高度 $1/2H+1.5\text{m}$ 的井道壁上设置电缆中间固定卡板，以减少电缆运动中的晃动。轿底电缆架的方向应与井道内电缆架方向一致，并使电缆位于底坑时能避开缓冲器，且保持一定距离，电缆架固定点应牢固可靠，安装后应能承受电缆的全部重量。

随行电缆的安装如表 8-4 所示。

表 8-4　随行电缆的安装

序号	安装要求和操作过程	图示
1	参照土建图，确认随行电缆走线 将电缆架安装在离井道顶 1.0～1.5m 处	
2	将随行电缆搬至顶层层门口处，并将与控制柜接线的随行电缆一端上拉至机房	
3	随行电缆留有适当余量后，将顶部随行电缆固定在顶部电缆架上	
4	通过卷扬机将剩余电缆沿井道壁下放至底坑 当提升高度＜30m 时，仅在顶层安装电缆架 当提升高度≥30m 时，需要在顶层及井道高度 $1/2H$ 向上 1.5m 处安装电缆架	
5	将底坑预留随行电缆拉至轿顶，适当预留后，在轿厢侧面进行随行电缆布线作业。此时，为防止随行电缆在轿厢侧面松弛，需要使用两个电缆夹将电缆固定在轿厢上下沿上	
6	在离轿底电缆架 450～500mm 处，进行 U 形布线作业，并通过电缆夹将随行电缆预固定在轿底电缆架上	
7	连接轿厢（轿顶）插件与控制柜插件	

8.3.2　井道电缆的布线

现在很多电梯在井道内所使用的电缆均为生产厂家指定配套线缆，无需安装人员再截取导线，并且在电梯的层门联锁和楼层显示线路中均采用插接连接方式。此外，终端开关和底坑电气设备均采用专用线缆连接。

井道电缆的布线如表 8-5 所示。

表 8-5　井道电缆的布线

序号	安装要求和操作过程	图示
1	将井道电缆组件从机房吊顶下降至底坑	
2	从最底层入口一旁开始,布置好底坑安全回路接头和减速开关接线,并用线卡均匀固定在井道壁上	
3	依次将每层层门旁分线分出,连接层门门锁,将外呼线布置在外呼+150mm 处	
4	将底坑急停开关串入井道电缆内	
5	将限速器断绳开关串到井道电缆内	
6	将液压缓冲器柱塞复位开关串到井道电缆内	

8.4　平层感应器的安装

　　电梯平层感应器是电梯判断是否到达楼层位置的重要装置。一般在轿厢上设置平层感应开关,在井道内平层位置设置平层感应开关的触发装置。当电梯到达平层位置时,平层感应开关触发,给电梯控制系统发送相应信息。因此平层感应器的安装位置对于电梯平层精度有着直接的影响。同时,平层感应器和编码器一起记录轿厢位置,提高平层精度。部分控制系统控制电梯减速开关和平层感应开关一起动作起到软限位作用。如电梯有开门再平层或提前开门功能,会增加两个平层感应器,它们是实现开门再平层或提前开门的功能部件。

8.4.1　插板式平层感应器的安装

　　插板式平层感应器的安装如表 8-6 所示。

表 8-6　插板式平层感应器的安装

步骤	安装要求和操作过程	图示
(1)平层感应器用平层感应开关架固定	平层感应器用螺栓固定在平层感应开关架上。将平层感应开关架用螺栓固定在轿厢立柱上	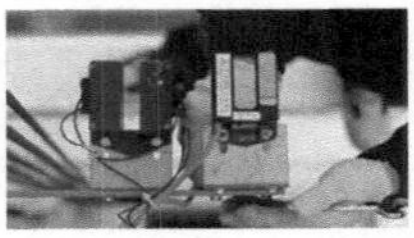
(2)平层插板安装	平层插板(每层一个)用压导板固定在轿厢导轨上	
(3)平层插板位置调整	逐层调整平层插板位置,使平层插板插入平层感应器深度至少 2/3,平层感应器和平层感应开关的垂直偏差小于 1mm	

8.4.2　笔式平层感应器的安装

笔式平层感应器的安装如表 8-7 所示。

表 8-7　笔式平层感应器的安装

步骤	安装要求和操作过程	图示
(1)轿顶开关支架安装	将轿顶开关支架和轿顶开关安装在轿厢立柱上部 将开关电缆管道布置到轿顶接线盒,并用扎带扎紧	
(2)感应磁条安装	将磁条(每层一个)固定在导轨上或专用支架上	
(3)轿顶开关位置调整	垂直偏差宜小于 1mm,开关中心与磁条中心偏差宜为 ±1mm	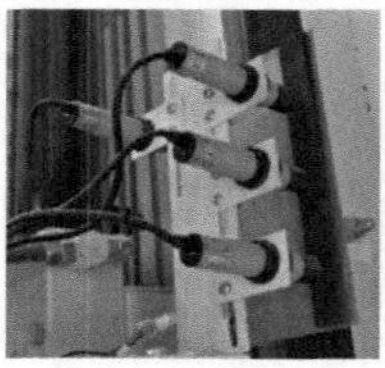

第9章

电梯安全保护装置安装

电梯是一种垂直运输设备，它设有多种安全保护装置。只要电梯正确使用和定期维修、检查，就能保证电梯的安全运行。电梯安全保护装置主要有限速器、安全钳、缓冲器、越程保护开关等。

9.1 限速器与安全钳的安装

限速器与安全钳是电梯必不可少的安全保护装置。当电梯超速、运行失控或悬挂装置断裂时，限速器、安全钳迅速将电梯轿厢制停在导轨上，并保持静止状态，从而避免发生人员伤亡及设备损坏事故。

限速器是一个超速检测装置，可分为凸轮式、甩块式、甩球式三类。限速器一般安装在电梯机房或电梯井道顶部，也有安装在底坑的情况。当电梯超速达到设定的电气动作速度时，限速器会通过电气开关切断电梯的安全回路，进而切断控制电源。如果电梯由于重力或惯性还继续超速，会触发限速器的机械动作装置，使限速器钢丝绳停止运动，从而提拉安全钳。

安全钳是一个制动装置，一般安装在电梯轿厢或电梯对重装置底部。安全钳包括提拉机构和制动机构两部分。提拉机构的作用是将限速器的机械动作传递到制动机构并使制动机构动作，制动机构动作后会将电梯卡在导轨上，避免电梯进一步坠落。

9.1.1 限速器的安装

限速器的安装如表 9-1 所示。

表 9-1　限速器的安装

步骤	安装要求和操作过程	图示
(1)确定限速器固定位置	根据机房井道布置图，先将限速器安放在机房地面上。限速器轮槽两侧分别对应机房楼板上预留孔(限速器上有"下行"标识的一侧对应离轿厢导轨中心线最近的预留孔)，从限速器轮槽(有"下行"标识的一侧)内下放一根铅垂线，通过楼板至井道底坑内。要求该铅垂线穿过轿厢架上提拉杆绳头中心点，以此确定限速器的安装位置。限速器底座采用膨胀螺栓固定在机房地板上	
(2)固定限速器	限速器的安装基础可用水泥砂浆制成，采用钢膨胀螺栓固定。限速器安装位置正确，底座牢固；当与安全钳联动时无颤动现象，垂直度允许误差在 0.5mm 之内	

步骤	安装要求和操作过程	图示
(3)安装张紧装置	依据步骤(1)中放置的铅垂线,要求该铅垂线与靠近导轨侧的张紧轮绳槽中心线重合;保证张紧装置的摆臂处于水平位置,且张紧轮中心距离底坑地面一定高度,以确保张紧轮下降到极限位置前张紧轮开关能够动作。张紧装置安装在底坑的轿厢导轨上	

9.1.2　安全钳的安装

安全钳的安装如表 9-2 所示。

表 9-2　安全钳的安装

步骤	安装要求和操作过程	图示
(1)安装安全钳	安装时,在提拉装置的连接件与立柱对应的孔内穿入螺栓,应保证安全钳固定楔块与导轨侧工作面的间隙为 2～3mm。安全钳制动时,其楔块啮合面应完全接触导轨,楔块侧面应超越导轨顶面 2mm,然后拧紧螺栓 **小贴士:** ①在安装安全钳前应检查安全钳铭牌的标识、检查导轨宽度、检查总容许质量是否与所装电梯相符 ②安全钳上各铅封是否完整无损,安全钳在出厂时已经调整,不需要随意变动	
(2)安装限速器钢丝绳	上端挂在限速器轮上,下端兜在张紧轮上,限速器钢丝绳的两头连在提拉装置上,安装时对铅垂线的偏差不大于 0.5mm 将限速器钢丝绳下端利用钢丝绳夹固定在安全钳的拉杆上,而限速器钢丝绳上端穿过套在安全钳连接块上的索具套环,并最后用钢丝绳夹进行固定 钢丝绳夹从最接近连接块位置进行固定,依次远离,钢丝绳绳夹间距为 6～7 倍限速器钢丝绳直径,如右图所示。限速器钢丝绳至导轨导向面与顶面两个方向的偏差均不得超过 10mm;限速器钢丝绳应张紧,且在运行中不与其他部件相碰。限速器绳轮应转动灵活	

9.2　缓冲器的安装

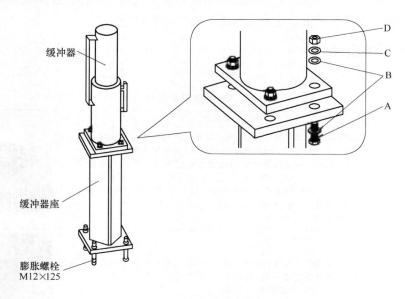

缓冲器

缓冲器座

膨胀螺栓
M12×125

D
C
B
A

图 9-1　缓冲器示意图
A—螺栓;　B—平垫圈;　C—弹簧垫圈;　D—螺母

缓冲器位于行程端部，是用来吸收轿厢或对重装置动能的一种弹性缓冲安全装置。

9.2.1 缓冲器的安装内容和要求

缓冲器有两种形式，蓄能型缓冲器（如弹簧缓冲器、聚氨酯缓冲器）只能用于额定速度小于或等于1m/s的电梯；耗能型缓冲器（如液压缓冲器）可用于任何额定速度的电梯。

缓冲器一般安装在底坑的缓冲器座上（图9-1）。若底坑下是人员进入的空间，则对重装置在不设安全钳时，对重缓冲器的支座应一直延伸到底坑下的坚实地面上。

轿厢缓冲器基座使用混凝土浇筑，混凝土高度应为可以确保缓冲器安装后符合项目土建图中标注的轿厢缓冲间距。

缓冲器安装完后，一定要确保液压油注入缓冲器里。缓冲器油量使用参照如表9-3所示。

表9-3 缓冲器油量使用参照

缓冲器型号		YH1/175	YH1A/175	YH68/210	YH13/230	YH4/270	YH2/420
液压油牌号		N68					
所需加油量/L	理论油量	2.20	1.20	0.63	1.40	3.10	4.70
	实际油量	2.28	1.25	0.65	1.52	3.19	4.81

液压缓冲器的柱塞铅垂度应不大于5/1000，缓冲器中心与轿厢和对重装置相应缓冲板中心的偏差应不超过20mm，同一基础上安装的两个缓冲器的顶面高度差应不超过2mm。

9.2.2 缓冲器的安装过程

缓冲器的安装过程如表9-4所示。

表9-4 缓冲器的安装

步骤	安装要求和操作过程	图示
（1）固定缓冲器	将缓冲器用钢膨胀螺栓固定在底坑位置,确定缓冲器位置。固定好后,轿厢、对重装置撞板中心与缓冲器中心的偏差不大于20mm 轿厢在两端站平层位置时,轿厢、对重装置的撞板与缓冲器顶面间距离规定:液压缓冲器为150～400mm,弹簧缓冲器为200～350mm	
（2）调节垂直度	将磁性线锤固定在缓冲器的顶部,放下锤头。测量液压缓冲器时,其柱塞垂直度不大于0.5mm;当垂直度不满足要求时,可以使用导轨垫片进行调节 ①采用弹簧缓冲器时,弹簧顶面的水平度应不大于4/1000 ②一个轿厢采用两个缓冲器时,两个缓冲器顶部的高度偏差不大于2mm	
（3）加注液压油	确保液压缓冲器内用油标号准确、油量加注适当	
（4）测试相关功能	缓冲器压缩时必须缓慢而均匀地向下移动,检查缓冲器行程、柱塞复位开关的功能	

9.3 越程保护开关的安装

越程保护开关由限位撞弓架和行程开关等组成，开关包含了减速开关和极限开关/限位开关两部分。限位撞弓架安装在立柱上，随轿厢上下运行；限位撞弓架应用双连接架结构，使之拥有足够强度。

① 减速开关。电梯向上运行到最高层或向下运行到最低层，平层前需要对电梯进行强迫减速，所以每台电梯有一个上减速开关和一个下减速开关。电梯正常运行到此处必须减速，防止正常减速开关（软件减速开关）失效造成冲顶、蹲底。减速开关使用的是极限式开关，其安装位置与电梯速度有关，速度越高则减速距离越长，甚至需要安装多个减速开关。

② 限位开关。电梯运行到最高层，轿厢地坎高于层门地坎50mm以上时，上行限位开关必须断开，电梯停止向上运行但可以向下运行。电梯运行到最低层，轿厢地坎低于层门地坎50mm时，下行限位开关必须断开，电梯停止向下运行但可以向上运行。

③ 极限开关。电梯上行到顶层，轿厢地坎高于层门地坎200mm时；或电梯下行到底层，轿厢地坎低于层门地坎200mm时，极限开关断开，电梯停止运行。

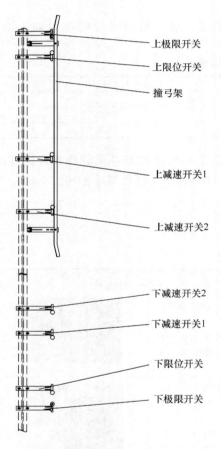

图 9-2 越程保护开关（速度为 1.0～2.0m/s）

9.3.1 越程保护开关的安装要求

① 撞弓架与开关的撞轮位置适中，开关动作灵敏可靠。

② 开关电缆用卡子固定在相应位置上，电梯运行时不得碰擦。

③ 安装尺寸必须明确。

9.3.2 越程保护开关的安装工作过程

一般当速度为 1.0～2.0m/s 时，越程保护开关选用如图 9-2 所示的结构——普通行程开关。有部分控制系统取消限位开关（采用平层信号和终端减速开关的关系，通过软件来判断限位）。越程保护开关的安装过程（速度为 1.0～2.0m/s）如表 9-5 所示。

一般当速度为 2.5m/s 及以上时，越程保护开关选用如图 9-3 所示的结构。减速开关采用双稳态开关，主要目的是减少撞弓架运行过程中撞击开关声音及增强信号的可靠性。

有部分控制系统取消限位开关（采用平层信号和终端减速开关的关系，通过软件判断限位）。工作过程（速度为 2.5m/s 及以上）如表 9-6 所示。

表 9-5 越程保护开关（速度为 $1.0\sim 2.0\mathrm{m/s}$）**的安装过程**

序号	安装要求和操作过程	图示
1	将限位撞弓架用螺栓固定在轿厢立柱上	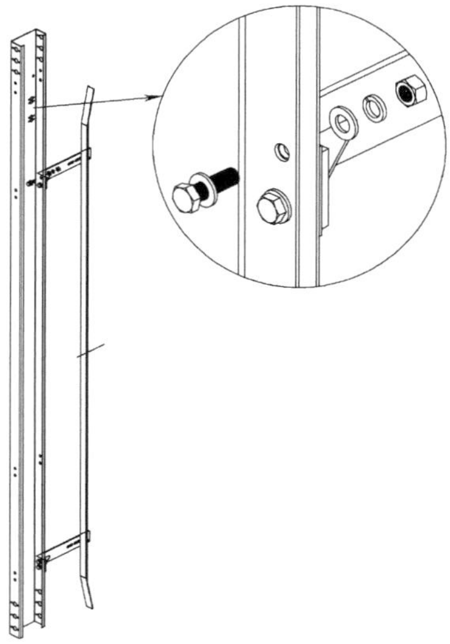
2	将行程开关架用压导板固定在导轨上	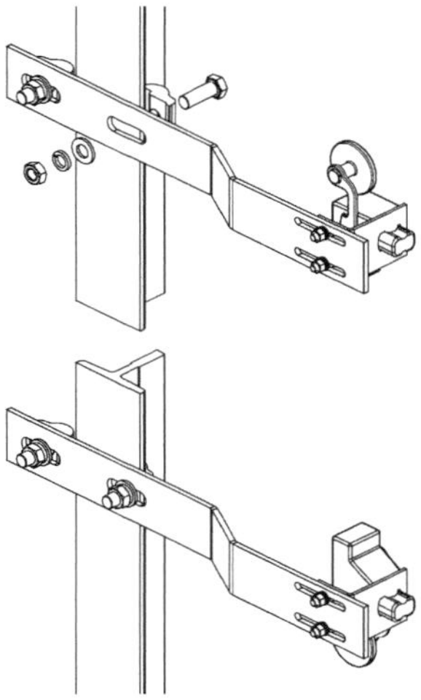
3	安装完毕后,应做冲顶和撞底的越层试验,检验各开关安装位置的正确性和工作可靠性	

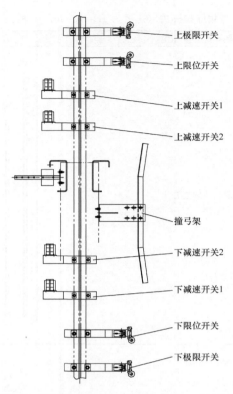

图 9-3　越程保护开关（速度为 2.5m/s 及以上）

表 9-6　越程保护开关（速度为 2.5m/s 及以上）**的安装过程**

序号	安装要求和操作过程	图示
1	将限位撞弓架用螺栓固定在轿厢立柱上	

续表

序号	安装要求和操作过程	图示
2	将行程开关架用压导板固定在导轨上	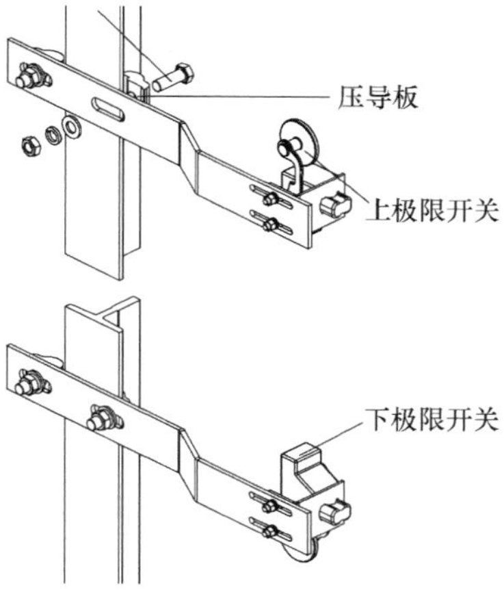
3	安装完毕后，应做冲顶和蹲底的越层试验，检验各开关安装位置的正确性和工作可靠性	

第10章

电梯慢车调试

10.1 通电前确认及通电后检查

10.1.1 工地安全知识

① 必须穿戴合身的工作服、安全帽、安全鞋等。

② 接线作业应由专业的持证人员进行。

③ 务必将接地端子接地。

④ 勿用湿手触摸控制柜内元器件及周边电路，否则有触电危险。

⑤ 绝对禁止嬉笑打闹。恶作剧或打闹可能引发事故和严重伤害。

⑥ 当员工因疲劳、酒精、药物等对员工本人或他人造成伤害或身体不适等因素，导致其工作能力或反应能力下降时，不允许上岗。

10.1.2 通电前确认

通电前确认如表 10-1 所示。

表 10-1 通电前确认

步骤	安装要求和操作过程	图示
(1)确认相关接线正确、可靠	检查用户进线、曳引机接线、安全回路接线、门锁接线、制动器接线,确保部件及人身安全 **小贴士**:可根据现场提供的现场接线图,进行确认	
(2)检查总进线线径及总开关容量	总进线线径及总开关容量应满足设计要求	

步骤	安装要求和操作过程	图示
(3)检查用户电源	使用万用表,检查机房电源箱内主开关进线端电源各相间电压,应在 AC380V±7% **小贴士**:电梯的供电线电压是 AC380V、相电压是 AC220V,电压的波动范围应在±7%	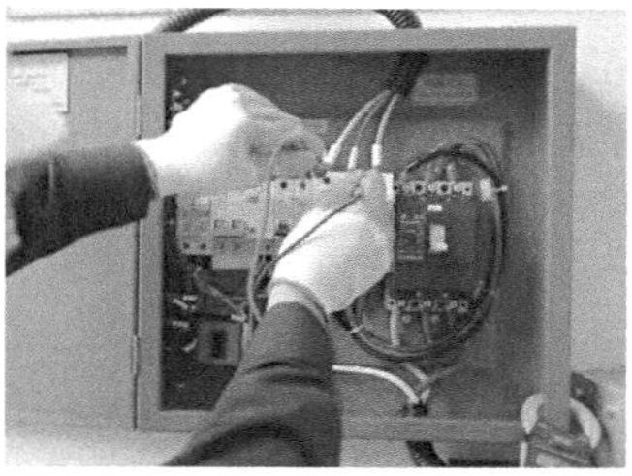
(4)将控制柜置于"紧急电动"状态	将控制柜置于"紧急电动"状态	
(5)确认外围安全回路接通	在断开主电源情况下,一般用万用表电阻挡测量外围安全回路的起点和终点,如阻值为零表示安全回路接通 **小贴士**:可根据现场提供的电气原理图进行确认	
(6)确认层门锁、轿门锁回路导通	一般用万用表电阻挡测量层门锁回路的起点和终点,如阻值为零表示层门锁回路接通;用万用表电阻挡测量轿门锁回路的起点和终点,如阻值为零表示轿门锁回路接通 **小贴士**:可根据现场提供的电气原理图进行确认	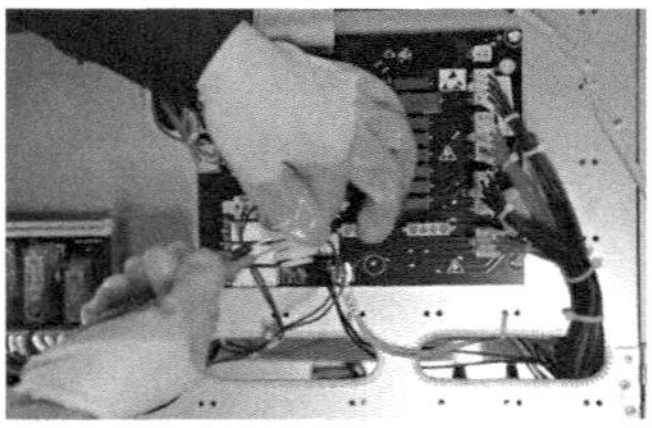
(7)编码器安装正确无松动,接线可靠	编码器安装正确无松动,接线可靠。编码器信号线与强电回路分槽布置,以防干扰 **小贴士**:编码器反馈的脉冲信号是系统实现精准控制的重要保证,调试之前要着重检查	
(8)检查接地情况	检查下列端子与接地端子 PE 之间的电阻是否无穷大,如果偏小应立即检查相应回路是否存在短路或者电缆破皮现象:电源进线 R、S、T 与 PE 之间;曳引机 U、V、W 与 PE 之间;主控板 DC24V 与 PE 之间	

10.1.3 通电后检查

通电后检查如表10-2所示。

表 10-2　通电后检查

步骤	安装要求和操作过程	图示
(1)检查控制柜进线电源电压	将万用表调到 AC750V 电压挡,测量控制柜 AC380V 输入端 R、S、T,电源电压应为 AC380V±7%	
(2)检查开关电源电压	将万用表调到 AC750V 电压挡,测量开关电源输入端 L、N,电源电压应为 AC220V±4%	
(3)检查主控板输入电压	将万用表调到 DC200V 电压挡,一般测量主控板输入电源电压应为 DC24V±5% **小贴士**:可根据现场提供的电气原理图,确认测量点	
(4)检查安全回路电压	将万用表调到 AC750V 电压挡,一般测量得到变压器安全回路电源输出端电压为 AC110V±4% **小贴士**:可根据现场提供的电气原理图,确认测量点	
(5)检查制动器回路电压	将万用表调到 AC750V 电压挡,一般测量得到变压器制动器回路电源输出端电压应为 AC220V±4% **小贴士**:可根据现场提供的电气原理图,确认测量点	
(6)检查电梯安全运行的条件	确认井道畅通、轿厢无人,并且通过观察控制系统主板输入信号指示灯状态,检查强迫减速信号输入、限位信号输入(如果有)都有效	

10.2 电动机自整定及检修试运行

根据现场实际情况正确设定参数是非常重要的，它是控制器或控制系统充分发挥自身性能的前提和基础。参数设置时，尤其要注意以下几点。

① 按电动机铭牌正确设置电动机基本参数，即电动机参数的内容，如电动机类型、极对数、额定频率、额定功率、额定转速、额定电流、额定电压等。

② 按所使用的编码器正确设置编码器参数，如编码器类型、编码器脉冲数。

③ 正确设置电梯运行参数，如电梯额定速度。

④ 正确设置输入类型参数与实际使用的接触器、继电器以及井道开关的触点或开关类型相同。

10.2.1 电梯控制系统电动机自整定及检修试运行

送电后，通过专用手持液晶操作器进入调试界面，首先对系统基本参数和驱动参数进行正确的设定，然后即可进行以下各项调试工作。

以某品牌控制系统为例，电动机自整定和检修试运行如下。

（1）根据现场电梯配置分别设置电动机参数

① 设置电动机类型。

功能码	设定值	备注
D02	1	1:同步电动机 2:异步电动机

② 设置变频器型号。

功能码	设定值	备注
D03	7	根据变频器的铭牌 0:按点击型号设置 4:3.7kW 5:5.5kW 6:7.5kW 7:11kW 8:15kW 9:18.5kW 10:22kW 11:30kW 12:37kW 13:45kW 14:55kW

③ 设置编码器型号。

功能码	设定值	备注
D04	3	1:1024 脉冲编码器 2:8192 脉冲编码器 3:正余弦 1387 编码器

④ 按照电动机铭牌，设置曳引机参数。

功能码	设定值	备注
M02	*	额定速度
M06	*	额定电压
M07	*	额定电流
M08	*	电动机极对数
M09	*	额定频率
M011	*	额定转速

⑤ 设定检修速度。

功能码	设定值	备注
B10	*	范围为 0～0.63m/s

（2）电动机自整定（图 10-1）

将电梯状态转至检修，按住检修上行按钮或检修下行按钮。电动机自动运转大约 30s 后，自整定完成，此时松开检修上行按钮或检修下行按钮。

（3）慢车试运行（图 10-2）

电梯慢车上行或者下行时，需观察电梯运行方向是否正确。如电梯运行方向错误，则首先检查检修上行/下行按钮的接线是否正确：主控板的 X9 端子应接入上行按钮信号、X10 端子应接入下行按钮信号。如接线正确，则将 D05 参数修改（将 0 改成 1 或将 1 改成 0）即可。

图 10-1　电动机自整定

图 10-2　慢车试运行

小贴士：① 在电梯慢车上行或者下行时，若电动机反馈速度与给定值偏差较大，则需检查编码器和主控板之间的接线是否正确；检查走线是否合理，因为编码器连接线不能和动力线走同一根线槽，必须和动力线严格分开；检查屏蔽线和屏蔽网的接地是否可靠正确。

② 机房的慢车运行实际是紧急电动运行，而不是检修运行。此时，安全回路中的安全钳开关、限速器开关、上行超速保护开关、上下终端极限开关、缓冲器复位开关等都在慢车运行时被短接，所以必须格外注意。建议机房紧急电动运行的时间和距离都不要太长，而且不要将轿厢运行到终端位置。

10.2.2　默纳克 NICE3000new 电动机自整定及检修试运行

（1）曳引电动机自学习必要条件（图 10-3）

① 确认系统安全、门锁回路导通。

输入点	名称
X25	安全回路导通时，指示灯点亮
X26	层门锁回路导通时，指示灯点亮
X27	轿门锁回路导通时，指示灯点亮

② 确认系统进入检修状态。

输入点	名称
X9	指示灯灭，表示进入检修状态

③ 确认主控板限位开关输入点信号有效。

输入点	名称
X12	上限位开关未动作时，指示灯亮
X13	下限位开关未动作时，指示灯亮

小贴士：如对应指示灯不正确，可检查对应回路连线。

（2）异步电动机带载自学习（图 10-4）（曳引机已经安装钢丝绳，不可与负载脱开）

① 命令源选择为操作面板控制。

功能码	设定值	备注
F0-01	0	操作面板控制，仅用于测试或电动机调谐

② 设置电动机类型。

功能码	设定值	备注
F1-25	0	异步电动机

③ 按照电动机铭牌，设置曳引机参数。

功能码	设定值	备注
F1-01	*	额定功率
F1-02	*	额定电压
F1-03	*	额定电流
F1-04	*	额定频率
F1-05	*	额定转速

④ 按照编码器铭牌，设置编码器类型及脉冲数。

功能码	设定值	备注
F1-00	2	0：SIN/COS 型 1：UVW 型 2：ABZ 型 3：Endat 型
F1-12	*	编码器每转脉冲数

⑤ 选择调谐方式。

功能码	设定值	备注
F1-11	1	主机带载调谐

图 10-3　电动机自学习必要条件

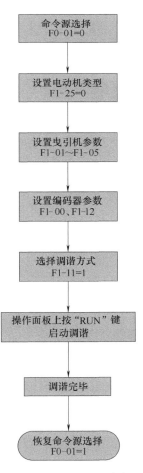

图 10-4　异步电动机带载自学习

⑥ 电动机调谐。

按"ENTER"键，操作面板显示"TUNE"（如不显示"TUNE"，说明系统此时有故障信息，应按一次故障复位键"STOP"），然后按键盘面板上"RUN"键。电动机不自动运转，但有电流啸叫声，整个调谐过程将持续数十秒。调谐完成后，控制器自动停止输出。系统会依次测量定子电阻、转子电阻和漏感抗 3 个参数，并自动计算电动机的互感抗和空载电流。

⑦ 调谐结束，将命令源选择为端子控制，否则电动机无法运行。

功能码	设定值	备注
F0-01	1	端子控制

小贴士：正确设置相关参数，否则调谐会报故障。电动机参数调谐，建议调谐 3 次以上，每次自学习的参数应接近平均值。

（3）异步电动机无负载自学习（图 10-5）（曳引机暂未安装钢丝绳，与负载完全脱开）

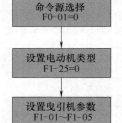

命令源选择
F0-01=0

设置电动机类型
F1-25=0

设置曳引机参数
F1-01~F1-05

设置编码器参数
F1-00、F1-12

选择调谐方式
F1-11=2

手动打开制动器

操作器上按"RUN"键
启动调谐

调谐完毕

恢复命令源选择
F0-01=1

图 10-5 异步电动机
无负载自学习

① 命令源选择为操作面板控制。

功能码	设定值	备注
F0-01	0	操作面板控制，仅用于测试或电动机调谐

② 设置电动机类型。

功能码	设定值	备注
F1-25	0	异步电动机

③ 按照电动机铭牌，设置曳引机参数。

功能码	设定值	备注
F1-01	*	额定功率
F1-02	*	额定电压
F1-03	*	额定电流
F1-04	*	额定频率
F1-05	*	额定转速

④ 按照编码器铭牌，设置编码器类型及脉冲数。

功能码	设定值	备注
F1-00	2	0：SIN/COS 型 1：UVW 型 2：ABZ 型 3：Endat 型
F1-12	*	编码器每转脉冲数

⑤ 选择调谐方式。

功能码	设定值	备注
F1-11	2	电动机无负载调谐

⑥ 电动机调谐。

首先需要手动打开制动器，按"ENTER"键，操作面板显示"TUNE"（如不显示"TUNE"，说明系统此时有故障信息，应按一次故障复位键"STOP"），然后按键盘面板上"RUN"键。电动机自动运转，整个调谐过程将持续数十秒。调谐完成后，控制器自动停止输出。系统会依次测量定子电阻、转子电阻和漏感抗、互感抗和空载电流。

⑦ 调谐结束，将命令源选择为端子控制，否则电动机无法运行。

功能码	设定值	备注
F0-01	1	端子控制

小贴士：异步电动机调谐时对编码器 A、B 相序有要求，如果顺序接反则电动机调谐会报 Err38 故障，此时可尝试调换编码器 A、B 相序。

（4）同步电动机带载自学习（图 10-6）（曳引机已经安装钢丝绳，不可与负载脱开）

① 命令源选择为操作面板控制。

功能码	设定值	备注
F0-01	1	操作面板控制

② 设置电动机类型。

功能码	设定值	备注
F1-25	1	永磁同步电动机

③ 按照电动机铭牌，设置曳引机参数。

功能码	设定值	备注
F1-01	＊	额定功率
F1-02	＊	额定电压
F1-03	＊	额定电流
F1-04	＊	额定频率
F1-05	＊	额定转速

④ 按照编码器铭牌，设置编码器类型及脉冲数。

功能码	设定值	备注
F1-00	＊	0：SIN/COS 型 1：UVW 型 2：ABZ 型 3：Endat 型
F1-12	＊	编码器每转脉冲数

⑤ 选择调谐方式。

功能码	设定值	备注
F1-11	1	电动机带载调谐

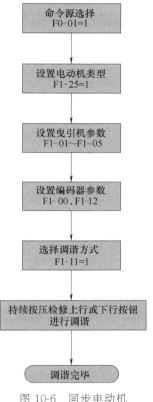

图 10-6　同步电动机带载自学习

⑥ 电动机调谐。

按"ENTER"键，操作面板显示"TUNE"（如不显示"TUNE"，说明系统此时有故障信息，应按一次故障复位键"STOP"），然后一直按住检修上行按钮或检修下行按钮。电动机自动运转，调谐完成后，控制器自动停止输出，此时需松开检修上行按钮或检修下行按钮。

调谐成功后，主控板将学到的编码器角度显示"3s"；调谐失败时，主控板显示"Err"。经多次调谐，确认 F1-06 前后学出的误差值在 ±5° 以内。F1-08 大多数是 0 或 8，多次调谐 F1-08 不变。

功能码	设定值	备注
F1-06	＊	同步电动机初始角度
F1-08	＊	同步电动机接线方式

小贴士：永磁同步电动机第一次运行前必须进行磁极位置辨识，否则不能正常使用。在更改电动机接线、更换编码器或者更改编码器接线的情况下，必须再次辨识编码器磁极角度。

（5）同步电动机无负载自学习（图 10-7）（曳引机暂未安装钢丝绳，可与负载脱开）

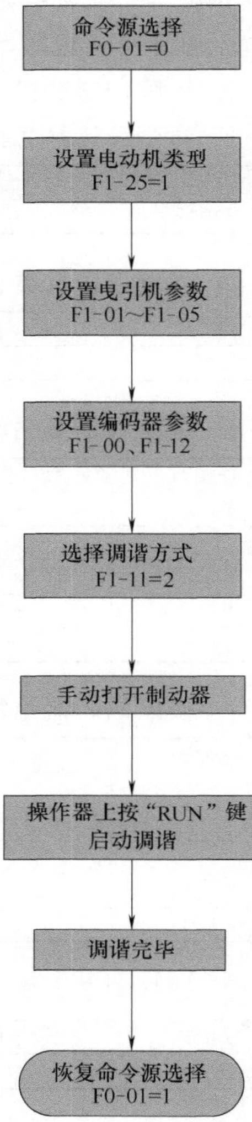

① 命令源选择为操作面板控制。

功能码	设定值	备注
F0-01	0	操作面板控制，仅用于测试或电动机调谐

② 设置电动机类型。

功能码	设定值	备注
F1-25	1	永磁同步电动机

③ 按照电动机铭牌，设置曳引机参数。

功能码	设定值	备注
F1-01	*	额定功率
F1-02	*	额定电压
F1-03	*	额定电流
F1-04	*	额定频率
F1-05	*	额定转速

④ 按照编码器铭牌，设置编码器类型及脉冲数。

功能码	设定值	备注
F1-00	*	0：SIN/COS 型 1：UVW 型 2：ABZ 型 3：Endat 型
F1-12	*	编码器每转脉冲数

⑤ 选择调谐方式。

功能码	设定值	备注
F1-11	2	电动机无负载调谐

⑥ 电动机调谐。

首先需要手动打开制动器，按"ENTER"键，操作面板显示"TUNE"（如不显示"TUNE"，说明系统此时有故障信息，应按一次故障复位键"STOP"），然后按键盘面板上"RUN"键。电动机自动运转，调谐完成后，控制器自动停止输出。

调谐成功后，主控板将学到的编码器角度显示"3s"；调谐失败时，主控板显示"Err"。经多次调谐，确认 F1-06 前后学出的误差值在 ±5° 以内。F1-08 大多数是 0 或 8，多次调谐 F1-08 不变。

图 10-7　同步电动机
无负载自学习

流程图文字：
命令源选择 F0-01=0 → 设置电动机类型 F1-25=1 → 设置曳引机参数 F1-01～F1-05 → 设置编码器参数 F1-00、F1-12 → 选择调谐方式 F1-11=2 → 手动打开制动器 → 操作器上按"RUN"键启动调谐 → 调谐完毕 → 恢复命令源选择 F0-01=1

功能码	设定值	备注
F1-06	*	同步电动机初始角度
F1-08	*	同步电动机接线方式

⑦ 调谐结束，将命令源恢复端子控制，否则电动机无法运行。

功能码	设定值	备注
F0-01	1	端子控制

（6）检修试运行（图10-8）

调谐完成后，检修试运行，监控电流是否正常（不带载时电流一般应小于1A）、电梯运行是否稳定、实际运行方向是否与给定方向一致、F4-03脉冲变化是否正常（上行增大，下行减小）。

若电梯实际运行方向与给定方向相反，可通过F2-10参数变更电梯运行方向。

功能码	设定值	备注
F2-10	*	0:方向相同 1:方向相反
F4-03	*	电梯当前位置底位

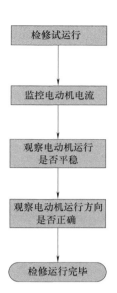

图 10-8　检修试运行

10.2.3　新时达 AS380S 电动机自整定及检修试运行

（1）电动机自学习必要条件（图10-9）

① 确认系统安全、门锁回路导通。

输入点	名称
X25	安全回路导通时,指示灯点亮
X26	层门锁回路导通时,指示灯点亮
X27	轿门锁回路导通时,指示灯点亮

② 确认系统进入检修状态。

输入点	名称
X0	指示灯灭,表示进入检修状态
X1	指示灯灭,表示进入检修状态

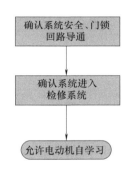

小贴士：如对应指示灯不正确，应检查对应回路连线。

（2）永磁同步电动机自学习（图10-10）

对于同步电动机，不需要进行电动机参数自学习和编码器角度自学习，只需要正确设置电动机参数和编码器参数。

① 设置电动机类型。

功能码	设定值	备注
F202	1	永磁同步电动机

图 10-9　电动机自
学习必要条件

② 按照电动机铭牌，设置主机参数。

功能码	设定值	备注
F203	*	额定功率
F204	*	额定电流
F205	*	额定频率
F206	*	额定转速
F207	*	额定电压
F208	*	电动机极数
F209	*	电动机转差率

图 10-10　永磁同步
电动机自学习

③ 按照编码器铭牌，设置编码器类型及脉冲数。

功能码	设定值	备注
F210	*	0：增量型 1：SIN/COS 型 2：Endat 型
F211	*	编码器每转脉冲数

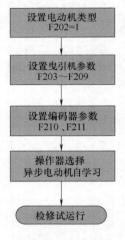

图 10-11　异步曳引
电动机自学习

小贴士：对于 AS380S 控制系统，每次上电后的第一次运行时都会自动捕获编码器信息，这需要 2s 左右的时间，所以此时运行信号的给出比平时略晚。在设计配合本控制系统时务必考虑这个细节，避免不必要的故障发生。

（3）异步曳引电动机自学习（图 10-11）

对于异步电动机，如果电动机参数设置准确，也无需电动机自学习操作。但是若现场无法了解精确电动机参数，或者为了保证变频器能对电动机进行更精确的力矩控制，在电梯安装好后，宜先使一体化驱动控制器进行一次电动机自学习操作，使之自动准确获取电动机内部电阻、电感等特征参数，从而能更好地控制电梯平稳运行，使乘客得到更佳的乘坐舒适感。

① 设置电动机类型。

功能码	设定值	备注
F202	0	异步电动机

② 按照电动机铭牌，设置曳引机参数。

功能码	设定值	备注
F203	*	额定功率
F204	*	额定电流
F205	*	额定频率
F206	*	额定转速
F207	*	额定电压
F208	*	电动机极数
F209	*	电动机转差率

③ 按照编码器铭牌，设置编码器类型及脉冲数。

功能码	设定值	备注
F210	*	0：增量型 1：SIN/COS 型 2：Endat 型
F211	*	编码器每转脉冲数

④ 在 LCD 手持操作器上，选择"异步电动机自学习"命令后按"ENTER"键，电动机不自动运转，但有电流啸叫声，整个调谐过程将持续约 30s。调谐完成后，控制器自动停止输出，完成电动机自学习。

10.2.4 蓝光 IBL6 电动机自整定及检修试运行

（1）电动机自学习必要条件（图 10-12）

① 确认系统安全、门锁回路导通。

输入点	名称
X29	安全回路导通时,指示灯点亮
X30	层门锁回路导通时,指示灯点亮
X31	轿门锁回路导通时,指示灯点亮

② 确认系统进入检修状态。

输入点	名称
X0	指示灯灭,表示进入检修状态

③ 确认主控板限位开关输入点信号有效。

输入点	名称
X5	上限位开关未动作时,指示灯亮
X6	下限位开关未动作时,指示灯亮

小贴士： 如对应指示灯不正确，应检查对应回路连线。

（2）电动机旋转自学习（图 10-13）（对于 IBL6 一体机，电动机参数免学习，只需要学习电动机角度）

① 设置电动机类型。

功能码	设定值	备注
F5-00	*	0:同步外转子 1:异步 2:步步内转子

② 按照电动机铭牌，设置曳引机参数。

功能码	设定值	备注
F5-01	*	电动机极数
F5-02	*	额定频率
F5-03	*	额定功率
F5-04	*	额定转速
F5-05	*	额定电压
F5-08	*	电动机电流
F5-10	*	滑差

③ 按照编码器铭牌，设置编码器类型及脉冲数。

功能码	设定值	备注
F8-01	*	编码器每转脉冲数
F8-02	*	0:增量型 1:SIN/COS 型

④ 选择自学习方式。

功能码	设定值	备注
FC-13	0	旋转自学习

⑤ 电动机调谐。

首先人为控制运行接触器和制动器接触器吸合，LCD 操作器上选择"角度自学习"，按

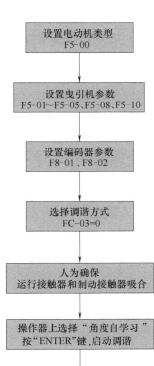

图 10-12 电动机
自学习必要条件

图 10-13 电动机旋转自学习

步骤通过"ENTER"键确认，进行电动机角度旋转自学习。首先电动机将立即旋转到一个固定位置，然后正向（以面向驱动轴方向，电动机逆时针旋转）匀速旋转，旋转的速度与时间视电动机的极数和初始位置而定，最多旋转两圈后电动机停止，并将再次旋转到某一位置停驻约 2s，停止运行显示成功。

小贴士：整个电动机自学习过程持续时间在 30s 以内。

（3）电动机静止自学习（图 10-14）

① 设置电动机类型。

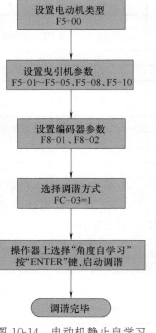

功能码	设定值	备注
F5-00	*	0:同步外转子 1:异步 2:步步内转子

② 按照电动机铭牌，设置曳引机参数。

功能码	设定值	备注
F5-01	*	电动机极数
F5-02	*	额定频率
F5-03	*	额定功率
F5-04	*	额定转速
F5-05	*	额定电压
F5-08	*	电动机电流
F5-10	*	滑差

③ 按照编码器铭牌，设置编码器类型及脉冲数。

功能码	设定值	备注
F8-01	*	编码器每转脉冲数
F8-02	*	0:增量型 1:SIN/COS 型

图 10-14　电动机静止自学习

④ 选择自学习方式。

功能码	设定值	备注
FC-13	0	旋转自学习

⑤ 电动机调谐。

在 LCD 操作器上选择"角度自学习"，按步骤通过"ENTER"键确认，进行电动机角度静止自学习。当操作器显示"运行中"时按住控制柜内"慢上"或"慢下"键，运行接触器吸合后电动机会发生轻微抖动并发出声音，持续时间因电动机额定功率和额定电流不同而有所不同，但是最多不会超过 5s，这是电动机角度静止自学习阶段。确保一直按住"慢上"或"慢下"键（中间不可断开），电动机会启动运行，依照检修速度慢上或慢下运行，直至操作器显示成功，这是电动机试运行阶段。最后松开"慢上"或"慢下"键，完成整个电动机自学习过程。

（4）检修试运行（图 10-15）

调谐完成后，检修试运行，监控电流是否正常（不带载时电流一般应小于 1A）、电梯运行是否稳定、实际运行方向是否与给定方

图 10-15　检修试运行

向一致。

若电梯实际运行方向与给定方向相反，可通过 F6-03 参数变更电梯运行方向。

功能码	设定值	备注
F6-03	*	0:逆时针下行 1:逆时针上行

10.3 门机自学习及开关门调整

电梯的门机控制系统是电梯设备中动作最频繁的部分，其运行特性直接影响到电梯运行过程的快速性和可靠性。因此，电梯门机控制系统运行参数的研究成为电梯技术的重要一环。

电梯变频门机有两种运动控制方式：速度开关控制方式、编码器控制方式。速度开关控制方式不能检测轿门的运动方向、位置和速度，只能使用位置和速度开关控制，控制精度相对要差，门机运动过程的平滑性差。目前，电梯变频门机多使用编码器控制方式。

10.3.1 NICE900 门机控制器简介

（1）门机控制器简介（图 10-16）

输入电压：单相 AC220V（-15％～+20％）。

输入频率：50Hz 或 60Hz。

输出电压：三相 AC0～220V。

输出频率：0～99Hz。

适配电动机：永磁同步电动机、异步电动机。

过载保护：额定电流 150％1min 保护、180％ 1s 保护。

环境温度：-10～+40℃。

（2）操作与显示界面

用户通过操作面板可以对 NICE900 系列门机控制器进行功能参数修改、工作状态监控和操作面板运行时的控制（启动和停车）等操作。

① 指示灯说明。

a. 速度控制模式下（端子控制）。

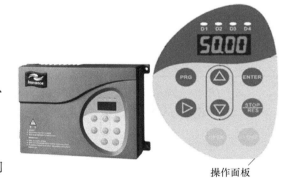

操作面板

图 10-16　门机控制器

标号	停止时灯亮定义	运行时灯亮定义
Dl1	Dl1 信号有效	外部关门命令
Dl2	Dl2 信号有效	关门过程中
Dl3	Dl3 信号有效	开关过程中
Dl4	Dl4 信号有效	外部开门命令

b. 距离控制模式下（配置门机编码器）。

标号	停止时灯亮定义	运行时灯亮定义
Dl1	关门限位信号	外部关门命令
Dl2	AB 相信号正确	关门过程中
Dl3	Z 相信号	开门过程中
Dl4	开门限位信号	外部开门命令

② 操作面板键盘按钮说明。

按键	名称	功能
FRG	编程	一级菜单的进入和退出
ENTER	确认键	逐级进入菜单画面、进行参数确认
STOP/RES	停止/复位	运行状态时，按此键可停止运行，故障报警操作
▷	移位键	在停机状态和运行状态，可以循环选择 修改参数时，可以选择参数的修改位
△	递增键	数据或功能码的递增
▽	递减键	数据或功能码的递减
OPEN	开门键	在面板操作方式下，用于开门操作
CLOSE	关门键	在面板操作方式下，用于关门操作

（3）主回路端子接线说明（图 10-17）

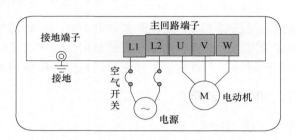

图 10-17　主回路端子

端子名称	端子功能说明
L1、L2	单相 AC220V 电源输入端子
⏚	接地端子
U/V/W	连接三相电动机接线端子

（4）信号线端子（配置门机编码器）（图 10-18～图 10-20）

① 端子说明。

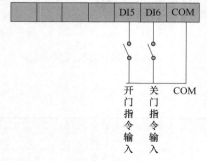

图 10-18　输入端子

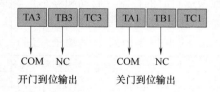

图 10-19　输出端子

端子名称	端子功能说明	端子名称	端子功能说明
DI5	开门指令常开输入（NO）	TB1	关门到位常闭输出（NC）
DI6	关门指令常开输入（NO）	＋24V	电源 DC24V
COM	开关输入公共端（COM）	PGA	编码器 A 相
TA3	开门到位输出公共端	PGB	编码器 B 相
TB3	开门到位常闭输出（NC）	COM	电源 DC0V
TA1	关于到位输出公共端		

② 参数说明。

功能码	名称	设定值	备注
F0-00	控制方式	0	磁通矢量控制
F0-01	开关门方式选择	1	距离控制方式（编码器控制）
F9-05	DI5 端子	1	开门指令
F9-06	DI6 端子	2	开门指令
F9-09	关门到位	2	关门到位常闭输出
F9-11	开门到位	1	开门到位常闭输出

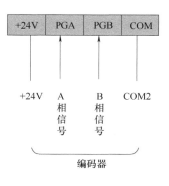

图 10-20　编码器端子

（5）信号线端子（配置双稳态开关）（图 10-21、图 10-22）

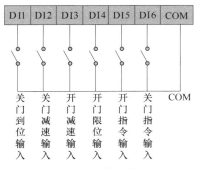

图 10-21　输入端子

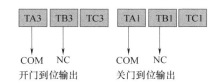

图 10-22　输出端子

① 端子说明。

端子名称	端子功能说明	端子名称	端子功能说明
DI1	关门到位常开输入（NO）	COM	开关门输入公共端（COM）
DI2	关门减速常开输入（NO）	TA3	开门到位输出公共端
DI3	开门减速常开输入（NO）	TB3	开门到位常闭输出（NC）
DI4	开门限位常开输入（NO）	TA1	关门到位输出公共端
DI5	关门指令常开输入（NO）	TB1	关门到位常闭输出（NC）
DI6	关门指令常开输入（NO）		

② 参数设置。

功能码	名称	设定值	备注
F0-00	控制方式	0	磁通矢量控制
F0-01	开关门方式选择	0	速度控制方式（磁开关控制）
F9-01	DI1 端子	13	开门到位常开输入（常闭时设置为113）
F9-02	DI2 端子	15	关门减速常开输入（常闭时设置为115）
F9-03	DI3 端子	14	开门减速常开输入（常闭时设置为114）
F9-04	DI4 端子	12	开门减速常开输入（常闭时设置为112）
F9-05	DI5 端子	1	开门指令
F9-06	DI6 端子	2	关门指令
F9-09	关门到位	2	关门到位常闭输出
F9-11	开门到位	1	开门到位常闭输出

（6）常开、常闭定义说明（图 10-23）

以常开输入为例，对应的指示灯特征如下。

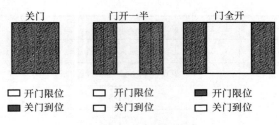

图 10-23 开关门状态

门开关状态	关门状态	门开一半状态	门全开状态
开门到位指示灯	熄灭	熄灭	亮
关门到位指示灯	亮	熄灭	熄灭

小贴士：门机控制器内开关门到位参数必须与外部实际开关的状态一致。

10.3.2 工作过程

以 NICE900 系列门机控制器为例，介绍门机系统调试。

（1）门电动机调谐

① 异步门电动机自学习（双稳态磁开关控制）（图 10-24）

a. 接好所有电缆线，正确设置控制器参数，然后进行电动机调谐。

功能码	名称	设定值	备注
F000	控制方式	0	0：磁通矢量控制（异步门电动机）
F001	开关门方式	0	0：速度控制方式（磁开关控制）
F002	命令源选择	0	0：操作面板控制模式 1：门机端子控制模式

b. 设置电动机参数。

功能码	名称	设定值	备注
F100	电动机类型	0	0：异步电动机
F101	额定功率	*	按电动机铭牌设置
F102	额定电压	*	按电动机铭牌设置
F103	额定电流	*	按电动机铭牌设置
F104	额定频率	*	按电动机铭牌设置
F105	额定转速	*	按电动机铭牌设置

流程图：
设置基本参数 F000～F002
↓
设置电动机类型 F100～F105
↓
选择调谐方式 F116=1
↓
操作器上按"OPEN"键启动调谐
↓
调谐完毕
↓
恢复命令源选择 F002=1

图 10-24 异步门电动机自学习（双稳态磁开关控制）

c. 门电动机调谐说明。

门电动机已经带载（门电动机不可和负载完全脱开），则 F116 需选择 1（静止调谐，自学习成功之后会自动改为 0），此时面板上出现"TUNE"。让门处于完全关闭状态，然后按下"OPEN"键，电动机以额定转速 25％缓慢执行开门操作，运行一定距离后进行关门运转。开、关调谐运行 3 次后，最后完成所有参数计算，完成带负载调谐过程。

在带负载调谐过程中，如果门电动机不运行或者运行方向与开关门命令相反，则说明门电动机接线不正确，需要把电动机接线任两相调换后，再次调谐。

功能码	名称	设定值	备注
F106	电动机定子电阻	*	自动计算
F107	异步电动机转子电阻	*	自动计算
F108	异步电动机漏感抗	*	自动计算
F109	异步电动机互感	*	自动计算
F110	异步电动机空载励磁电流	*	机型确定
F116	自学习选择	1	1:异步电动机静止调谐(电动机带载)

d. 调谐完成后,设置 F002 为 1,恢复距离控制。

功能码	名称	设定值	备注
F002	命令源选择	1	0:操作面板控制模式 1:门机端子控制模式

② 异步门电动机自学习(门机编码器控制)(图 10-25)

a. 接好所有电缆线,正确设置控制器参数,然后进行电动机调谐。

功能码	名称	设定值	备注
F000	控制方式	0	0:磁通矢量控制(异步门电动机)
F001	开关门方式选择	1	1:距离控制方式(编码器控制)
F002	命令源选择	0	0:操作面板控制模式 1:门机端子控制模式

b. 设置电动机参数。

功能码	名称	设定值	备注
F100	电动机类型	0	0:异步电动机
F101	额定功率	*	按电动机铭牌设置
F102	额定电压	*	按电动机铭牌设置
F103	额定电流	*	按电动机铭牌设置
F104	额定频率	*	按电动机铭牌设置
F105	额定转速	*	按电动机铭牌设置

c. 根据门机编码器铭牌,设定编码器参数。

功能码	名称	设定值	备注
F214	脉冲数设定	*	由编码器铭牌确定
F215	脉冲方向选择	*	0:正向 1:反向

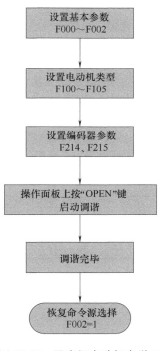

图 10-25 异步门电动机自学习
(门机编码器控制)

d. 门电动机调谐说明。

门电动机已经带载(门电动机不可和负载完全脱开),则 F116 需选择 1(静止调谐,自学习成功之后会自动改为 0),此时面板上出现"TUNE"。让门处于完全关闭状态,然后按下"OPEN"键,电动机以额定转速 25% 缓慢执行开门操作,运行一定距离后进行关门运转。开、关调谐运行 3 次后,最后完成所有参数计算,完成带负载调谐过程。

调谐过程中如果出现 Err20 号故障,可能是编码器输入方向不正确,需调换编码器 AB 相或调换门电动机 U、V、W 中的任两相,重新调谐。

功能码	名称	设定值	备注
F106	电动机定子电阻	*	自动计算
F107	异步电动机转子电阻	*	自动计算
F108	异步电动机漏感抗	*	自动计算

功能码	名称	设定值	备注
F109	异步电动机互感	*	自动计算
F110	异步电动机空载励磁电流	*	自动计算
F116	自学习选择	1	1:异步机静止调谐(电动机带载)

e. 调谐完成后，设置 F002 为 1，恢复距离控制。

功能码	名称	设定值	备注
F002	命令源选择	1	0:操作面板控制模式 1:门端子控制模式

③ 永磁同步门电动机自学习（门机编码器控制）（图 10-26）

a. 接好所有电缆线，正确设置控制器参数，然后进行电动机调谐。

功能码	名称	设定值	备注
F000	控制方式	1	1:闭环矢量控制(永磁同步)
F001	开关门方式选择	1	1:距离控制方式(编码器控制)
F002	命令源选择	0	0:操作面板控制模式 1:门机端子控制模式

b. 设置电动机参数。

功能码	名称	设定值	备注
F100	电动机类型	0	0:异步电动机
F101	额定功率	*	按电动机铭牌设置
F102	额定电压	*	按电动机铭牌设置
F103	额定电流	*	按电动机铭牌设置
F104	额定频率	*	按电动机铭牌设置
F105	额定转速	*	按电动机铭牌设置

c. 根据门机编码器铭牌，设定编码器参数。

功能码	名称	设定值	备注
F214	脉冲数设定	*	由编码器铭牌确定
F215	脉冲方向选择	*	0:正向 1:反向

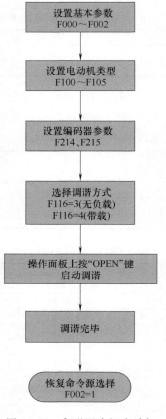

图 10-26　永磁同步门电动机
自学习（门机编码器控制）

d. 门电动机调谐说明。

• 如果门电动机可和负载完全脱开（门电动机无负载），则 F116 需选择 3（完整调谐，自学习成功之后会自动改为 0），此时面板上出现"TUNE"。在关门到位位置按"OPEN"键后控制器开始进行参数辨识。首先会按照开门调谐命令，缓慢执行开门操作，运行一段时间后会往相反方向运行。经几个正、反循环后，最后执行所有参数计算，完成空载调谐过程。辨识过程中，控制器一直显示"TUNE"，当"TUNE"消失后辨识结束。空载调谐过程中如果出现 Err20 号故障，可能是编码器输入方向不正确，需调换编码器 AB 相或门电动机调换 U、V、W 中的任两相，重新调谐。

• 如果门电动机不可和负载完全脱开（门电动机已经带载），则 F116 需选择 4（静止调谐，自学习成功之后会自动改为 0），此时面板上出现"TUNE"。让门处于完全关闭状态，然后按下"OPEN"键，电动机以额定转速 25％缓慢执行开门操作，运行一定距离后进行关门运转。开、关调谐运行3次后，最后完成所有参数计算，完成带负载调谐过程。

在带负载调谐过程中，如果门电动机不运行或者运行方向与开关门命令相反，则说明门电动机接线不正确，需要把门电动机接线任两相调换后，再次调谐。

功能码	名称	设定值	备注
F111	同步机D轴电感	*	自动计算
F112	同步机Q轴电感	*	自动计算
F113	同步机反电动势系数	*	自动计算
F114	同步机编码器零点位置	*	自动计算
F115	同步机实时角度	*	机型确定
F116	自学习选择	3	3:同步机完整调谐(电动机无负载) 4:同步机静止调谐(电动机带载)

e. 调谐完成后，设置F002为1，恢复距离控制。

功能码	名称	设定值	备注
F002	命令源选择	1	0:操作面板控制模式

（2）门宽自学习（图10-27）

门宽自学习需要在距离控制方式下，门宽自学习之前要先确认编码器AB相信号接线正常；在门宽自学习过程中，门的动作方向会自动地改变，因此在确保人身安全之后再进行操作，否则可能对人员造成伤害。

① 接好所有电缆线，开关门方式F001设定为1（距离控制方式），命令源选择F002设定为2（门宽自学习时设置为2）。

功能码	名称	设定值	备注
F001	开关门方式选择	1	1:距离控制方式(编码器控制)
F002	命令源选择	2	2:门机手动调试模式

② 门宽自学习F600设定为1（允许门宽自学习），按下"OPEN"或"CLOSE"键后启动门宽自学习。门机以关门→开门→关门的逻辑运行，开门到位堵转时，存储门宽，自学习结束。

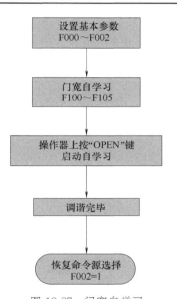

图10-27　门宽自学习

功能码	名称	设定值	备注
F600	门宽自学习选择	1	0:无操作 1:门宽自学习
F601	门宽自学习速度	5.0Hz	设定范围0~2Hz
F602	门宽脉冲低位	*	
F603	门宽脉冲高位	*	

③ 调谐完成后，设置F002为1，恢复距离控制。

功能码	名称	设定值	备注
F002	命令源选择	1	0:操作面板控制模式 1:门机端子控制模式

小贴士：务必确认门的动作途中无障碍物后方可进行门宽测定；若门的动作途中有障碍物等，判定为到达，则不能正确进行门宽测定。

（3）速度控制方式（磁开关控制）运行曲线调整

① 速度控制各开关安装位置。门机系统中各种信号接点采用行程开关（磁开关），其安装位置示意图如图 10-28 所示。

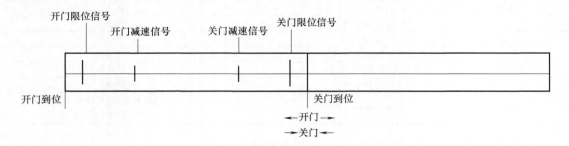

图 10-28　速度控制各开关安装位置示意图

② 开门曲线（图 10-29）。正确设置 F3 组与速度控制有关的功能参数，准确设置减速信号和限位信号。速度控制开门过程说明如下。

a. 当开门命令有效时，门机经 F301 的时间加速到 F300 设定的速度运行。

b. 低速开门运行时间到达 F302 后，门机加速到开门高速（F303）运行，加速时间为 F304。

c. 门减速信号有效后，门机减速到 F305 的速度爬行，减速时间为 F306。

d. 开门限位信号有效后，进入开门保持状态，开门保持力矩为 F308。

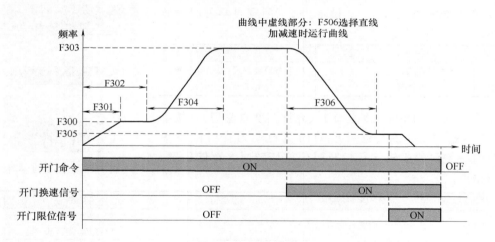

图 10-29　开门曲线

③ 关门曲线（图 10-30）。正确设置 F4 组与速度控制有关的功能参数，准确定义减速信号和限位信号。

速度控制关门过程说明如下。

a. 当关门命令有效时，门机经 F401 的时间加速到 F400 设定的速度运行。

b. 低速关门运行时间到达 F402 后，门机加速到关门高速（F403）运行，加速时间为 F404。

c. 关门减速信号有效后，门机减速到 F405 的速度爬行，减速时间为 F406。

d. 当关门到位信号有效后，门机再次减速到 F407 设定的速度运行。

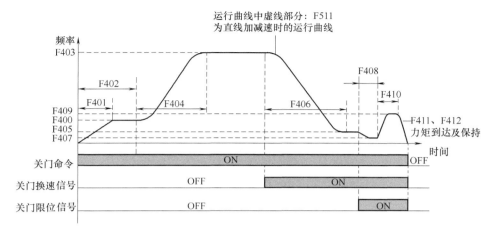

图 10-30　关门曲线

e. 关门到位信号有效后继续运行时间超过 F408，进行收刀动作，收刀速度为 F409，收刀运行时间为 F410。收刀完成后，以 F407 的速度、F412 的力矩进入维持阶段。

（4）距离控制方式（编码器控制）运行曲线调整

① 开门曲线（图 10-31）。门机系统中各种信号接点采用编码器脉冲反馈。

距离控制开门过程说明如下。

a. 当开门命令有效时，门机以 F301 的加速时间加速到 F300 的设定速度运行。

b. 当开门位置达到 F604×门宽后，门机以 F304 的加速时间加速到 F303 的设定速度运行。

c. 当开门位置达到 F605×门宽后，门机进入减速爬行阶段，爬行速度为 F305，减速时间为 F306。

d. 当开门位置达到 F606×门宽后，门机继续以开门结束低速爬行，并进入开门力矩保持状态，保持力矩大小为 F308，此时门位置复位为 100%。

e. 命令撤除后，力矩保持结束。如果需要力矩继续维持，增大 F504 的延时时间即可。

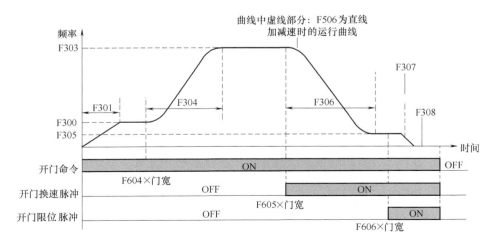

图 10-31　开门曲线

② 关门曲线（图 10-32）。距离控制关门过程说明如下。

a. 当关门命令有效时，门机以 F401 的加速时间加速到 F400 的速度运行。

b. 当关门位置达到 F607×门宽后，门机以 F404 的加速时间加速到 F403 的速度运行。

c. 当关门位置达到 F608×门宽后，门机开始减速运行，以 F406 的减速时间减到 F405 的速度运行。

d. 当关门位置达到 F609×门宽后，门机再次减速以 F407 的速度运行。建议 F609≥96.0%，若开关门过程中有脉冲丢失可减小 F609 的值，利用 F620 进行设定收刀的相关动作。

e. 收刀完成，当门堵转后，进入力矩保持阶段，此时的保持速度为 F407，保持力矩为 F412，门位置此时复位为 0。

f. 关门命令无效时，力矩保持结束。如果需要力矩继续维持，增大 F505 的延时时间即可。

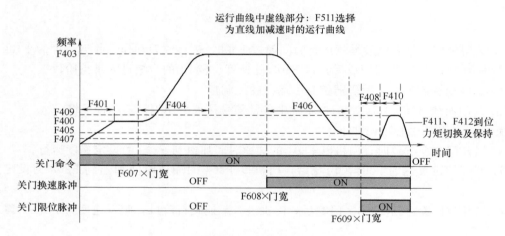

图 10-32 关门曲线

10.4 井道自学习

电梯井道自学习是指电梯以自学习速度运行并测量各楼层的位置及井道中各个开关的位置。由于楼层位置是电梯正常启动、制动运行的基础及楼层显示的依据，因此电梯快车运行前，必须首先进行井道自学习运行。

简单地说，就是利用电梯曳引电动机后面的编码器测得电梯底层至顶层的高度和每层之间的高度。以数据形式记录在电梯主控板的存储器内，这样才能确定电梯平层位置和电梯总楼层。

电梯在没有做自学习之前是不允许开快车的，做自学习时要保证电梯的各个回路都正常（比如门锁回路严禁短接）。然后检修开到底层，再按说明转到自学习状态，电梯就会自行开到顶层。一般需要手持操作器，有的在轿厢或者主控板上也能做，需要看具体的品牌。

电梯井道自学习一般条件如下。

① 电梯检修运行已经完全正常。

② 电梯基本参数已全部设定好。

③ 平层开关和平层插板已全部装好，所装平层插板数和设置的楼层数一致。

④ 终端减速开关（强慢）已全部装好，单层减速开关的动作位置能保证电梯在终端层平层位置时动作。

⑤ 如果只有两个楼层的电梯，还必须学习或者设置好平层插板长度和两平层开关间距参数。

⑥ 电梯停在底层（下单层减速开关动作），有至少一个平层开关被平层插板有效动作。

总而言之，电梯自学习就是层高测定。要满足上面的几个条件，门锁通，层门自学习后开关门正常，上下限位减速开关安装符合要求，位置检测器工作正常，做到这些，井道自学习基本上就不会有问题了。

10.4.1 井道自学习的准备

井道自学习的准备如表 10-3 所示。

表 10-3 井道自学习的准备

步骤	安装要求和操作过程	图示
（1）确认井道开关动作正常	检修运行电梯，通过主控板指示灯确认井道开关动作正常 井道开关主要包括极限开关、限位开关、减速开关、平层感应器等	
（2）确认平层开关和平层插板已全部装好	确认平层开关和平层插板已全部装好，所装平层插板数和设置的层楼数一致	
（3）确认平层感应器动作顺序	一般情况下安装两个平层感应器即可。如果安装多个平层感应器，需要确认平层感应器经过楼层插板时的动作顺序是否正确，下面以安装三个平层感应器为例 ①检修上行时，平层感应器动作顺序为下平层感应器→门区感应器→上平层感应器 ②检修下行时，平层感应器动作顺序为上平层感应器→门区感应器→下平层感应器	
（4）确认 CAN 通信正常	确认 CAN 通信口 TXA＋、TXA－之间的终端电阻为 60Ω（轿厢内和厅外各有一处需跨接终端电阻，各处电阻阻值为 120Ω）	

10.4.2　井道自学习

井道自学习如表 10-4 所示。

表 10-4　井道自学习

步骤	安装要求和操作过程	图示
（1）确认电梯符合安全运行条件	①系统无故障信息 ②安全回路、门锁回路导通 ③井道限位开关安装到位 ④井道减速开关安装到位 ⑤使电梯进入检修（或紧急电动运行）状态 ⑥电梯停在底层（下限位开关动作），电梯无法向下运行	
（2）选择井道自学习菜单	通过手持操作器进入系统测试菜单，按菜单提示操作，找到井道自学习界面。然后将光标移到井道自学习命令后按 ENTER 键	
（3）井道自学习	使电梯进入自动状态，开始井道自学习，直到电梯运行到顶层平层位置后自动停车，井道自学习完成 如果电梯重新调整过平层插板或平层感应器位置，应务必在快车运行前重新进行井道自学习，否则会出现电梯不平层现象	

第 11 章

电梯快车调试

通过快车试运行、平层调整、平衡系数测定、舒适感调整、整机功能测试等内容的学习，可以掌握电梯快车运行的基本条件和步骤，独立完成电梯的快车调试和整机各项功能的测试，从而交付一台完整的电梯。

11.1 快车试运行

在慢车运行正常后，首先确认电梯符合安全运行条件，经过井道自学习，然后可进行快车试运行。快车试运行步骤如下。

① 将电梯置于正常状态。

② 通过手持操作器监视菜单中的选层界面，可以选定电梯运行楼层，可分别进行单层、双层、多层及全程的试运行。

③ 确认电梯能够正常关门启动、加速、运行、截车、减速、停车、消号及开门。

④ 若运行异常，可根据故障代码进行相应的操作。

11.1.1 主要部件安全测试

主要部件安全测试如表 11-1 所示。

表 11-1　主要部件安全测试

步骤	操作过程和要求
（1）安全回路测试要求	电梯停车时，任一安全开关动作，安全回路断开后，电梯不能启动；电梯检修运行时，任一安全开关动作，安全回路断开后，电梯停止
（2）门锁回路测试要求	电梯停车时，任一层门锁断开后，电梯不能启动；电梯检修运行时，任一层门锁断开后，电梯停止
（3）门锁回路接触器粘连保护（如果有）测试要求	在开门状态下，用任何方法强行使门锁回路接触器不释放，系统应保护，且不能自动复位
（4）制动器接触器粘连保护测试要求	在停车时用任何方法强行使制动接触器不释放，下次启动运行时系统应保护，且不能自动复位
（5）输出接触器粘连保护正常测试要求	在停车时用任何方法强行使输出接触器不释放，下次启动运行时系统应保护，且不能自动复位
（6）电动机运转时间保护功能测试要求	将电梯检修到中间楼层，将两平层感应器线从控制柜接线端子上拆除（假设平层信号为常开），并将电梯转到正常状态，电梯低速找平层，45s内系统保护，且不能自动复位
（7）错层保护测试要求	①将电梯开到中间楼层的平层位置，并转到检修或紧急电动运行状态。如果终端减速开关是常闭触点，则将主控板上的上单层减速开关输入点的接线断开；如果终端减速开关是常开触点，则将上单层减速开关和输入COM端之间短接（如减速开关为常闭触点）。从而人为制造一个错层故障，系统层楼显示会显示顶层的数据。然后，将上单层减速开关的输入点的接线恢复正常，并将电梯转到正常状态，登记底层指令，电梯快车下行，需要确认电

步骤	操作过程和要求
(7)错层保护测试要求	梯到底层时能正常减速、平层,不会蹲底 ②将电梯到到中间楼层的平层位置,并转到检修或紧急电动运行状态。如果终端减速开关是常闭触点,则将主控板上下单层减速开关的输入点的接线断开;如果终端减速开关是常开触点,则将下单层减速开关和输入COM端之间短接。从而人为制造一个错层故障,系统层楼显示会显示底层的数据。然后,将下单层减速开关的输入点的接线恢复正常,并将电梯转到正常状态,登记顶层指令,电梯快车上行,需要确认电梯到顶层时能正常减速、平层,不会冲顶
(8)超载功能测试要求	电梯超载开关动作,检查电梯应不关门,轿厢内蜂鸣器响,并且有超载灯指示
(9)断错相保护测试要求	①断开主开关,在其输出端分别断开三相交流电源的任意一根导线后,闭合主开关,检查电梯应无法启动 ②断开主开关,在其输出端调换三相交流电源的两根导线的相互位置后,闭合主开关,检查电梯应无法启动 **小贴士**:每台电梯应当具有断相、错相保护功能;电梯运行与相序无关时,可以不装设错相保护装置

11.1.2 电梯功能测试

电梯功能测试如表11-2所示。

表11-2 电梯功能测试

步骤	操作过程和要求	图示
(1)自动运行测试要求	①在轿厢内登记指令若干,确认电梯能正常地自动关门、启动、高速运行,并在最近的有指令登记的层楼自动减速、停车、正确消号(所消号的指令与所停的层楼应一致)和自动开门 ②在层外登记上、下召唤信号若干,确认电梯能正常地自动关门、启动、高速运行,并能正常截车、减速、正确消号和自动开门	
(2)司机运行测试要求	①将轿厢内开关打到司机状态,并登记指令若干,持续按住关门按钮时电梯关门(如门关闭前松开关门按钮,电梯会立即从关门动作变为开门动作,直到门开到位为止)。门关闭后自动启动、高速运行,并在最近的有指令登记的层楼自动减速、停车、正确消号和自动开门 ②在层外登记上、下召唤信号若干,持续按住关门按钮时电梯关门(如门关闭前松开关门按钮,电梯会立即从关门动作变为开门动作,直到门开到位为止)。门关闭后自动启动、高速运行,并能正常自动截车、减速、正确消号和自动开门	
(3)火灾返回功能测试要求	①电梯停在非消防返回基站的某楼层时,将基站的火灾返回开关拨到ON的位置,所有登记的指令和召唤信号全部消除,并且不能再登记。电梯应立刻关门,快车返回消防基站,自动开门后电梯开门停用 ②电梯快车以背向消防基站方向运行时,将基站的消防返回开关拨到ON的位置,所有登记的指令和召唤信号全部消除,并且不能再登记。电梯就近站停靠但不开门,然后快车返回基站,自动开门后电梯开门停用 ③电梯快车向着消防基站方向运行时,将基站的消防返回开关拨到ON的位置,所有登记的指令和召唤信号全部消除,并且不能再登记。电梯中间不停直驶基站,自动开门后电梯开门停用 ④直到火灾返回开关复位后,电梯才能恢复正常运行状态	

步骤	操作过程和要求	图示
(4)锁梯功能测试要求	①假设电梯停在锁梯基站以外的某楼层或正在运行时,将基站的锁梯钥匙转到锁梯位置后,电梯应消除所有已登记的召唤信号,并且不能再登记新的召唤信号。层站的层楼显示熄灭或显示停用的标识。电梯会继续响应指令(并在到达基站前继续接受新的指令登记)信号,在响应完指令信号后,电梯会自动快车返回基站,停梯开门。开门完毕后将轿厢内照明和风扇电源切断,延时10s左右时间后关门,电梯停止使用 ②假设电梯停在锁梯基站,将基站的锁梯钥匙转到锁梯位置后,电梯应自动开门。开门完毕后将轿厢内照明和风扇电源切断,延时10s左右后关门,电梯停止使用	

11.2　平层调整

11.2.1　平层部件的相关使用说明

平层部件的相关使用说明如表11-3所示。

表 11-3　平层部件的相关使用说明

部件说明	图示
平层插板:长度没有特别要求,主要需要与平层感应器配合制定长度。一般为:当平层感应器在平层插板中间时,平层插板两端需要至少长出平层感应器10mm。但是所有平层插板的长度必须一致,偏差不可大于3mm	
磁感应器:所有平层插板插入平层感应器时必须有较好的垂直度轿厢到站,平层插板需要插入磁感应器2/3以上。保持平层时,每层平层插板的中心和磁感应器的中心在同一直线上	
光电开关:建议使用常开开关,可以增加信号感应的稳定性	

11.2.2　保证电梯平层的基本条件

① 平层准确首先需保证门区感应器及平层插板的安装位置十分准确,即要求在电梯安装时每层门区平层插板长度必须准确一致,支架必须牢固。

平层插板的安装位置必须十分准确。当轿厢处于平层位置时，平层插板的中心点与两门区感应器之间距离的中心点相重合，否则将出现该层站平层点偏移，即上、下均高于平层点或低于平层点。

② 如果采用磁感应开关，安装时应确保平层插板插入深度足够，否则将影响磁感应开关的动作时间，造成该层站平层出现上高下低现象。

③ 为保证平层，系统还要求电梯在停车之前必须有短暂爬行。

④ 在实际调整时，首先应对某一中间层进行调整，一直到调平为止。然后，以此参数为基础，再调整其他层。

轿厢地坎与层门地坎保持水平时，平层插板上面高出下平层开关、下面低于上平层开关的高度都是 10mm 左右，这样便于调整舒适感和平层精度，保证每块平层插板都一样长（长度误差不超过 3mm）。

11.2.3 平层调整工作过程

（1）调整井道内平层插板安装位置

适用范围：电梯停止时，个别楼层不平层，但是其他楼层都正常，此时可以调整井道内不平层楼层的平层插板。

情况一：电梯停止时，如果高于平层位置的尺寸为 H。

调整方法：使用工具将对应楼层的平层插板向下移动 H，然后重新做井道自学习，观察平层效果。

情况二：电梯停止时，如果低于平层位置的尺寸为 H。

调整方法：使用工具将对应楼层的平层插板向上移动 H，然后重新做井道自学习，观察平层效果。

（2）调整轿厢上平层感应器安装位置

适用范围：电梯停车时，所有楼层都不平层，每个楼层的平层问题一致，比如都高出平层位置或者都低于平层位置，且不平层的距离一致。此时可以仅调整轿厢上平层感应器，而不需要大范围地调整每层的平层插板，以提高效率。

情况一：电梯停止时，如果每层都高于平层位置的尺寸为 H。

调整方法：使用工具将平层感应器整体向下移动 H，然后重新做井道自学习，观察平层效果。

情况二：电梯停止时，如果每层都低于平层位置的尺寸为 H。

调整方法：使用工具将平层感应器整体向上移动 H，然后重新做井道自学习，观察平层效果。

（3）通过参数调整平层

适用范围：电梯停车时，每个楼层不平层没有规律，比如有的高于平层位置，有的低于平层位置。此时可以修改平层参数以调整平层，同时调整轿厢上平层感应器和井道内平层插板也可以实现，但是工作量比调整参数要大。

以汇川 NICE3000new 为例，通过参数调整平层的方法如下。

① 全楼层调整。F4-00 用于统一调整所有楼层的停靠位置，默认值是 30mm。改动之后，所有的楼层停靠都会有所变动。

功能码	名称	设定值	备注
F4-00	平层调整	30mm	设定范围 0~60mm

简单原理：电梯每层停靠都欠平层时，增大 F4-00；电梯每层停靠都过平层时，减小 F4-00。

② 单楼层调整。可以使用 Fr 组参数（图 11-1）对轿厢在每一个楼层的停靠状况作出修正。

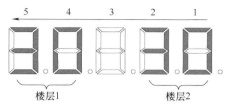

图 11-1　Fr 组参数

功能码	名称	设定值	备注
Fr-00	平层调整	1	1：开启轿厢内平层调整功能
Fr-01	平层调整记录 1	30030	
Fr-02	平层调整记录 2	30030	
⋮	⋮	30030	
Fr-28	平层调整记录 28	30030	

各楼层平层调整的值记录在 Fr 组其他参数中，每个参数中保存了两个楼层的调整信息，因此可以记录 56 个楼层的平层调整记录。

最左边和最右边的两位数分别为楼层 1 和楼层 2 的调整基数，大于 30mm 为平层向上调整，小于 30mm 为平层向下调整，默认值 30mm 为平层无调整。最大调整范围为 ±30mm。

a. 确保电梯已经完成井道自学习，并快车运行正常。

b. 通过 Fr-00＝1，可以开启轿厢内平层调整功能。此时电梯屏蔽外召，自动开到顶层，保持开门。如果电梯已经在顶层，则保持开门。

c. 进入轿厢，按一下顶楼内召按钮则平层向上调整 1mm，按一下底楼内召按钮则向下调整 1mm，此时轿厢内显示调整值。正数：上箭头＋数值；负数：下箭头＋数值，平层调整范围为 ±30mm。

d. 调整结束后，同时按顶楼和底楼按钮内召，保存结果，轿厢内显示恢复正常；如果当前楼层不需要调整，也需同时按住顶层和底层内召按钮退出调整状态，否则无法登记内召指令。

单楼层调整流程如图 11-2 所示。

e. 按一下关门按钮关门，登记内召指令，驶向下一层进行调节，到站保持开门。

f. 调整结束后，修改 Fr-00 为 0，关闭平层调整功能，否则电梯将无法使用。

③ 具体操作方法。

a. 当电梯上下行到站时每个楼层的停靠点固定且相同，只是与地坎间不平层，应通过 Fr 组参数对不平层楼层进行平层调整。

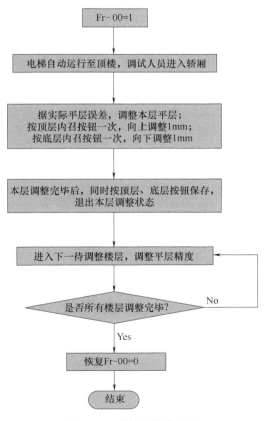

图 11-2　单楼层调整流程

b. 当电梯上下行到站时每个楼层的停靠点固定，但不在同一位置，此时需要同时使用 F4-00 及 Fr 组参数校正平层。具体调整方式如下。

首先，通过 F4-00 校正电梯所有楼层到站停靠的整体误差。设每次下行到站停靠的位置 a，与每次上行到站停靠的位置 b，计算及调整方法如表 11-4。

表 11-4　平层调整方法

分类	需调整的值	调整方法
欠平层	$H=(a-b)/2$	$(F4\text{-}00)+H$
过平层	$H=(b-a)/2$	$(F4\text{-}00)+H$

其次，再通过 Fr 组参数调整所有不平层的楼层（图 11-3、图 11-4）。

④ 案例分析。

a. 平层误差过大，使用 Fr 组参数调整过度的问题。

设电梯到平层停靠后，平层感应器边缘与平层插板边缘的距离为 A；轿厢到站后，轿门坎与层门地坎的高度差为 B（图 11-5）。如果有的楼层在轿厢到站 $B \geqslant A$，则必须先调整该楼层的平层插板，保证轿厢到站后的 $B \leqslant A$，否则通过 Fr 组参数校正平层精度后，有可能会出现电梯在该楼层的平层区外停车的问题。

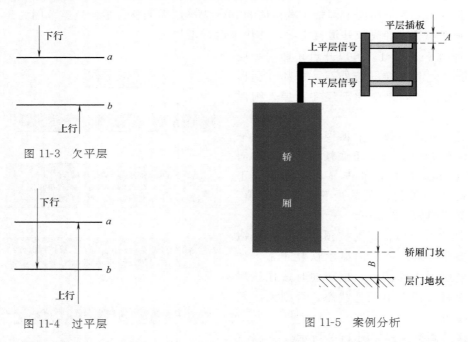

图 11-3　欠平层

图 11-4　过平层

图 11-5　案例分析

b. 电梯在不同行程或不同载重条件下运行至同一楼层停车位置不稳定或与地坎高度高低不定时，可能为速度环参数调整不合适。此时应适当增加速度环增益或减小速度环积分时间。

11.3　平衡系数测定

电梯平衡系数从数学上讲可以理解成对重装置与轿厢的重量百分比，即

$$W = P + KQ$$

式中　W——对重装置重量（包括对重架和对重块）；

　　　P——轿厢重量（包括部分轿厢侧电缆线及钢丝绳）；

　　　K——平衡系数；

　　　Q——电梯额定载重量。

通过正确、合理地选定平衡系数 K 值，能够使电梯经常接近最佳状态工作。

电梯的驱动有曳引驱动、强制驱动、液压驱动等多种方式，其中曳引驱动是现代电梯应用最普遍的驱动方式。曳引电梯的轿厢与对重装置通过钢丝绳分别悬挂于曳引轮的两侧，轿厢与对重装置的重力使曳引钢丝绳压紧在曳引轮的绳槽内。电动机转动时由于曳引轮绳槽与曳引钢丝绳的摩擦力，带动曳引钢丝绳使轿厢与对重装置做相对运动，轿厢在井道中沿导轨上下运行。

平衡系数是曳引式驱动电梯的重要性能指标，利用对重装置可以部分平衡轿厢及轿厢内负载的重量，使曳引电动机运行的负荷减轻。由于轿厢内负载的大小是经常变化的，而对重装置在电梯安装调试完毕后已经固定（不能随时改变），为使电梯的运行基本接近于理想的平衡状态，所以需要选择一个合适的平衡系数。

电梯平衡系数是电梯的重要参数之一，在电梯安装完成后需要对电梯平衡系数进行测量，以确保满足设计要求。电梯平衡系数直接影响电梯曳引条件、制动器制动性能要求。平衡系数较小或较大时，会破坏电梯曳引力的平衡条件，也会要求更大的制动力，使电梯运行工况恶化，导致电梯在正常运行中出现溜梯、蹲底等事故的概率大大增加，造成人员伤亡和设备损坏。所以在电梯使用阶段，平衡系数不应被随意改变。

据有关报道，我国在用电梯平衡系数偏离设计值与安装、使用管理、维护保养、节能等可能有关，主要原因有以下几个。

① 使用单位私自对轿厢进行装修，如加装大理石地板、轿壁加装镜面、轿顶加装空调等，从而增大轿厢自重。

② 安装时未按设计要求调整试验平衡系数，制作单位和安装单位自检把关不严，维保单位维保时没有全面排查电梯安全状态。

③ 使用过程中对重块被人为偷盗，造成对重装置重量减小，进而使平衡系数减小。

11.3.1　手动盘车测定法

① 放置砝码。在轿厢内均匀放置 $40\%\sim50\%$ 额定载重砝码。在现代质量计量中，砝码是质量量值传递的标准量具类型：铸铁式。范围：5kg、10kg、20kg、25kg、50kg。

② 将轿厢停在约一半提升高度的地方，也就是轿厢和对重装置基本上处于同一高度。

③ 切断电梯电源，用机械方法打开制动器，手动盘车。

④ 由手感可知对重侧与轿厢侧的重量是否大致平衡。适当增减对重块或砝码，直至两侧基本平衡。

此时轿厢所放砝码重量与电梯额定载重量的比值即为平衡系数。

11.3.2　电流测定法

使用钳形电流表测量轿厢上下行至与对重装置同一水平面时的电流，然后绘制电流-负荷曲线，以上下行运行曲线的交点确定平衡系数。

这种检测方案的测试原理是：电动机的电流值可表征电梯负载大小，当装载量为平衡系数×额定载重量时，曳引轮两侧的荷重相等，即轿厢系统与对重系统处于平衡状态，电梯向上或向下运行阻力相等，电动机运行电流相同。绘制电流-负荷曲线图就是要找出电梯向上与向下运行电流相同的载荷值。

此检测方案的优点是技术成熟，不需要专用测量仪器；缺点是需要逐级加载测试，反复装卸试重砝码比较费时费力，现场作业时间通常超过 1h。

以额定载重量 1000kg、运行速度为 1.5m/s 的电梯为例，测得某次平衡系数相关参数如表 11-5 所示。

表 11-5　平衡系数相关参数

测试方法	示例			
①额定载重量 30%测电流。进行沿全程直驶运行试验，使用钳形电流表分别记录轿厢上下行至与对重装置同一水平面时的电流	额定载重量	项目	上行	下行
		额定载荷的百分比	30%	
		kg	300	
		电流/A	8	24
②额定载重量 40%测电流。进行沿全程直驶运行试验，使用钳形电流表分别记录轿厢上下行至与对重装置同一水平面时的电流	额定载重量	项目	上行	下行
		额定载荷的百分比	40%	
		kg	400	
		电流/A	10	20
③额定载重量 45%测电流。进行沿全程直驶运行试验，使用钳形电流表分别记录轿厢上下行至与对重装置同一水平面时的电流	额定载重量	项目	上行	下行
		额定载荷的百分比	45%	
		kg	450	
		电流/A	13	12.5
④额定载重量 50%测电流。进行沿全程直驶运行试验，使用钳形电流表分别记录轿厢上下行至与对重装置同一水平面时的电流	额定载重量	项目	上行	下行
		额定载荷的百分比	50%	
		kg	500	
		电流/A	17	8
⑤额定载重量 60%测电流。进行沿全程直驶运行试验，使用钳形电流表分别记录轿厢上下行至与对重装置同一水平面时的电流	额定载重量	项目	上行	下行
		额定载荷的百分比	60%	
		kg	600	
		电流/A	23	7

⑥绘制电流-负荷曲线

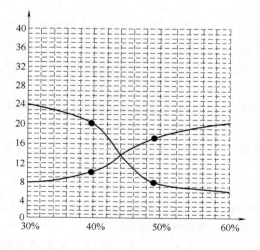

结论：此台电梯的平衡系数为 44%，符合要求

11.3.3 空载功率法

空载功率法为一种平衡系数快捷检测方法（表 11-6）。在电梯空载工况下分别测量上行与下行时，驱动电动机功率与轿厢运行速度，基于功率、速度与负载函数关系求解电梯平衡系数。

表 11-6 空载功率法

步骤	测试方法
(1)功率测量仪表测量电动机有功功率	接到电梯驱动电动机输入端,实时测量电动机的有功功率
(2)速度测量仪表测量轿厢运行速度	使用速度测量仪表实时测量电梯轿厢运行速度
(3)轿厢空载测试	将电梯从顶层端站直驶到底层端站,记录轿厢与对重装置运行到同一水平位置时驱动电动机有功功率和轿厢运行速度 将电梯从底层端站直驶到顶层端站,记录轿厢与对重装置运行到同一水平位置时驱动电动机有功功率和轿厢运行速度
(4)平衡系数计算	电梯平衡系数计算公式为 $$q=\frac{N_x v_s + N_s v_x}{2Qg_n v_s v_x}$$ 式中　q——电梯平衡系数; 　　　Q——额定载重量,kg; 　　　g_n——重力加速度(取 9.81m/s^2),m/s^2; 　　　N_s——轿厢空载上行功率,W; 　　　N_x——轿厢空载下行功率,W; 　　　v_s——轿厢空载上行速度,m/s; 　　　v_x——轿厢空载下行速度,m/s

11.4　舒适感调整

舒适感是电梯整体性能对外的一个直观表现，电梯各个部位安装或者选型的不合理都有可能导致舒适感差，因此需要从电梯整体来处理舒适感问题。常见的舒适感调整主要有以下两方面。

11.4.1　机械相关因素的调整

机械相关因素的调整如表 11-7 所示。

表 11-7　机械相关因素的调整

项目	说明	图示
导轨	导轨表面平整度、导轨安装垂直度、导轨之间连接头处理。导轨垂直度和两导轨平行度应控制在国标规定的范围以内。如果误差太大,则会影响高速运行时的电梯舒适感,出现抖动或振动,或在某些位置轿厢左右有晃动。导轨连接头处理不好,会使电梯运行在某些固定位置处出现台阶感	
导靴松紧程度	导靴太紧启动容易产生台阶感,停车容易产生制动感;导靴太松运行时轿厢中容易产生晃动感。如果导靴是滑动式的,则导靴与导轨之间应留有少量间隙。如果没有间隙,甚至导靴紧蹭导轨面,会使电梯在启动和停车时出现振动或台阶感。调试时,可在轿顶上,用脚左右用力晃轿厢,如轿厢能明显在左右方向有少许位移即可	

项目	说明	图示
钢丝绳张紧均匀度	钢丝绳张紧不均匀,会出现电梯运行时某几根受力绷紧,某几根很松受力而抖动或振动,对电梯启动、高速运行、停梯都有影响。调试时,可将电梯停在中间楼层,在轿顶上用手以同样的力,拉每一根钢丝绳。如果拉开距离大致相同,则说明该钢丝绳张紧均匀;如果拉开距离不同,则必须让安装人员调整钢丝绳张紧均匀度 另外,钢丝绳在安装之前盘旋扭扎,内有回复扭应力,直接安装的话,电梯运行时容易产生振动。所以钢丝绳安装之前应先充分释放回复扭应力	
防机械共振装置	曳引机搁置钢梁下垫橡胶垫;可在轿厢钢丝绳绳头处用木夹头或其他类似装置,也有利于振动的消除 目前,有些电梯为了追求装潢效果,轿厢采用了新颖的轻质材料,使轿厢质量较轻,易产生"机械共振",尤其是高层高速电梯。出现此种现象时,可在轿厢处适当加一些负载改变轿厢的固有频率,可消除机械共振	
轿厢平衡问题	有时由于设计或安装等原因,导致轿厢质量不平衡而向一侧倾斜,电梯运行时,导靴紧蹭导轨面,在运行中有抖动或振动感。此时,可在轿厢质量较轻的一侧加重块测试	
其他因素	如曳引轮导向轮平行度、运行时制动器间隙调整等	

11.4.2 电气相关因素的调整

电梯启停舒适感调整,以默纳克 NICE3000new 为例(表 11-8)。

表 11-8 电梯启停舒适感调整

项目	说明	示例
对电动机启动控制异常的调整	主要调整电动机速度动态响应特性 ①增大比例增益,或减小积分时间,可加快电动机的动态响应。但比例增益过大或积分时间过小,会使电动机产生振荡而抖动 ②减小比例增益,或增大积分时间,可放缓电动机的动态响应。但比例增益过小或积分时间过大,会使电动机速度跟踪不上,导致电梯运行中报超速故障或停车时平层不稳定(如电动机发生振荡),调节方法如下:首先减小比例增益(10~40均可),保证系统不振荡;然后减小积分时间(0.1~0.8s均可),使系统既有较快的响应特性,超调又较小	功能码 / 名称 / 出厂设定值 表(见下)

示例表:

功能码	名称	出厂设定值
F2-00	速度环比例增益1	40
F2-01	速度环积分时间1	0.6s
F2-02	速度环比例增益2	35
F2-03	速度环积分时间2	0.8s

项目	说明	示例
无称重（感应器）启动舒适感调节	使用无称重预转矩补偿模式时，控制器无需安装模拟量称重感应器，而是根据启动瞬间编码器的轻微转动变化，快速补偿转矩如出现电动机振荡或噪声，轿厢内乘客感觉启动较猛（有提拉感）时，可通过以下参数调节 ①尝试减小 F2-11 参数值（5～15 均可），消除电动机振荡 ②尝试减小 F2-12、F2-13 参数值（0.1～0.8 均可），减小电动机噪声，改善启动舒适感 　**小贴士**：无称重启动时，一般选择预转矩自动补偿（F8-01＝2）。开启预转矩补偿时，零伺服调节参数才有效	见下表

功能码	名称	设定范围
F8-01	预转矩选择	2:预转矩自动补偿
F2-11	零伺服电流系数	15%
F2-12	零伺服速度环 K_p	0.5
F2-13	零伺服速度	0.6

项目	说明
有称重（感应器）启动舒适感调节	使用模拟量称重感应器时，控制器根据称重传感器信号识别制动、驱动状态，自动计算获得所需的转矩补偿值。系统在使用模拟量称重时，F8-03、F8-04 参数用于调节电梯的启动，具体调节方法如下 ①驱动状态下运行时，电梯启动倒溜则适当增大 F8-03，电梯启动太猛则适当减小 F8-03 ②制动状态下运行时，电梯启动顺向溜车则适当增大 F8-04，电梯启动太猛则适当减小 F8-04 　**小贴士**：预转矩偏移设定的参数实际上是电梯的平衡系数（这个参数一定要设置正确）。驱动侧增益、制动侧增益为使电动机工作在驱动侧、制动侧时当前电梯预转矩系数相同情况下增益越大，电梯启动预转矩补偿也越大

功能码	名称	设定范围
F8-01	预转矩选择	0:预转矩无效 1:称重预转矩补偿
F8-02	预转矩偏移	50%
F8-03	驱动侧增益	0.6
F8-04	制动侧增益	0.6

项目	说明
电梯启动、停车时的溜车处理	电梯从制动器打开命令输出开始，在 F3-19 的设定时间内系统维持零速力矩电流输出，防止电梯溜车。如果在电梯启动时有明显倒溜现象，则尝试增大 F3-19 电梯从制动器释放命令输出开始，在 F8-11 的设定时间内系统维持零速力矩电流输出，防止电梯溜车。如果在电梯停车时有明显倒溜现象，则尝试增大 F8-11

功能码	名称	出厂设定值
F3-19	制动器打开零速保持时间	0.6s
F8-11	制动器释放零速保持时间	0.6s

项目	说明
电动机启动、停车时的电流噪声处理	在电梯启动、停车阶段，有的电动机由于性能特别，在制动器打开之前加电流的过程中，或抱住之后撤电流的过程中，导致电动机有"哽"的一声噪声，此时应适度增大 F2-16 或 F2-17

功能码	名称	出厂设定值
F2-16	力矩加速时间	1s
F2-17	力矩减速时间	350s

项目	说明
机械静摩擦力过大时的启动舒适感调节	一般在别墅电梯结构中，较常出现：当电梯导靴与导轨的摩擦力较大时，由于启动瞬间有较大静摩擦力，启动舒适感会很差（启动有提拉感）。需要通过 F3-00、F3-01 参数预先在启动之初，使系统以特定速度启动，来克服摩擦力，以期达到较好的启动舒适感

功能码	名称	出厂设定值
F3-00	启动速度	0～0.05m/s
F3-01	保持时间	0～5s

运行曲线舒适感调整，以默纳克 NICE3000new 为例（表 11-9）。

表 11-9　运行曲线舒适感调整

内容	示例
电梯由启动至加速到最大速度的速度曲线,通过参数 F3-02、F3-03、F3-04 设置 　　如果感觉启动加速过程中有加速过快造成舒适感欠佳,则减小 F3-02,增大 F3-03、F3-04,让加速曲线更缓和一点。反之,如果感觉加速缓慢,则需要增大 F3-02,减小 F3-03、F3-04 　　同理,如果在减速段有减速过急或缓慢,则需要对应调节 F3-05、F3-06、F3-07	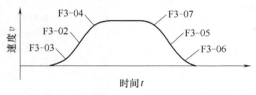 表格与速度曲线图

功能码	名称	出厂设定值
F3-02	加速度	0.7m/s²
F3-03	拐点加速时间 1	1.5s
F3-04	拐点加速时间 2	1.5s
F3-05	减速度	0.7m/s²
F3-06	拐点减速时间 1	1.5s
F3-07	拐点减速时间 2	1.5s

11.5　整机功能测试

　　电梯产品是一个复杂的机电一体化产品,其质量直接影响乘客的生命安全,影响电梯的安全性。设计、制造、安装、调试、维保是影响电梯质量的五个环节,如同人的五官,每个环节都非常重要。而安装过程动态性较强,在不同的条件、不同的环境、不同的场合下安装质量就有可能不同。

　　《特种设备安全监察条例》第二十一条明确规定了电梯的安装过程需要实施过程监督检验。电梯安装过程的监督检验,应从电梯的可靠性、安全性、功能性、经济性和舒适性等几方面入手,分别从井道机房土建、开箱验收、轨道安装、主机安装、层门安装、轿厢安装、慢车运行、快车运行调试、功能试验等全方位对电梯的整个安装过程实施过程监督检验,明确安装监督检验过程的停止点,确保安装质量,达到国家对电梯安装验收的相关规范。

11.5.1　无故障运行测试

　　无故障运行测试如表 11-10 所示。

表 11-10　无故障运行测试

序号	测试内容
1	轿厢分别以空载、50%额定载荷和额定载荷三种工况,并在通电持续率 40%情况下,到达全行程范围,按 120 次/h,每天不少于 8h,各启动、制动运行 1000 次。电梯应运行平稳、制动可靠、连续运行无故障
2	制动器线圈温升和减速器油温升不超过 60K,其温度不超过 85℃,电动机温升不超过 GB 12974—2012 的规定。电动机、风机工作正常

11.5.2　轿厢上行超速保护测试

　　轿厢上行超速保护测试如表 11-11 所示。

表 11-11　轿厢上行超速保护测试

序号	测试内容
1	当轿厢上行速度失控时,轿厢上行超速保护装置应动作,使轿厢制停或者至少使其速度降低至对重缓冲器的设计范围
2	轿厢上行超速保护装置动作时,电气安全装置动作,电梯停止运行

11.5.3 缓冲试验

缓冲试验如表 11-12 所示。

表 11-12 缓冲试验

项目	测试内容
蓄能型缓冲器	轿厢以额定载重量降低速度或轿厢空载对重装置分别对各自的缓冲器静压 5min 后脱离,缓冲器应回到正常位置
耗能型缓冲器	①将限位开关(如果有)、极限开关短接,以检修速度下降空载轿厢,将缓冲器压缩,观察电气安全装置应可靠动作 ②将限位开关(如果有)、极限开关和相关的电气安全装置短接,以检修速度下降空载轿厢,将缓冲器完全压缩,测量从轿厢开始提起到缓冲器恢复原状的时间不大于 120s

11.5.4 限速器安全钳联动测试

限速器安全钳联动测试如表 11-13 所示。

表 11-13 限速器安全钳联动测试

项目	测试内容
轿厢限速器-安全钳联动试验	轿厢装有下述载荷,以检修速度下行,进行限速器-安全钳联动试验,限速器、安全钳动作应可靠 ①对于瞬时式安全钳,轿厢装载额定载重量;对于轿厢面积超出规定的载货电梯,以轿厢实际面积按规定所对应的额定载重量作为试验载荷 ②对于渐进式安全钳,轿厢装载 1.25 倍额定载荷;对于轿厢面积超出规定的载货电梯,取 1.25 倍额定载重量与轿厢实际面积按规定所对应的额定载重量两者中的较大值作为试验载荷 ③对于轿厢面积超过相应规定的非商用汽车电梯,轿厢装载 150% 额定载重量
对重限速器-安全钳联动试验	短接限速器和安全钳的电气安全装置(如果有),轿厢空载以检修速度向上运行,人为动作限速器,对重(平衡重)应可靠制停

11.5.5 曳引能力检查

曳引能力检查如表 11-14 所示。

表 11-14 曳引能力检查

序号	测试内容
1	轿厢分别空载、满载,以正常运行速度上下运行,呼梯、楼层显示等信号系统功能有效、指示正确、动作无误,轿厢平层良好,无异常现象发生
2	将上限位开关(如果有)、极限开关和缓冲器柱塞复位开关(如果有)短接,以检修速度将空载轿厢提升。当对重装置压在缓冲器上后,继续使曳引机按上行方向旋转,曳引轮与曳引钢丝绳产生相对滑动现象,或者曳引机停止旋转,空载轿厢不能被曳引钢丝绳提升起
3	对于轿厢面积超过相应规定的载货电梯,以轿厢实际面积所对应的 1.25 倍额定载重量进行静态曳引试验 对于轿厢面积超过相应规定的非商用汽车电梯,以 1.5 倍额定载重量做静态曳引试验,历时 10min,曳引钢丝绳应没有打滑现象

11.5.6 超载保护装置测试

超载保护装置测试如表 11-15 所示。

表 11-15　超载保护装置测试

项目	测试内容
超载测试	设置当轿厢内的载荷超过额定载重量时,能够发出警示信号,并且使轿厢不能运行的超速保护装置。该装置最迟在轿厢内的载荷达到110%额定载重量(对于额定载重量小于750kg的电梯,最迟在载重量达到75kg时)动作,能够防止电梯正常启动及再平层,并且轿厢内有音响或者发光信号提示,动力驱动的自动门完全打开,手动门保持在未锁状态

11.5.7　极限开关测试

极限开关测试如表 11-16 所示。

表 11-16　极限开关测试

项目	测试内容
限位开关	将上行(下行)限位开关(如果有)短接,以检修速度使位于顶层(底层)端站的轿厢向上(向下)运行,确认井道上端(下端)极限开关动作之后,电梯不能继续运行
极限开关动作状态	短接上下两端极限开关和限位开关(如果有),以检修速度提升(下降)轿厢,使对重装置(轿厢)完全压在缓冲器上,检查极限开关动作状态 **小贴士**:井道上下两端应装设极限开关,该开关在轿厢或者对重装置(如有)接触缓冲器前起作用,并且在缓冲器被压缩期间保持其动作状态

11.5.8　紧急照明和报警装置测试

轿厢内应当装设符合下述要求的紧急照明和报警装置。

① 正常照明电源中断时,能够自动接通紧急照明电源。

② 紧急报警装置采用对讲系统以便与救援服务持续联系。当电梯行程大于 30m 时,在轿厢和机房(或者紧急操作地点)之间也设置对讲系统,紧急报警装置的供电来自前条所述的紧急照明电源或者等效电源;在启动对讲系统后,被困乘客不必再做其他操作。

11.5.9　紧急电动运行装置测试

紧急电动运行装置应当符合以下要求。

① 依靠持续揿压按钮来控制轿厢运行,此按钮有防止误操作的保护,按钮上或其近旁标出相应的运行方向。

② 一旦进入检修运行,紧急电动运行装置控制轿厢运行的功能由检修控制装置所取代。

③ 进行紧急电动运行操作时,易于观察到轿厢是否在开锁区。

第**12**章

电梯安装新技术

12.1 无脚手架的安装

12.1.1 无脚手架安装简介

（1）无脚手架安装

无脚手架安装示意图如图 12-1 所示。

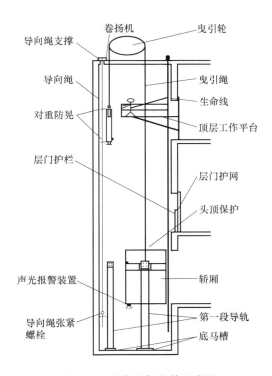

图 12-1 无脚手架安装示意图

（2）无脚手架安装适用范围

无脚手架安装适用范围：有机房客梯；层站≥10 层；载重量≥800kg；对重装置布置为后置。

（3）无脚手架安装流程

无脚手架安装流程如图 12-2 所示。

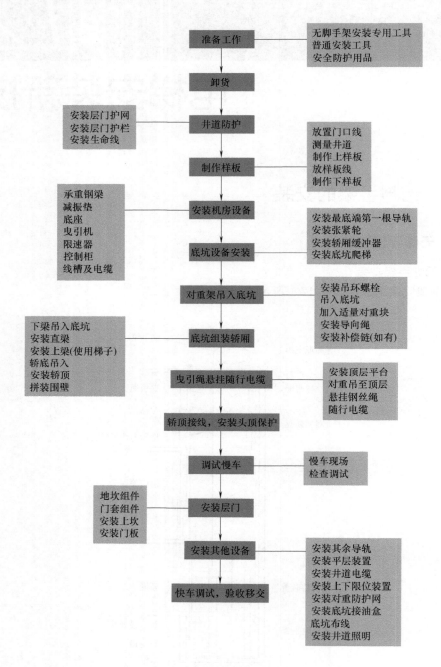

图 12-2　无脚手架安装流程

（4）材料的吊装和提升

材料的吊装总是需要安装班组的合作，所以重要的是在开始工作之前工长要向全组人员说明以下安全工作程序。

① 在准备过程中，应考虑要提升的重量以及卷扬设备的起吊能力（包括起吊附件）。

② 工长必须负责任。

③ 确保所有工人知道并了解将要使用的全部信号。

④ 在起重吊装时切勿违反标准安全操作。

⑤ 开口处必须用屏障保护或封住以保护工人的安全。

卷扬设备及装置的安装如图 12-3 所示。作用在吊钩（提升钩）、钩环和卷扬机上的力因吊挂方式不同而不同。因此，卷扬设备和装置必须能足够承受加在其上面的力。注：图中"W"代表被提升的重量。

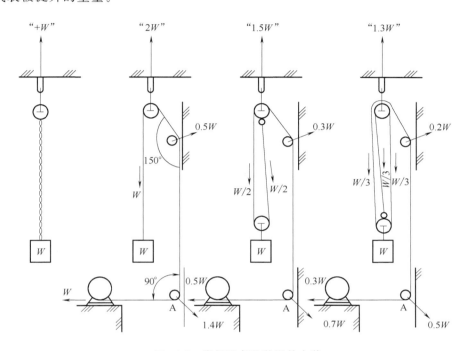

图 12-3　卷扬设备及装置的安装

吊钩角由两根绳构成，两根绳上分别产生拉力（图 12-4）。两根分绳的角度取决于负载的重量，重量增加则角度加大。在任何情况下，吊钩角度不得超过 60°。

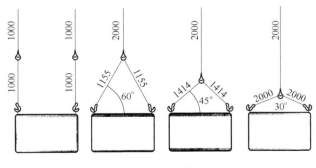

图 12-4　吊钩

12.1.2　安装工具和设备要求

安装工具和设备要求如表 12-1 所示。

表 12-1 安装工具和设备要求

步骤	操作过程和要求	图示
1	层门护栏必须满足下列条件 ①顶部护栏高度为 900～1120mm ②中间护栏高度为 450～560mm ③护栏应有足够的强度(可承受 90kgf 外力) ④应有 100～150mm 踢脚板 安全护网可封闭整个层门口,且可重复利用	
2	全身式安全带、自锁器、生命线必须满足下列要求 ①设备必须保证良好的状况并正确使用 ②生命线的悬挂点承载力必须是已知的(至少 1440kgf) ③生命线需防快口保护	
3	作业平台使用要求如下 ①测量井道时,载重量为 800kg 和 1000kg 的电梯可以在作业平台上安装样板架 ②安装曳引钢丝绳 ③如果需要,作业平台可用于清理井道内杂物	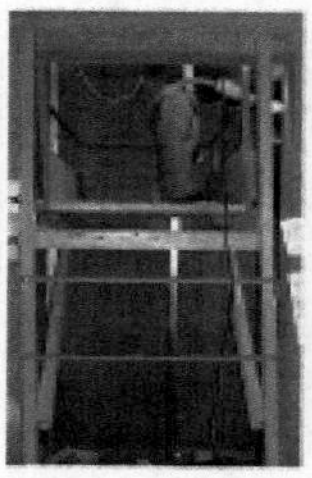 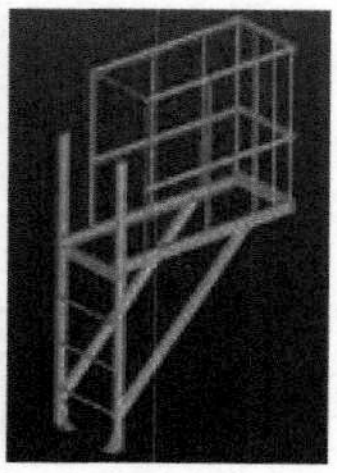
4	卷扬机:要求能够起吊 1000kg 载重量,可用于起吊重物和电梯部件	 
5	导向钢丝绳:防止对重装置过大的晃动	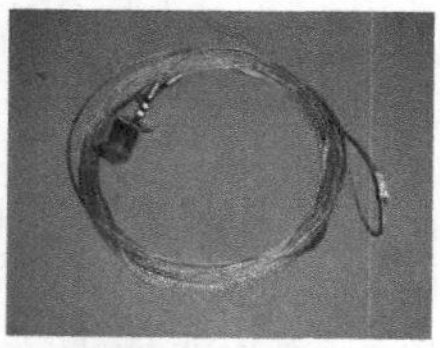
6	导向钢丝绳的防晃装置(如吊环螺栓):限制对重架的晃动量	
7	导向钢丝绳张紧件(滑拉螺栓)	

步骤	操作过程和要求	图示
8	声光报警装置：安装在轿厢底部，电梯运行前，发出声音和闪光，提醒和警示井道内安装作业人员	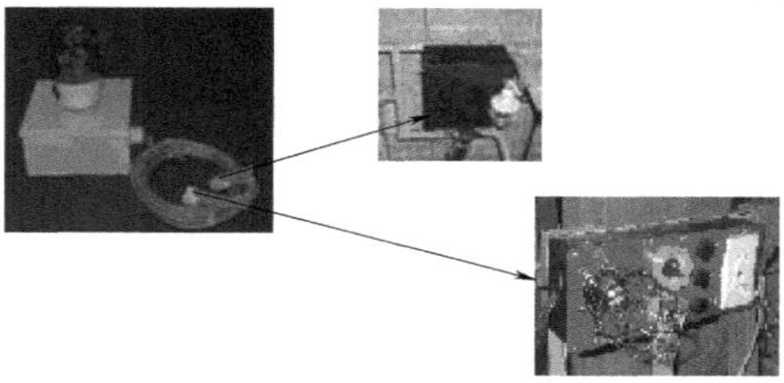
9	头顶保护：虽然层门有防护，但仍然需要防止异物坠落伤及安装作业人员	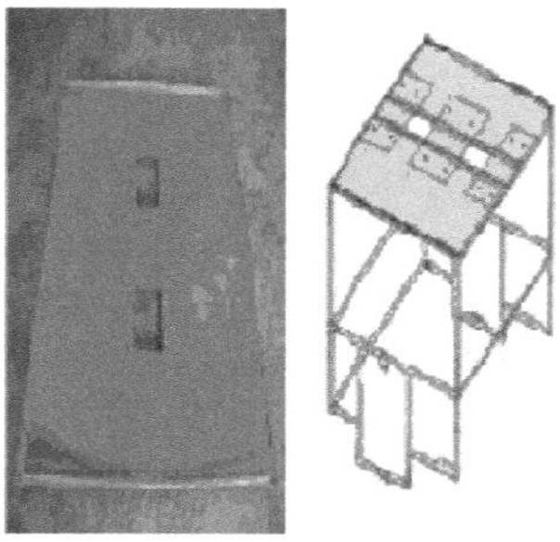
10	校导尺：用于导轨的校正工作	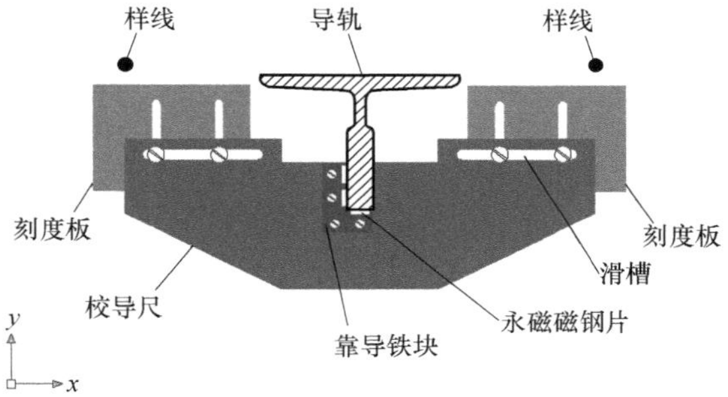

12.1.3　无脚手架安装过程

无脚手架安装过程如表 12-2 所示。

表 12-2　无脚手架安装过程

步骤	操作过程和要求	图示
1	总共要放置 10 条样线，如右图所示 ①4 条主导轨线 ②4 条副导轨线 ③2 条门口线，2 条门口线用来确定开门宽度和层门门框的垂直度	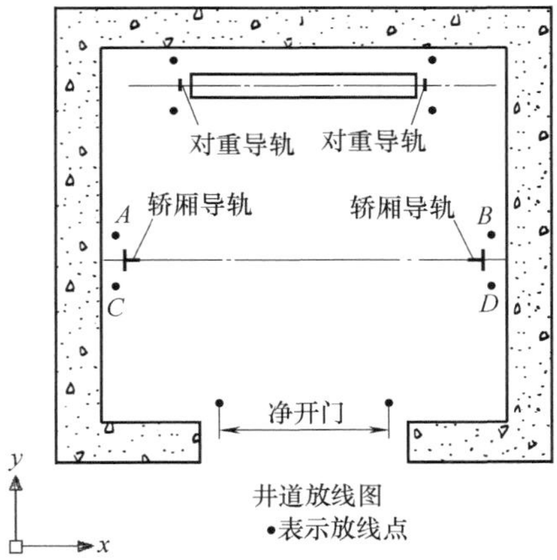

步骤	操作过程和要求	图示
2	放样线操作如下 ①一般载重量为 800kg 和 1000kg 的电梯样架固定在井道内,载重量大于 1000kg 的电梯样架固定在机房地面上 ②放门口样线的方法与有脚手架相同 ③主导轨样线的位置如右图所示(以 T127 的导轨尺寸为例) ④副导轨样线的放置方法与主导轨相同	
3	轿厢 4 根导轨样线图可简化为右图。要求:保证 4 根样线点 A、B、C、D 组成一个矩形,其中 $AC=BD$,AC 和 BD 的尺寸不能超出校导尺的长度,并且不能与导轨支架、压导板及限速器钢丝绳相干涉,一般取 300mm $AB=CD$ $AD=BC=\sqrt{AB^2+BD^2}=\sqrt{AC^2+CD^2}$ $AB=CD=DBG+2\times89+Aa+Bb$	
4	调整样线和样板操作如下 ①保证样线不与井道内任何部件和物体相干涉,尤其是导轨支架和导轨压导板 ②样线必须从样板上的开口处放下 ③样线下端必须用 5~10kg 的重物拉紧(视层楼高度定) ④导轨的安装质量取决于样线定位的准确度。如果样线放置有偏差,导轨就不能被正确调整,最终导致电梯运行质量不佳 ⑤样线放置完后,应检测井道的尺寸以保证将样板定位在最合适的位置上	

12.2 新型轨道作业平台的组装

轨道作业平台是一种可以用来替代脚手架上下运行的作业平台。通常,轨道作业平台主要用于 7 层站以上的电梯(电梯层站少于 7 层但电梯运行高度高于 22m 除外)。

轨道作业平台通过钢丝绳悬挂,由铝合金(钢质框架)和木方(胶合板)结构组成,配有滚轮式安全钳。它由爬缆器提供动力在电梯井道内沿电梯轨道上下运行。对于面积 3m×3m 以内的平台,爬缆器一般采用 1:1 的钢丝绳结构;对于面积大于 3m×3m 的平台,爬缆器必须采用 2:1 的钢丝绳机构。

轨道作业平台配备了以下安全功能。

① A 型瞬时式(滚轮型)安全钳,可以在爬缆器钢丝绳断裂的情况下锁止作业平台,以防下坠。

② 弹簧触发机构,在爬缆器钢丝绳断裂的情况下自动触发安全钳动作。

③ 弹簧触发装置控制手柄,可以手动触发或者释放安全钳。

④ 超速保护安全锁,当作业平台下降速度过快时锁止作业平台,以防下坠。

⑤ 辅助安全钢丝绳，当提升钢丝绳松脱或者断裂时，锁止作业平台。

⑥ 紧急停止按钮。

⑦ 上限位开关以及脱轨保护开关。

⑧ 手动滑降手柄，可以在断电的情况下手动控制作业平台匀速下降。

在安装、操作或者拆除轨道作业平台时，必须严格遵守下列安全注意事项。

① 使用防坠落保护。

② 确保作业平台上一直有最大工作载荷的标识。

③ 安装护栏和踢脚板。

④ 确保所有层站孔洞已做好防护，所有电梯井道的孔洞已做好封堵。

⑤ 确保声光报警系统已安装到作业平台底部并且可以正常工作。

⑥ 采用正压控制按钮防止误操作。

⑦ 安装作业平台踢脚板。

⑧ 在进行任务之前，必须查看相关安全操作文件。

⑨ 在使用时，必须严格按照规定的安全程序和工作实践进行。

⑩ 根据需求选择合适的个人防护用品。

⑪ 严禁悬吊重物下方站人。

⑫ 严禁超载。

⑬ 检查爬缆器证书是否已更新。

⑭ 在使用前，检查所有提升设备和工具是否损坏。

⑮ 采用安全正确的吊装工艺。

⑯ 在完成工作后，必须将作业平台停至底层。

导轨作业平台的组装完成图如图 12-5 所示。

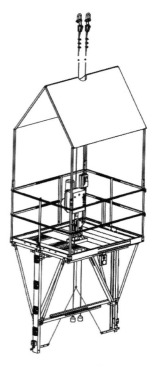

图 12-5　导轨作业平台的组装完成图

12.2.1　初级设备的检查

在组装之前，必须全面检查轨道作业平台所有的组件是否有损伤。

12.2.2　安全钳的检查

安全钳的检查如表 12-3 所示。

表 12-3　安全钳的检查

安装要求和操作过程	图示
检查确保安全钳的组装无误。安全滚轮必须能在钳体内灵活移动。手动操作安全拉杆以确保安全拉杆、连接臂、弹簧（可锁止安全钳）和安全滚轮都能灵活移动。一旦轨道作业平台安装完成,安全钳在弹簧触发装置手柄的作用下,被安全钢丝绳牵引并打开	安全滚轮 开口销及连接板 弹簧 安全拉杆 连接臂

12.2.3 轨道作业平台的组装

轨道作业平台的组装如表 12-4 所示。

表 12-4 轨道作业平台的组装

步骤	安装要求和操作过程	图示
1	将 T 形支架用 G 形夹正对夹到轨道上。确保安全钳槽口夹在轨道工作面上,并且安全钳位于立柱槽钢的下方,同时应确保两个 T 形支架位于同一高度 **小贴士:**安全滚轮(在安全钳体内的)必须要压到导轨上	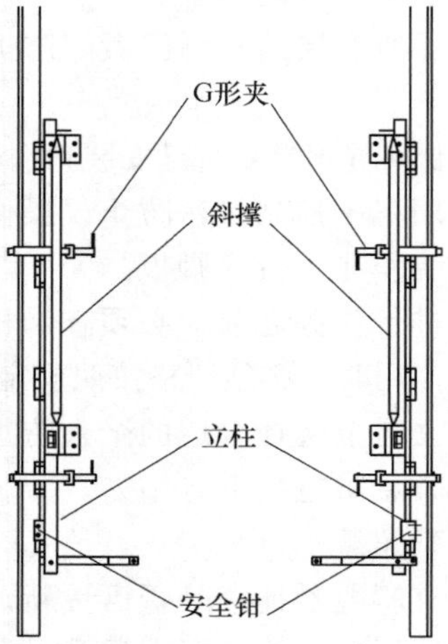 G形夹 斜撑 立柱 安全钳
2	将两根 50mm×50mm×3mm 侧壁开有连续方孔的槽钢通过半圆头方颈螺栓连接在 T 形支架之间,形成十字支撑	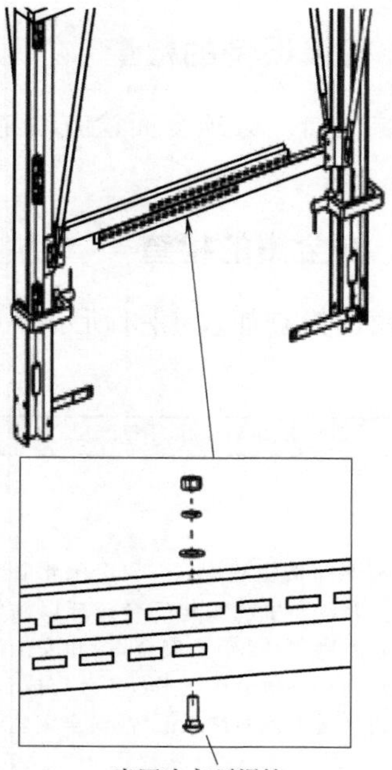 半圆头方颈螺栓

步骤	安装要求和操作过程	图示
3	重复步骤 1 与步骤 2,完成另一个十字支撑的固定,并将 G 形夹去掉,如右图所示	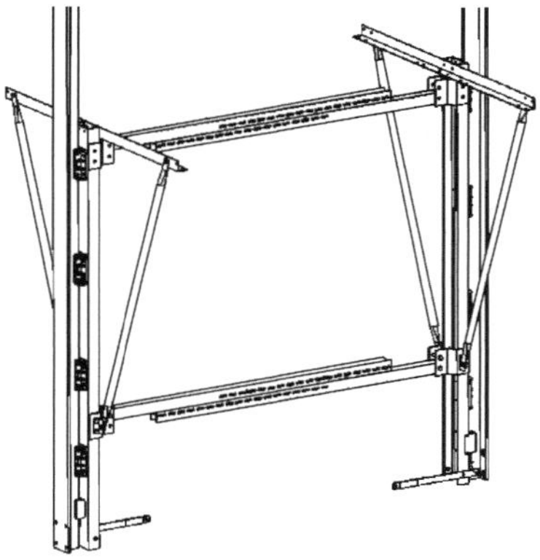
4	使用半圆头方颈螺栓固定铺设木板的槽钢支撑件,如右图所示	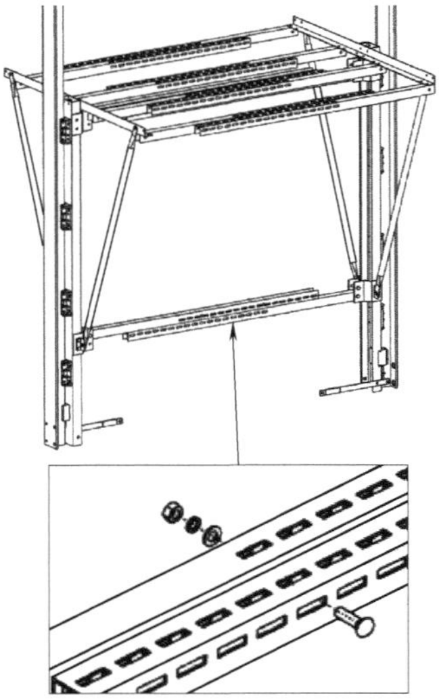

步骤	安装要求和操作过程	图示
5	铺设平台四周的伸缩式护脚板,相邻间的护脚板通过 L 形连接板、螺栓连接,其余部分通过螺栓固定在 T 形支架上方	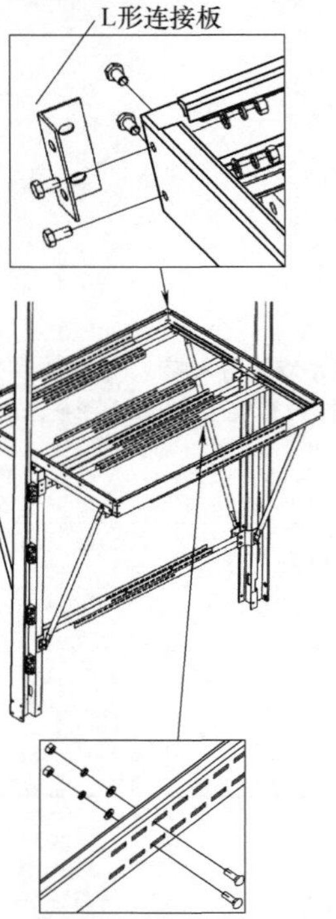 L形连接板
6	通过半圆头方颈螺栓与六角螺栓将 L 形斜撑固定在相应的位置,如右图所示	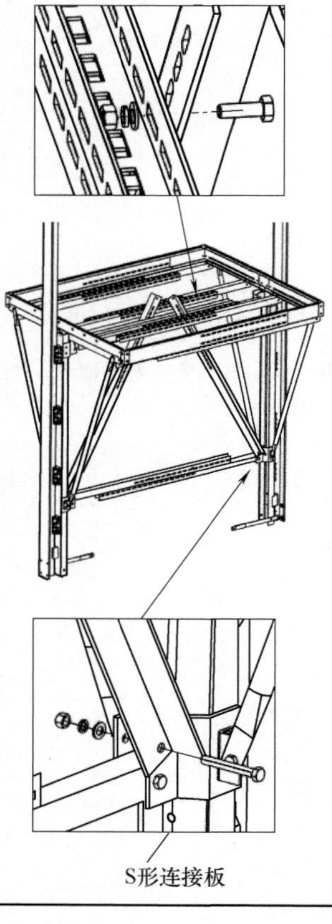 S形连接板

步骤	安装要求和操作过程	图示
7	在平台上铺设木板(满铺),如右图所示	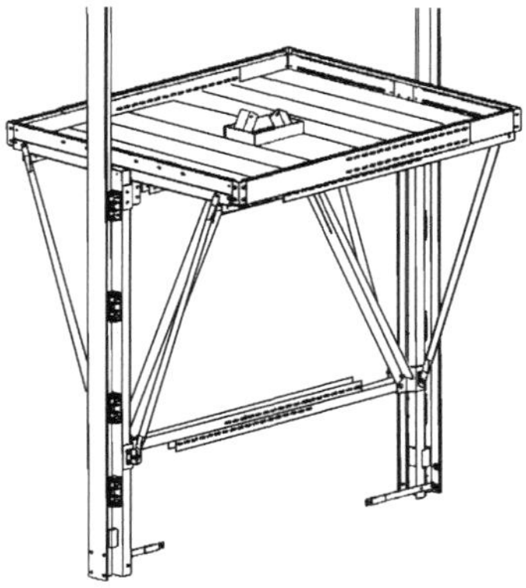
8	首先使用 M10 的组合螺栓将 S(Z)形连接板与 L 形斜撑连接,而后使用 M16 的组合螺栓连接触发器与 S(Z)形连接板 　**小贴士**:一些弹簧触发机构将两个箱体焊死在一起,这是非常危险的行为,并且会导致安全钳在钢丝绳断裂的情况下无法锁止轨道。因此,必须确保上下箱体能沿着弹簧自由活动 　检查并确保平垫和开口销没有丢失,并且能够很好地固定弹簧 　检查并确定组合螺栓没有破损或者弯曲	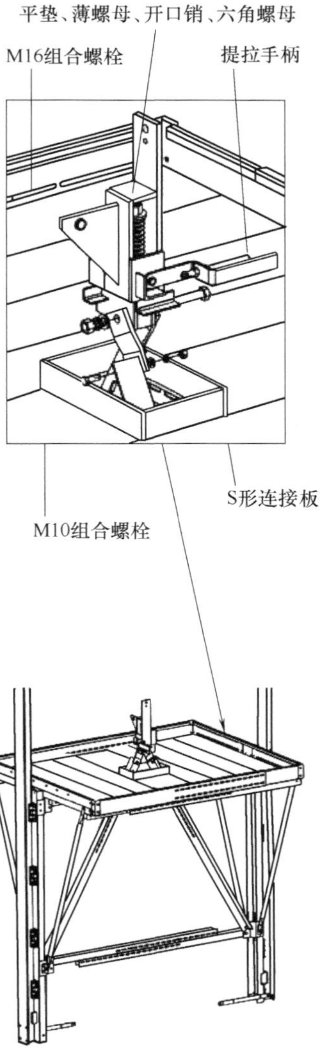 平垫、薄螺母、开口销、六角螺母 M16组合螺栓　　提拉手柄 S形连接板 M10组合螺栓

步骤	安装要求和操作过程	图示
9	采用卸扣和绳夹的方式将提升钢丝绳固定在机房顶部的吊钩上,如右图所示	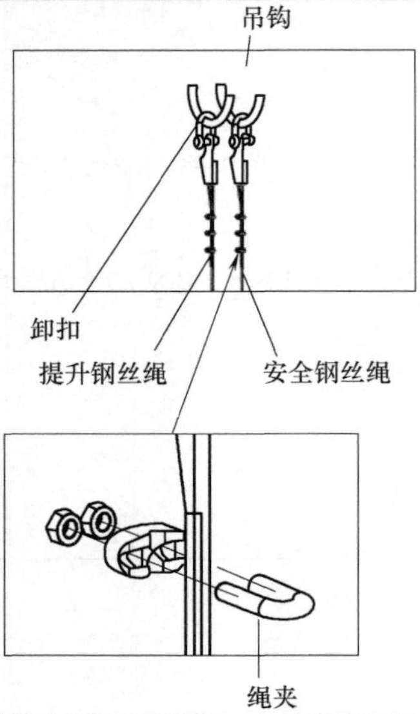
10	爬缆器安装示意图如右图所示 ①将爬缆器放到作业平台甲板上 ②检查电动机的电压与电源电压是否相符 ③将随行供电电缆连接到提升机,并打开电源开关 ④反方向转动超速保护安全锁上面的重置手柄,以确保安全锁已重新设置 ⑤将钢丝绳穿过松绳保护装置的触发杆,再穿入爬缆器,直到感觉有阻力 ⑥按"上"按钮,钢丝绳将被自动吸入爬缆器,钢丝绳穿出出绳滚轮(出绳口)即可停止 ⑦拧掉爬缆器上的连接螺栓,按"上"按钮提升爬缆器,使安装杆上的孔与弹簧触发机构上的孔对齐 ⑧使用螺栓将爬缆器安装到弹簧触发机构上,并保持竖直。出绳导向轮位于平台外侧 ⑨将钢丝绳下端悬挂到底坑,将钢丝绳末端卷绕好,并用两个绳夹将其夹牢,使其悬离地面 **小贴士**:正确处理钢丝绳末端并用绳夹夹牢,这样可以防止钢丝绳脱出爬缆器	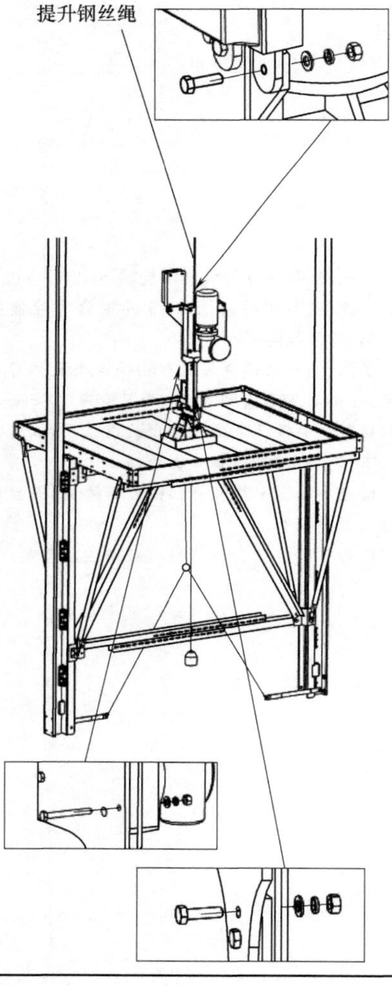

步骤	安装要求和操作过程	图示
11	采用卸扣和绳夹的方式将提升钢丝绳固定在机房顶部的吊钩上 ①将安全钢丝绳下放到轨道作业平台处 ②将安全钢丝绳穿进松绳（超速）保护安全锁内 ③将安全钢丝绳末端放到底坑，将安全钢丝绳下端卷绕好并用绳夹夹牢，确保安全钢丝绳悬离底坑地面 ④在安全钢丝绳上安装重锤，并保证正好离开底坑地面，这样可以保持安全钢丝绳一直紧绷 **小贴士**：将多余的安全钢丝绳末端卷绕起来并用绳夹夹牢，这样可以确保安全。钢丝绳有足够的张力，可以在正常状态下顺利穿过安全锁	安全钢丝绳　安全锁 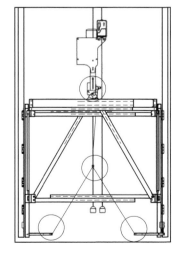
12	切一段 3mm 的钢丝线，其长度必须足以连接两根安全拉杆，并且弯曲部分必须能达到两根十字支撑梁的中间位置 钢丝线的安装步骤如下 ①将钢丝线的两端分别安装到两根安全拉杆上，用一个线槽套环和两个绳夹将钢丝绳固定好 ②将一个线槽套环装到钢丝线中间弯曲处，并连接另外一根来连接弹簧触发机构操作手柄的 3mm 钢丝绳 ③在钢丝绳的两端分别用两个绳夹固定好 ④调整钢丝绳，确保当操作手柄处于竖直位置时能将安全钳解锁；当操作手柄处于水平位置时，安全钳必须牢牢锁在导轨上 ⑤沿着井道上下开动轨道作业平台，确保安全滚轮在操作手柄处于竖直位置时不接触轨道 **小贴士**：安全钳的操作必须每天检查	

步骤	安装要求和操作过程	图示
13	使用 M10 螺栓安装步骤如下 ①使用 M10 螺栓、螺母、平垫、弹垫将 4 根护栏立柱角钢安装到平台的四个角上 ②将侧护栏通过 M10 螺栓固定在立柱上下两层,侧护栏由侧面开有方孔的角钢通过半圆头方颈螺栓连接 ③使用 M10 六角螺栓将头顶保护支撑立柱与护栏立柱连接起来,而后连接头顶保护支架,并使用开有方孔的组合扁铁作为斜撑加固头顶保护支架,钢板之间使用半圆头方颈螺栓连接 ④使用 M10 螺栓、螺母、平垫、弹垫连接头顶保护木板与头顶保护支架	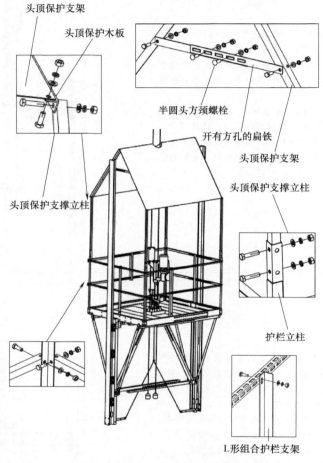 头顶保护支架 头顶保护木板 头顶保护支撑立柱 半圆头方颈螺栓 开有方孔的扁铁 头顶保护支架 头顶保护支撑立柱 护栏立柱 L形组合护栏支架
14	使用 M6 螺栓将防脱轨开关与防脱轨开关支架进行预装配,如右图所示	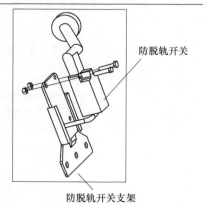 防脱轨开关 防脱轨开关支架

步骤	安装要求和操作过程	图示
15	使用 M8 螺栓将预装配的防脱轨开关与 T 形桁架立柱进行连接,如右图所示	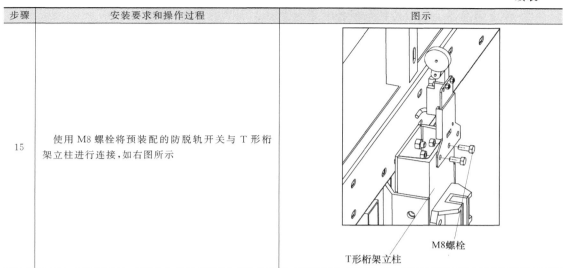 M8螺栓 T形桁架立柱

12.2.4 辅助设备的安装

辅助设备的安装见表 12-5 所示。

表 12-5 辅助设备的安装

安装要求和操作过程	图示
①将声光报警灯安装到平台的底部 ②将声光报警电源接插件连接到主控制箱上 ③将应急灯安装到平台上 ④作业平台上还需要安装 10mA 的漏电保护开关 **小贴士:**声光报警灯是必须的安全装备。它有双重作用:一是警告安装人员平台准备运行或者正在运行;二是减少安装人员被运行的平台撞击的风险,这种风险是非常严重甚至会致命的。在层站门都已安装好、门锁也已安装好并能完全锁住层门之前,都不可以拆除声光报警,并且必须保证声光报警功能正常	平台托架 声光报警支架 声光报警灯

12.3 轨道作业平台的使用及功能测试

12.3.1 轨道作业平台的使用

(1)轨道作业平台使用前的测试

每天使用轨道作业平台之前都必须进行下列所有测试。

① 检查所有的层门防护是否已就位并锁好,并且井道孔洞都已封堵。

② 拉下安全钳触发手柄(位于弹簧触发机构上),往下开动平台,确定安全钳能正常锁

止平台。

③ 确定爬缆器上、下按钮与所控制平台上升、下降的方向一致。

④ 确定按下爬缆器紧急停止按钮后，声光报警灯工作。

⑤ 进行爬缆器日常测试。

⑥ 检查爬缆器保养手册和防涂改标识是否都在并且都已更新。

⑦ 检查所有钢丝绳和悬挂装置，确保其安装牢固并且没有损伤，所有位移都已受到束缚。

⑧ 检查并确定爬缆器和弹簧触发机构之间连接牢固，弹簧触发机构和平台支架之间连接牢固。

⑨ 确定安全拉线已安装并且正确固定，确保安全拉线的两端分别采用两个绳夹固定。

⑩ 检查所有护栏是否已安装到位。

⑪ 检查应急灯是否已安装并且正常工作。

⑫ 确保上限位挡板已安装。

⑬ 确保爬缆器紧急停止按钮在平台上升或者下降时都能停住爬缆器。

⑭ 确保提升钢丝绳和安全钢丝绳的长度都足够整个井道高度使用，即提升钢丝绳和安全钢丝绳的长度都必须超过井道自身高度。

⑮ 检查工作钢丝绳和安全钢丝绳的末端都已卷好，用两个绳夹固定并悬离底坑地面。

⑯ 检查所有电缆没有损坏，并且没有任何梗阻。

（2）使用轨道作业平台

① 确保平台上所有载重不超过平台安全工作载重：平台安全工作载重是272kg，相当于两个安装人员的重量加一些安装工具的重量；严禁任何情况下超载；平台上不允许承载任何单件重量大于85kg的物体。

② 站到平台甲板上的安全位置。

③ 检查井道上下，并确保平台运行路径上没有任何阻挡物。

④ 将弹簧触发机构操作手柄推到竖直位置，解锁安全钳。

⑤ 按下爬缆器紧急停止按钮。

⑥ 确保超速保护安全锁已重置，控制爬缆器向上运行10cm，反方向转动重置手柄，这样就可以重置安全锁并接通电源。

⑦ 通过爬缆器将平台运行到所需要的工作位置。

⑧ 到达工作位置后，按下爬缆器紧急停止按钮。

⑨ 拉下弹簧触发机构的操作手柄，将安全钳锁止到导轨上（解锁安全钳必须在上升过程中进行，然后再下降）。

⑩ 结束工作后，将平台开到底层。

⑪ 按下爬缆器紧急停止开关。

⑫ 将安全钳锁止到导轨上。

⑬ 断开电源。

小贴士：在使用轨道作业平台时，任何时间都必须确保安全钳的锁止位置位于两个导轨支架之间的导轨上。绝对不允许将安全钳运行到最上面一个已安装好的导轨支架以外的轨道上。

12.3.2 轨道作业平台的初步测试要求

在第一次操作使用轨道作业平台之前，平台所有的安全功能和爬缆器都必须要进行测试并确保能正常工作。

（1）爬缆器日常测试

① 超速控制器：检查爬缆器上升、下降时是否正常运转。

② 超速安全锁手动触发按钮：将爬缆器往下开动并按下手动触发按钮（该按钮会切断爬缆器电源并且触发超速安全锁），爬缆器停止下降。用滑降手柄手动释放电磁刹车，检查超速安全锁是否已锁止钢丝绳。如果已锁止，平台不会有任何下移重置，将爬缆器向上开10cm，反方向转动重置手柄，这样就可以重置安全锁并且接通电源。

③ 断电紧急滑降：断电时，用滑降手柄手动释放电磁刹车，平台以可控速度下降。

④ 松绳保护装置：将平台下降到地面，使提升钢丝绳处于松软状态，试着往上拔安全钢丝绳，检查安全装置是否已工作。

⑤ 上限位开关：平台上升时将上限位开关摇臂掰下，爬缆器将停止上升。

⑥ 紧急停止按钮：当按下紧急停止按钮时，爬缆器电源被切断，爬缆器将不能上升或者下降。

⑦ 手摇曲柄：取下手摇曲柄，将其安装正确才能控制爬缆器上升或者下降。

（2）确保声光报警正常工作

① 控制爬缆器上升，确定声光报警一直正常工作。

② 控制爬缆器下降，确定声光报警一直正常工作。

（3）确保安全钳能正常锁止

① 将平台开到距离底坑大约 1000mm 的位置。

② 往下开动爬缆器并拉下弹簧触发机构上的操作手柄以触发安全钳锁止平台，继续控制爬缆器下降直到钢丝绳处于松软状态为止。

③ 检查并确定两侧的安全钳均已锁止并且平台处于水平状态。

（4）确保应急灯正常工作

① 打开应急灯测试开关。

② 检查并确定应急灯正常工作。

（5）确保 10mA 的漏电保护开关正常工作

① 按下漏电保护开关测试按钮。

② 检查并确定漏电保护开关正常跳闸。

（6）调整滑动导靴

① 调整滑动导靴在导轨上的位置。

② 确保安全钳对准轨道工作面的中心位置。

12.3.3　轨道作业平台的维护和测试要求

（1）初始测试要求（表 12-6）

表 12-6　初始测试要求

测试内容	可见安全检查	运行测试
爬缆器	①检查测试报告日期，必须是 3 个月以内的 ②检查损坏或松动的零件 ③检查爬缆器和弹簧触发机构的连接 ④检查紧急滑降手柄是否丢失 ⑤检查是否有使用手册 ⑥检查是否有防涂改标识	①爬缆器日常测试应参考初步测试程序 ②填写日志

测试内容	可见安全检查	运行测试
弹簧触发机构	①检查上下箱体是否能灵活活动 ②检查内部弹簧的螺栓、平垫、开口销安装是否牢固 ③检查螺栓是否弯曲或损伤	N/A
提升钢丝绳和 安全钢丝绳	①检查提升钢丝绳的安装锚固是否正确 ②检查安全钢丝绳的安装锚固是否正确 ③检查钢丝绳是否磨损、松股或断股 ④检查提升钢丝绳的末端是否卷好,用绳夹夹牢并悬离底坑地面 ⑤检查安全钢丝绳的末端是否卷好,用绳夹夹牢并悬离底坑地面	N/A
安全拉线	①检查安全拉线的两端是否都用两个绳夹夹牢 ②检查安全拉线有没有连接两根安全拉杆以及弹簧触发机构的操作手柄	将弹簧触发机构操作手柄拉到水平位置,确保安全钳能锁止在导轨上
安全钳	①检查安全钳的规格是否适用于导轨 ②检查安全钳在立柱槽钢组件上是否已安装牢固 ③检查安全弹簧的安装是否正确 ④检查连接臂和安全滚轮操作是否灵活 ⑤检查安全钳控制拉杆是否安装平垫和开口销 ⑥检查安全钳是否安装在平台下方	①将平台提升到离地的位置,向下运行爬缆器 ②释放弹簧触发机构的操作手柄触发安全钳 ③确定安全钳都夹持在导轨上并且平台停靠是水平的
声光报警灯	①检查声音是否清晰、无卡顿 ②检查安装是否正确	①声光报警正常工作 ②可以正确延时
应急灯	①按应急灯测试开关 ②确定应急灯能照亮	
10mA漏电保护开关	①按漏电保护开关测试按钮 ②确定漏电保护开关正常触发	

（2）日常检查

① 观察爬缆器是否有损坏或者零件松动的现象。

② 检查爬缆器和弹簧触发机构的连接是否牢固。

③ 检查电源电缆及接插件。

④ 进行爬缆器日常测试。

⑤ 观察提升钢丝绳是否有损伤。

⑥ 观察安全钢丝绳是否有损伤。

⑦ 观察安全连线和安全钳控制杆以及弹簧触发机构操作手柄的连接是否牢固。

⑧ 向下运行爬缆器并拉下弹簧触发机构操作手柄,确保安全钳锁止在电梯导轨上并且作业平台处于水平。

⑨ 检查爬缆器的电源电缆。

⑩ 检查声光报警灯能否正常工作。

⑪ 检查爬缆器保养证书,确保已在最近3个月内做过保养。

⑫ 确保所有防涂改标识都正常。

⑬ 检查应急灯能否正常工作。

⑭ 测试漏电保护开关能否正常工作。

⑮ 清扫作业平台。

⑯ 填写日常检查日志。

（3）每周保养计划

表 12-7 中所列保养项目必须每周进行检查保养。保养计划取决于工地现场的清洁情况。如果现场混凝土、灰尘比较多，可能需要更加频繁地检查和清洁安全钳。

表 12-7　每周保养计划

保养项目	保养内容
安全钳	①确保安全钳被牢固地安装在立柱槽钢组件上 ②确保连接杆、弹簧、滚轮运行灵活 ③清除安全钳表面的混凝土、灰尘以及污渍 ④检查滚轮是否有损伤 ⑤确保安全钳控制拉杆上已安装平垫和开口销
安全拉线	①检查安全拉线是否有损伤，不能有扭结、断丝、松股等情况 ②检查并确保安全拉线和安全钳控制拉杆以及弹簧触发机构操作手柄之间的连接牢固 ③安全拉线用绳夹夹紧
弹簧触发机构	①检查连接弹簧触发机构和轿厢支撑角钢的 M16 高强度螺栓是否安装牢固 ②检查爬缆器固定螺栓是否已拧紧 ③检查操作手柄是否灵活
爬缆器	①每 3 个月或使用 50h 需对爬缆器进行检查、测试并标识 ②对爬缆器进行日常测试
提升钢丝绳和 安全钢丝绳	①检查井道顶部的钢丝绳是否已与吊钩通过卸扣和绳夹可靠地连接 ②检查两根钢丝绳的末端是否都已卷绕好，并且悬离底坑地面 ③检查钢丝绳有无损伤、扭结、断股、松股等情况
立柱槽钢组件	①检查连接立柱和平台的斜撑所用的螺栓是否拧紧 ②检查滑动导靴是否调整到位
检查辅助设备	①检查声光报警灯是否正常工作 ②检查应急灯是否正常工作 ③检查 10mA 的漏电保护开关是否正常工作 ④检查扶手、踢脚板以及脚趾保护是否已安装

12.4　轨道作业平台的拆除

轨道作业平台的拆除过程如表 12-8 所示。

表 12-8　轨道作业平台的拆除过程

步骤	安装要求和操作过程	图示
1	拆除之前先将平台开到底坑（或者轿顶）合适位置（建议将平台开到 T 形桁架的下底面，与底坑地面相接触，这样可以达到支撑的目的），将安全钳控制拉杆放于水平位置，使安全钳锁止在导轨上 **小贴士**：确保平台通过安全钳与底坑地面的支撑被完全固定在底坑的轨道上	
2	拆除安全钢丝绳	
3	拆除爬缆器及弹簧触发机构	
4	拆除提升钢丝绳	
5	断开电源	
6	拆除平台的头顶保护木板及头顶保护支架	
7	拆除侧护栏 **小贴士**：在拆除平台护栏时必须佩戴全套防坠落保护。为符合安全操作要求，所有参与平台拆除工作的人员在有 2m 以上有坠落风险时都必须佩戴防坠落保护	

步骤	安装要求和操作过程	图示
8	拆除平台的前后护脚板以及铺设在平台上的木板至右图所示的状态	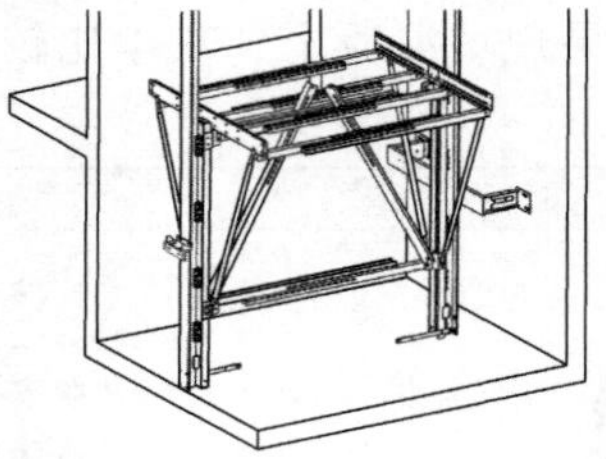
9	①将爬梯放置在底坑的合适位置,进行后续的拆卸,如右图所示	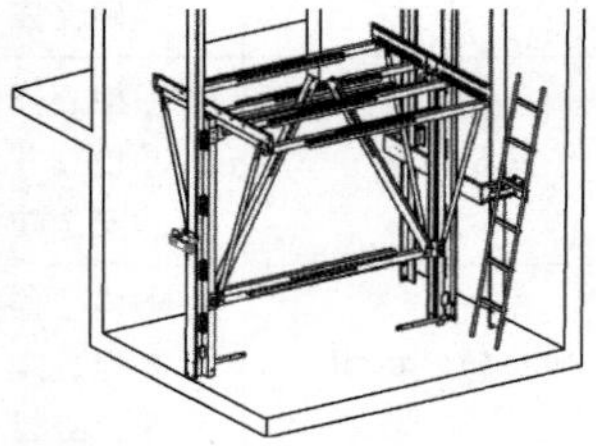
	②调整爬梯的位置,拆除放置木板的伸缩槽钢和左、右的护脚板至右图所示的状态	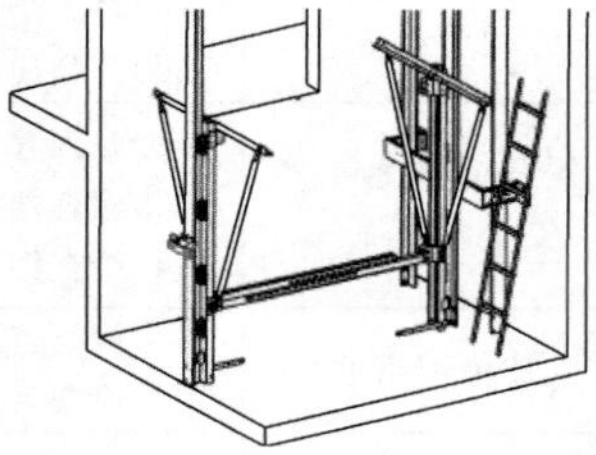
	③利用 G 形夹将 T 形桁架固定在导轨上,如右图所示	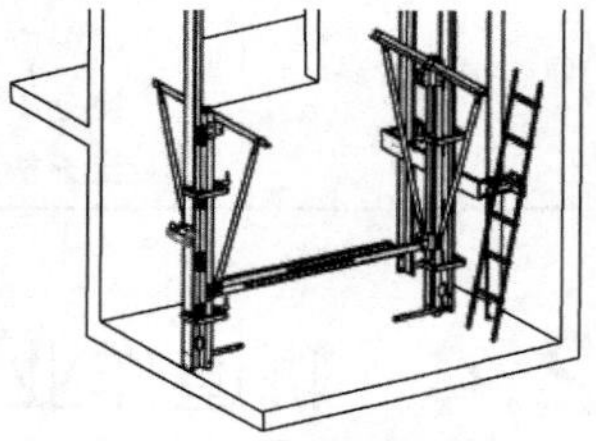 利用G形夹固定T形桁架
	④拆除下部的支持槽钢至右图所示的状态	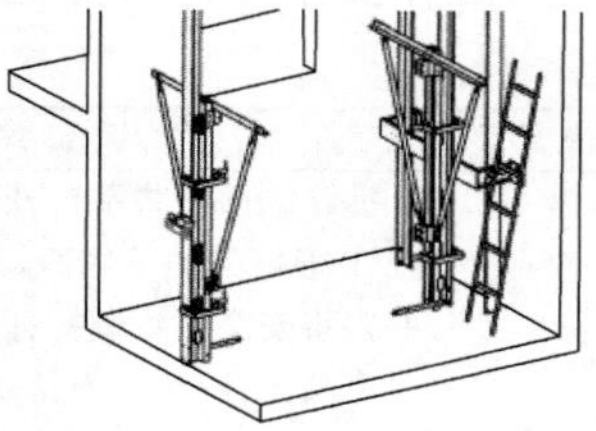
	⑤拆除一端的 G 形夹后将 T 形桁架整体卸下,以相同的步骤处理另一端的 T 形桁架,如右图所示	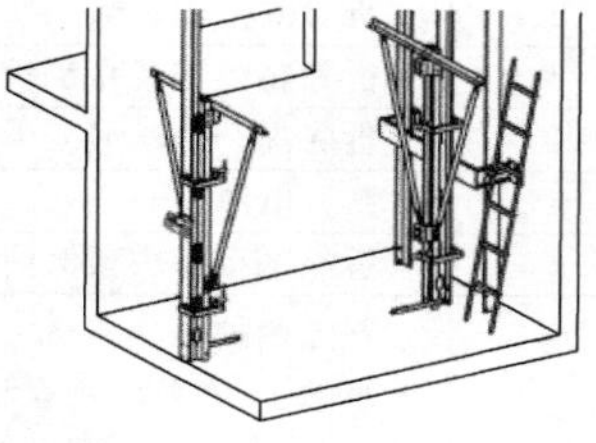
	⑥将整体的桁架拆除	—

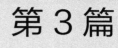

第 3 篇

电梯检验与试验

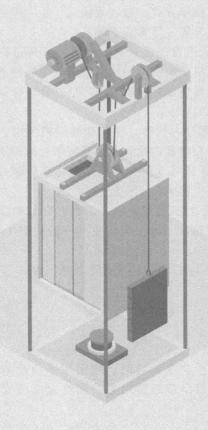

第 13 章

电梯部件的检验

电梯运行质量的优劣，与绳头组合、控制柜、金属层门、玻璃门、玻璃轿壁、曳引机、开关门机构、导轨等部件的配置情况、质量及安全性能直接有关。

电梯部件的检验就是通过对绳头组合、控制柜、曳引机、开关门机构、导轨等部件的性能指标进行测量、检查、试验，并将结果与标准规范进行对比，确定部件的性能指标是否合格地活动。

13.1　绳头组合的检验

绳头组合又称端接装置，其作用主要有两个：一是与钢丝绳的端部结合；二是与轿厢、对重装置（或平衡重）的悬挂部位连接。绳头组合是电梯悬挂系统中重要的受力部件。

绳头组合的形式很多，但常见形式有金属或树脂填充式、自锁紧楔式、至少带有 3 个合适绳夹的鸡心环套式、手工捻接绳环式和环圈（或套筒）压紧式 5 种。

① 金属或树脂填充式。金属或树脂填充式绳头组合的连接部分由锻造或铸造的锥套与浇注材料组成。浇注材料一般为巴氏合金或树脂，浇注前需将钢丝绳端部的绳股解开、清洗并编成"花篮"后穿入锥套中。浇注后"花篮"能与浇注材料牢固均匀地结合，保证钢丝绳不能从锥套中脱出。

② 自锁紧楔式。自锁紧楔式绳头组合的连接部分由楔套、楔块和开口销组成。该形式的绳头组合在钢丝绳拉力作用下，能依靠楔块斜面与楔套内孔斜面自动将钢丝绳锁紧。

③ 至少带有 3 个合适绳夹的鸡心环套式。至少带有 3 个合适绳夹的鸡心环套式绳头组合的连接部位由一个鸡心环套和至少 3 个合适的绳夹构成。

④ 手工捻接绳环式。手工捻接绳环式绳头组合的连接部位由一个鸡心环套和捆扎钢丝绳组成。钢丝绳端部包络鸡心环套后末端与工作段捻接，捻接完成后再用捆扎钢丝绳扎紧。捆扎长度在不小于钢丝绳直径的 20～25 倍的同时，也不应小于 300mm。

⑤ 环圈（或套筒）压紧式。环圈（或套筒）压紧式绳头组合的连接部位由一个鸡心环套和金属套管组成。

绳头组合的检验，一般可由电梯制造商或在第三方实验室内进行。

13.1.1　绳头组合检验的仪器设备

绳头组合的检验大部分采用目测检查，当进行测量检验时，使用较多的仪器设备是半径样板规和万能试验机。检验绳头组合所用仪器设备的使用方法和注意事项如表 13-1 所示。

表 13-1　检验绳头组合所用仪器设备的使用方法和注意事项

仪器设备名称	使用方法	注意事项
 半径样板规 （检测误差应在±1%范围内）	①选择与绳槽半径相同的半径样板规 ②半径样板规与被测绳槽表面垂直并紧密接触 ③测量、记录绳槽半径	①应保持清洁 ②测量时用力适当，忌弯折
 WAW600型万能试验机	拉伸试验具体操作步骤如下 ①接通总电源和控制器电源，开启计算机 ②进入软件界面，选择相应的试验项目及试验窗口 ③点击"启动伺服"按钮，预热设备 30min，在预热过程中检查油泵运转是否正常 ④按"向下"运行按钮，活塞上升 3～5mm，使油缸悬挂 ⑤选择并安装试件夹具 ⑥操作手动控制盒上的"上"/"下"按钮，调整上下夹具间的距离并垂直将试件一端夹于上钳口，另一端夹于下钳口，关闭玻璃罩（如有引伸计时，则应在试件安装好后安装引伸计，试验前将引伸计定位插销拔出） ⑦根据试验项目，点击"选项"选择"试验条件"和"试验控制"进行参数设置：选择试件种类、数量并输入试件尺寸 ⑧将位移、变形调零（试验前） ⑨点击"开始测试"按钮，油缸自动移动，给试件增加载荷直至符合试验要求（如有引伸计时，当试件接近破坏时，根据界面提示卸下试件上的引伸计再加载）。试验结束或被测试件提前破坏，试验终止 ⑩按照实测得到的数据曲线，调整曲线设置如位移、负荷、应力和应变等参数大小，优化曲线并保存 ⑪释放载荷，操作控制盒取出试件 ⑫试验结束后，点击"关闭伺服"按钮，退出试验软件，关闭控制器电源、计算机及总电源 ⑬清理试验区域和仪器表面	①操作时应两人配合，操作控制盒的人应按照夹具安装人的指令操作，不得擅自操作 ②夹持试件时注意钳口动作，防止夹伤手指 ③根据试件夹持部位尺寸选择适当钳口，严禁用大尺寸钳口夹持小试件 ④试验过程中注意不要碰触横梁、按键 ⑤试件在钳口中的夹持长度，应不小于钳口长度的 3/4，并且试件端部不得顶在升降盘上

注：仪器设备应在检定/校准有效期内且应张贴有绿色准用标签。

13.1.2　绳头组合检验的内容和要求

绳头组合检验的内容和要求如表 13-2 所示。

表 13-2　绳头组合检验的内容和要求

检验内容	检验要求	图示
外观	①外观应完好、无缺损 ②楔套、楔块配合面应光滑、无锐利边缘和其他可能会影响性能的缺陷	
配合面直径	①用半径样板规测量楔套和楔块配合面绳槽的直径 ②测量值应符合设计要求	

检验内容	检验要求	图示
静拉试验	①使用万能试验机,钢丝绳两端根据绳头组合固定方式分别端接一个绳头组合。绳头组合间的钢丝绳长度在符合 GB/T 8358—2006 第 5.1.4 条规定后进行拉伸破断试验,具体操作步骤参见表 13-1 ②绳头组合至少应能承受钢丝绳最小破断负荷的 80%	

当绳头组合的各项检验结果符合表 13-2 中的各项检验要求时,可以判定为"符合"。

13.2 控制柜及其他电气设备的检验

电梯控制柜是把各种电子元器件按照设计要求安装在一个有安全防护作用的腔形结构内的电控装置。电梯控制柜及其他电气设备是用于电梯运行控制的装置,它们是电梯的信号控制和指挥中心,也是保证电梯正常和安全运行必不可少的重要部件。

电梯通过控制柜和其他电气设备对各类指令信号、位置信号、速度信号和安全信号进行分析、处理和管理,对驱动装置和开关门机构发出方向、启动、加减速、停车和开门或关门指令,使电梯能正常运行或处于保护状态。

电梯电气设备的控制方式有继电接触器控制方式、可编程控制器(PLC)控制方式和微机控制方式等,其中继电接触器控制方式目前已较少使用。

控制柜及其他电气设备的检验,一般可由电梯制造商或在第三方实验室内进行。

13.2.1 控制柜及其他电气设备检验的仪器设备

控制柜及其他电气设备的检验和试验所需的仪器设备主要有万用表、绝缘电阻测试仪、耐压测试仪和电梯控制柜测试台等。检验控制柜及其他电气设备所用仪器设备的使用方法及注意事项如表 13-3 所示。

表 13-3 检验控制柜及其他电气设备所用仪器设备的使用方法和注意事项

仪器设备名称	使用方法	注意事项
 万用表 (检测误差应在±5%范围内)	①按下电源开关,观察液晶显示是否正常,有无电池缺电标志出现,若有则要先更换电池 ②将红表笔插入"V/Ω"插孔中,黑表笔插入"COM"插孔中 ③万用表用于电阻测量时,将挡位旋钮切换至电阻挡后,红、黑表笔短接,进行调零。显示屏显示应为 0.00,若显示不为 0.00,则应调节调零按钮,进行调零 ④万用表用于电压测量时,将挡位旋钮切换至交流电压挡或直流电压挡,然后根据被测电压的大小选择适当的量程。将红、黑表笔分别并联接触电路中的待测点(当进行直流电压测量时,应注意红表笔接触待测点的正极) ⑤读取并记录电压值 ⑥万用表用于其他项目测量时,应按说明书的规定进行	①使用时应轻拿轻放 ②应正确使用挡位和量程 ③带电进行测量时,应注意手不能接触到表笔的导电部分 ④对某些项目进行测量时,应正确使用表笔的极性 ⑤使用完毕后应关闭电源

仪器设备名称	使用方法	注意事项
DS3010型绝缘电阻测试仪 (检测误差应在±5%范围内)	①将测试探头插入 L 和 E 输入端子孔中 ②将旋转开关转至所需的测试电压 ③断开被测电路的电源 ④将探头与被测电路并联连接,按住"TEST/STOP"按钮开始测量,测试指示灯点亮,显示屏显示以 MΩ 为单位的测试绝缘电阻值 ⑤读取并记录所显示的绝缘电阻值 ⑥释放"TEST/STOP"按钮,被测电路立即开始通过仪器放电,测试结束	①应将仪表水平放置在合适位置,避免在潮湿、有强烈振动和强磁场的环境下使用 ②测量前应对仪表进行自检,自检合格后方可使用 ③测量时,需放置"正在检测"的警示标识且应做到"一人监护,一人测量" ④测量时,应断开被测电路电源,若电路电压超过30V(交流或直流)时应禁止测量 ⑤对可能感应高电压的设备,必须断开回路或进行短接处理 ⑥对含有电子元件的电路,需短接,避免由于高电压击穿电子设备
耐压测试仪 (检测误差应在±5%范围内)	①接通 220V/50Hz 交流电源,将高压输出线和低压输出线分别与仪器的高、低两输出端接好,并将两输出线的端头悬空放好 ②按照试验要求设置击穿电流:按下"电源开关"→按下"漏电流"按钮→旋转电流调节旋钮,使电流显示值为试验所需报警值,设定完毕后释放"漏电流"按钮 ③按照试验要求设定试验时间:按下"定时"按钮,拨动拨码上的数字,调节试验所需时间值,设定完毕后释放"定时"按钮 ④按照试验要求设置试验电压:先将调压器旋钮逆时针旋到零位,按下"启动"按钮,"测试"指示灯亮,顺时针旋转调压器旋钮,直至高压显示仪表指示到所需试验电压 ⑤按下"复位"按钮,切断试验电源,然后将高压输出试验夹接于被测线路的带电部分,低压输出试验夹接于被测线路的绝缘部分 ⑥打开电源开关,按下"定时"按钮→按下"启动"按钮,此时高压加到被测线路上,电流表显示击穿电流值,待计时完成后,如被测线路合格,则自动复位;如被测线路不合格,则高压自动切断并声光报警;按下"复位"按钮,声光报警解除,恢复待试验状态 ⑦试验完毕后,切断电源,整理仪器	①操作者脚下垫绝缘橡胶垫,戴绝缘手套,以防高压电击造成生命危险 ②仪器必须可靠接地,在连接被测线路前,必须保证高压输出为"0"及在"复位"状态 ③测试时,仪器接地端与被测线路要可靠相接,严禁开路 ④切勿将低压输出线与交流电源线短路,以免外壳带有高压,造成危险 ⑤应避免高压输出端与地线短路,以防发生意外 ⑥测试灯、超漏灯一旦损坏,应立即更换,以防造成误判 ⑦仪器避免阳光直射,不要在高温、潮湿、多尘的环境中使用或存放
 电梯控制柜测试台	①测试前,首先检查被测控制柜内元器件是否全部安装到位,内部接线是否全部连接正确 ②在确保断电的情况下用专用测试电缆连接测试台与待测控制柜,测试电缆、测试台及待测控制柜同一插头的编号应一致,接触应牢靠且确认无误 ③待测控制柜通电,安全回路接通,安全接触器吸合,制动器电源板得电输出,主控板得电 ④自动检测:根据生产指令,设置楼层、运行速度等参数,选择测试项目,点击"自动检测"按钮进行测试。测试过程中,可按人机界面提示进行操作 ⑤手动检测:根据需求,在手动检测、检修运行、功能检测菜单点击相应的单项功能检测按钮进行测试。测试过程中,可按人机界面提示进行操作 ⑥切断待测控制柜电源,确定其断电(控制柜内变频器或一体机无显示)后,将测试专用线缆拆除,至此测试完毕	①测试前确保接线必须正确,不能出现虚插、插错的现象,防止烧坏元件 ②测试过程中严禁带电拔插接件,严禁带电接线、拆线 ③被测控制柜额定输出电压应与测试台输入电压一致 ④测试完成后将外围接线整齐摆放,特别是测试台输出电源线需格外注意,谨防他人误操作引起安全事故

13.2.2 控制柜及其他电气设备检验的内容和要求

控制柜及其他电气设备检验的内容和要求如表 13-4 所示。

表 13-4 控制柜及其他电气设备检验的内容和要求

检验内容	检验要求	图示
外观检查	应完好、无变形或破损等现象	
内部检查	①控制柜中各电气元器件应保持完好、无缺损、无短接现象 ②触点动作应灵活、无卡阻 ③印制电路板应完好、无破损或其他缺陷 ④电气-机械联锁装置动作应灵活、无卡阻 ⑤连接器件和插接装置：如果不需使用工具就能将其拔出，或者错误连接会导致电梯发生危险故障时，应当保证重新插入时绝对不会插错，以保证印制电路板完好 ⑥控制柜内若有插座，应是下列形式之一：2P＋PE 型，250V，由主电源直接供电；由符合 GB 16895.21 规定的安全特低电压供电的类型 ⑦控制柜中所有的电气元器件、印制电路板和连接端口均应依据电气接线图做出标志且张贴位置正确 ⑧控制柜内的导线应走线槽，不敷入管道的导线和电缆应牢固固定、做出标志且张贴位置正确	 保持完好 印制电路板完好 做出标志并张贴位置正确
绝缘性能试验	在断开控制柜电源的前提下，用绝缘电阻测试仪测量每个通电导体与地之间的绝缘电阻，绝缘电阻的最小值应符合规定 **小贴士**：如果电路中包含有电子装置，测量时应将相线和零线连接起来，且所有电子元器件的连接均应断开	

检验内容	检验要求	图示
耐压性能试验	①用耐压测试仪检查导电部分对地之间的绝缘,试验时应将其余电路断开 ②导电部分对地之间施以电路最高电压的 2 倍,再加 1000V 交流电压,历时 1min,导线不能有击穿或闪络现象	
功能试验	在电梯控制柜测试台上逐项试验核实电梯功能,功能均应有效	

控制柜及其他电气设备的各项检验结果符合表 13-4 的各项要求时,可以判定为"符合"。

13.3 金属层门的检验

层门又称厅门,是设置在层站入口处的无孔封闭门。金属层门由薄钢板制成。为了使层门具有一定的强度和刚度,通常在层门的背面配有加强筋;为了减小层门运动过程中产生噪声,通常在层门的背面一般涂贴有防振吸噪材料。

层门一般由门扇、门滑轮、门导轮架(也称上坎)和门地坎等部件组成层门上部通过滑轮与导轨相连,下部装有滑块并插入地坎的滑槽中。地坎常由铸铁、铝合金或铜材制作,载货电梯一般用铸铁地坎,其他电梯可采用铝合金地坎或铜材地坎。

层门是电梯确保人员安全的关键部件。层门的安全要求主要体现在以下几方面。

① 层门本身应有足够强度。

② 层门的锁闭及验证其锁闭的电气安全装置应可靠。

③ 层门应设有自动关闭装置。

④ 层门在开启和关闭过程中,可能对人员或货物碰撞、剪切和挤压,应有相应的防护措施。

13.3.1 金属层门检验的仪器设备

金属层门外形尺寸检验使用的仪器设备主要有钢卷尺、钢直尺、角度尺和游标卡尺,其冲击试验使用的仪器设备主要有摆锤冲击性能试验机。

检验金属层门检验所用仪器设备的使用方法和注意事项如表 13-5 所示。

表 13-5 检验金属层门检验所用仪器设备的使用方法和注意事项

仪器设备名称	使用方法	注意事项
钢卷尺 (检测误差应在 ±1%范围内)	①选择合适量程的钢卷尺 ②一手压下钢卷尺上的按钮,一手拉住钢卷尺的头部,拉出尺带就能测量 ③测量时,将尺带零刻度线对准测量起始点,施以适当拉力,直接读取测量终止点所对应刻度值	①保持钢卷尺清洁 ②测量时不要使尺带与被测表面摩擦,以防划伤 ③使用时和使用后,尺带应缓慢拉出或退回。如为制动式钢卷尺,应先按下制动按钮,然后缓慢拉出或退回尺带。尺带只能卷,不能折 ④钢卷尺不应存放在潮湿和有腐蚀的地方 ⑤钢卷尺尺带的线纹面上若涂有发光材料,应注意保护

仪器设备名称	使用方法	注意事项
 钢直尺 (检测误差应在±1%范围内)	①选择合适量程的钢直尺 ②将钢直尺紧贴被测物体表面并使零刻度线对准被测深(长)度的起始点,此时钢直尺应与被测深(长)度方向平行 ③读取被测深(长)度方向的终止点所对应的刻度值	①钢直尺不用时应悬挂放置且不应与尖锐物体一同存放 ②钢直尺不应存放在腐蚀性环境中 ③使用时应防止划伤钢直尺尺带的线纹
 角度尺 (检测误差应在0.1°范围内)	①角度尺的基准边与被测角度的一边相接触 ②角度尺的中心与被测角度的角点对齐 ③被测角度的另一边在角度尺上所对应的角度,即为测量值	①轻拿轻放角度尺 ②角度尺不应与被测物体相摩擦
 游标卡尺 (检测误差应在±1%范围内)	①用软布将量爪擦干净,使其并拢,查看游标和主尺上的"0"刻度线是否对齐,否则不能使用 ②右手拿住尺身,大拇指移动游标,使被测物位于两量爪之间 ③将固定量爪与被测表面紧紧相贴,调节活动量爪,轻微用力并使其与另一被测表面紧紧相贴后读数 ④读数时先以游标"0"刻度线为准在主尺上读取毫米整数,即以 mm 为单位的整数部分;然后再看游标上第几条刻度线与主尺上的刻度线对齐,若没有正好对齐的刻度线,则取最接近对齐的刻度线进行读数 ⑤读数值为:整数部分与小数部分之和	①游标卡尺使用时应轻拿轻放,防止划伤刻度线 ②测量零件的外尺寸时,游标卡两测量面的连线应垂直于被测表面 ③不可把两个量爪调节到接近甚至小于被测量尺寸,也不可把量爪强行卡到被测量部位
 KXT5813型摆锤冲击性能试验机 (检测误差应在±5%范围内)	①打开总电源开关,进入操作界面 ②点击"装夹架上升""装夹架下降"按钮,调节夹具组高度使其满足被测试件大小后将其安装固定 ③选择合适的摆锤,将摆锤挂在钢丝绳挂钩上,点击"摆臂前移""摆臂后移"按钮使摆锤最外侧与被测试件间水平距离为(15±10)mm(GB 7588—2003 第 1 号修改单附录 J 图 J3 测试装置的跌落高度) ④点击"升降臂上升""升降臂下降"按钮,使摆锤在宽度方向上为面板的中点,在高度方向上为面板设计地平面上方(1.0±0.1)m,带玻璃的试件撞击点应符合 GB 7588—2003(含第 1 号修改单)要求的位置 ⑤将摆锤与脱锁扣触发装置连接 ⑥选择设定提升高度为 500mm 的"500mm 能量点(硬摆锤冲击测试)"模式或设定提升高度为 800mm 的"800mm 能量点(软摆锤冲击测试)"模式,点击按钮 ⑦点击"复位"按钮,摆锤自动提升到设定高度 ⑧点击"启动"按钮,摆锤脱钩撞击试件设定位置,检查被测试件,记录数据 ⑨关闭电源总开关,清理试验区域,试验结束	①试验前,检查钢丝绳有无断股现象,若有应及时更换 ②试验前,应检查脱锁扣触发电磁铁开合是否灵活 ③试验前,检查摆锤是否升降自如,硬/软摆锤自动提升高度点位是否准确 ④玻璃门或玻璃轿壁在试验前,应检查被测玻璃门或玻璃轿壁是否在试验要求的环境下至少放置 4h,试验环境温度为(23±2)℃ ⑤开机时需经空转运行,检查设备是否正常 ⑥试验完毕后,应将摆锤放至地面位置,切断电源总开关

13.3.2　金属层门检验的内容和要求

金属层门检验的内容和要求如表 13-6 所示。

表 13-6　金属层门检验的内容和要求

检验内容	检验要求	图例
外观标志	①层门及可见部分的表面及装饰应平整;涂漆部分应光滑、色泽均匀、美观,漆层不应出现漆膜脱落;黏接部分应有足够的黏接强度,不应出现开裂现象 ②层门上应当标明产品型号、制造单位名称或商标、产品标号或者制造批次号等标志	
外形尺寸	用钢卷尺、游标卡尺和角度尺测量,层门的外形尺寸应符合设计要求	
静态试验	①用 300N 的静力垂直作用于门扇的任何一个面上的任何位置,且均匀地分布在 $5cm^2$ 的圆形或方形面积上时,金属层门应:永久变形不大于 1mm;弹性变形不大于 15mm 试验后,层门的安全功能不受影响 ②用 1000N 的静力从层站方向垂直作用于门扇上的任何位置,且均匀地分布在 $100cm^2$ 的圆形或方形面积上时,应没有影响功能和安全的明显的永久变形 **小贴士**:检验时应为一套完整且完成装配的电梯层门,包括导向装置、保持装置和固定件	
冲击试验	装有层门保持装置的完整的层门组件应能承受符合 GB 7588—2003 中 7.2.3.8a)要求的摆锤冲击试验。从层站侧,用软摆锤冲击装置按附录 J,从面板的宽度方向的中部以符合表 7 所规定的撞击点,撞击面板时:可以有永久变形;层门装置不应丧失完整性,并保持在原有位置,且凸进井道后的间隙不应大于 0.12m;在摆锤试验后,不要求层门能够运行	

当金属层门的各项检验结果符合表 13-6 中各项检验要求时,可以判定为"符合"。

13.4 玻璃门的检验

玻璃门与金属层门结构相同，是由玻璃门板、门滑轮、门导轮架和门地坎等部件组成。玻璃门上部的门滑轮悬挂在门导轮架上，下部的滑块嵌在门地坎中。玻璃门能够在门导轮架和门地坎间水平左右滑动。玻璃作为特殊的门板材料，其一般使用于观光电梯上。

玻璃门检验所需的仪器设备与金属层门相同。

玻璃门检验的内容和要求如表13-7所示。

表 13-7　玻璃门检验的内容和要求

检验内容	检验要求	图示
外观和标志	①玻璃门固定件的表面及装饰应平整；涂漆部分应光滑、色泽均匀、美观，漆层不应出现漆膜脱落；黏接部分应有足够的强度，不应出现开裂现象 ②玻璃门扇上应标有永久性的供应商名称或商标；清晰标记玻璃型式和厚度 ③玻璃尺寸大于 GB 7588—2003 中 7.6.2 所述的玻璃门，应使用夹层玻璃	
外形尺寸	用钢卷尺、游标卡尺、角度尺、刀口尺和塞尺测量时，玻璃门的外形尺寸应符合设计要求	
固定件	玻璃门固定件即使在玻璃下沉的情况下，也能保证玻璃不会滑出	
静态强度试验	①玻璃门在锁住位置时，用300N的力沿轿厢内向轿厢外方向垂直作用在门的任何位置，且均匀地分布在 5cm² 的圆形或方形的面积上时，玻璃门应能：无永久变形；弹性变形不大于 15mm 试验期间和试验后，门的安全功能不受影响 ②带有玻璃面板的层门在锁住位置时，用1000N的静力从层站方向垂直作用于门扇上的任何位置，且均匀地分布在 100cm² 的圆形或方形面积上时，应没有影响功能和安全的明显的永久变形 **小贴士**：试验品应为一套完整且完成装配的电梯层门，包括导向装置、保持装置和固定件	

检验内容	检验要求	图示
冲击试验	带有玻璃面板的层门和玻璃轿门应满足 ①硬摆锤冲击试验。从层站侧,用硬摆锤冲击装置从面板或玻璃面板的宽度方向的中部以符合规定的撞击点,撞击大于 GB 7588—2003 中 7.6.2 所述玻璃门应能承受附录 J 所述的玻璃面板时;无裂纹;除直径不大于 2mm 的剥落外,面板表面无其他损坏 ②软摆锤冲击试验。从层站侧,用软摆锤冲击装置按 GB 7588—2003 附录 J,从面板的宽度方向的中部以符合规定的撞击点,撞击面板时;可以有永久变形;层门装置不应丧失完整性,并保持在原有位置,且凸进井道后的间隙不应大于 0.12m;在摆锤试验后,不要求层门能够运行;对于玻璃部分,应无裂纹 玻璃轿门应满足:玻璃尺寸大于 GB 7588—2003 中 7.6.2 所述玻璃门应能承受附录 J 所述的冲击摆试验。试验后玻璃门的安全功能应不受影响 **小贴士**:玻璃轿门按表 J2 选用时,无需进行摆锤冲击试验	

当玻璃门的各项检验结果符合表 13-7 中各项检验要求时,可以判定为"符合"。

13.5　玻璃轿壁的检验

轿壁是电梯轿厢组成的重要部分,轿壁通过与轿顶和轿底之间的拼接而形成封闭的轿厢空间。玻璃轿壁是一种由玻璃和其他材料制作而成的特殊轿壁,一般用于观光电梯。

玻璃轿壁检验所需仪器设备与玻璃门检验所需仪器设备相同。

玻璃轿壁检验的内容和要求如表 13-8 所示。

表 13-8　玻璃轿壁检验的内容和要求

检验内容	检验要求	图示
外观和标志	①玻璃轿壁应完整无裂纹,轿壁两面都应光滑平整且厚度均匀 ②玻璃轿壁上应标有永久性且清晰的制造商名称或商标、玻璃型式和厚度标记 ③玻璃轿壁应使用夹层玻璃	
外形尺寸	用钢卷尺、游标卡尺、角度尺、刀口尺和塞尺测量时,玻璃轿壁的外形尺寸应符合设计要求	

检验内容	检验要求	图示
固定件	玻璃轿壁的固定件即使在玻璃下沉的情况下,也应能保证玻璃不会滑出	
静态强度	用 300N 的力均匀地分布在 $5cm^2$ 的圆形或方形面积上,沿轿厢内向轿厢外方向垂直作用于轿壁任何位置上的玻璃,轿壁应:无永久变形,弹性变形不大于 15mm	
冲击试验	应能承受 GB 7588—2003 中附录 J 所述的冲击摆试验。在试验后,玻璃轿壁的安全性能应不受影响 **小贴士**:玻璃轿壁按 GB 7588—2003 表中选用时,无需进行摆锤冲击试验	

当玻璃轿壁的各项检验结果符合表 13-8 中各项检验要求时,可以判定为"符合"。

13.6 曳引机的检验

曳引机(又称驱动主机)是包括电动机、制动器在内的用于电梯运行和停止的装置。曳引机按有无减速器可分为无齿轮曳引机和有齿轮曳引机。目前,无齿轮曳引机占有较高的使用比例,有齿轮曳引机一般在载货电梯或低速客梯上使用。

无齿轮曳引机主要由曳引轮、机座、制动闸瓦、制动臂、制动弹簧、松闸手柄和编码器等组成。有齿轮曳引机主要由电动机、电磁制动器、联轴器、减速器、曳引轮、盘车手轮和底座等组成。

13.6.1 曳引机检验的仪器设备

曳引机的检验需使用的检验仪器设备较多,除游标卡尺、万用表、绝缘电阻测试仪和耐压测试仪外,还有秒表、功率分析仪、转矩转速测量仪、塞尺、调压器以及示波器、声级计、百分表、宽座角尺、绳槽样板、便携式里氏硬度计、直流双臂电桥和红外线测温仪、扭振测试仪、转速表等。检验曳引机所用仪器设备的使用方法和注意事项如表 13-9 所示。

13.6.2 曳引机检验的内容和要求

曳引机检验的内容和要求如表 13-10 所示。

表 13-9　检验曳引机所用仪器设备的使用方法和注意事项

仪器设备名称	使用方法	注意事项
HS-3型秒表 (检测误差应在±1%范围内)	①在秒表显示的情况下,按 MODE 键,可选择 SPLIT(分割计时)和 LAP(单圈计时)功能 ②按一下"START/STOP"按钮开始自动计秒,再按一下该按钮停止计秒,显示所计时间 ③按"SPLIT·LAP/RESET"键,则自动复零 ④在测量时,按"SPLIT·LAP/RESET"键可暂停显示的数字变化及显示 SPLIT 或 LAP 时间(计时仍然会在秒表内部继续进行);再按"SPLIT·LAP/RESET"键,显示会恢复到测量界面,可任意重复显示 SPLIT·LAP 时间,次数不限 ⑤测量停止后,按"SPLIT·LAP/RESET"键可重设时间使其归零	①避免秒表受潮 ②秒表不宜长时间在太阳下暴晒和置于强光下照射 ③避免秒表与腐蚀性物质接触 ④避免秒表在温度过高或过低的环境下使用
3390功率分析仪	①将电压线连接到电压输入端子上,将电流传感器连接到电流传感器的输入端子上,再将电压线与电流传感器连接到测试线路上 ②将电源开关(POWER)设为 ON,预热 30min 后使用 ③按下"SYSTEM"按钮,利用功能键(F 键)设定接线模式和测试参数 ④确认接线正确后,按下"MEAS"键,利用功能键(F 键)选择需要查看的测量值 ⑤利用调零与消磁按钮(0ADJ)进行调零与消磁后,按下数据清零按钮(DATA RESET)开始采集、分析数据,直至测试结束 ⑥将电源开关(POWER)设为 OFF	①不应将仪器放置在高温、潮湿、有腐蚀爆炸性物质和强磁场的场所 ②不应将底面以外部分向下放置 ③不应拆下曳引机外壳,防止高压触电 ④不允许超量程使用 ⑤在使用前确认探头或连接线的绝缘层无破损或金属芯露出 ⑥若测量时出现异常声音、味道,应立即停止测量,切断电源
JN338MA型转矩转速测量仪	①通过专用电缆与传感器连接 ②打开电源开关,显示的转速、功率/最大转矩值应为零;若不为零,应按"置零"键置零 ③测试前,操作设置键,对传感器的转矩量程、齿盘齿数、转矩和转速报警、数据间隔时间、配置的传感器出厂参数等进行设置 ④选择测试项目,开始测量,待数值稳定后,按"锁存"键保持当前测量数据,进入停止测量状态 ⑤读取、分析测量数据 ⑥关闭电源开关,结束测量	①应在合适的工作温度(−20～60℃)内进行测量 ②避免设备在供电污染、强电磁干扰环境下工作 ③设备长时间不使用,应注意防潮、防尘
 塞尺 (检测误差应在±1%范围内)	①用干净的布将塞尺测量表面擦拭干净 ②将塞尺插入被测间隙中并来回拉动,若感到稍有阻力,说明该间隙值接近塞尺上所标注的数值;如果拉动时阻滞过大或过小,则说明该间隙值小于或大于塞尺上所标注的数值 ③进行间隙的测量和调整时,先选择符合间隙规定的塞尺插入被测间隙中,然后边调整边拉动塞尺,当感觉稍有阻滞时拧紧锁紧螺母,此时塞尺上所标注的数值即为被测间隙值	①使用前必须先清除塞尺和零件上的污垢与灰尘 ②使用时可用一片或数片(不超过 3 片)重叠插入间隙,以稍感阻滞为宜 ③不允许测量温度较高的零件 ④不允许弯折塞尺或用较大的力硬将塞尺插入被测间隙,否则将损坏塞尺的测量表面或零件表面的精度 ⑤塞尺使用完后,应将塞尺擦拭干净,并涂上一薄层工业凡士林,然后将塞尺折回夹框内 ⑥存放时,不能将塞尺放在重物下,以免损坏

仪器设备名称	使用方法	注意事项
调压器	①分清输入端和输出端 ②在接入电源之前把输出电压调至零位 ③按照调压器要求在输入端接入电源 ④慢慢调节输出端电压,使输出电压达到用电器的要求 ⑤断开输入端电源 ⑥接入用电器 ⑦接通电源,根据要求再次调整输出电压 ⑧停机前,将输出电压调至零位后,切断电源	①调压器的电线不允许并联使用 ②如发现电刷磨损过多、缺损,应及时调换同规格的电刷,并用零号砂纸垫在电刷下面。转动手轮数次,使电刷面磨平,接触良好 ③移动调压器时不得用手轮,而应用提手将整个调压器提起移动 ④输入电压不得超过额定电压,以免将调压器烧坏;此外,停机前输出电压应调至 0V ⑤调压器应保持清洁、防潮,使用时应注意通风
SDS1204CFC型数字示波器	①将通道的探头连接到电路的被测点 ②打开电源开关,接通电源后预热一定时间 ③进行基本设置,设置测试条件、输入通道、触发条件(需要始终记录波形时,可保持初始设置)、波形画面的显示方式、保存和打印 ④按下"AUTO"按钮,仪器将自动设置水平、垂直和触发控制进行测量,也可以在此基础上手动操作在垂直控制区(VERTICAL)、水平控制区(HORIZONTAL)、触发控制区(TRIGGER)的按钮,通过选项按钮和万能按钮(Adjust)进行调整。根据需要利用菜单区(MUNU)中的光标测量(CURSORS)、自动测量(MEASURE)、信号采集(ACQUIRE)、显示(DISPLAY)等功能,通过选项按钮和万能按钮(Adjust)进行设置,对波形进行调整 ⑤达到触发条件或按下执行按钮(RUN/STOP)结束数据采集 ⑥选择波形范围,按下保存按钮(SAVE)保存 ⑦对数据进行分析和处理 ⑧关闭电源开关	①在使用前,先检查和确认没有因保存和运输造成的故障 ②在使用前确认探头或连接线的绝缘层有无破损或金属芯露出 ③关闭电源开关并在接下连接线之后再添加或更换输入单元 ④在搬运及使用时应避免强烈振动和碰撞 ⑤在交流电源线路等测量使用时,仪器务必接地
TES1350A型声级计 (检测误差应在±5%范围内)	①打开电源开关并选择适当的挡位 Hi 或 Lo ②若要读取即时的噪声量,则选择 RESPONSE 的 F(FAST)快速键;若要获得当时的平均噪声量,则选择 S(SLOW)慢速键 ③如要测量音量的最大读值,可使用 MAX HOLD 功能 　• 将 RESPONSE 开关选在 MAXHOLD 位置 　• 按下"RESET"按键开始测量最大音量 ④若要测量以人为感受的噪声量,则选择FUNCT(功能)的 A 加权;若要测量机器所发出的噪声则选择 C 加权 ⑤手持声级计或将声级计架在三脚架上,麦克风距声源 1~1.5m 距离测量 ⑥测量完毕后,将电源开关置于 OFF 位置	①不能长期存放于高温、潮湿的地方 ②麦克风头不能敲击并保持干燥 ③长时间不使用,需取出电池 ④在室外测量时,可在麦克风头装上防风罩,避免麦克风头直接被风吹到而影响测量结果

仪器设备名称	使用方法	注意事项
百分表 (检测误差应在±1%范围内)	①将百分表可靠固定在表座或表架上 ②调整百分表的测杆轴线垂直于被测部位。对于平面工件,测杆轴线应平行于被测平面;对于圆柱形工件,测杆轴线应与被测母线的相切面平行 ③测量前调零位:比较测量用对比物(量块)作为调零基准,形位误差测量用工件作为调零基准。首先使测头与基准面接触,压测头到量程的中间位置,转动刻度盘使零线与指针对齐;然后反复测量同一位置2~3次后检查指针是否仍与零线对齐,如不对齐则重调(为方便读数,在测量前一般都让大指针指到刻度盘的零位) ④将工件放入测头下测量 ⑤测量后,读数并记录	①使用前,应检查测杆活动的灵活性。即轻推测杆时,测杆在套筒内移动灵活,没有任何轧卡现象,松手后,指针能回到原来的刻度位置 ②使用时,必须把百分表可靠固定在表座或表架上,否则易造成测量结果不准或择坏百分表 ③测量时,不要使测杆行程超过它的测量范围,不要使表头碰撞任何工件,也不要用百分表测量表面粗糙或有显著凹凸不平的工件 ④测量平面工件时,测杆要与平面垂直;测量圆柱形工件时,测杆要与工件的中心线垂直
宽座角尺 (检测误差应在±1%范围内)	①测量时,先将宽座角尺的短边放在辅助基准表面(或平板)上,再将宽座角尺的长边轻轻地靠拢被测工件表面,不要碰撞 ②观察宽座角尺与被测工件表面之间的间隙大小和出现间隙的部位。根据透光间隙的大小和出现间隙的部位判断被测表面的垂直度误差值。在观察时,一般有四种情况:无光、中间部位有少光、上端有光和下端有光。第一种情况说明被测表面不仅平面度符合要求,而且与基准面垂直;第二种情况说明被测表面垂直度符合要求,但平面度达不到要求;后两种情况说明被测表面有垂直度误差	①使用时,要擦净宽座角尺的工作面和被测工件表面。应避免宽座角尺的尖端、边缘与被测物表面相碰,以防碰伤宽座角尺和被测工件 ②测量时,宽座角尺的安放位置不能倾斜,否则会影响测量结果 ③宽座角尺不允许倒放,拿动时不要只提长边,应一手托住短边,一手扶着长边 ④应避免接触磁性物体,若发现宽座角尺带有磁性,应及时退磁后方可使用 ⑤使用完毕后,应将宽座角尺擦洗干净,并涂油保存
绳槽样板	①选择与绳槽半径相同的绳槽样板 ②绳槽样板与被测绳槽表面垂直并紧密接触 ③判断绳槽半径是否符合要求	①应保持线绳槽样板清洁 ②测量时用力适当,忌弯折线绳槽样板
HLN-11A型便携式里氏硬度计	①选择合适的冲击装置 ②将冲击装置插头插入仪器的冲击装置插口 ③按电源键,接通电源,仪器进入待测量状态,根据需要进行测量条件和系统等设置。按数字键选择被测材料(如碳素钢/铸铁/工具钢/合金钢等)状态,按"H"键进行硬度制(如 HL、HB、HV、HRC、HRB、HSD 等)选择,按"IMPACTDIRECTION"键设置测量方向 ④向下推动加载套锁住冲击体 ⑤将冲击装置支撑环按选定的测量方向紧压在试样表面上,冲击方向应与试验面垂直 ⑥按动冲击装置上部的释放按钮,进行测量 ⑦屏幕显示的数值就是硬度试验数据,按照规定的冲击次数,重复进行测量。需读取平均值时,按"ENTERAVERAGE"键 ⑧按"PRINT"键,打印测量结果 ⑨按电源键,关机,结束测试	①试样表面温度不能过高,表面粗糙度值不能过大 ②进行测试时,试样、冲击装置、操作者均应稳定,并且作用力方向应通过冲击装置轴线 ③试样的每个测量部位一般进行多次试验,冲击点最小距离应符合要求 ④测量时,显示"E"表示超出换算范围,本次测试无效 ⑤使用后,要将冲击体释放 ⑥仪器应远离振动、强烈磁场、腐蚀性介质、潮湿、尘埃,并且应在常温下储存

仪器设备名称	使用方法	注意事项
QJ44型直流双臂电桥	①将"K1"开关扳到"通"位置,待稳定后(约5min)开始测量 ②调节"调零"旋钮,使检流计指针指在零位 ③将灵敏度旋钮置于最低位置 ④将被测电阻按四端连接法,接在电桥C1、P1、P2、C2相应的接线柱上 ⑤估计被测电阻大小,选择适当的倍率位置,先按"G"按钮,再按"B"按钮,调节步进读数和滑线读数,使检流计指针在零位上(测量时如发现指针灵敏度不够,应增加其灵敏度) ⑥记录并计算读数 ⑦将"K1"开关扳到"断"位置,测量结束	①在测量电感电路的直流电阻时,应先按下"B"按钮,再按下"G"按钮;断开时,应先断开"G"按钮,再断开"B"按钮 ②测量0.1Ω以下电阻时,"B"按钮应间歇使用
红外线测温仪 (检测误差应在±5%范围内)	①按下扳机启动仪器 ②根据需要选择摄氏度(℃)或华氏度(℉)温度单位 ③对准被测物体,按下扳机进行测量 ④屏幕自动显示测量的温度值 ⑤松开扳机一定时间,仪器自动关机	①禁止触摸镜头 ②测量时,注意不要将激光束射入眼睛或易燃性物质中 ③当两个被测物体温度相差较大时,要等待一段时间使仪器稳定后再测量另一个被测物体
BSZ605KT型扭振测试仪	①将传感器插头插好并将传感器固定在待测物体上 ②按下"开"键,打开电源,自动进入测点菜单 ③在测点菜单设置输入参数,测量特征值和传感器灵敏度 ④按下"测量"键设置测量方式、最大量程范围和测量延时 ⑤设置完成后,按下"Enter"键进行测量 ⑥读取测量数据并进行分析和处理	①传感器和电缆线应固定连接,避免拆卸 ②为了保证测量精度,最好使用磁座而不要手握传感器测量
EMT260型转速表 (检测误差应在±1%范围内)	①按下电源开关,观察液晶显示是否正常,有无电池缺电标志出现,若有则要先更换电池 ②按下"参数"键,根据试验需求选择合适的参数。转速测量时,选择"r/min" ③长按"测量/电源"键,根据试验需求选择合适的测量方式。转速测量时,选择接触式"P1"测量模式 ④检测轮与曳引轮外缘均匀接触 ⑤待显示数据稳定后,结束测量 ⑥按下"回显"键,对锁定的数据进行处理和记录	①使用转速表应轻拿轻放 ②转速表测试时,检测轮需与曳引轮外缘均匀接触且垂直

表 13-10　曳引机检验的内容和要求

检验内容	检验要求	图示
外观	①应完好,无缺损 ②油漆层应均匀,漆膜必须黏附牢固并具有足够的附着力与弹性 ③制动器手动松闸扳手应涂红色,外露旋转部件应涂黄漆	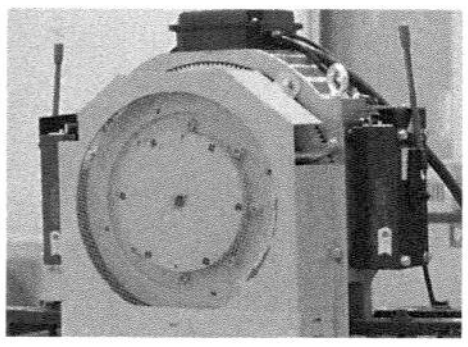
铭牌	产品铭牌应设置在明显位置,铭牌应是永久性的并至少注明以下内容:产品名称与型号、额定速度、额定输出转速、额定功率、额定电压、额定电流、额定频率、额定输出转矩(或额定载重量)、外壳防护等级、产品编号、制造日期、制造单位名称及制造地址、型式试验机构名称或者标志	
电动机	(1)过载(堵转)转矩 　在额定电压、频率下,用扭矩转速测量仪测量。同步电动机的过载转矩不应小于额定值的 1.5 倍,对额定转矩大于700N·m 或用于电梯额定速度大于 2.5m/s 的曳引机的过载转矩应由曳引机制造商与用户商定;对于异步电动机,过载转矩与额定转矩的比值不应小于 2.2,对于多速电动机低速绕组不应小于 1.4;过载持续时间 15s,不能产生影响曳引机正常运行的现象	
	(2)定子绕组的绝缘电阻 　定子绕组在热状态时或温升试验结束时,绝缘电阻值应不低于 0.5MΩ,冷态绝缘电阻值不低于 5MΩ	
	(3)定子绕组的耐压试验 ①在温升试验前进行,试验时应将其余电路断开,用耐压测试仪分别进行试验 ②对三相出线端与机壳接地端施加两倍电源电压再加1000V 的试验电压,对温度传感器与机壳接地以及温度传感器与电梯曳引机三相出线端施加 500V 试验电压,试验持续时间60s,要求泄漏电流≤100mA	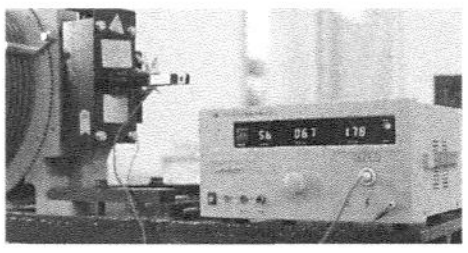
制动系统	(1)型式 ①制动系统应具有一个机电式制动器(摩擦型),不得采用带式制动器;制动器应在持续通电下保持松开状态 ②被制动部件应以机械方式与曳引轮、卷筒或链轮直接刚性连接	
	(2)分组设置 　所有参与向制动轮(盘)施加制动力的制动器机械部件应至少分两组装设。应监测每组机械部件的动作状态,如果有一组部件不起作用,则曳引机应停止运行或不能启动	
	(3)手动紧急操作装置 ①如果设置手动紧急操作装置,其应这样设置:松开制动器并需以一持续力保持其松开状态;盘车手轮应平滑且无辐条 ②对于可拆卸的盘车手轮,一个符合规定的电气安全装置最迟应在盘车手轮装上曳引机时动作	

检验内容	检验要求	图示
制动系统	(4)制动器衬垫与制动轮之间的间隙 开闸时,制动衬垫不应摩擦制动轮,开闸间隙需符合设计要求	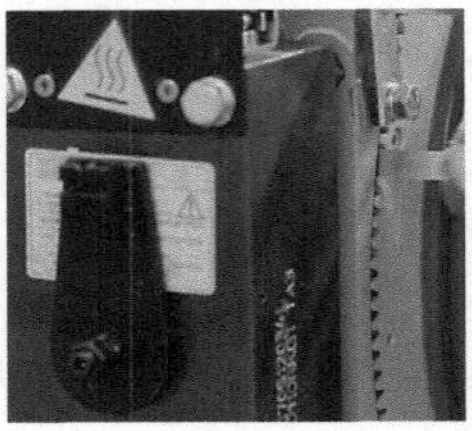
	(5)制动力矩 ①用扭矩转速测量仪测量额定制动力矩应符合与用户的商定,或按额定转矩折算到制动轮(盘)上力矩的 2.5 倍 ②如果有一组部件不起作用,应仍有足够的制动力使载有额定载荷以额定速度下行的轿厢减速下行	
	(6)启动和释放电压 在制动器温升试验结束后,在满足制动力矩的情况下,用调压器和万用表分别测量制动器电磁铁的最低吸合电压和最高释放电压,应分别低于额定电压的 80% 和 55%	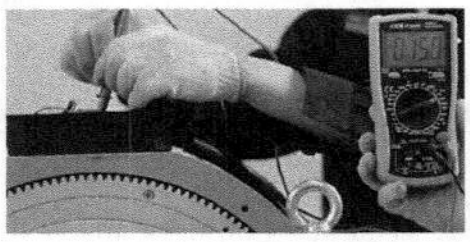
	(7)制动响应时间 ①切断制动器电源,用示波记录仪记录制动器断电信号到力矩传感器达到额定制动力矩信号或制动器完全制动位置信号时的时间差 ②制动器制动响应时间应不大于 0.5s;对于兼作轿厢上行超速保护装置制动元件的电梯曳引机制动器,其响应时间应同时满足制造商的设计值	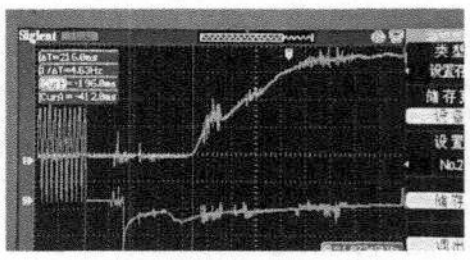
	(8)制动线圈耐压试验 ①在温升试验前进行制动线圈耐压试验 ②导电部分对地间施加 1000V,用耐压测试仪进行制动线圈导电部分对地之间的耐压试验,历时 1min,不得有击穿现象	
	(9)制动器噪声 ①制动器噪声单独检测,用声级计 A 计权声压级检测噪声,测量时取 5 个测点,即距曳引机前、后、左、右最外侧各 1m 处的 $(H+1)/2$ 高度上 4 个点(H 为曳引机的顶面高度,m)及正上方 $(H+1)$ 处 1 个点,检测时每点至少测量 3 次,取平均值。测得的表面平均值 LPA,应不超过规定 ②对于额定转矩大于 3000kN·m 的曳引机,噪声不应大于曳引机制造商给出的限值;制造商没有给出限值指标时,按 80dB(A)进行判定	
	(10)制动器可靠性试验 ①制动器安装在曳引机上,电动机处于静止状态,进行周期不小于 5s 的连续不间断的动作试验,试验时通电持续率不小于 40% ②制动器应进行不少于 200 万次的动作试验,试验过程不得进行任何维护。试验结束后,制动力矩、启动和释放电压、制动响应时间仍应满足要求	

检验内容	检验要求	图示
曳引轮检验	(1)曳引轮绳槽槽面法向跳动 把百分表的磁力表座吸附在固定不动的机壳上,表头垂直压在绳槽表面,使曳引轮旋转一周以上,读取跳动值;曳引轮绳槽槽面法向跳动允差为曳引轮节圆直径的 1/2000	
	(2)曳引轮各绳槽节圆直径之差 用比较法测量:用与钢丝绳相同直径且相对误差不超过 $5\mu m$ 的标准滚柱,放入绳槽,用宽座角尺紧压滚柱表面,用塞尺测量各绳槽不同 3 点处间隙,取最大间隙的 2 倍为节圆直径相对误差,曳引轮绳槽各绳槽节圆直径之间的差值不得大于 0.10mm	
	(3)曳引轮绳槽槽形 用相应型式的绳槽样板检验曳引轮绳槽,绳槽槽形应符合设计要求	
	(4)曳引轮节圆直径与钢丝绳直径之比 用游标卡尺和标准滚柱测量并计算,曳引轮节圆直径与其匹配的钢丝绳直径之比不应小于 40	
	(5)曳引轮绳槽硬度 曳引轮绳槽面应采用与曳引绳耐磨性能相匹配的材质,曳引轮绳槽面材质应均匀;取绳槽面上均布 4 点(曳引轮绳槽面与曳引轮为同一材质和热处理的,可在侧面端部取测试点),用硬度计对各点硬度测量 3 次后取平均值,然后取 4 点间硬度的最大差值,不大于 15HB	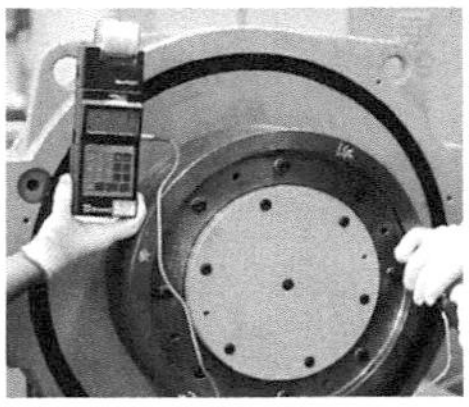
减速器检验	有齿轮曳引机的箱体分割面、窥视盖等处应紧密连接,不允许渗漏油。电梯正常工作时,减速器轴伸出端每小时渗漏油面积不应超过 $25cm^2$	

检验内容	检验要求	图示
温升试验	①在额定转矩下,按曳引机运行工作制、通电持续率和周期,使其达到热稳定状态(发热部件的温升在 1h 内的变化不超过 2K 的状态),也可利用 GB/T 24478—2007 的公式(1)计算出等效电流后,使曳引机在等效电流值连续运行,达到热稳定状态 ②在工作电压下,按曳引机运行工作制、负载持续率和周期,达到热稳定状态时按 GB 755—2008《旋转电机定额和性能》规定的电阻直接测量法,使用直流电桥和万用表分别测量电动机定子绕组和制动线圈的冷态电阻和到达热稳定状态时的电阻。电动机定子绕组和制动线圈温升在采用 B 级或 F 级绝缘时,应分别不超过 80K 或 105K。用温度计直接测量制动器裸露表面的温度,对裸露表面温度超过 60℃ 的制动器,应增加防止烫伤警示标志 ③在电动机达到热稳定状态后,直接用温度计测量:减速器的油温不超过 85℃,滚动轴承的温度应不超过 95℃,滑动轴承的温度应不超过 80℃ ④曳引机在温升试验后仍应能正常运行	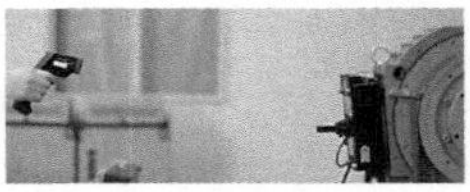
曳引机噪声	①在检测平台上,曳引机以额定供电频率空载运行时,用声级计 A 计权声压级检测噪声。按制动器同一测试位置测试,检测时每点至少测量 3 次,并取平均值,应不超过规定。额定速度大于 8m/s 的曳引机,噪声不应大于曳引机制造商给出的限值;制造商没有给出限值指标时,按 8m/s 曳引机的限值指标进行判定 ②如所测得的声压修正值最高与最低之差不超过 5dB(A),取其算术平均值	
防护检验	①对曳引轮和可能产生危险并可能接近的旋转部件应设置防护装置 ②曳引机用编码器(如有)应具有防干扰屏蔽及机械防护	
空载振动速度	①对无齿轮曳引机,扭振测试仪的振动传感器垂直方向置于机座顶部,其水平方向置于机座中部,曳引机以额定供电频率空载运行,正、反运转中读出振动传感器的数据,取最大值,应≤0.5mm/s ②对有齿轮曳引机,振动传感器置于曳引轮处,在轻载(负载为 20%～40% 额定转矩)正、反运转中测定扭转振动速度有效值,取其中的最大值,应≤4.5mm/s	
速度检验	对曳引电动机施加所要求的额定电压和额定频率,空载运行时,用转速表在输出轮节径处测量,测得的线速度应不超过曳引机额定速度的 105%,且不小于 92%	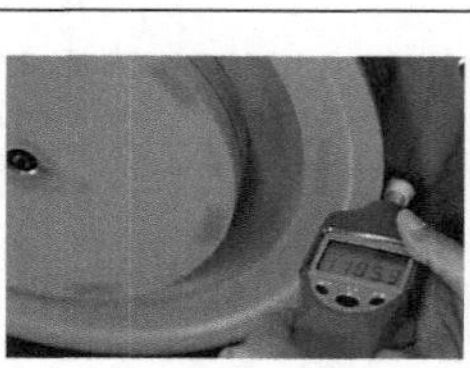
效率指标	在额定负载下,到达热稳定状态后,用功率分析仪分别测量曳引机输出轮轴的输出功率和电动机的输入功率,计算其比率。曳引机效率测量值应不小于提供的效率指标值	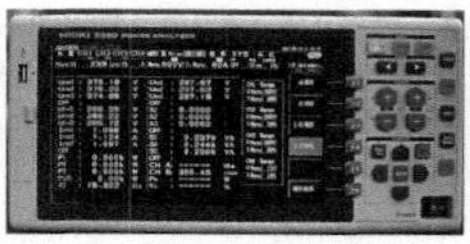

当曳引机的各项检验结果符合表 13-10 中各项检验要求时,可以判定为"符合"。

13.7　开关门机构的检验

开关门机构是使电梯的轿门和（或）层门开启和关闭的驱动装置，该装置由门电动机、门联动机构、开门刀和层门开锁滚轮组成。开关门机构根据所用电源不同，分为直流开关门机构和交流开关门机构。

电梯平层时，门电动机驱动打开或关闭轿门。在轿门打开或关闭的同时，安装于轿门上的开门刀也随之同步运动，开门刀带动层门开锁滚轮后打开或关闭层门，从而实现轿门和层门开启或关闭的联动。

开关门机构的开关门速度不是匀速的，一般为先慢后快再慢，需要一个加速和减速的过程。此外，当电梯门到达关门行程的末端部分时，门入口保护装置（如安全触板、光幕）在主动门扇最后 50mm 的行程中可不起作用。因此，关门末端部分的速度也应尽量降低，以便于乘客可能被夹的身体部分能马上撤出门区。

13.7.1　开关门机构检验的仪器设备

开关门机构检验使用的仪器设备主要有游标卡尺、钢卷尺、推拉力计、动能测试仪和电梯综合性能测试仪等。检验开关门机构所用部分仪器设备的使用方法和注意事项，如表 13-11 所示。

13.7.2　开关门机构检验的内容和要求

开关门机构检验的内容和要求如表 13-12 所示。

表 13-11　检验开关门机构所用部分仪器设备的使用方法和注意事项

仪器设备名称	使用方法	注意事项
HP-2K数显式推拉力计 （检测误差应在±1%范围内）	①根据测试需求，选择合适的头部螺钉安装在外置传感器上，并将外置传感器固定在测试台上 ②通过数据线将外置传感器接入推拉力计，按下"ON"键，打开电源 ③根据测试需求，按下"SET""UNIT"和"PEAK"等键进行单位制和峰值模式的设置。设置完成后，按下"ZERO"键，清零复位 ④将外置传感器头部螺钉对准需测试部位，推动外置传感器进行测量，读取显示屏上的读数并记录 ⑤使用结束，按"OFF"键关闭电源，将推拉力计、外置传感器、头部螺钉归位并置于仪器盒保存	①测试值不应超出仪器的最大量程 ②仪器只能测量拉力和压力，不要使外置传感器在弯曲和扭转方向受力 ③测量时，要使被测力和外置传感器头部螺钉在一直线上 ④测量时，外置传感器应固定牢靠，以免发生意外
FM300型动能测试仪	①将手握式传感器数据线接入传感器电子盒，在手握式传感器后部装入撞杆 ②按下"↓"键打开电源 ③将手握式传感器放置在被测物所需测量的位置 ④被测物撞击传感器后，传感器电子盒自动记录此次撞击的动能 ⑤将传感器电子盒接入计算机，通过专用软件读取数据，并进行分析	①连续测量时，需按下"↓"键，进入下一次测量 ②测量时，注意手握式传感器应垂直于被测物运行方向

仪器设备名称	使用方法	注意事项
 EVA625型电梯综合性能测试仪 (精确度应在±1%范围内)	①按下电源开关,观察液晶显示是否正常、有无电池缺电标志出现,若有则要先更换电池 ②设定运行速度检测项目 ③设定测试编号 ④电梯启动,同时触发电梯运行速度测试开关,开始检验 ⑤电梯停止,同时再次触发电梯运行速度测试开关,停止检验 ⑥与计算机连接,并通过专用软件对测试数据进行分析、处理和记录	①应轻拿轻放 ②测试时安放正确后方可使用 ③使用结束后应关闭电源

表 13-12　开关门机构检验的内容和要求

检验内容	检验要求	图示
各连接部位连接情况	开关门机构各连接部位应灵活可靠,动作准确,符合相应的设计要求	
净开门尺寸	用钢卷尺和游标卡尺测量层门开、关门到位后两门扇间的间距,净开门尺寸应符合设计要求	
阻止关门力	在轿门和层门联动的情况下(开锁区域),用推拉力计测量。对于动力驱动的自动水平滑动门,阻止关门力不应大于150N **小贴士**:①阻止关门力的测量不得在关门行程开始的1/3之内进行 ②折叠门测量时,应在折叠门扇的相邻外缘间距或与等效件(如门框)距离为100mm时进行	
手动开门力	在轿门和层门联动的情况下(开锁区域),切断门机电源,用推拉力计测量,手动打开轿门和层门的力不应超过300N	
平均关门速度下的动能(正常关门)	在轿门和层门联动的情况下(开锁区域),用动能测试仪测量。在平均关门速度下,层门、轿门及其刚性连接的机械零件的动能不应大于10J	
强迫关门时的动能	在轿门和层门联动的情况下(开锁区域),用动能测试仪测量。门机强迫关门时,层门、轿门及其刚性连接的机械零件的动能不应大于4J	
水平滑动门的关门保护装置	在门关闭过程中,当乘客通过入口被门扇撞击或将被撞击时,关门保护装置应自动地使门重新开启。此保护装置的作用可在每个主动门扇最后50mm的行程中被消除	
轿门关门保持力(轿门开启力)	①用推拉力计测量,轿门关门保持力(轿门开启力)应大于50N ②层门、轿门脱开(非开锁区域),并使轿门锁失效(如有),在开门限制装置处施加1000N的力,轿门开启不能超过50mm	

检验内容	检验要求	图示
乘客电梯开关门时间	用 EVA625 型电梯综合性能测试仪测量开关门过程的时间，应符合 GB/T 10058—2009 中 3.3.4 的规定	

当开/关门机构的各项检验结果符合表 13-12 中各项检验要求时，可以判定为"符合"。

13.8　T 形导轨的检验

导轨是电梯重要的基础部件，它控制着电梯轿厢和对重装置（或平衡重）的运行轨迹。

导轨在为轿厢和对重装置（或平衡重）提供垂直运行导向的同时，也限制着这些部件在水平方向上的倾斜或移动。此外，电梯在发生意外超速、紧急制停时，导轨也能对轿厢和对重装置（或平衡重）起支撑作用。

13.8.1　T 形导轨检验的仪器设备

T 形导轨检验所用仪器设备包括钢直尺、钢卷尺、游标卡尺、粗糙度仪、公法线千分尺、塞尺、宽座直角尺、百分表和刀口尺等。

检验 T 形导轨所用部分仪器设备的使用方法和注意事项如表 13-13 所示。

表 13-13　检验 T 形导轨所用部分仪器设备的使用方法和注意事项

仪器设备名称	使用方法	注意事项
 SJ210型粗糙度仪	①使用前，应将被测样件放在工作台上，按测量需要对其进行调平 ②按下"POWER/DATA"键，接通电源 ③将表面粗糙度标准块和仪器放置在校正工作台上，设置标准块标准值和校正条件后，按"START/STOP"键开始校正测量，按"RED（更新）"键完成校正 ④利用"Enter/Menu"键、"Esc/Guide"键、"Blue"键、"Red"键和光标键进行测量条件和参数的设置 ⑤将仪器的测试区对准被测区域，放稳后轻按"START/STOP"键，检出器移动，开始测量。测量过程中显示测量图形曲线，测量结束后液晶显示值即为该被测区域的粗糙度值 ⑥测量完毕后将仪器升至安全位置后退出测量程序，长按"Esc/Guide"键关闭电源	①将检出器安装到驱动部时，应注意不能施力过大 ②驱动部、检出器与被测样件接触时轻拿轻放 ③测量前要将测量面上的油污或灰尘擦拭干净 ④驱动部与被测样件在一条水平线上 ⑤根据产品实际测量面的长度来调整更改测量长度及测量长度倍率 ⑥携带仪器时应注意避免滑落到地面，以防仪器被损坏
 公法线千分尺 （检测误差应在±1%范围内）	①使用前先擦拭干净两个测量面，然后转动微分筒和棘轮，使这两个测量面轻轻地接触并使棘轮发出"咔咔"声音。这时检查两测量面间有没有间隙（漏光），以检查测量面的平行性。再检查"0"位是否对准，如果"0"位不对准，应重新调整 ②测量时左手握住尺架，右手转动微分筒，当测量面快要与被测表面接触时再旋转棘轮直至发出"咔咔"响声后便可以读数 ③读数方法：a. 先读整数，看固定套筒上的主尺被微分筒露出来的刻线值，这时要特别注意 0.5mm 刻线是否露出来，否则要少读 0.5mm；b. 再读小数，看微分筒上的哪条刻线与主尺上的水平线对齐。如果 0.5mm 刻线没有露出来，那么微分筒上的数就是需读的小数；如果 0.5mm 刻线露出来，那么还需在小数部分加上 0.5mm；c. 估读小于 0.01 的小数，如果微分筒上任何一条刻线都未与主尺水平线对齐，那么就读取相邻两刻线中数值较小的那一刻线数值，再看第十分之几的地方和水平线对齐就再读取十分之几丝（即 μ 位小数） ④三次读数相加就是千分尺所表示的尺寸	①旋钮和测力装置在转动时都不能过分用力 ②当转动旋钮使测微螺杆靠近待测物时，一定要改测力装置，不能转动旋钮使螺杆压在待测物上 ③在测微螺杆与测砧已将待测物卡住或旋紧锁紧装置的情况下，决不能强行转动旋钮

仪器设备名称	使用方法	注意事项
刀口尺	①将刀口尺垂直紧靠在导轨表面,并在纵向、横向和对角线方向逐次检查 ②检验时,如刀口尺与导轨平面透光微弱且均匀,则该导轨平面度合格;如进光强弱不一,则说明该导轨平面凹凸不平 ③在刀口尺与导轨平面紧靠处用塞尺插入,塞尺的厚度即为导轨平面度误差	①检验时,被检导轨表面不能太粗糙。如被检导轨表面太粗糙,不仅会磨损刀口尺的测量面,而且不容易准确判定光隙的大小 ②在测量中,当测量一个平面到另一个平面时,应把刀口尺提起后轻放到另一个被测表面上,而不应把刀口尺从被检导轨平面上拖着走,这样会加速刀口尺测量面的磨损 ③选用刀口尺时,要使其长度大于或等于被检导轨的长度。检验时,要在给定方向上的若干个表面进行检验,取其中的最大值作为该被检导轨平面的直线度或平面度误差 ④用完后,必须将刀口尺的各部位擦净,放入盒内保存,也可以涂一层防锈油

13.8.2　T形导轨检验的内容和要求

T形导轨检验的内容和要求如表 13-14 所示。

表 13-14　T形导轨检验的内容和要求

检验内容	检验要求	图示
外观	①在光照明亮情况下,被测试件无缺陷,所有经机械加工的边缘无锋利边缘,孔无裂纹及变形 ②T形E级导轨在每根导轨底的背面或正面上至少标记两次 BE 的字样,并在靠近末端标记,BE 字样最低高度为 10mm	
导轨材料性能	使用原材料钢的抗拉强度 σ_b 至少为 370MPa,且不大于 520MPa;宜使用 Q235 作为原材料钢,机械加工导轨的原材料钢抗拉强度 σ_b 宜不小于 410MPa	
表面粗糙度	(1)导轨导向面粗糙度 用粗糙度测试仪沿导轨纵向与横向分别检测。检测点选取为分别在距导轨两端 200mm 范围内与中间位置任意抽检一处,取最大值。导向面粗糙度符合:对于冷轧加工导轨,纵向 $1.6\mu m \leqslant Ra \leqslant 6.3\mu m$,横向 $1.6\mu m \leqslant Ra \leqslant 6.3\mu m$;对于机械加工导轨,纵向 $Ra \leqslant 1.6\mu m$,横向 $0.8\mu m \leqslant Ra \leqslant 3.2\mu m$;对于高质量机械加工导轨:纵向 $Ra \leqslant 1.6\mu m$,横向 $0.8\mu m \leqslant Ra \leqslant 3.2\mu m$	

检验内容	检验要求	图示
表面粗糙度	(2)用于安装连接板的加工面的粗糙度 用粗糙度测试仪测量,机械加工导轨的底部加工面的粗糙度 $Ra \leqslant 25\mu m$	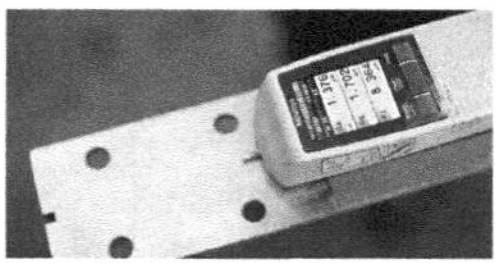
导轨形状及位置公差	(1)长度允许公差 把导轨放在检测平台上,用钢卷尺测量,长度允许公差为 $\pm 2mm$	
	(2)尺寸及公差 把导轨放在检测平台上,根据精度选择相关尺测量,其中榫的宽度 m_2、导向面宽度 k 用千分尺测量;榫的高度 u_2、榫槽的深度 u_1、导轨高度 h、导轨宽度 b_1 用游标卡尺测量。导轨的尺寸及公差符合 GB/T 22562—2008 要求	 
	(3)导轨的导向面形状 用游标卡尺测量,导轨导向面与顶面间应倒角或倒圆 倒角边长度:不大于 1mm 倒圆半径:不大于 1mm	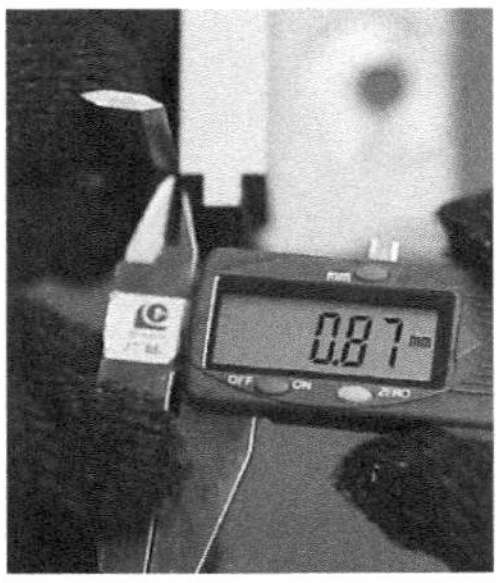
	(4)导轨两端导向面和安装连接板加工面的平面度 用刀口尺与塞尺在对应平面纵向、横向和对角线四个方向上测量,平面度应不大于下列值 冷轧加工导轨:0.2mm 机械加工导轨:0.1mm 高质量机械加工导轨:0.05mm	

检验内容	检验要求	图示
导轨形状及位置公差	(5)导向面位置度和对称度 用检测平台与百分表和游标卡尺测量,导向面位置度和对称度应不大于下列值 冷轧加工导轨:7mm 机械加工导轨:5mm 高质量机械加工导轨:2mm	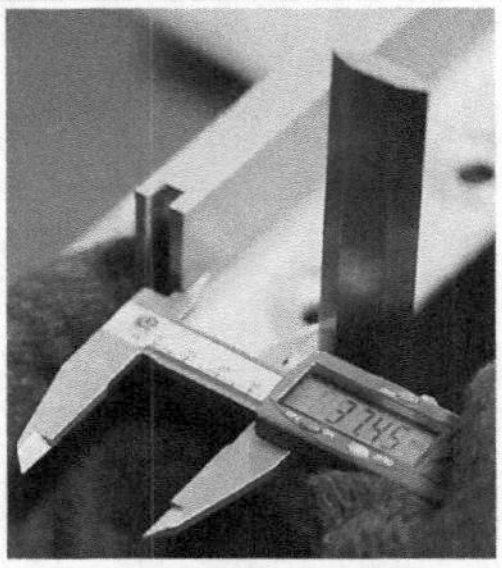 
	(6)导向面平面度 用刀口尺与塞尺在对应平面纵向、横向和对角线四个方向上测量,导向面平面度应不大于下列值 冷轧加工导轨:0.7mm/500mm 机械加工导轨:5mm/500mm 高质量机械加工导轨:2mm/500mm	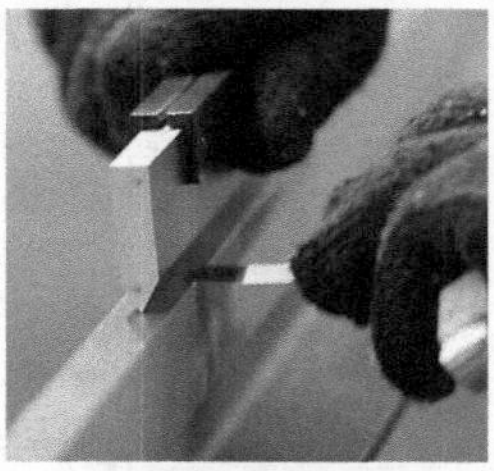
	(7)榫与榫槽的对称度 用公法线千分尺和百分表检测榫与榫槽的两面分别对导轨导向同侧两面距离之差(即为对称度)应不大于下列值 冷轧加工导轨:0.20mm 机械加工导轨:0.10mm 高质量机械加工导轨:0.05mm	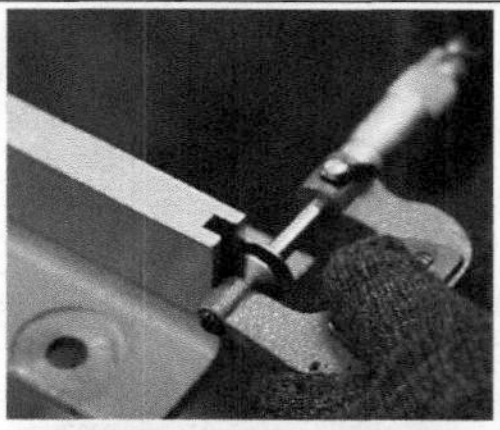 
	(8)加工面的垂直度 用 G、H 两面平行度不大于 0.012mm 的检测板与直角尺(如下图所示,或等效专用工具)和塞尺测量,加工面的垂直度应不大于下列值 冷轧加工导轨:0.4mm 机械加工导轨:0.2mm 高质量机械加工导轨:0.1mm 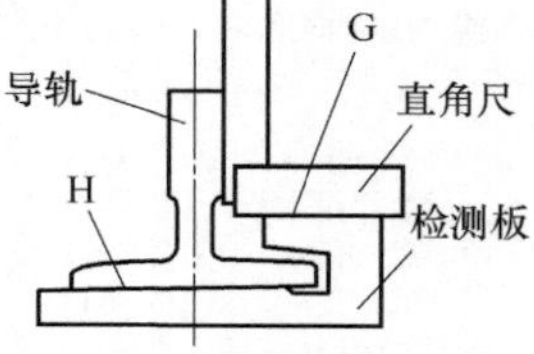 加工面的垂直度检查方法	

检验内容	检验要求	图示
导轨形状及位置公差	(9)榫和榫槽的垂直度 用直角尺和塞尺测量,榫和榫槽的垂直度应不大于下列值 冷轧加工导轨:0.2mm 机械加工导轨:0.1mm 高质量机械加工导轨:0.05mm	
	(10)孔中心线的对称度 用游标卡尺测量,孔中心线的对称度应不大于下列值 冷轧加工导轨:1mm 机械加工导轨:0.5mm 高质量机械加工导轨:0.5mm	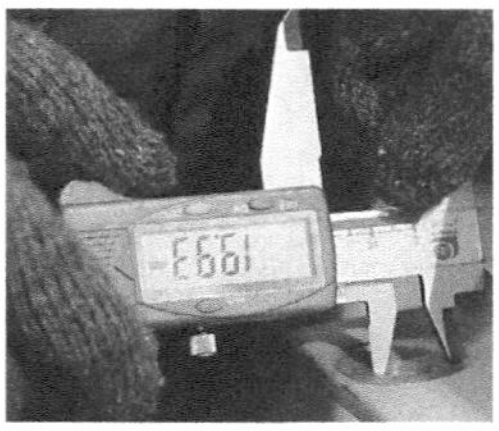
	(11)导轨底部至导向面之间的连接部位的宽度的对称度 用游标卡尺分别测量连接部位的两面对导轨同侧导向面距离的差值(即为对称度),导轨底部至导向面之间的连接部位的宽度的对称度应不大于0.16倍导轨底部至导向面之间的连接部位的宽度	
	(12)底部对称度 用直角尺和游标卡尺分别测量导轨底部边缘与导轨同侧导向面距离的差值(即为对称度),底部对称度应不大于下列值 冷轧加工导轨:2mm(两面平行)/3mm(上表面倾斜) 机械加工导轨:3mm 高质量机械加工导轨:3mm	
	(13)导向面顶面和侧面的垂直度 用直角尺和塞尺测量,导向面顶面和侧面的垂直度应不大于下列值 冷轧加工导轨:0.4mm 机械加工导轨:0.2mm 高质量机械加工导轨:0.1mm	

T形导轨的各项检验结果符合 GB/T 22562—2008 要求时，可以判定为"符合"。

第**14**章

电梯安全保护装置的检验

电梯属于特种设备，配有完善的安全保护装置，如限速器、安全钳、缓冲器、门锁及轿厢上行超速保护装置、含有电子元件的安全电路和轿厢意外移动保护装置等。电梯的安全保护装置是保证电梯正常安全运行必不可少的组成部分，其质量的优劣会对电梯的安全运行产生一定的影响。

14.1 限速器的检验

限速器的分类方法比较多，但目前常用的分类有两种：一种是按照限速器钢丝绳与绳槽的作用方式分类，可分为摩擦式和夹持式两种。另一种是按照限速器超速时的触发原理分类，可分为离心式和惯性振动式（亦称摆锤式或凸轮式）两种，其中离心式又可分为水平轴甩块（片）式和垂直轴甩球式两种。

如图 14-1 所示为离心式限速器的基本结构组成。

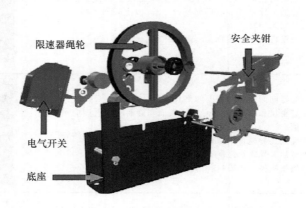

限速器绳轮　　　　　　　　　　安全夹钳

电气开关

底座

图 14-1　离心式限速器的基本结构组成

14.1.1　限速器检验的仪器设备

检验限速器的仪器设备主要有钢卷尺和限速器动作速度测试仪。限速器动作速度测试仪为专用设备，主要用于限速器动作速度的校验。不同的限速器动作速度测试仪使用方法和注意事项有所不同，下面以 XC 3 型限速器动作速度测试仪为例，介绍其使用方法和注意事项，如表 14-1 所示。

表 14-1　XC 3 型限速器动作速度测试仪的使用方法和注意事项

名称	使用方法	注意事项
 XC 3型限速器动作 速度测试仪 (检测误差应在±1%范围内)	(1)准备工作 ①量出限速器轮盘上的节圆周长,即钢丝绳中心线的周长 ②取出电动机支架,将其拧入电动机的撑杆中,调整好高度,转动撑杆上的螺块使电动机与电动机支架紧紧固定在一起,以防电动机工作时发生转动,然后转动电动机支架上的螺母以调整电动机支架上的一个支撑脚的支撑角度。选择适当的方向和位置,将电动机轴上的橡胶轮紧紧地靠在限速器轮盘的凹槽里或边缘上 ③用一小磁钢贴在限速器轮盘上,把霍尔传感器头对准小磁钢,其距离应≤8mm,同时将霍尔传感器引出线插头插在主面板上的"传感器"插座上 ④取出四芯屏蔽线,将其两头分别插在控制部分主面板和电动机部分面板上的"电机转速"插座上,取出两芯电动机驱动线,将其两头分别插在控制部分主面板和电动机部分面板上的"电机驱动"插座上 ⑤如所测试的限速器含有电触点开关且需检测,则取出相应的电触点开关连接线,将其中一头的航空插头插在控制部分主面板上的"机械触点"插座上,将另一头的两根导线分别连在电触点开关发生动作的两极上 ⑥取出电源线并接通电源,然后打开电源开关,控制部分面板上显示应为"P",否则表明系统有故障 当显示为"P"时,仪器处于复位等待状态。在任意状态下,只要按"复位"键,均可进入此状态 (2)测量操作步骤 ①预置数:在"P"状态下,按"周长"键,则应显示为"××××-1",其中前 4 位为所要置入(或修改)的限速器轮盘节圆周长,单位为mm。这时可按压数字键,将相应数字置入闪动的那一位当中去,此时的显示状态为"置数状态" 在"P"状态或置数状态下,按"初速"键,则应显示"××××-3",其中前 4 位为所要置入(或修改)的限速器轮盘的初始速度,单位为mm/s,该初始速度通常置为相应电梯的额定速度 在"P"状态或置数状态下,按"轮号"键,则应显示"××××-2",其中左边第 1 位为电动机选择位,"1"表示使用的是小电动机(电动机功率为 55W),"2"表示使用的是大电动机(电动机功率为 92W 或200W)。左边第 2、第 3 位为无意义位,左边第 4 位为轮号选择位 本仪器提供 3 种型号的橡胶轮,按轮径尺寸由小到大设定为 1 号轮、2 号轮、3 号轮,分别适用于测试额定速度在 2m/s 以下、2～5m/s、5～10m/s 的限速器 ②在"P"状态或置数状态下,按"启动"键,则电动机以较大的加速度加速到前面所置入的初始速度,并在这个速度上匀速旋转。此时显示为"×·××-×·××",其中左边 3 位显示的是限速器轮盘外缘旋转线速度,右边 3 位显示的是橡胶轮外缘旋转线速度(该速度仅作为参考,不作为最后结论,它与前述速度比较接近,但不完全相同) ③当限速器轮盘已处于匀速旋转状态时,按"测试"键,则限速器轮盘旋转线速度以 0.01m/s² 的加速度上升,直至限速器动作 小贴士:在电动机缓慢加速而限速器未动作之前如有需要,则可按压"重打"键,仪器将自动停止电动机的转动,并且显示两个通道上此时的速度。同时打印机开始工作,打印出此时的限速器轮盘旋转线速度 ④仪器在自动捕捉到限速器的动作瞬间并立即将电动机停转,显示冻结并显示的两个通道的速度即为限速器动作时各自的速度。同时打印机开始工作,打印出限速器动作时的旋转线速度。如有电触点开关动作,也打印出其动作时的旋转线速度。在显示冻结状态下,按"重打"键,打印机将数据重新打印一遍 ⑤按"复位"键,重新进入复位等待的"P"状态。如要继续测试且不改变预置参数,则回到操作步骤②,重新开始操作;如要改变预置参数,则回到操作步骤①,重新开始	①插拔连接线及传感器时不能带电操作 ②插拔航空插头时,应对准槽口,不能硬插、硬拔,也不能扭转 ③不能强制将电动机堵转 ④如要改变电动机的转动方向而拨动正反转开关时,应先将电动机停下来,在电动机停稳后进行转换 ⑤霍尔传感器有磁极性要求,如在电动机带动限速器轮盘转动起来后,左边显示为"0.00",则应将贴在轮盘上的小磁钢翻个面贴上,再重新启动 ⑥若限速器长期未保养而造成轮盘转动非常困难,应先对该限速器进行清洁、润滑等保养,然后再进行测试 ⑦限速器轮盘旋转方向必须是限速器能动作的方向。如果不是,则应按一下"复位"键,仪器进入"P"状态,电动机停转,拨动电动机机座上的正反转开关,改变电动机旋转方向,然后再重新启动

14.1.2　限速器检验的内容和要求

限速器检验的内容和要求如表 14-2 所示。

表 14-2　限速器检验的内容和要求

检验内容	检验要求	图示
外观	应完好,无变形和缺损等现象	
铭牌	①铭牌张贴位置合适	
	②铭牌内容至少含有制造单位名称、型号、编号、技术参数和型式试验机构名称或标识等	
制造日期	限速器的制造日期应不超过进货检验之日起 2 年	
动作方向标记	旋转方向标记应清晰且与安全钳的动作方向一致	
封记	各调节部位的铅封(或漆封)应完好,无损坏	
状态	应润滑良好、动作灵活、无异常	
动作速度校验	①参照表 14-1 中的方法,利用限速器动作速度测试仪校验限速器的电气开关触点和机械的动作速度 ②电气开关触点和机械的动作速度值应满足相关规定	

当限速器的各项检验结果符合表 14-2 中的各项检验要求时,可以判定为"符合"。

14.2　安全钳的检验

根据电梯额定速度的不同,电梯所使用的安全钳形式分为两种:一种是瞬时式安全钳(图 14-2),另一种是渐进式安全钳(图 14-3)。

瞬时式安全钳根据钳块的不同形式,又可分为楔块式瞬时式安全钳、偏心块式瞬时式安全钳和滚柱式瞬时式安全钳 3 种。

如图 14-2 (a) 所示,楔块式瞬时式安全钳一般都有一个厚实的钳座,并配有一套制动元件(钳块)和提拉机构。钳座或者盖板上开有导向槽,钳座开有梯形内腔。安全钳作用时分别由两个钳块夹持住导轨的两个工作面(双楔型),也有单钳块夹持的瞬时式安全钳。当限速器触发安全钳动作时,钳块瞬时(作用时间约 0.01s)将轿厢夹持在导轨上。

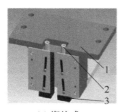 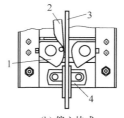 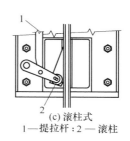

(a) 楔块式
1—钳座；2—提拉杆；
3—钳块(楔块)

(b) 偏心块式
1—偏心轮；2—提拉杆；
3—导轨；4—导靴

(c) 滚柱式
1—提拉杆；2—滚柱

图 14-2　瞬时式安全钳

如图 14-2（b）所示，偏心块式瞬时式安全钳的制动元件由两个硬化钢制成的带有半齿的偏心块组成。它有两根联动的偏心块连接轴，轴的两端用键与偏心块相连。当安全钳动作时，两根偏心块连接轴相对转动，并通过连杆使四个偏心块保持同步动作。偏心块的复位由一弹簧来实现，通常在偏心块上装有一根提拉杆。对于这种类型的安全钳，因偏心块卡紧导轨的面积很小，接触面的压力很大，在将轿厢制停的同时往往会使偏心块上的齿或导轨表面受到损坏。

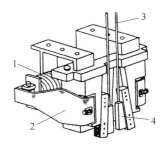

图 14-3　渐进式安全钳
1—弹性元件；2—制动臂；
3—提拉杆；4—钳块

如图 14-2（c）所示，滚柱式瞬时式安全钳常用在低速重载的载货电梯上。当安全钳动作时，相对于钳座而言，淬硬的滚花钢制滚柱在钳座楔形槽内向上滚动。当滚柱接触导轨时，另一侧的钳块在钳座内水平移动，这样消除了另一侧钳块与导轨工作面的间隙。随着轿厢的下行，滚柱和钳块就将轿厢制停在导轨上。

当轿厢运行速度大于 0.63m/s、对重（或平衡重）运行速度大于 1.0m/s 时，应使用如图 14-3 所示的渐进式安全钳。渐进式安全钳的工作原理与瞬时式安全钳的工作原理相同，两者不同之处仅在于：渐进式安全钳设有弹性元件使得渐进式安全钳的动作是渐进式的而非瞬时式的。由于渐进式安全钳动作时较为平缓，不仅避免了瞬时式安全钳动作时产生的较大冲击，而且也降低了钳块对导轨的损伤程度。

检验安全钳所用仪器设备主要有钢直尺、塞尺、游标卡尺和便携式里氏硬度计。它们的使用方法和注意事项前面已有介绍，这里不再重复。

安全钳检验的内容和要求如表 14-3 所示。

表 14-3　安全钳检验的内容和要求

检验内容	检验要求	图示
外观	应完好，无变形和缺损等现象	
铭牌	①铭牌张贴位置合适	
	②铭牌内容至少含有制造单位名称、型号、编号、技术参数和型式试验机构名称或标识等	

检验内容	检验要求	图示
封记	各调节部位的铅封（或漆封）应完好，无损坏	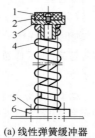
状态	钳块应润滑良好、动作灵活、无异常	
钳块表面硬度	①拆卸安全钳钳块，并将钳块的工作面清洁后朝上稳妥放置 ②用便携式里氏硬度计测试钳块工作面的硬度，所测硬度应在设计允许的范围之内 ③记录测试硬度值	

当安全钳的各项检验结果符合表14-3中的各项检验要求时，可以判定为"符合"。

14.3 缓冲器的检验

电梯用缓冲器根据吸收轿厢或对重装置动能方式的不同，可分为蓄能型缓冲器（图14-4）和耗能型缓冲器（图14-5）两类。

(a) 线性弹簧缓冲器
1—连接螺栓；2—缓冲垫；3—缓冲座；
4—压缩弹簧；5—固定螺栓；6—弹簧座

(b) 非线性聚氨酯缓冲器
1—聚氨酯类缓冲材料；2—缓冲座

图 14-4　蓄能型缓冲器

（1）蓄能型缓冲器

弹簧缓冲器在受到冲击后，以自身的变形将电梯轿厢或对重装置下落时产生的动能转化为弹性势能，使电梯落下时得到缓冲和减速。弹簧缓冲器在受力时会产生反作用力，反作用力能使轿厢反弹并反复进行直到反作用力消失。

聚氨酯材料是一种典型的非线性材料，其特点是受力后的变形有滞后现象。另外，聚氨酯材料内部有很多微小的"气孔"，由于这些"气孔"的存在，使得聚氨酯缓冲器单位体积的冲击容量大，当缓冲器受到撞击后，轿厢或对重装置几乎不会受到反弹冲击，而是将轿厢或对重装置的撞击动能转变成热能释放出去，从而对轿厢或对重装置起到较大的缓冲作用。

图 14-5　耗能型缓冲器

（2）耗能型缓冲器

轿厢或对重装置撞击缓冲器时，柱塞受力向下运动并压缩缓冲器缸体内的液体介质。受压缩的液体介质通过环形节流孔时，由于面积突然缩小形成涡流，使得液体介质内的质点相互撞击、摩擦而将动能转化为热能消耗掉，也就是通过消耗撞击能量，使轿厢（对重装置）以一定的减速度停止。

当轿厢或对重装置离开缓冲器时，柱塞在复位弹簧反作用下，向上复位直到全伸长位置，液体介质重新流回油缸内。

检验缓冲器所用仪器设备主要有钢直尺、钢卷尺和计时器，这里不再重复。

缓冲器检验的内容和要求如表 14-4 所示。

表 14-4　缓冲器检验的内容和要求

检验内容	检验要求	图示
外观	应完好,无断裂、无锈蚀、无塑性变形、无剥落和缺损等现象	
铭牌	①铭牌张贴位置合适	
	②铭牌内容至少含有制造单位名称、型号、编号、技术参数和型式试验机构名称或标识等	
状态	①液压缓冲器应设有检查油位的标尺,标尺上应有清晰的最大油量和最小油量的刻度线	
	②缓冲器的动作应灵活、无异常	
工作行程	缓冲器的工作行程应满足设计要求	
动作试验	液压缓冲器被完全压缩后,恢复至正常位置时的最大时间限度不超过 120s	

当缓冲器的各项检验结果符合表 14-4 中的各项检验要求时，可以判定为"符合"。

14.4　门锁装置的检验

为了保证电梯门的可靠闭合与锁紧，禁止层门和轿门被随意打开，电梯的每一个层门均应在井道内侧上部安装有门锁装置以验证门扇的闭合，这一装置习惯称为"门锁"。

当电梯在正常工作状态时，电梯的各层门都被门锁可靠地锁住，保证人员不能从层站外部将层门扒开，以防人员坠落井道。当层门关闭时，层门锁紧装置通过机械连接将层门锁紧；同时为了确认电梯层门的关闭和锁紧，在层门门锁触点接通和验证层门门扇闭合的电气安全装置闭合以后，电梯才能启动，保证电梯正常运行时层门处于关闭锁紧状态。

层门门锁的另一个功能是实现轿门驱动下的轿门和层门联动。只有当电梯正常停站（处于开锁区域）时，门锁和层门才能被安装在轿门上的门刀带动而开启。

门锁装置是电梯的重要安全保护装置之一，它需进行型式试验。

门锁装置的结构形式相对较少，虽然市场上有许多不同型号规格的门锁装置，但是其结构组成基本是相同的。不同形式的门锁装置都是由电气安全触点、锁钩、钩挡、施力元件、滚轮、开锁门轮和底座等组成的。如图 14-6 所示为目前使用较多的一种门锁装置结构形式。

门锁装置检验所需的仪器设备主要是钢直尺和塞尺，这里不再重复。

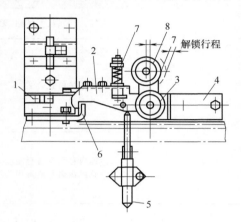

图 14-6　目前使用较多的
一种门锁装置结构形式
1—电气安全触点；2—锁钩；3—滚轮；
4—底座；5—外推杆；6—钩挡；
7—压紧弹簧；8—开锁门轮

目前，电梯整机制造商采购的门锁装置绝大多数是已经安装于门导轮架上的一个组合件，为此，门锁装置检验的内容和要求如表 14-5 所示。

表 14-5　门锁装置检验的内容和要求

检验内容	检验要求	图示
外观	①应完好，无断裂、锈蚀、变形和缺损等现象 ②锁钩与锁挡应用金属制造或金属加固	
铭牌	①铭牌张贴位置合适 ②铭牌内容至少含有制造单位名称、型号、编号、技术参数和型式试验机构名称或标识等	
状态	门锁动作应灵活、无卡阻	

检验内容	检验要求	图示
啮合深度检验	①两人配合，一人先抬起锁钩并将锁钩慢慢放下，另一人在检修状态下按上行(或下行)检修按钮。当门锁触点刚闭合(门锁回路接通)时，松开按钮 ②用钢直尺测量此时锁钩与锁挡间的啮合深度，锁钩与锁挡间的啮合深度不应小于7mm	
侧隙检验	①目测锁钩的侧面是否有侧隙 ②用钢直尺或塞尺测量锁钩和锁挡间的侧隙，一般不超过2.5mm	
动作检验	①用手抬升锁钩，释放后应能自动恢复至锁紧状态	
	②对于重力加辅助弹簧的门锁，即使拆除弹簧后，重力也不会导致开锁	弹簧已拆除
	③使用弹簧产生和保持锁紧动作时，弹簧应在压缩下工作，应有导向；同时弹簧结构应满足在开锁时弹簧不会被压并圈；由弹簧来保持锁紧时，弹簧应完好	

当门锁装置的各项检验结果符合表14-5中的各项检验要求时，可以判定为"符合"。

14.5 轿厢上行超速保护装置的检验

目前，轿厢上行超速保护装置的形式主要有轿厢上行限速器-安全钳保护装置、对重限速器-安全钳保护装置、限速器-夹绳器和限速器-永磁同步曳引机的制动器。在这4种形式中，限速器和安全钳前面已有介绍，这里不再重述。本节重点介绍夹绳器和永磁同步曳引机的制动器。

夹绳器作为轿厢上行超速保护装置的执行元件，其种类大致有4种：作用于轿厢上的、作用于对重装置上的、作用于钢丝绳系统上的和作用曳引轮上的。在这4种夹绳器中仅有作用于钢丝绳系统上的使用比较多。按照夹绳器夹持钢丝绳方式的不同可分为两类，一类是如图14-7所示的直夹式夹绳器，另一类是如图14-8所示的自楔紧式夹绳器。

电梯的制动器在满足一定条件后，也可以作为轿厢上行超速保护装置的执行元件。如图14-9所示为永磁同步曳引机的制动器作为轿厢上行超速保护装置执行元件的一个典型实例。

轿厢上行超速保护装置检验所需仪器设备主要有钢直尺、塞尺、游标卡尺和半径样板规，这里不再重复。

轿厢上行超速保护装置检验的内容和要求如表14-6所示。

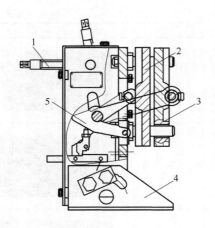

图 14-7　直夹式夹绳器

1—复位螺栓；2—制动板（静）；3—制动板
（动）；4—支座；5—联动机构

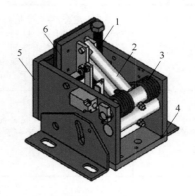

图 14-8　自楔紧式夹绳器

1—复位螺栓；2—联动机构；3—施力元件；
4—支座；5—制动板（静）；6—制动板（动）

图 14-9　永磁同步曳引机的制动器

1—制动轮；　2—制动线圈和铁芯组件

表 14-6　轿厢上行超速保护装置检验的内容和要求

检验内容	检验要求	图示
外观	应完好，无变形和缺损等现象	
铭牌	①铭牌张贴位置合适	
	②铭牌内容至少含有制造单位名称、型号、编号、技术参数和型式试验机构名称或标识等	

检验内容	检验要求	图示
封记	各调节部位的铅封(或漆封)应完好,无损坏	
绳槽直径检验	①用半径样板规测量夹绳器制动板上各绳槽的直径 ②测量值应符合设计要求	
状态	应润滑良好、无卡阻、无异常声响	
动作试验	①按照电梯制造商规定的试验方法,模拟夹绳器的动作试验条件 ②夹绳器的动作应正确、灵活、有效	

当轿厢上行超速保护装置的各项检验结果符合表 14-6 中的各项检验要求时，可以判定为"符合"。

14.6 含有电子元件的安全电路的检验

含有电子元件的安全电路是指含有电子元件的具有确定失效模式的电气和（或）电子安全相关系统。

含有电子元件的安全电路在电梯中的应用越来越广泛。目前，含有电子元件的安全电路主要应用在高速电梯缓冲器减行程的监控、再平层功能和轿厢意外移动保护装置功能的控制等方面。当然，随着电梯控制技术的发展，含有电子元件的安全电路还会有更广阔的应用。

对含有电子元件安全电路的检验，必须要在专业实验室采用专用的仪器设备（如振动试验台、碰撞试验机和温度试验箱等）才能完成，这里不再介绍。

含有电子元件的安全电路检验的内容和要求如表 14-7 所示。

表 14-7 含有电子元件的安全电路检验的内容和要求

检验内容	检验要求	图示
外观	应完好,无锈蚀和缺损等现象	

检验内容	检验要求	图示
温度和机械应力试验	安全电路应符合 GB 7588—2003 中 F6.3 的规定；试验样品在试验中和试验后必须工作正常，不应发生元件破损，不应有不安全的反应和状态显示。试验后，电气间隙和爬电距离应不小于最小允许值	
电磁兼容（性）测试	可编程系统应进行符合 GB/T 24808—2009 规定的安全电路的电磁兼容（性）抗扰度测试，且均应达到性能标准 D，即 PESSRAL 或者 PESSRAE 按照设计连续运行，除非因故障进入安全模式，不允许有任何性能降低和功能损失	
外壳端口	可编程系统存在外壳端口，应按照 GB/T 24808—2009 表 1 中"安全电路"的相关要求进行测试	
信号和控制线端口	可编程系统存在信号和控制线端口，应按照 GB/T 24808—2009 表 2 中"安全电路"的相关要求进行测试	
直流电源输入/输出端口	可编程系统存在额定电流不大于或等于 100A 的直流电源输入/输出端口（不适用于连接到专用的非充电电源输入口），应按照 GB/T 24808—2009 表 4 中"安全电路"的相关要求进行测试	
交流电源输入/输出端口	可编程系统存在每相额定电流不大于 100A 的交流电源输入/输出端口（不适用于连接到专用的非充电电源输入口），应按照 GB/T 24808—2009 表 6 中"安全电路"的相关要求进行测试	

当含有电子元件的安全电路的各项检验结果符合表 14-7 中的各项检验要求时，可以判定为"符合"。

14.7 轿厢意外移动保护装置的检验

目前，尽管轿厢意外移动保护装置的结构形式很多、差异性很大，但其系统组成基本是相同的，通常是由 3 个相互关联的检测子系统（含自监测子系统）、操纵装置和制停子系统组成的。

轿厢意外移动保护装置的工作原理是：轿厢载有不超过 100% 额定载重量的任何载荷，在电梯层门未被锁住且轿门未关闭的情况下，检测子系统和（或）自监测子系统在轿厢无指令的状态下对平层位置和再平层位置进行检测，判断轿厢是否处于再平层区域；若检测到轿厢已移出再平层区域，则控制系统应断开安全回路，制停子系统应制停轿厢并使轿厢保持在停止状态。

由于轿厢意外移动保护装置的制停部件或保持轿厢停止的装置可与下行超速保护装置和上行超速保护装置共用，所以该装置主要有轿厢或对重限速器-安全钳、夹绳器、永磁同步曳引机的制动器和作用于具有两个支撑的曳引轮轴上的机械装置这 4 种形式。

14.7.1 轿厢意外移动保护装置检验的仪器设备

轿厢意外移动保护装置检验所需仪器设备主要有钢卷尺和钳形电流表（较少使用），其中钳形电流表的使用方法和注意事项如表 14-8 所示。

表 14-8　钳形电流表的使用方法和注意事项

名称	使用方法	注意事项
 钳形电流表 (检测误差应在±5%范围内)	①打开电源开关 ②检查钳形电流表自检是否正常,自检后应显示"0.0" ③估测被测导线的电流大小并将量程旋钮转至合适的量程挡位(自动量程时不必考虑) ④打开钳口并将被测导线放置在钳形电流表的钳口中间 ⑤读取并记录数显屏或指示盘上的读数	①注意被测导路的电压要低于钳形电流表的额定值 ②不可以用小量程挡测量大电流(自动量程时不必考虑) ③在测量过程中严禁切换量程 ④测量完毕后应关闭电源

14.7.2　轿厢意外移动保护装置检验的内容和要求

轿厢意外移动保护装置检验的内容和要求如表 14-9 所示。

表 14-9　轿厢意外移动保护装置检验的内容和要求

检验内容	检验要求	图示
外观	应完好,无锈蚀和缺损等现象	
铭牌	①铭牌张贴位置合适	
	②铭牌内容至少含有制造单位名称、型号、编号、技术参数和型式试验机构的名称或标志等	
封记	各调节部位(若有)的铅封(或漆封)应完好,无损坏	
状态	润滑良好、无卡阻、无异常声响	
检测子系统的验证	①电梯处于正常待机状态 ②切断电梯主电源后,拔下门锁回路的接线端子(目的是使层门和轿门打开) ③人为地短接再平层安全电路的输入端后,闭合电梯主电源 ④检修或紧急电动状态下运行电梯,使其行程超出开锁区域的范围 ⑤电梯转换到正常工作状态 ⑥UCMP 的检测子系统应能检测到轿厢超越再平层区域的信号(控制柜/屏上应显示对应的故障代码) ⑦电梯应停止和不能被启动	

检验内容	检验要求	图示
机械装置正确提起（或释放）的验证	①分别模拟机械装置不能被正确提起和释放的状态 ②自监测子系统应能检测到失效。当检测到失效后，应关闭轿门和层门并防止电梯的正常启动	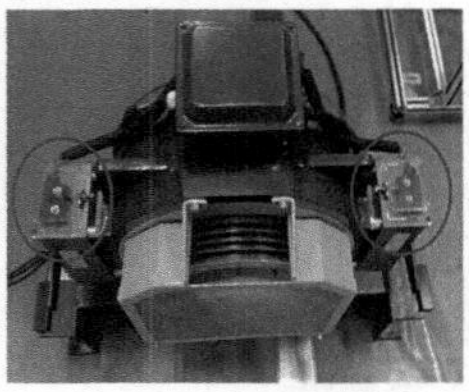
制停距离的验证	①将轿厢空载停在顶层门区以下约 600mm 处 ②通过设定主控板进入测试模式 ③在测试模式下，电梯以指定速度驶向门区，当进入门区后立即按急停按钮 ④测量轿厢地坎和层门地坎间的距离"h"，此时制停距离 $S=200-h$；（其中 200 为开锁区域长度，不同品牌电梯会有差异） ⑤连续试验 5 次，均不超过型式试验证书记载的试验速度允许的移动范围时，符合要求	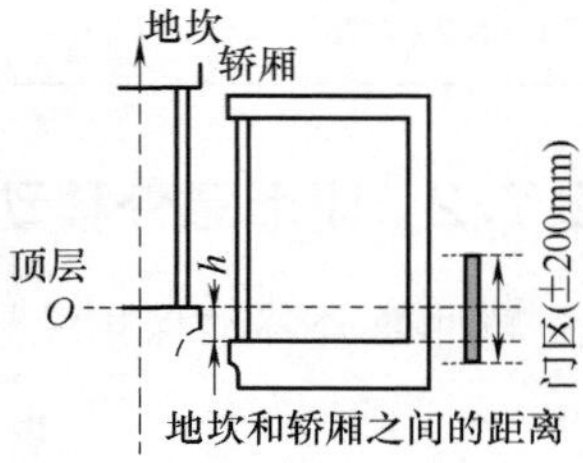
制动力的验证	①在电梯满足正常运行的条件下，不打开抱闸（即处于待机状态） ②按电梯制造商给定的验证方法，使变频器给电动机连续提供阶梯式变化的转矩电流 ③当编码器已产生电动机旋转的反馈信号时，立即停止提供连续阶梯式变化的转矩电流的输出 ④记录此时的转矩电流（钳形电流表所示电流），当此值大于设定值时，符合要求；反之，应能防止电梯的正常启动 ⑤调取存储记录，当制动力自监测周期不大于 24h 时，符合要求	
功能验证	①模拟轿厢意外移动保护装置的动作条件 ②轿厢意外移动保护装置的动作应正确、灵活、有效	

当轿厢意外移动保护装置的各项检验结果符合表 14-9 中的各项检验要求时，可以判定为"符合"。

第**15**章

电梯整机的检验与试验

电梯除了普通部件和特有安全部件之外，还有许多安全设施和保护功能，这些都是电梯安全运行的重要保障。

电梯安全设施和保护功能的检验也是通过现场的检查、测量或模拟动作试验等方法对其有效性进行的验证。

15.1 供电系统错断相保护装置的检验

供电系统的错断相保护功能通常是由一个三相三线制的电源保护继电器实现的，如图15-1 所示。该错断相保护继电器能对电源发生过电压、欠电压、相序改变、三相电压不平衡和断相等异常情况实时进行监控，实现对人身和设备的保护。

电梯应设置供电系统的错断相保护功能。当电梯的运行方向与相序无关时，可以不设错断相保护功能，如变频调速的电梯。

供电系统的错断相保护功能的检验应在电梯的安装调试现场进行。供电系统的错断相保护装置检验的内容和要求如表 15-1 所示。

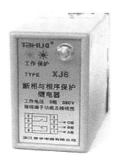

图 15-1　错断相保护继电器

表 15-1　供电系统的错断相保护装置检验的内容和要求

检验内容	检验要求	图示
设置	按设计要求查看是否设置错断相保护装置（功能）	
错相试验	先断开主电源开关并验电，在主电源开关出线端将三相电源线的相序分别依次调换后再送电，查看错断相保护装置是否有故障显示且电梯应不能启动	相序调换

检验内容	检验要求	图示
断相试验	先断开主电源开关并验电,在主电源开关出线端将三相电源线分别逐相断开后再送电,查看错断相保护装置是否有故障显示且电梯应不能启动	断开相线

当供电系统的错断相保护装置的各项检验结果符合表 15-1 中的各项检验要求时，可以判定为"符合"。

15.2 限速器-安全钳联动装置的试验

限速器-安全钳联动装置是由限速器、安全钳、限速器钢丝绳、中间机构（拉杆和连杆）和张紧装置等组成，轿厢限速器-安全钳联动装置如图 15-2 所示。

当电梯启动运行时，轿厢的运行速度会实时反映到限速器上。轿厢下行超速达到或超过 115％的额定速度时，会使限速器的转速加快而被触发动作。

限速器动作时，由于轿厢继续向下运行，限速器钢丝绳绳头通过中间机构（拉杆和连杆）将左侧安全钳钳块提起，使左侧安全钳动作；与此同时，也提起右侧安全钳钳块，使右侧安全钳动作。在安全钳动作过程中，与拉杆相联动的凸轮或打板带动电气安全装置动作，切断安全回路电源，电梯停止运行。

限速器-安全钳联动装置的试验应在电梯安装调试现场进行。限速器-安全钳联动装置试验的内容和要求如表 15-2 所示。

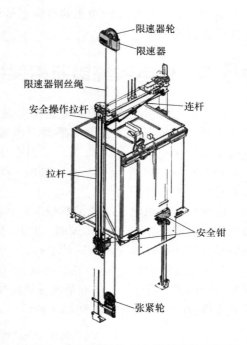

图 15-2 轿厢限速器-安全钳联动装置组成

表 15-2 限速器-安全钳联动装置试验的内容和要求

试验内容	试验要求	图示
试验载荷的准备	①对于瞬时式安全钳,轿厢装载额定载重量。对于轿厢面积超出规定的载货电梯,以轿厢实际面积按规定所对应的额定载重量作为试验载荷 ②对于渐进式安全钳,轿厢装载 1.25 倍额定载重量。对于轿厢面积超出规定的载货电梯,取 1.25 倍额定载重量与轿厢实际面积按规定所对应的额定载重量两者中的较大值作为试验载荷 ③对于轿厢面积超过相应规定的非商用汽车电梯,轿厢装载 150％额定载重量 ④对重(平衡重)限速器-安全钳联动试验,轿厢空载	

试验内容	试验要求	图示
轿厢限速器-安全钳联动装置试验	短接限速器的电气安全装置,轿厢以检修速度(渐进式安全钳也可以额定速度)下行,人为动作限速器,此时限速器钢丝绳应能提拉安全钳,安全钳的电气安全装置动作,电梯停止运行;短接安全钳的电气安全装置,使轿厢继续下行,安全钳应能夹紧导轨,使轿厢制停,电梯曳引机继续运转直至钢丝绳打滑或松弛	 短接  人为动作限速器  短接  制停
对重(平衡重)限速器-安全钳联动装置试验	短接限速器的电气安全装置,对重装置(或平衡重)以检修速度下行,人为动作限速器,此时限速器钢丝绳应能提拉安全钳,安全钳的电气安全装置动作,电梯停止运行;短接安全钳的电气安全装置,使对重装置(或平衡重)继续下行,安全钳应能夹紧导轨,使对重装置(或平衡重)制停,电梯曳引机继续运转直至钢丝绳打滑或松弛	 短接  短接  制停
试验后的检查	各电气安全装置应能恢复正常,未出现对电梯正常使用不利影响的损坏	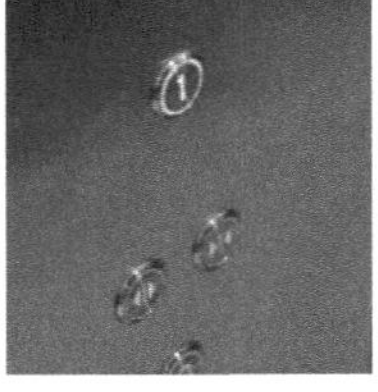

当限速器-安全钳联动装置的各项试验结果符合表 15-2 中的各项试验要求时，可以判定为"符合"。

15.3 极限开关的检验

为防止电梯超越顶层端站或底层端站继续运行而可能发生电梯的冲顶或蹲底事故，在电梯的顶层端站和底层端站附近且无误动作危险的位置上必须设置极限开关。

极限开关应能在电梯减速开关和限位开关（如有）失效的情况下，有效地切断电梯主电源，使电梯停止运行。

目前，电梯用极限开关的形式比较单一，主要是电气极限开关，如图 15-3 所示。

极限开关检验的内容和要求如表 15-3 所示。

图 15-3　电气极限开关

表 15-3　极限开关检验的内容和要求

检验内容	检验要求	图示
设置	电梯应设有极限开关，且与正常的端站停止开关采用不同的动作装置	
实现方式	极限开关动作应通过直接利用处于井道的顶部和底部的轿厢或利用一个与轿厢连接的装置（如钢丝绳、皮带或链条）来实现 连接装置断裂或松弛后，应有一个符合 GB 7588—2003 中 14.1.2 规定的电气安全装置使电梯曳引机停止运转	
安装位置	应设置在尽可能接近端站时起作用而无误动作危险的位置上	
极限开关的控制	①对曳引驱动的单速电梯或双速电梯，极限开关应能切断电路或通过一个电气安全装置切断向两个接触器线圈直接供电的电路 ②对于可变电压或连续调速电梯，极限开关应能在与系统相适应的最短时间内使电梯曳引机停止运转	
动作试验	①将上行（下行）限位开关（如果有）短接，以检修速度使位于顶层（底层）端站的轿厢向上（向下）运行，检查极限开关是否在电梯超过上下端站停止位置且轿厢或对重装置接触缓冲器之前起作用 ②短接上下两端极限开关和限位开关（如果有），以检修速度继续提升（下降）轿厢，使对重装置（轿厢）完全压在缓冲器上，检查极限开关是否在缓冲器被压缩期间保持动作状态	短接

检验内容	检验要求	图示
动作试验	①将上行（下行）限位开关（如果有）短接，以检修速度使位于顶层（底层）端站的轿厢向上（向下）运行，检查极限开关是否在电梯超过上下端站停止位置且轿厢或对重装置接触缓冲器之前起作用 ②短接上下两端极限开关和限位开关（如果有），以检修速度继续提升（下降）轿厢，使对重装置（轿厢）完全压在缓冲器上，检查极限开关是否在缓冲器被压缩期间保持动作状态	 接触缓冲器前 短接 压实缓冲器
动作后电梯状态	极限开关动作后，电梯应不能自动恢复运行	

当极限开关的各项检验结果符合表 15-3 中的各项检验要求时，可以判定为"符合"。

15.4 层门与轿门关闭的检验

在轿门驱动层门的情况下，由于层门靠轿门驱动，层门自身没有动力。当轿厢不在层站位置而层门被打开（如通过紧急开锁装置）时，如层门是不能自动关闭的，此时就可能发生人员意外坠落井道的危险。因此，层门应装有自动关闭装置，保证层门在全行程范围内可以自动关闭。

层门自动关闭装置主要依靠重物的重力或弹簧的拉力或压力，常见的形式有重锤式、拉簧式和压簧式，如图 15-4 所示。层门的关门力过小，难以保证层门的自动关闭；层门的关门力过大，则需相应增大门机的功率，关门减速的控制难度也增大。

层门与轿门关闭检验的内容和要求见表 15-4。

当层门与轿门关闭的各项检验结果符合表 15-4 中的各项检验要求时，可以判定为"符合"。

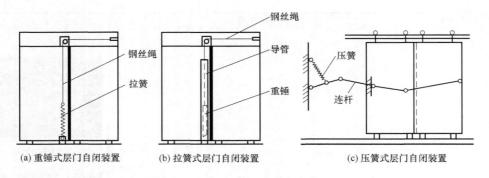

图 15-4　层门自动关闭装置

表 15-4　层门与轿门关闭检验的内容和要求

检验内容	检验要求	图示
层门	①操作电梯运行,断开层门电气安全装置(打开层门),电梯不能继续运行,应立即停止(对接操作、在开锁区域的平层和再平层操作除外) ②层门电气安全装置断开时操作电梯运行,电梯应不能启动	
轿门	①操作电梯运行,断开轿门电气安全装置(打开轿门),电梯不能继续运行,应立即停止(对接操作、在开锁区域的平层和再平层操作除外) ②轿门电气安全装置断开时操作电梯运行,电梯应不能启动	
自动关闭层门装置	将电梯远离开锁区域,开启层门后撤销外力,开启的层门在外力消失后应能自动关闭	

15.5　轿厢上行超速保护装置的试验

　　轿厢上行超速保护装置是防止轿厢冲顶的安全保护装置,该装置能有效地保护轿厢内人员、货物、电梯设备及建筑物的安全。

　　轿厢上行超速保护装置一般有限速器-夹绳器、轿厢上行限速器-安全钳保护装置、对重限速器-安全钳保护装置和限速器-永磁同步曳引机的制动器这 4 种形式。

　　轿厢上行超速保护装置试验的内容和要求如表 15-5 所示。

　　轿厢上行超速保护装置的各项试验结果符合表 15-5 中的各项试验要求时,可以判定为"符合"。

表 15-5　轿厢上行超速保护装置试验的内容和要求

试验内容	试验要求	图示
外观	速度监控部件和减速元件的外观应完好,无缺陷	 监控元件  减速元件
动作试验	①将空载轿厢开至最低层站,切断曳引电动机供电,人为打开曳引机制动器,使轿厢加速上行 ②用转速表监测电梯速度,当电梯速度超过额定速度时,人为触发减速元件(如夹绳器或曳引机制动器)动作,轿厢应能制停或减速 ③如轿厢不能制停,应记录转速表监测的速度,查看是否降低至对重缓冲器的设计范围 **小贴士**:*采用"封星"技术的曳引机,试验前需拆除封星回路*	 最低层站  切断电源  监测速度
动作后检查	动作后,检查电梯能否启动或继续运行	

15.6　紧急操作装置的检验

当电梯因突然停电或发生故障而停止运行时,乘客被困在轿厢中。当该情况出现时，救援人员可利用紧急操作装置将轿厢移动到平层位置，并把被困乘客救援到安全的地方。

当向上移动装有额定载荷的轿厢所需的操作力不超过400N时，可采用手动紧急操作装置（图15-5）并借助平滑而无辐条的盘车手轮移动轿厢救援被困乘客。

当向上移动装有额定载荷的轿厢所需的操作力超过400N时，就必须采用由正常或备用电源供电的紧急电动操作装置（图15-6）来移动轿厢而救援被困乘客。

图15-5　手动紧急操作装置

图15-6　紧急电动操作装置

手动紧急操作装置检验的内容和要求如表15-6所示；紧急电动操作装置检验的内容和要求如表15-7所示。

表15-6　手动紧急操作装置检验的内容和要求

检验内容	检验要求	图示
设置	如果向上移动装有额定载重量的轿厢所需要的操作力不大于400N,电梯曳引机应装设有手动紧急操作装置。如果轿厢移动时可带动此装置,则应借助一个平滑且无辐条的盘车手轮	
可拆卸式装置的要求	如果手动紧急操作装置是可拆卸的,手动紧急操作装置应放置在机器设备间内容易触及的地方。如果不能容易地识别该装置所匹配的电梯曳引机,则应在该装置上作出适当标记 如果手动紧急操作装置可从电梯曳引机上拆卸或脱出,应设置电气安全装置(该装置最迟在手动紧急操作装置装在曳引机时动作)	
紧急操作的观察	在紧急操作处应易于借助悬挂绳或限速器绳的标记或其他方式,检查轿厢是否在开锁区域	

检验内容	检验要求	图示
操作试验	在额定载荷的情况下,电梯停在底层站,切断主电源;一人手动释放制动器,另一人用盘车手轮将轿厢向上或向下移动到附近层站	 载荷 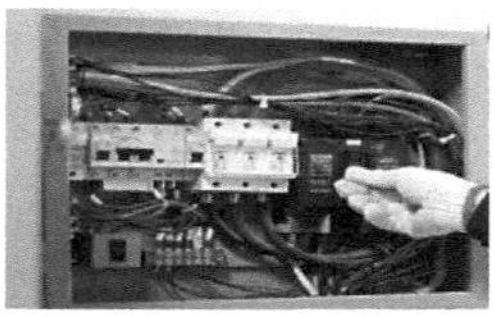 切断电源  释放制动器 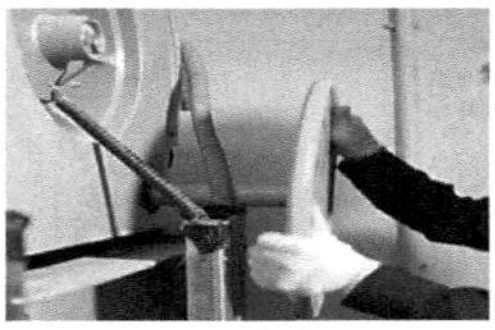 手动盘车

表 15-7 紧急电动操作装置检验的内容和要求

检验内容	检验要求	图示
设置	①如果向上移动装有额定载重量的轿厢所需的操作力大于 400N,则应设置紧急电动操作装置 ②应设置在机房内、机器设备间或紧急和试验操作柜(屏)上	
供电电源	电梯曳引机应由正常或备用电源供电(如有)	
紧急操作的观察	紧急电动运行开关及其操纵按钮应设置在使用时易于直接观察电梯曳引机的地方	

检验内容	检验要求	图示
功能试验	①操作按钮应通过持续揿压实现功能,具有防止误操作保护功能,运行方向应清楚标明	
	②紧急电动运行开关操作后,除由该开关控制的以外,应防止轿厢的一切运行。检修运行一旦实施,则紧急电动运行应失效	
	③紧急电动运行后,安全钳、限速器、轿厢上行超速保护装置以及极限开关和缓冲器上的电气安全装置均应失效	
操作试验	在额定载荷的情况下,电梯停在底层站,切断主电源,紧急电动操作装置应能将轿厢移至开锁区域	 载荷 切断电源 移至开锁区域

当紧急操作装置的各项检验结果符合表 15-6 和表 15-7 中的各项检验要求时,可以判定为"符合"。

15.7　停止装置的检验

停止装置属于主令控制电器的一种,当设备处于危险状态时,操作停止装置切断电源,停止设备运行,保护人身和设备安全。

电梯停止装置通常是由一个急停开关串联接入电梯的控制电路组成的。它主要用于紧急情况下直接断开控制电路的电源。停止装置应符合 GB/T 16754—2008《机械安全　急停　设计原则》中规定的"红色蘑菇形按钮",如有背景色,应为黄色。

停止装置应设置在需要使用且操作时没有任何危险、容易触及、方便操作的位置处。

停止装置检验的内容和要求见表 15-8。

当停止装置的各项检验结果符合表 15-8 中的各项检验要求时,可以判定为"符合"。

表 15-8 停止装置检验的内容和要求

检验内容	检验要求	图示
设置	①应在底坑、轿顶、机房等需要使用停止装置的位置设置,且应设置在人员易于触及且操作方便的地方 ②除对接操作外,轿厢内不应设置停止装置	
外观	停止装置应为双稳态、红色并标以"停止"字样,且有防误操作的保护功能	
功能试验	①电梯在正常运行和检修运行时,分别动作每个停止装置,电梯应立即停止运行 ②停止装置动作后,登记信号和层站召唤信号应消失、动力驱动的门应保持在非服务状态、给出运行指令、电梯应不能被启动	

15.8 检修运行控制装置的检验

电梯通常需要在轿顶上进行调试和维修保养,为保证轿顶上人员的安全,电梯必须以较低的速度运行,且应确保轿顶控制的优先权。在电梯上能实现这一作用的装置就是检修运行控制装置。

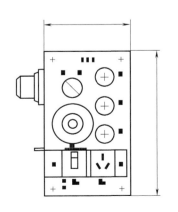
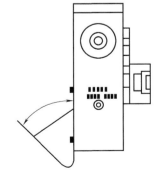

图 15-7 轿顶检修运行控制装置

检修运行控制装置由停止开关、检修状态转换开关（双稳态）、上下行运行按钮（须持续揿压、能防止误操作）和 2P＋PE 型电源插座组成。一种轿顶检修运行控制装置如图 15-7 所示。

　　检修运行控制装置检验的内容和要求如表 15-9 所示。

表 15-9　检修运行控制装置检验的内容和要求

检验内容	检验要求	图示
设置	应设置在轿顶易于触及的位置	
型式	检修运行控制装置应是双稳态的,除应设有防止意外操作的保护外,还应包括一个停止装置和 2P＋PE 型电源插座	
标识	应具有清晰的运行方向和功能状态标识	
控制的优先权	检修运行控制装置处于检修状态时 ①电梯不响应正常运行时的外呼和内选信号 ②电力驱动门的自动操作、紧急电动运行和对接操作也应失效 ③在其他功能或装置控制电梯时,电梯应立即停止运行或不响应	
功能试验	在轿顶,将检修运行控制装置的状态转换开关置于检修位置 ①持续按压上行按钮或下行按钮,观察轿厢运行方向应与按钮方向一致 ②断开电气安全装置或门的电气安全触点,运行中的电梯应立即停止,已停止的电梯应不能被启动	
副检修运行控制装置的设置(如有)	副检修运行控制装置的设置应符合 GB/T 10060—2011 中 5.9.2.4 的要求,不允许设置两个以上的检修运行控制装置	
互锁(如有)	设置有两个检修运行控制装置的电梯,应有一个互锁系统保证 ①将任意一个检修运行控制装置转换到"检修"状态,检修运行控制装置上的运行按钮应能运行电梯 ②将两个检修运行控制装置都转换到"检修"状态,任何一个检修运行控制装置都不可能移动轿厢或者只有在同时持续按压两个检修运行控制装置上的同向运行按钮时,才能移动轿厢	

当检修运行控制装置的各项检验结果符合表 15-9 中的各项检验要求时，可以判定为"符合"。

15.9 紧急报警装置和紧急照明装置的检验

当发生人员被困电梯轿厢内时，必须要有有效的通信装置将情况及时通知管理人员并通过救援装置将人员安全救出轿厢，这种通信装置就是电梯紧急报警装置。

电梯的紧急报警装置应能实现双向通话，这样被困人员能方便地使用紧急报警装置（而不需要再进行其他操作），与电梯管理机构（如监控值班室）进行有效应答。

为保证停电停梯时，轿厢内被困人员能对外发出报警信号，紧急报警装置必须由应急电源供电。此外，当电梯行程大于 30m 或在井道中工作的人员无法通过轿厢或井道逃脱时，也应在相应地点设置紧急报警装置。

电梯在断电情况下，紧急照明装置能自动点亮，使被困人员能看清操纵箱上的紧急报警装置按钮，从而可以操作该按钮向外求救。此外，相对于没有光源的封闭空间，轿厢内提供的紧急照明装置对等待救援的被困人员也起到一定的心理抚慰作用。

15.9.1 紧急报警和紧急照明装置检验的仪器设备

紧急报警装置和紧急照明装置检验所用仪器设备主要是照度计，照度计的使用方法和注意事项如表 15-10 所示。

表 15-10　照度计的使用方法和注意事项

名称	使用方法	注意事项
TES1330A型照度计	①按下"POWER"键,打开电源 ②打开光检测器盖,并将光检测器水平放在测量位置 ③选择适合测量挡位 ④如果显示屏左端只显示"1",表示照度过量,需按下量程键（"RANGE"键）,调整测量倍数 ⑤照度计开始测量,此时显示屏上显示照度的测量值 ⑥当数据显示比较稳定时,按下"HOLD"键,锁定数据 ⑦读取并记录显示值,若设定测量挡位为"×20000",测量值为显示值×10 ⑧再按一下锁定开关,取消读数锁定功能 ⑨每一次观测时,连续读数三次并记录 ⑩每一次测量工作完成后,按下"POWER"键,切断电源 ⑪盖上光检测器盖并放回盒中	①切勿在高温、高湿场所测量 ②使用时,光检测器需保持干净 ③光源测量的准确位置应在受光球面正顶端 ④光检测器的灵敏度会因使用条件和时间而降低,需定期校正

15.9.2 紧急报警装置和紧急照明装置检验的内容和要求

紧急报警装置和紧急照明装置检验的内容和要求如表 15-11 和表 15-12 所示。

当紧急报警装置和紧急照明装置的各项检验结果符合表 15-11 和表 15-12 中的各项检验要求时，可以判定为"符合"。

表 15-11 紧急报警装置检验的内容和要求

检验内容	检验要求	图示
设置	轿厢及有困人危险的地方需设置易于识别和触及的紧急报警装置	
功能试验	①电梯管理机构应能随时、有效响应轿厢或井道内的报警信号 ②在启动轿厢紧急报警装置之后,被困人员不必再做其他操作即可与管理机构进行通话 ③紧急报警装置的供电应来自轿厢的紧急照明电源或等效电源 ④紧急报警装置应是能持续对讲的双向通话系统	启动报警 有效应答

表 15-12 紧急照明装置检验的内容和要求

检验内容	检验要求	图示
设置	①轿厢内应设紧急照明装置,井道、机房应设永久性照明装置 ②轿厢照明灯是白炽灯类型,至少应用两只并联的灯泡	
紧急照明试验	①断开轿厢照明电源,在轿厢内观察紧急照明装置应有效。通过紧急照明装置应能看清有关说明、功能按钮和紧急报警装置 ②断开主电源,紧急照明装置仍应有效 ③紧急照明装置应由自动再充电的紧急电源供电。在正常照明电源中断的情况下,它至少能供 1W 灯具用电 1h	
轿厢照明	用照度计在轿厢操作盘上和轿厢地板处测量,照度不宜小于 50lx	
井道照明	关闭所有层门、轿门,用照度计测量,在轿顶面以上和底坑地面以上 1m 处的照度均至少为 50lx	
工作区域照明	打开电气照明装置,在地面以上 1m 处照度计测量工作区域、机器设备区间和安装有控制柜的滑轮间,其地面上的照度不应小于 200lx。未安装控制柜的滑轮间,在滑轮附近应有不小于 100lx 的照度	

15.10　制动器的检验

制动器是电梯不可缺少的安全保护装置，其作用主要是保证电梯正常运行时的可靠制停。

制动器电磁线圈得电，铁芯迅速吸合，带动制动臂克服制动弹簧的压力使制动闸瓦打开，曳引机主轴转动，电梯可以上下运行；制动器电磁线圈失电，铁芯在制动弹簧力的作用下复位，制动闸瓦闭合并抱紧制动轮，电梯停止运行并保持停止状态。

现在常见的制动器为电磁制动器，它由电磁铁、制动臂、制动闸瓦、制动轮、制动弹簧等组成，如图 15-8 所示。

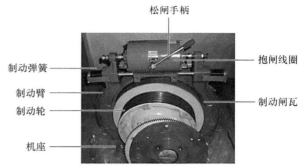

图 15-8　制动器的组成

制动器的检验用仪器设备主要是 EVA 625 型电梯综合性能测试仪。制动器检验的内容和要求如表 15-13 所示。

表 15-13　制动器检验的内容和要求

检验内容	检验要求	图示
型式	①制动器应为机电式常闭制动器,且应分两组单独装设 ②不得使用带式制动器	
电气控制	①查看电气图,判断是否有两个独立的电气控制装置	
	②电梯正常运行时人为按住一个接触器,在电梯正常停站后不让接触器释放,给电梯一个相同方向的运行指令,电梯可以继续运行;给电梯一个相反方向的运行指令,电梯应停止运行	分别按压
	③应分别试验两个独立的电气控制装置	电梯停止

检验内容	检验要求	图示
额定载荷下行单臂制动试验	①轿厢载有额定载重量并在行程中部以额定速度向下运行,人为使制动器中的一组机械部件不起作用并以额定速度向下运行 ②断开主电源,另一组机械部件应能使电梯减速下行	 载荷  拆机械部件 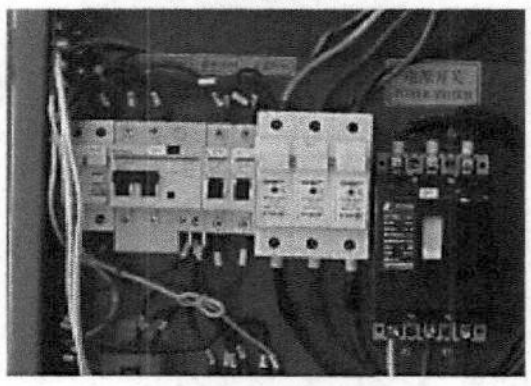 切断电源线  减速或停止
下行1.25倍额定载荷制动试验	①在轿厢中部按要求放置电梯综合性能测试仪进行测量 ②轿厢载有125%额定载重量并在行程中部以额定速度向下运行 ③断开主电源,电梯应能被可靠制停,轿厢的减速度不应超过安全钳动作或轿厢撞击缓冲器所产生的减速度	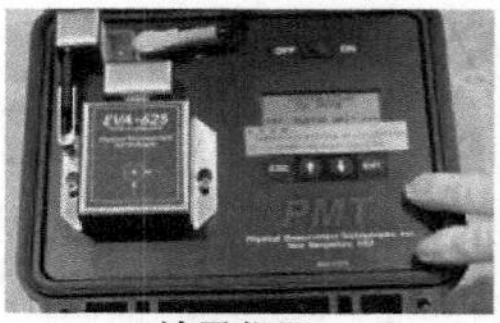 放置仪器  载荷准备  断开主电源

当制动器的各项检验结果符合表 15-13 中的各项检验要求时，可以判定为"符合"。

15.11 电动机运转时间限制器的检验

当曳引驱动电梯的轿厢或对重装置在运行过程中受到阻碍时，就会使曳引钢丝绳在持续旋转的曳引轮绳槽上打滑，打滑时间过长会使曳引钢丝绳或曳引轮槽严重磨损，甚至会发生曳引钢丝绳断裂事故。另外，如果电动机的转子产生堵转，当电梯启动后，就会使电动机的堵转电流很大而烧毁电动机。

因此为避免上述情况的发生，设置电动机运转时间限制器，对电梯非正常运行时的电动机进行保护。

电动机运转时间限制器检验所需的仪器设备主要是计时器。电动机运转时间限制器检验的内容和要求见表 15-14。

表 15-14　电动机运转时间限制器检验的内容和要求

检验内容	检验要求	图示
试验	①使电梯处于正常运行状态,选层向下运行,运行过程中人为使控制柜内的平层信号失效。电梯到达指定层站后,电梯由于无法找到平层信号而以检修速度向上寻找平层,此时电梯会长时间慢车运行(类似轿厢或对重装置向下运动时由于障碍物而停住,曳引钢丝绳在曳引轮绳槽上打滑);当电梯到达指定层站再次启动寻找平层时,用计时器开始计时,验证电动机运转时间限制器设定时间 **小贴士**:a. 使平层信号失效的方式:平层信号为常开触点时,拔掉平层信号线;平层信号为常闭触点时,短接平层信号控制电路 b. 对于楼层较低的电梯,在试验前应尽量调慢检修运行速度 ②电动机运转时间限制器设定时间应满足设计要求	 拆除短接线
复位情况	①电动机运转时间限制器动作后,恢复电梯正常运行只能通过手动复位 ②恢复断开的电源后,曳引机无需保持在停止位置	 恢复电源后电梯停止
优先权	电动机运转时间限制器动作后,分别操作轿厢检修运行按钮和紧急电动运行按钮(如有),电梯轿厢应能移动	

当电动机运转时间限制器的各项检验结果符合表 15-14 中的各项检验要求时，可以判定为"符合"。

15.12 载重量控制装置的检验

载重量控制装置的作用是限制轿厢的最大载重量，以防电梯由于超载发生事故。

载重量控制装置检验的内容和要求如表 15-15 所示。

表 15-15 载重量控制装置检验的内容和要求

检验内容	检验要求	图示
设置	应设置载重量控制装置	
动作点设置	使用标准砝码，在轿厢内装有额定载重量，当再装载 10% 的额定载重量且至少为 75kg 时，载重量控制装置应动作	
防止正常启动、再平层功能	在轿厢超载时，载重量控制装置应防止电梯的正常启动及再平层	
报警要求	轿厢内应有音响和(或)发光信号通知使用人员	
门状态	载重量控制装置动作时，动力驱动的自动门应保持在完全打开位置；手动门应保持在未锁状态	
取消预备操作功能	载重量控制装置动作时，应取消全部的预备操作功能	

当载重量控制装置的各项检验结果符合表 15-15 中各项检验要求时，可以判定为"符合"。

15.13 对接操作运行控制的检验

对接操作是为装卸货物方便而设置的一种在一定条件下的特殊运行方式，它通常用于载货电梯。在对接操作时，电梯轿门和层门均开启，轿厢在规定的距离内低速向上运行，运行到一定高度将货物送至运输车辆上或从运输车辆卸到轿厢中。如图 15-9 所示为对接运行示意图。

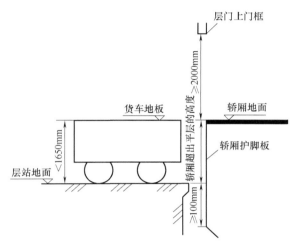

图 15-9 对接运行示意图

对接操作运行控制检验时主要使用钢卷尺和转速表。对接操作检验的内容和要求如表 15-16 所示。

表 15-16 对接操作检验的内容和要求

检验内容	检验要求
设置	层门和轿门只能从对接侧被打开；从对接操作的控制位置应能清楚地看到运行区域；轿厢内应设有一停止装置
运行区域	从相应平层位置开始，使用对接操作使电梯向上运行，电梯在运行一段距离后应能停止，用钢卷尺测量轿厢地坎与层门地坎的距离应不大于 1.65m；再使用对接操作向下运行，应能移动电梯
运行速度	运行速度不应大于 0.3m/s
钥匙开关	①只有在用钥匙操作的安全触点动作后，方可进行对接操作。此钥匙只有处在切断对接操作的位置时才能拔出 ②用钥匙操作的安全触点动作后应使正常运行控制失效，仅允许用持续揿压按钮使轿厢运行，运行方向应清楚地标明。钥匙开关本身或通过另一个电气开关可使相应层门门锁的电气安全装置、验证相应层门关闭状况的电气安全装置、验证对接操作入口处轿门关闭状况的电气安全装置失效
优先权	将检修装置置于"检修"状态，操作对接操作运行控制装置，对接操作应失效

当对接操作运行控制的各项检验结果符合表 15-16 中各项检验要求时，可以判定为"符合"。

15.14 曳引能力的试验

曳引驱动电梯是依靠曳引钢丝绳与曳引轮绳槽之间的摩擦力来提升轿厢的。曳引能力过大易导致轿厢冲顶，曳引能力过小则会使钢丝绳在曳引轮绳槽上打滑造成溜车。为此，电梯的安全运行需满足一定的曳引条件。

曳引能力是否满足实际使用需求，需通过曳引能力试验来确认。

曳引能力试验需使用的仪器设备主要为计时器。曳引能力试验的内容和要求如表 15-17 所示。

表 15-17　曳引能力试验的内容和要求

试验内容	试验要求	图示
空载曳引能力试验	将上限位开关（如果有）、极限开关和缓冲器柱塞复位开关（如果有）短接，以检修速度将空载轿厢提升。当对重装置完全压在缓冲器上后，继续使曳引机按上行方向旋转，曳引钢丝绳与曳引轮（绳槽）间应产生相对滑动，或者曳引机停止运转	短接 压实缓冲器 打滑或停止
上行制动工况曳引检查	轿厢空载，以额定运行速度上行至行程中上部时，切断电动机与制动器供电，轿厢应完全停止且无明显变形和损坏	
下行制动工况曳引检查	轿厢装载 125% 的额定载荷，以额定运行速度下行至行程下部时，切断电动机与制动器供电，曳引机应停止运转，轿厢应完全停止且无明显变形和损坏	载荷 断电 停止运行无损坏

试验内容	试验要求	图示
静态曳引能力试验	在最低层平层位置,轿厢装载规定载重量,历时10min曳引钢丝绳无打滑现象 **小贴士**:对于轿厢面积超过相应规定的载货电梯,以轿厢实际面积所对应的1.25倍额定载荷进行试验;对于非商用汽车电梯,以1.5倍额定载荷进行试验	

当曳引能力的各项试验结果符合表15-17中的各项试验要求时,可以判定为"符合"。

第 16 章

电梯整机性能检验与试验

电梯运行质量的优劣，除与构成电梯整机所用零部件的配置及其质量好坏有关外，还与电梯整机性能好坏有很大的关系。

电梯整机性能主要取决于运行速度、启动加速度、制动减速度、A95 加速度、A95 减速度、平层准确度、平层保持精度、开关门时间、轿厢振动加速度以及噪声、平衡系数和能耗水平。

电梯整机性能的检验是通过对运行速度、启动加速度、制动减速度等项目的性能指标进行测量、检查和试验等，并将结果与标准规定要求进行比较，以确定该项目性能指标是否合格所进行的活动。

16.1 电梯运行速度的检验

运行速度不仅是电梯的一个重要参数，而且也是其重要的性能指标之一。电梯的实际运行速度不同程度地会受诸如电源频率与电压、轿厢载重量以及电梯上下运行方向等因素的影响。

电梯运行速度的检验场所和条件如下。

① 电梯运行速度的检验应在电梯安装调试现场进行。

② 电源为额定电压（电压波动应在 $\pm7\%$ 范围内）和额定频率、电梯轿厢装载 50% 额定载重量且在电梯向下运行至行程中段（除去加速段和减速段）时测量。

16.1.1 电梯运行速度检验的仪器设备

对电梯运行速度的检验可使用多种仪器设备，如转速表、电梯综合性能测试仪、钢卷尺结合计时器等。由于使用转速表或钢卷尺结合计时器测量电梯运行速度的方法较为烦琐且测量精度不高，所以，目前较多地采用电梯综合性能测试仪对电梯运行速度进行测试。当然，由于电梯制造商不同，故电梯制造商可根据本单位仪器设备的配备情况选择确定检验仪器的品种和规格，但对检验仪器选择的基本要求是其测量精确度应在 $\pm1\%$ 范围内。

16.1.2 电梯运行速度检验的内容和要求

使用 EVA625 型电梯综合性能测试仪对电梯运行速度检验的内容和要求，如表 16-1所示。

电梯的运行速度测量值在额定速度的 $92\%\sim105\%$ 范围内时，可以判定为"符合"。

表 16-1　使用 EVA625 型电梯综合性能测试仪对电梯运行速度检验的内容和要求

检验内容	检验要求	图示
万用表使用前的自校准	①按下电源开关,观察万用表功能显示是否正常 ②若功能显示不正常,应停止使用	
电源电压测量	①将万用表的挡位旋钮切换至电压挡的适当量程位置(自动挡除外) ②测量主电源开关出线端任意两相间的电压值应在 353.4～406.6V 之间 ③电压测量值若不符合要求,应中止运行速度的检验	 选择适当量程  测量电压
仪器放置	将电梯综合性能测试仪可靠地放置在均布有 50% 额定载荷的轿厢地板中心半径为 100mm 的圆形范围内并调整水平。在整个检验过程中仪器应与轿厢地板始终保持稳定的接触,传感器的敏感方向应与轿厢地板垂直	
仪器自校准	①打开电梯综合性能测试仪的电源并进行使用前的自校准确认 ②自校准的结果应符合该仪器说明书规定的要求	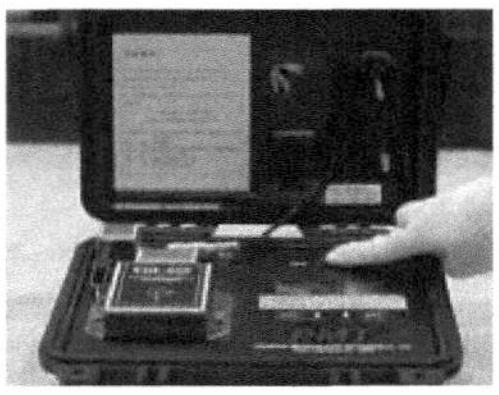
测试编号设定	设定本次任务的测试编号	
测试项目选择	选择测试项目并使其处于待命状态	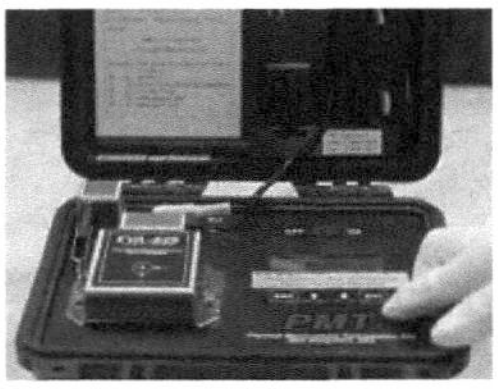

检验内容	检验要求	图示
测试前预操作	①操纵轿厢内部上行楼层指令 ②使电梯向上正常运行至全部行程上部后,开门停车 ③操纵轿厢内部下行楼层指令 ④使电梯向下正常运行至行程上下部后,开门停车	 操作上行指令  运行至行程上部,开门停车  操作下行指令  向下正常运行
测量操作	①轿厢内观察层站显示 ②当电梯向下运行接近至行程中段的上部时,触发测试按钮,开始测量 ③电梯继续向下运行至远离行程中段后的某一位置,再次触发测试按钮,结束测量	 观察层站 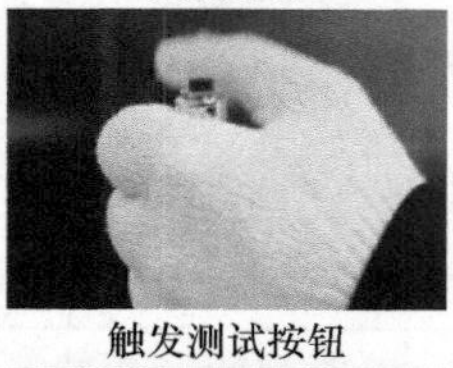 触发测试按钮 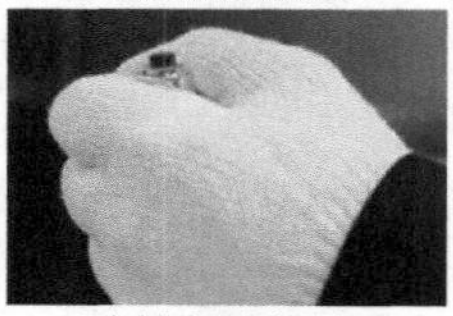 再次触发测试按钮

检验内容	检验要求	图示
数据处理	将仪器与计算机连接,通过专用软件分析、处理和记录所测量的运行速度	

16.2 启动加速度、制动减速度和 A95 加速度、A95 减速度的检验

乘客电梯加、减速度的限定一方面是提高电梯运行效率的需要，另一方面是提高电梯运行质量和乘客乘坐舒适感的需要。

电梯加、减速度也是电梯整机性能指标之一。电梯启动加速度、制动减速度和 A95 加速度、A95 减速度检验的内容和要求，如表 16-2 所示。

电梯启动加速度、制动减速度和 A95 加速度、A95 减速度的检验结果符合 GB/T 10058—2009 中 3.3.2 和 3.3.3 要求时，可以判定为"符合"。

表 16-2　电梯启动加速度、制动减速度和 A95 加速度、A95 减速度检验的内容和要求

检验内容	检验要求	图示
仪器放置	将 EVA625 型电梯综合性能测试仪可靠地放置在轿厢地板中心半径为 100mm 的圆形范围内并调整水平。在整个检验过程中仪器与轿厢地板始终保持稳定的接触,传感器的敏感方向与轿厢地板垂直	
仪器自校准	①打开仪器电源并进行使用前的自校准确认 ②自校准的结果应符合该仪器说明书规定的要求	
测试编号设定	设定本次任务的测试编号	
测试项目选择	选择测试项目并使其处于待命状态	

检验内容	检验要求	图示
测试前预备操作	①操纵轿厢内部上行楼层指令 ②使电梯向上正常运行至顶部端站,开门停车 ③操纵轿厢内部下行楼层指令 ④使电梯向下正常运行至底部端站	 操纵上行指令  运行至顶部端站,开门停车  操纵下行指令  运行至底部端站
测量操作	①在给出操纵轿厢内部上行楼层指令至少 0.5s 前,触发测试按钮,开始测量 ②电梯运行至底部端站,门完全打开至少 0.5s 后,再次触发测试按钮,结束测量 **小贴士:**①应在轿厢轻载和额定载重量工况下分别进行一次全程上行和全程下行检验 ②检验时轿厢内不应超过两人,如果测量期间有两人在轿厢内,他们不宜站在造成轿厢明显不平衡的位置。在测量过程中,每个人都应保持静止不动。为防止任何轿厢地板表面的局部变形而影响测量,任何人都不能把脚放在距离传感器 150mm 的范围内	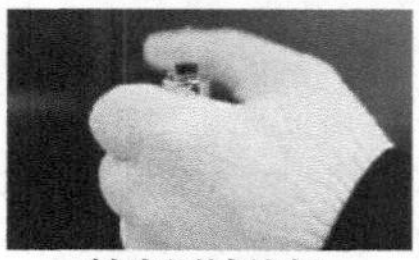 触发测试按钮  操纵轿厢上行  门完全打开 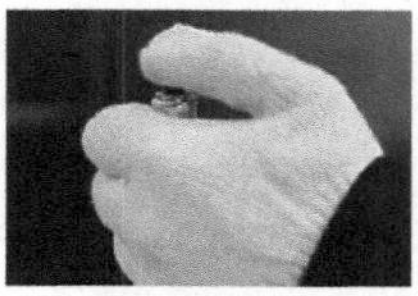 再次触发测试按钮

检验内容	检验要求	图示
数据处理	将仪器与计算机连接,通过专用软件分析、处理和记录所测量的电梯启动加速度、制动减速度和 A95 加速度、A95 减速度	

16.3 平层准确度和平层保持精度的检验

电梯的平层准确度和平层保持精度是衡量电梯使用是否方便的重要因素。将电梯轿厢的平层准确度和平层保持精度控制在一定的范围内,能减少人员进出时被绊倒和车辆进出轿厢困难等问题。

检验电梯平层准确度和平层保持精度,所用的仪器设备主要是宽座直角尺和计时器。轿厢平层准确度检验的内容和要求,分轻载和额定载重量两种工况,如表 16-3 所示。

表 16-3 平层准确度的检验

检验内容	检验要求	图示
检验前的准备	轿厢轻载(最多两名检验人员)/轿厢装载额定载重量的标准砝码	 轿厢轻载/满载
检验前预备操作	操作电梯,在单层、多层和全程上下各运行一次,具体做法如下 ①操纵轿厢内上行楼层指令 ②使电梯向上正常运行至指定层站,开门停车 ③操纵轿厢内下行楼层指令 ④使电梯向下正常运行至指定层站,开门停车	 操纵上行指令 上行至指定层站,开门停车 操纵下行指令 下行至指定层站,开门停车

检验内容	检验要求	图示
测量操作	①用宽座直角尺在开门宽度的中部测量每次停层时轿厢地坎与层门地坎间的垂直高度差 ②记录测量数据	 测量轿厢地坎与层门地坎间的垂直高度差 记录测量数据

平层保持精度检验的内容和要求如表 16-4 所示。

表 16-4 平层保持精度检验的内容和要求

检验内容	检验要求	图示
检验前的准备	①轿厢保持在底层平层位置,打开层门和轿门 ②准备额定载重量的标准砝码	
测量操作	①轿厢加载至额定载重量,用宽座直角尺在开门宽度的中部测量层门地坎上表面与轿厢地坎上表面间的垂直高度差 ②静止 10min 后,在同一位置再次测量层门地坎上表面与轿厢地坎上表面间的垂直高度差 ③上述两次测量数据的差值即为该电梯平层保持精度 ④记录测量数据	 测量垂直高度差 额载静置10min 记录测量数据

检验后,电梯轿厢的平层准确度在 ±10mm 范围内,平层保持精度在 ±20mm 范围内,可以判定为"符合"。

16.4 开关门时间的检验

电梯的开关门时间应限制在一个合理的范围内。开关门时间的设定应在保证电梯运行安全的前提下,尽可能地提高电梯的运行效率。

开关门时间检验的内容和要求分别见表 16-5 和表 16-6。

表 16-5 开门时间的检验

检验内容	检验要求
测试前对开门机构的检查	①开门机构安装应可靠,安全触点应有效 ②开门启动、减速应平稳,无卡阻、无碰撞声 ③开门到位开关完好
测量操作	①将电梯层门和轿门关闭 ②通过控制柜给电梯一个开门启动信号,开始计时 ③待开门到位后,读数并记录

表 16-6 关门时间的检验

检验内容	检验要求
测试前对关门机构的检查	①关门机构安装应可靠,安全触点应有效 ②关门启动、减速应平稳,无卡阻、无碰撞声 ③关门到位开关完好
测量操作	①将电梯层门和轿门打开 ②通过控制柜给电梯一个关门启动信号,开始计时 ③待关门到位后,证实层门和轿门锁紧装置(如果有)及层门和轿门闭合的电气安全装置的触点全部接通,然后读数并记录

乘客电梯水平自动滑动门的开关门时间的检验结果不超过电梯制造商给出的限值指标,可以判定为"符合"。

小贴士:如电梯制造商没有给出限值指标,按 GB/T 10058—2009 中 3.3.4 表 1 要求执行;当开门宽度在表中所列的范围内时,电梯制造商给出的限值指标不应超出表中的要求;当开门宽度超过 1300mm 时,其开关门时间不应小于由电梯制造商与客户协商确定后的值。

16.5 噪声的检验

噪声是发声体做无规则振动时发出的声音。电梯噪声是由设计、安装和使用不合理产生的。电梯噪声主要表现形式是低中频振动并通过固体介质传递。

电梯的噪声源主要有以下几方面。

① 高速运转的曳引机产生的振动和噪声。

② 轿厢及对重装置在导轨上下运行时,导靴与导轨间的摩擦引起的低频振动和噪声。

③ 电梯高速运行过程中曳引钢丝绳与曳引轮间产生的摩擦噪声。

④ 旋转部件(如限速器、张紧轮、导向轮等)与钢丝绳间摩擦产生的噪声。

⑤ 各机械结构之间固定松动或减振失效引起的振动和噪声。

⑥ 轿厢在封闭井道中高速运行与空气摩擦产生的噪声等。

设备噪声是利用声功率级来量度的,声功率级不能直接测量,而是通过声压级或声强级换算出来。声压级的单位是分贝或分贝尔,简称 dB。声功率级表示声源的辐射强度,衡量声源的发声能力。声功率级能反映一个声源的大小特性,它的大小只与声源本身有关,与其所处的环境无关。

声级计测量是通过声信号(声波)引起空气振动的振动波对声级计前端的传声器(话筒头)金属膜片的振动波信号转换成电信号,再经专用计权网络、电路运算放大后,由数字或电表方式显示噪声分贝值。

乘客电梯包括运行中轿厢内噪声、开关门过程噪声和机房噪声,这些噪声值的限值如

表 16-7 所示。

表 16-7　乘客电梯运行噪声的限值　　　　　　　　　　　　单位：dB（A）

额定速度 v/（m/s）	$v \leqslant 2.5$	$2.5 < v \leqslant 6.0$
额定速度运行时机房内平均噪声值	$\leqslant 80$	$\leqslant 85$
运行中轿厢内最大噪声值	$\leqslant 55$	$\leqslant 60$
开关门过程最大噪声值	$\leqslant 65$	

注：无机房电梯的"机房内平均噪声值"是指距离曳引机 1m 处所测得的平均噪声值。

电梯噪声检验所用的仪器设备主要是声级计。

运行中轿厢内噪声检验的内容和要求如表 16-8 所示。

表 16-8　运行中轿厢内噪声检验的内容和要求

检验内容	检验要求	图示
检验前准备	①将风扇、空调等轿厢内的附属设备以及可在轿厢内的警报、广播等层站附属设备关闭 ②声级计选择 FUNCT（功能）的 A 加权、RESPONSE 的 F（FAST）快速，将 RESPONSE 开关选在 MAX HOLD 位置	 关闭附属设备 声级计准备
仪器放置	将声级计水平指向轿门，传声器测头应位于轿厢地板中心半径为 0.10m 的圆形区域的正上方（1.5± 0.1)m 高度处	
测量操作	①测量背景噪声 ②除测试人员外轿厢空载，在电梯运行速度达到额定速度时进行测量，全程上、下各运行 3 次	 背景噪声测量 达到额定速度测量

检验内容	检验要求	图示
测量数据读取与记录	记录数据，取其中的最大值。如果所测声源噪声与背景噪声相差不大于 10dB(A)时应按 GB/T 10059—2009 中 4.2.5.4 进行修正	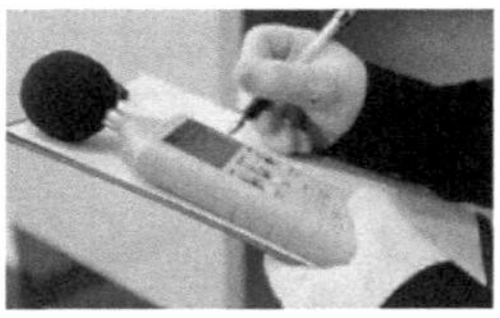

开关门过程噪声检验的内容和要求如表 16-9 所示。

表 16-9　开关门过程噪声检验的内容和要求

检验内容	检验要求	图示
检验前准备	声级计选择 FUNCT(功能)的 A 加权、RESPONSE 的 F(FAST)快速，将 RESPONSE 开关选在 MAX HOLD 位置	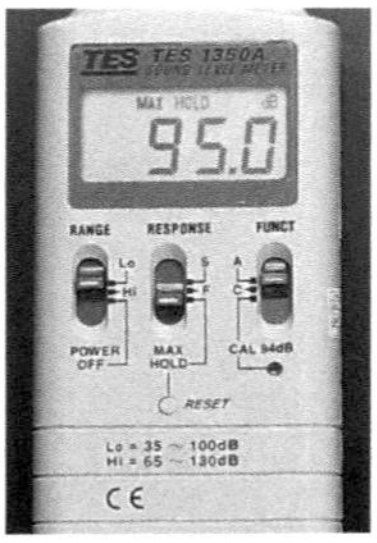
仪器放置	将声级计的传声器分别放置在轿厢内和层站门宽中央，传声器水平指向轿门和层门，在距门 0.24～0.30m，距地面(1.5±0.1)m 处分别测量	
测量操作	①测量背景噪声 ②任选包括首层在内的三层，对电梯开关门全过程进行噪声测量	 背景噪声测量  测量开关门噪声
测量数据读取与记录	记录读数，并取最大值。如果所测声源噪声与背景噪声相差不大于 10dB(A)时应按 GB/T 10059—2009 中 4.2.5.4 进行修正	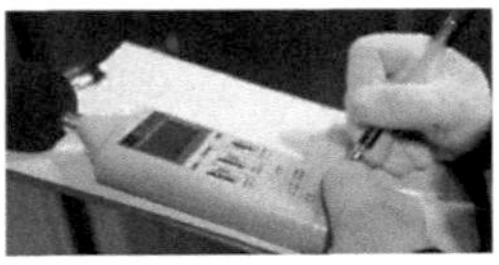

机房噪声检验的内容和要求如表 16-10 所示。

表 16-10　机房噪声检验的内容和要求

检验内容	检验要求	图示
试验前准备	声级计选择 FUNCT（功能）的 A 加权、RESPONSE 的 F（FAST）快速，将 RESPONSE 开关选在 MAX HOLD 位置	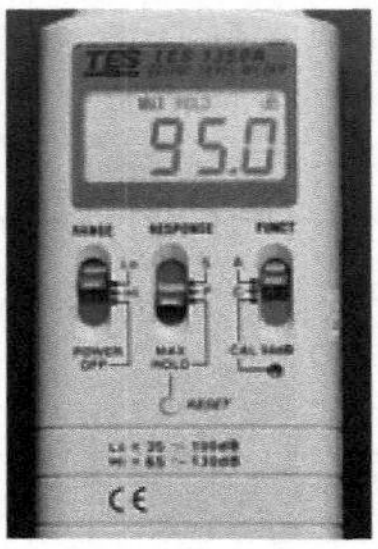
仪器放置	将声级计的传声器分别放置在距曳引机前、后、左、右最外侧各 1m 处的(H+1)/2 高度上(4 个点)及正上方 1m 处(1 个点)。若受建筑物结构或设备布置的限制可减少测试点,但不得少于 3 个 注:H 为高度	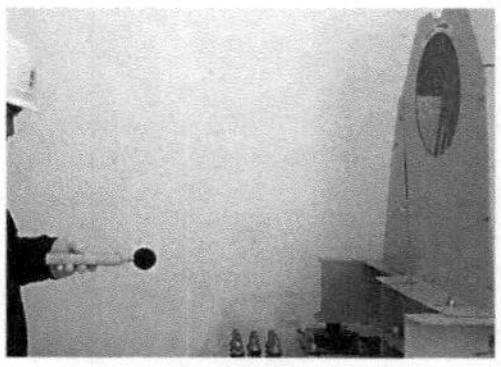 曳引机前  曳引机后 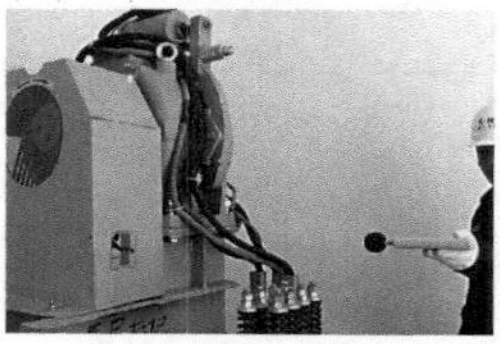 曳引机右侧  曳引机上方
测量操作	①测量背景噪声 ②电梯全程上下运行,分别测量在规定测试点的噪声	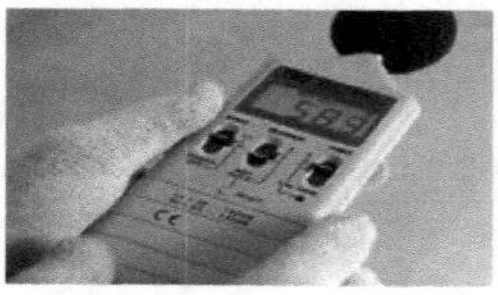

检验内容	检验要求	图示
测量数据读取与记录	记录读数,取每个测试点所测得声压修正值的平均值	

当噪声检验的各项检验结果符合 GB/T 10059—2009 中表 2 中各项检验要求时,可以判定为"符合"。

16.6　轿厢振动加速度的检验

振动加速度是评价电梯承运质量的重要性能指标之一。振动加速度过大,不仅会使乘客有头晕、想呕吐等不舒服的感觉,而且还会破坏机械结构之间的连接并产生大量噪声,甚至影响电梯的安全。

对电梯的结构,传统的方法是将其分为机械系统和电气系统两部分。因此,引起电梯振动的来源主要是机械系统和电气系统。

（1）机械系统引起的振动

① 曳引机引起的振动。由于曳引机长时间高速运转且承受较大扭矩及频繁启动、制动等,所以曳引机就是一个振动源。

② 钢丝绳引起的振动。钢丝绳的张力不同会对曳引轮绳槽产生不同的压力,使曳引轮各绳槽磨损不均匀。随着时间的延长会造成各绳槽节圆直径不同,钢丝绳间相对滑移加剧,引起运行中的振动。另外,曳引钢丝绳安装不当（如扭转）也会引起电梯的振动。

③ 导轨引起的振动。导轨扭曲、变形、工作面等缺陷,导轨的安装不当（如支架、压板螺栓松动和导轨距过大等）,导靴的选择和调整不当也会引起电梯运行中的振动。

④ 避振系统引起的振动。当电梯的避振系统失效或损坏时,电梯的振动会加剧。

（2）电气系统引起的振动

① 测速反馈的干扰。在电梯测速的闭环系统中一般采用光码盘作为速度反馈信号,速度反馈信号不正常是导致电气系统振动和机械谐振的重要原因之一。

② 由于谐波力矩造成电动机低速脉动,造成轿厢垂直振动。

轿厢振动加速度的测量可使用电梯综合性能测试仪。

电梯振动加速度的检验结果符合 GB/T 10058—2009 中 3.3.5 时,可以判定为"符合"。

16.7　平衡系数的检验

重量平衡系统的作用是使对重装置与轿厢能达到相对平衡,保证电梯在运行过程中即使载重量不断变化,仍能使两者的重量差保持在较小范围之内,使电梯具有合适的曳引力。重量平衡系统由对重装置和重量补偿装置两部分组成,如图 16-1 所示。

曳引驱动的理想状态是对重侧与轿厢侧的重量相等,此时曳引轮两侧钢丝绳的张力相等，若不考虑钢丝绳重量的变化，曳引机只要克服各种摩擦阻力就能轻松运行。

但实际上轿厢侧重量是一个变量，随着载荷的变化而变化，固定不变的对重侧重量不可能在各种载荷情况下都完全平衡轿厢侧重量。因此，对重侧重量只能取中间值，按标准规定只能平衡 0.4～0.5 的额定载重量，故对重侧总重量应等于轿厢自重加上 0.4～0.5 的额定载重量。这里的（0.4～0.5）即为电梯的平衡系数。

电梯平衡系数检验所使用的仪器设备主要是钳形电流表。

电梯平衡系数检验时，对于交流拖动的电梯一般用"电流法"，对于直流拖动的电梯用"电流-电压"法。这里主要介绍电梯平衡系数采用"电流法"检验的内容和要求，如表 16-11 所示。

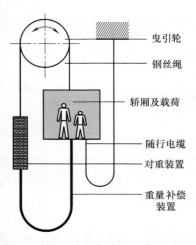

图 16-1　重量平衡系统的结构

表 16-11　平衡系数检验的内容和要求（电流法）

检验内容	检验要求	图示
测试前准备	①将电梯开到提升高度的中间位置,使轿厢与对重装置处在同一水平面上,在曳引钢丝绳上做明显的标记 ②现场准备额定载重量的标准砝码	对重装置与轿厢同一平面 标记钢丝绳 载荷准备
仪器放置	选择合适的电流量程,将钳口夹在主电源开关出线端的任一相线上,等待读数	选择量程

检验内容	检验要求	图示
仪器放置	选择合适的电流量程,将钳口夹在主电源开关出线端的任一相线上,等待读数	 钳口夹在任一相线上
测量操作	①在轿厢内装载30%额定载重量的标准砝码,使电梯上下各运行一次,观察曳引钢丝绳上所做的标记。当轿厢与对重装置处于同一水平位置时,记录上行电流值和下行电流值	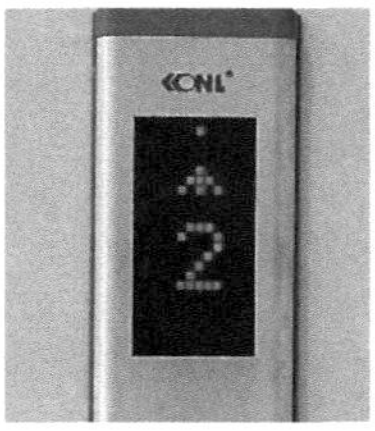 上行  观察曳引钢丝绳标记  读数  记录 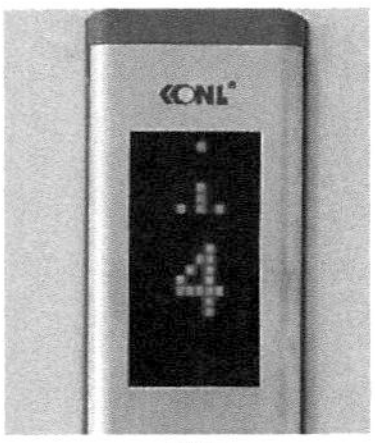 下行

检验内容	检验要求	图示
测量操作	②在轿厢内再分别装载 40%、45%、50% 和 60% 的额定载重量,使电梯上下各运行一次。当轿厢与对重装置处于同一水平位置时;记录上行电流值和下行电流值	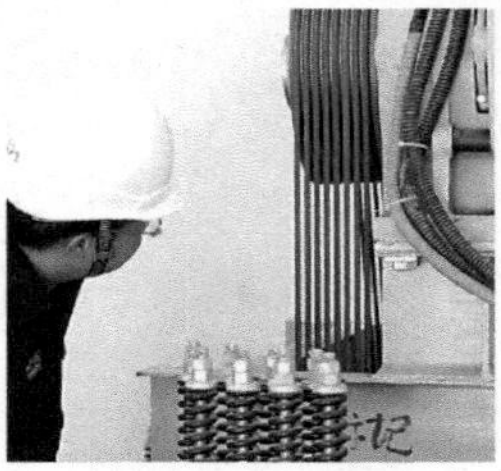 观察标记曳引钢丝绳  读数  记录
数据处理	根据记录的数据,在坐标纸上绘制载荷-电流曲线(横坐标为载荷,纵坐标为电流),上、下行电流曲线的交点所对应的 x 轴上的数值,即为所测平衡系数	

测量所得平衡系数在 0.4～0.5 范围内或满足设计要求时,可以判定为"符合"。

第 **17** 章

电梯能耗测试

GB/T 24489—2009《用能产品能效指标编制通则》对能源效率（能耗）指标的定义是：以用能产品的能源利用效率或能源消耗量等表示的能源利用性能参数。单就电梯这类设备而言，广义的电梯能效是指建筑物内垂直交通系统能源的利用效率，狭义的电梯能效是指电梯本身能量的转换效率。

电梯是一种特殊的机电产品，其能耗主要考虑机械传动损耗、运行损耗和电力损耗几个方面，但其最终的表现形式是电力损耗。按照电梯的工作特性，可以将电梯在具体工况下的能耗划分为运行能耗、开关门能耗和待机能耗。

降低电梯能耗的基本方式如下。

（1）机械结构的优化

① 尽量采用机房上置式结构，可以降低建设费用和使用能耗。

② 采用更加节能的无齿轮曳引机，可以节能 10％以上。

③ 采用合理的曳引比（如 2∶1）和曳引轮小型化设计，可以减小系统启动力矩和电动机功率。

④ 采用复合钢带传动的新方式。

⑤ 降低电动机转速，采用低转速大转矩电动机。

⑥ 降低井道内风阻的影响，采用摩擦系数小的接触元件等。

（2）驱动方式、电路控制的优化

① 使用 VVVF 驱动方式。

② 采用节能反馈装置。

③ 在电路中串接电阻、电抗，实现电梯软启动。

④ 使用节能照明装置、能耗较低的电气元件。

（3）其他方式

除了对曳引式电梯在机械结构、驱动方式和电路控制上实施优化外，电梯在设计、制造、安装阶段合理的选型和配置，安装、调试过程中合理的调整也对节能降耗起到十分重要的作用。

17.1 能耗测试的仪器设备

电梯能耗测试使用的仪器设备主要有 Fluck434 型电能质量分析仪和万用表。Fluck434 型电能质量分析仪的使用方法和注意事项如表 17-1 所示。

表 17-1 Fluck434 型电能质量分析仪的使用方法和注意事项

名称	使用方法	注意事项
  Fluck434型电能质量分析仪	有功电能测量如下 ①尽可能断开被测系统的电源 ②将带电流钳夹测试导线连接在电能质量分析仪的电流输入端 A(L1,即相线)、B(L2,即相线)、C(L3,即相线)和 N(中性线),并将电流钳夹夹持在被测系统对应的导线上,完成电流测试接线 **小贴士**:单相测量时,使用 A(L1)输入端 ③用电压测试导线依次将电能质量分析仪中的电压输入端 Ground(接地线)、N(中性线)、A(L1)、B(L2)和 C(L3)连接被测系统中相应接入点,完成电压测试接线 **小贴士**:单相测量时,应使用 Ground(接地线)、N(中性线)及 A(L1)输入端 ④打开被测系统的电源 ⑤按下电源键,打开电能质量分析仪电源 ⑥按下"MENU"键,选择打开"功率和能量"测试功能 ⑦按下 F3 键(能量功能键"ENERGY"),弹出总能量使用量计量屏幕 ⑧按下 F5 键(重置能量键)后,开始测量 ⑨完成测试后,记录"总能量使用量计量屏幕"中有功功率(kW·h)的数值即为总能量值	①测量电阻时,被测电路必须完全放电,并且与电源电路完全隔离 ②电压探头和电流夹钳在接线时要注意相序 ③夹持电流钳夹时应注意电流方向,电流的流向应与电流钳夹所标的方向一致 ④不要施加超出电能质量分析仪、电压探头或电流钳夹所标额定值的输入电压

17.2 能耗测试的内容和要求

运行状态下主电源能耗测试的内容和要求如表 17-2 所示;待机状态下主电源或辅助设备能耗测试的内容和要求如表 17-3 所示,运行状态下辅助设备能耗测试的内容和要求如表 17-4 所示。

表 17-2 运行状态下主电源能耗测试的内容和要求

测试内容	测试要求	图示
前期准备	①用万用表测量主电源电压 ②断开主电源,将电能质量分析仪连接到主电源所有相线、中性线、接地线的接入点上 ③进行电能质量分析仪有功电能测量的设置	 测量主电源电压 断电 接线 设置

测试内容	测试要求	图示
能耗测试前准备	①将电梯设置为在两端站间自动循环运行模式（如果可能） ②将轿厢运行到底层端站	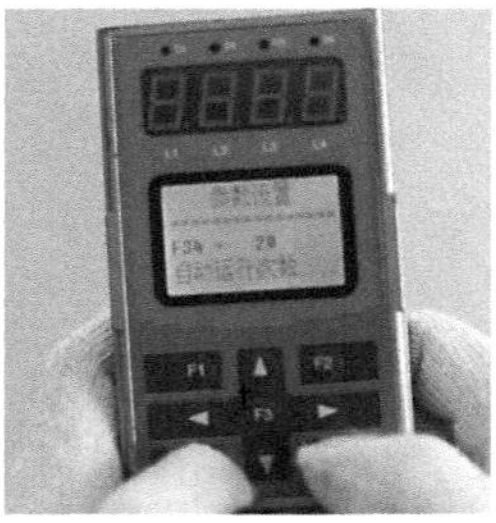 设置自动循环模式  运行到底层端站
测试操作	①用电能质量分析仪进行端站间电能的循环测量 ②记录不少于 10 个循环次数的所测电能 **小贴士**：一个循环是指电梯从底层端站上行至顶层端站，再返回底层端站	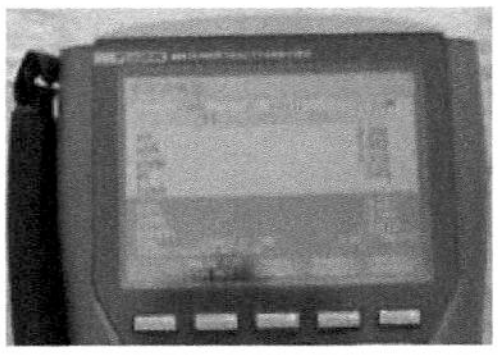

表 17-3　待机状态下主电源或辅助设备能耗测试的内容和要求

测试内容	测试要求	图示
前期准备	①用万用表测量主电源或辅助设备电源电压 ②断开主电源或辅助设备电源电压，将电能质量分析仪连接到主电源或辅助设备电源电压所有相线、中性线、接地线的接入点上 ③进行电能质量分析仪有功电能测量的设置	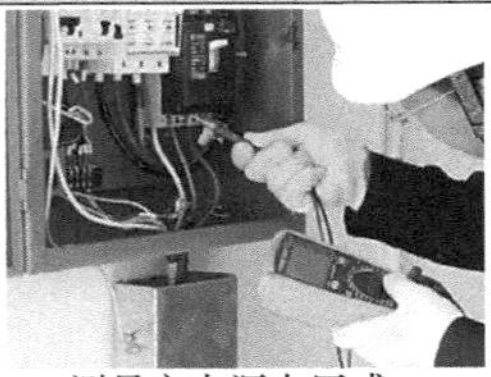 测量主电源电压或 辅助设备电源电压 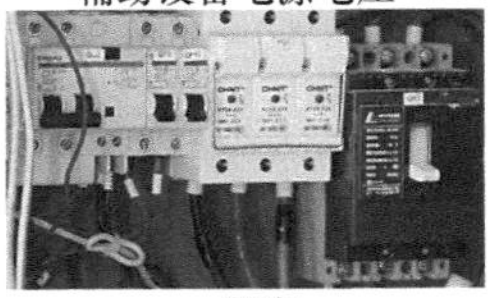 断电 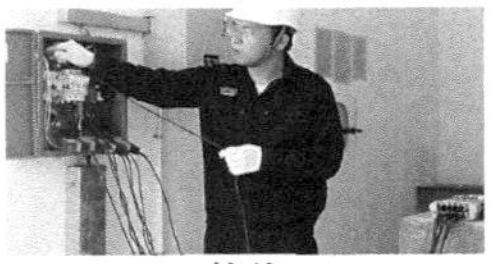 接线  设置

测试内容	测试要求	图示
能耗测试前准备	将轿厢运行至底层端站设置自动循环模式	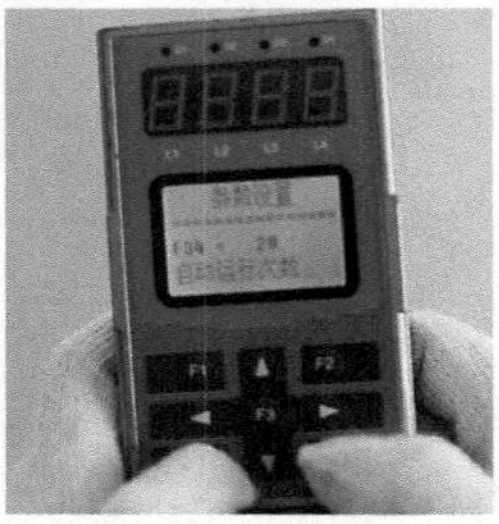 设置自动循环模式  运行到底层端站
测试操作	保持轿厢停止在底层端站 5min,用电能质量分析仪测量	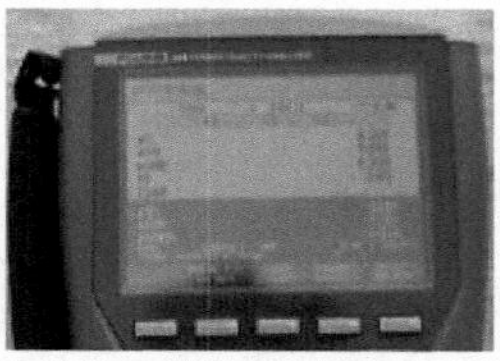

表 17-4 运行状态下辅助设备能耗测试的内容和要求

测试内容	测试要求	图示
前期准备	①用万用表测量主电源或辅助设备电源电压 ②断开主电源或辅助设备电源电压,将电能质量分析仪连接到主电源或辅助设备电源电压所有相线、中性线、接地线的接入点上 ③进行电能质量分析仪有功电能测量的设置	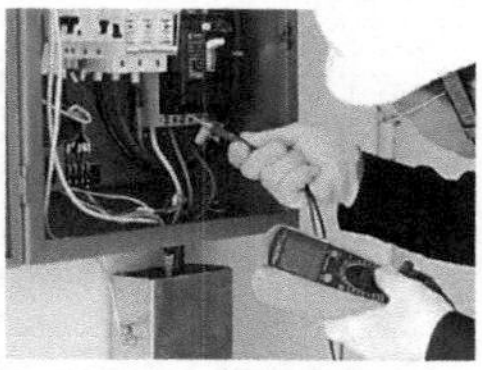 测量主电源电压或辅助设备电源电压 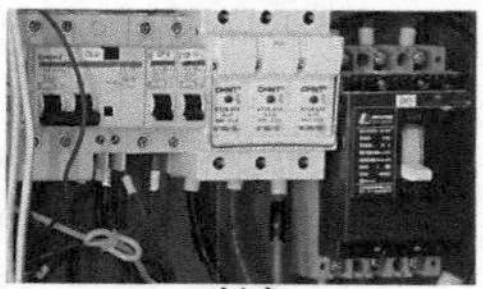 断电  接线 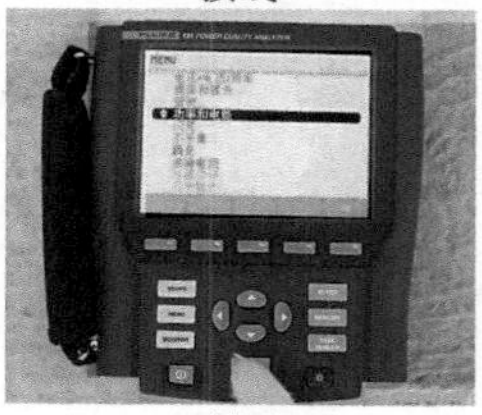 设置

测试内容	测试要求	图示
能耗测试前准备	①将电梯设置为在两端站间自动循环运行模式（如果可能） ②将轿厢运行至底层端站	设置自动循环模式 运行到底层端站
测试操作	①用电能质量分析仪进行端站间电能的循环测量 ②记录不少于 10 个循环次数的所测电能	

电梯能耗测试结果如表 17-5 所示。

表 17-5　电梯能耗测试结果

内容	要求	图示
测试数据读取与记录	读取并记录电能质量分析仪有功电能值和循环次数	
数据计算与记录	用总能耗除以循环次数所得出的平均值即为电梯相应状态下的能耗，并记录此数值	

第 4 篇

电梯修理与维护保养

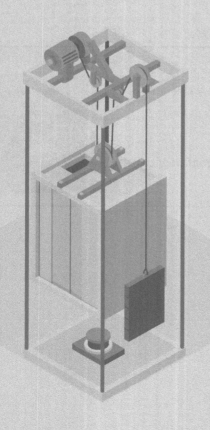

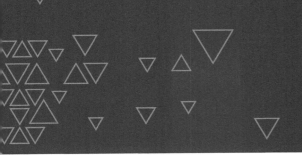

第*18*章

电梯修理概述

18.1 常见电气故障描述

电气系统是电梯的重要组成部分，包括控制柜、操纵箱、召唤盒、强迫减速与限位开关、平层装置、轿顶检修箱，以及曳引电动机、制动器线圈、门机、极限开关等。它们分别被安装在电梯机房、井道和层站。

电梯故障中很大一部分比例是电气系统故障。目前主流的电梯控制系统可以对大多数故障进行自诊断。电气故障主要有两类原因，一类是因为电梯处于某种可能导致危险情况发生的状态，控制系统进行的某种保护；另一类是电气系统本身的故障。处理电气故障的目的是不仅使电梯恢复正常运行，而且还需对电梯故障进行根本性排除。

（1）电梯在正常状态、检修状态均无法运行的故障（表 18-1）

表 18-1　电梯在正常状态、检修状态均无法运行的故障

可能的故障	故障现象
安全回路故障	电梯无法正常运行、检修状态下也无法运行,安全接触器(如有)不吸合,安全回路指示灯(如有)不亮,安全回路未能接通
门锁回路故障	电梯无法正常运行、检修状态下也无法运行,门锁接触器(如有)不吸合,门锁回路指示灯(如有)不亮,门锁回路未能接通
运行接触器故障	运行接触器无法吸合,或主触点接触不良
制动接触器故障	制动接触器无法吸合,或主触点接触不良
电动机过热	电梯检修、正常运行均无法启动
运行接触器反馈点故障	①如反馈点在运行接触器吸合前反馈正确、吸合后反馈错误,则运行接触器可吸合,但吸合后随即释放 ②如反馈点在运行接触器吸合前反馈错误,则运行接触器无法吸合
制动接触器反馈点故障	①如反馈点在制动接触器吸合前反馈正确、吸合后反馈错误,则运行接触器和制动接触器均可吸合,但吸合后随即释放 ②如反馈点在制动接触器吸合前反馈错误,则接触器无法吸合
制动器机械反馈点故障	①如反馈点在制动器打开前反馈正确、吸合后反馈错误,则接触器可吸合,但吸合后随即释放 ②如反馈点在制动器打开前反馈错误,则接触器无法吸合
变频驱动模块或控制板故障	变频驱动模块或控制板无法正常工作

（2）电梯不能正常运行、检修状态下可以运行的故障（表 18-2）

（3）电梯可运行，部分常见功能故障（表 18-3）

表 18-2　电梯不能正常运行、检修状态下可以运行的故障

可能的故障	故障现象
限位开关故障	电梯正常不能运行,检修状态下只可以向一个方向运行
减速开关故障	减速开关一直动作,电梯检修运行速度缓慢,经过平层区域时有可能不能继续运行
平层感应器故障	电梯正常运行时无法停梯,有可能会报打滑故障,电梯运行中平层感应器指示灯无变化,检修可运行
门机故障	①电梯门机开关门到位故障,控制系统无法接收开关门到位信号,电梯无法正常运行,部分梯型可检修运行 ②门机无法正常开关门,正常运行到站后电梯不开门或开门后无法关门
轿厢通信故障	电梯控制板轿厢通信指示灯闪烁异常,部分电梯检修可以运行,但无法正常运行;另有部分电梯轿顶检修信号与电梯控制板串行通信,则检修也无法使用

表 18-3　电梯可运行,部分常见功能故障

可能的故障	故障现象
轿厢风扇、照明故障	电梯轿厢风扇、照明无法正常工作
消防返基站功能故障	基站消防功能开关动作后,电梯无法正常执行消防返基站功能
消防员操作功能故障	轿厢消防开关动作后,电梯无法正常执行消防员功能
外呼或内选故障	①外呼按钮故障或层站通信板故障,部分楼层召唤无法呼梯 ②内选按钮故障,内选指令板故障,操纵箱部分楼层无法选层
光幕或安全触板故障	光幕被遮挡后或安全触板动作后电梯仍关门
平层感应器故障	①电梯某一层或某几层平层不良 ②电梯每层都平层不良,且平层差异有共性
多方通话故障	电梯多方通话中的任意两方或多方无法进行通话
对重开关故障	①电梯超载,无声光报警,电梯仍能启动运行 ②电梯载荷未达到额定载重量,电梯报超载
应急照明故障	①应急照明灯即使在轿厢照明失效的情况下也不亮 ②应急照明灯在轿厢照明正常供电情况下也会亮

18.2　常见机械故障描述

　　电梯主要由机械系统和电气系统两部分组成,当遇到电梯故障时,首先要分清是机械故障还是电气故障。电梯机械系统的常见故障原因有连接紧固件松脱、系统润滑不畅、机械疲劳、自然磨损等。

　　一旦发生故障,维修人员应及时赶赴现场,向现场使用人员及安全管理人员了解电梯情况,采取应对的处理措施,通过多种途径判断故障的根源。

　　电梯机械故障的外部表现形式有很多,如振动、异响等。其形成原因多为零部件松动、间隙失调、变形、磨损等。故障零部件通过机械运动的各级传递引起轿厢抖动、摇晃,运行时发出尖锐的异响等。

　　(1)曳引系统常见故障(表 18-4)

表 18-4　曳引系统常见故障

可能的故障	故障现象
蜗轮蜗杆曳引机减速器故障	齿面润滑油中混入砂粒、硬物等,对齿面形成切、削、刮、研,造成齿面磨损,产生振动和异响
曳引机轴承故障	①轴承磨损,轴承润滑脂中有异物 ②曳引机负荷过大使轴承疲劳失效 ③轴承缺油,导致曳引机运行时有异常尖锐的响声

可能的故障	故障现象
无法盘车故障	①减速器由于干摩擦或油质差使得齿轮咬死 ②手动松闸装置失效，无法松闸 ③盘车装置接触面齿轮磨损严重，导致盘车时打滑，无法盘车 ④制动器间隙过小，弹簧太紧、失调，导致无法盘车
制动器过热故障	①电磁体工作时，磁柱有卡阻现象，可能伴随线圈发热 ②闸瓦与制动轮的间隙偏移，造成单边摩擦生热
曳引钢丝绳打滑故障	①曳引轮绳槽磨损，造成曳引钢丝绳打滑 ②曳引钢丝绳油脂过量，导致打滑 ③曳引钢丝绳延伸过量
钢丝绳问题	①钢丝绳出现笼状畸变、绳股挤出、扭结、部分压扁、弯折 ②钢丝绳张力不均匀，导致张力过大的钢丝绳异常磨损，出现断丝或断股 ③钢丝绳表面有锈斑、锈蚀 ④钢丝绳在运行中抖动异常，导致运行时电梯出现抖动

（2）轿厢与导向系统常见故障（表 18-5）

表 18-5　轿厢与导向系统常见故障

可能的故障	故障现象
轿厢装配不良	①轿厢在运行中有异常振动 ②轿厢在运行中产生碰击声 ③轿厢在运行中晃动 ④电梯运行时，轿厢发出刺耳的摩擦声
导向系统故障	①电梯在上下运行时有"嘶嘶"声 ②固定滑动导靴靴衬磨损严重 ③轿厢水平方向低频振动超标 ④电梯启动或制动过程中振动 ⑤导轨表面布满深浅不平的槽

（3）电梯门系统与重量平衡系统常见故障（表 18-6）

表 18-6　电梯门系统与重量平衡系统常见故障

可能的故障	故障现象
电梯门系统故障	①电梯平层开门时，轿门打开但层门打不开 ②层门、轿门开启与关闭时有卡阻 ③开关门过程中门扇与相对运动部位有撞击、摩擦声 ④关闭层门、轿门时有撞击声 ⑤开关门时门扇振动和跳动
重量平衡系统故障	①电梯运行中对重轮噪声异常严重 ②电梯运行中，对重架晃动大 ③在 2∶1 绕绳方式驱动的电梯运行中，对重装置及轿顶的反绳轮有很大的噪声 ④电梯补偿链脱落

（4）安全保护装置常见故障（表 18-7）

表 18-7　安全保护装置常见故障

可能的故障	故障现象
限速器、安全钳故障	①安全钳误动作 ②安全钳与导轨间隙变小，产生摩擦 ③轿厢在运行中突然被卡在导轨上不能移动

18.3　电气故障分析方法

当电梯电气系统发生故障时，首先要"问、看、听、闻"，以便对故障做到心中有数。

所谓问，就是询问故障发生时的现象，询问在故障发生前是否做过任何调整或更换元件的工作。

所谓看，就是观察每一个零件是否正常工作，看控制电梯的各种信号指示灯是否正确，看电气元件外观颜色是否变化等。

所谓听，就是听电路工作时是否有异声。

所谓闻，就是闻电气元件是否有异常气味。

判断电梯电气系统故障的依据是电梯控制原理。若要迅速排除故障，需要掌握电梯控制系统的电气原理，清楚电梯在选层、定向、关门、启动、加速、减速、平层、开关门等全过程中各环节的工作原理，各电气组件之间的相互控制关系，结合电梯出现的具体故障，依据电气原理图和电梯工作原理，分析故障原因并找到故障点。

18.3.1　电梯电气故障的一般分析方法

电梯电气故障的一般分析方法见表 18-8。

表 18-8　电梯电气故障的一般分析方法

分析方法	操作过程
程序检查	电梯是按一定程序运行的，每次运行都要经过选层、定向、关门、启动、加速、运行、减速、平层、开门的循环过程，其中每一步称作一个工作环节。实现每一个工作环节，都有一个对应的控制电路（或控制程序） 程序检查法就是确认故障具体出现在哪个控制环节上，这样排除故障的思路明确、有针对性
静态电阻测量法	静态电阻测量法是在断电情况下，用万用表电阻挡测量电路的阻值是否正常的方法 通过测量电阻值，可以判断线路是否正常
电压测量法	电压测量法是在通电情况下测量各电气元器件两端电压的方法 根据电气原理图，通过万用表电压挡测量控制电路上有关点的电压是否正确，就可判断故障所在位置
短路法（此方法不建议用）	短路法是在断电情况下，采用专用短接线临时短接相关回路判断故障的方法 当怀疑某些触点有故障时，可以临时用专用短接线把该触点短接，此时通电若故障消失，则证明判断正确，说明该电气元件已损坏
断路法	控制电路还可能出现一些特殊故障，如电梯在没有内选或外呼指示时就停层等，这说明电路中某些触点被短接。查找这类故障的最好办法是断路法，就是把怀疑产生故障的触点断开，如果故障消失，说明判断正确 断路法主要用于"与"逻辑关系的故障点
替代法	发现故障出于某元件或某块电路板时，可把认为有问题的元件或电路板取下，用无故障的元件或电路板代替，如果故障消失，则认为判断正确；反之，则需要继续查找 一般对易损的元器件或重要的电子板往往都有备用件，一旦发生故障立即更换，即可解决故障（故障件可慢慢查找修复） 替代法是一种快速排除故障的方法
经验排除法	为了能够迅速排除故障，除了不断总结自己的实践经验，还要不断学习别人的实践经验 电梯的故障形成是有一定规律的，有的经验是用血汗和教训换来的，维修人员更应重视。这些经验可以使维修人员快速排除故障，减少事故和损失

18.3.2 电梯常见电气故障及可能性分析

（1）安全回路故障（表 18-9）

表 18-9 安全回路故障

可能的故障	修理方法
相序继电器动作	输入电源的相序错相或由缺相引起相序继电器动作,检查电源回路,排除电源故障
热继电器动作	电梯长时间处于超负载运行或堵转,引起热继电器动作。根据检查的情况排除故障
限速器开关动作	限速器超速引起限速器开关动作,根据检查的情况排除故障
极限开关动作	电梯冲顶或蹲底引起极限开关动作,根据检查的情况排除故障
底坑张紧轮开关动作	可能是限速器钢丝绳跳出或伸长导致张紧轮开关动作,根据检查的情况排除故障
安全钳开关动作	根据检查的情况排除故障
安全窗开关动作	安全窗被人顶起,引起安全窗开关动作,根据检查的情况排除故障
急停开关动作	急停开关动作引起安全回路断开,根据检查的情况排除故障
线路故障	如果各开关都正常,应检查其触点接触是否良好、接线是否松动等。目前较多电梯虽然安全回路正常,安全继电器也吸合,但通常在安全继电器上取一副常开触点再送到微机（或 PLC）进行检测。如果安全继电器本身接触不良,也会引起安全回路故障

（2）门锁回路故障（表 18-10）

表 18-10 门锁回路故障

可能的故障	修理方法
门锁回路断开	为保证电梯必须在全部门关闭后才能运行,在每扇层门及轿门上都装有电气联锁开关。只有全部电气联锁开关在接通的情况下,电梯才能运行 门锁故障虽然容易判断,却很难找出具体是哪层门故障 ①首先应重点怀疑电梯停止层的门锁是否故障 ②询问是否有三角钥匙打开过层门,在层门外用三角钥匙重新开关一下层门,如果故障消失,需要检查并修复该层层门锁 ③确保在检修状态下,在控制柜通过层门或轿门旁路装置（如果有）,分开短接层门锁和轿门锁,分出是层门锁故障还是轿门锁故障。如是层门锁故障,确保检修状态下,通过层门或轿门旁路装置（如果有）短接层门锁回路,以检修速度运行电梯,逐层检查每层层门锁接触情况 **小贴士**:在修复门锁回路故障后,一定要将层门和轿门旁路装置恢复到正常状态,方能将电梯恢复到正常状态 另外,目前较多电梯虽然门锁回路正常,门锁接触器（如果有）也吸合,但通常在门锁接触器（如果有）上取一副常开触点再送到微机（或 PLC）进行检测,如果门锁接触器（如果有）本身接触不良,也会引起门锁回路故障

（3）电梯轿厢到平层位置不停车故障（表 18-11）

表 18-11 电梯轿厢到平层位置不停车故障

可能的故障	修理方法
上、下平层感应器的接线接触不良	检查接线确保接好
隔磁板与感应器相对位置有误	将感应器调整好,调整隔磁板或感应器的安装位置
上、下平层感应器损坏	更换平层感应器
控制回路出现故障	排除控制回路的故障

（4）轿厢平层准确度误差过大故障（表 18-12）

表 18-12 轿厢平层准确度误差过大故障

可能的故障	修理方法
超载装置无效,轿厢超负荷运行	检查对重装置,根据检查的情况排除故障
制动器间隙调整不当	调整制动器,使其间隙符合标准要求
平层感应器与隔磁板位置尺寸发生变化	调整平层传感器与隔磁板位置尺寸
制动力矩不足	调整制动力矩

（5）选层开关门后电梯不能启动运行故障（表 18-13）

表 18-13　选层开关门后电梯不能启动运行故障

可能的故障	修理方法
层轿门电气联锁开关接触不良或损坏	修复或更换层轿门电气联锁开关
制动器未能打开	检查制动器线圈、电源控制回路各元器件和线路是否正常。如有问题，换元器件、排除线路故障
电源电压过低	待电源电压正常后再投入运行
运行接触器反馈点故障	检查运行接触器反馈点是否烧毁和对应线路是否正常。如有问题，更换对应元器件、排除线路故障
制动器接触器反馈点故障	检查制动器接触器反馈点是否烧毁和对应线路是否正常。如有问题，更换对应元器件、排除线路故障

（6）电梯到达平层位置不能开门故障（表 18-14）

表 18-14　电梯到达平层位置不能开门故障

可能的故障	修理方法
开门电路熔断器熔体熔断	更换熔断器的熔体
开门限位开关触点接触不良或损坏	更换或修复开关门限位开关
开门继电器损坏或其控制电路有故障	更换开门继电器，修复控制电路故障

（7）按关门按钮不能自动关门故障（表 18-15）

表 18-15　按关门按钮不能自动关门故障

可能的故障	修理方法
关门电路的熔断器熔体熔断	更换同型号规格的熔断器熔体
关门继电器损坏或其控制回路有故障	更换同型号规格的关门继电器或检查电路故障并修复
关门第一限位开关的触点接触不良或损坏	更换同型号规格的关门第一限位开关
安全触板或光幕未复位或开关损坏	调整安全触板或光幕或更换安全触板开关
电梯处于超载、司机、独立、基站消防等状态	检查超载、司机、独立、基站消防等设置

（8）变频器损坏故障（如果有）（表 18-16）

表 18-16　变频器损坏故障

可能的故障	修理方法
变频器损坏	① 切断总电源，进行电源锁闭 ② 用万用表检查控制柜动力线输入端是否有电 ③ 拆下损坏的变频器，记录原有变频器的接线顺序 **小贴士**：可以用手机拍照留存，方便日后检查 ④ 更换新的变频器。更换新的变频器需要注意以下几个方面 a. 电压等级。变频器电压等级应与设计回路电压等级一致，一般更换同品牌、同型号的变频器。如没有同型号变频器，需考虑兼容电压等级及控制方式 b. 适配 PG 卡类型。更换新的变频器，需要考虑适配曳引机编码器输出信号类型，必要时增加对应的 PG 卡 c. 外置制动单元和制动电阻。更换新的变频器，需要考虑制动单元和制动电阻的匹配性，根据变频器推荐选择进行处理。必要时，进行制动单元和制动电阻的更换 **小贴士**：更换变频器后需要根据现场参数进行曳引电动机参数调试，确保对曳引电动机的正常控制

（9）接触器损坏故障（表 18-17）

表 18-17　接触器损坏故障

可能的故障	修理方法
接触器损坏	① 切断总电源，进行电源锁闭 ② 用万用表检查控制柜动力线输入端是否有电 ③ 拆下损坏的接触器，记录原有接触器的接线顺序

可能的故障	修理方法
接触器损坏	**小贴士**:可以用手机拍照留存,方便日后检查 ④ 更换新的接触器。更换新的接触器需要注意以下几个方面 　a. 线圈电压。线圈电压应与设计回路电压等级一致,更换的接触器线圈电压应与原接触器一致 　b. 主触点容量。主触点容量一般需要大于主回路电流的 1.15 倍。更换时,需要分析原接触器是否是容量不足导致损坏,应更换合适的接触器 **小贴士**:更换接触器时,还需要考虑回路中辅助触点的数量,必要时增加辅助触点

18.4　机械故障分析方法

电梯的机械部件主要有曳引机、导轨、层门、轿门、对重装置、安全钳、限速器、导靴、夹绳器、缓冲器、补偿链等。这些机械部件在使用过程中会出现磨损、脱落、异物阻卡等问题，解决这些问题还要对电梯发生故障的原因进行分析，避免或减少故障再次发生。

处理电梯故障的主要思路是预防为主，解决为辅。

18.4.1　机械部件常见故障

电梯机械部件常见的故障主要有以下几个方面。

（1）连接件松脱引起的故障

电梯在长期不间断运行过程中，由于振动等原因而造成紧固件松动或松脱，使机械发生位移、脱落或失去原有精度，从而造成磨损，碰坏电梯机件而引起故障。

（2）自然磨损引起的故障

机械部件在运转过程中，必然会产生磨损，磨损到一定程度必须更换新的部件，所以电梯必须在运行规定时间内进行大检修，提前更换一些易损件。日常修理中只有及时地清洁、润滑、检查、调整、更换不符合要求的易损件，电梯才能正常运行。如果不能及时发现运转部件的磨损情况并加以调整、润滑就会加速机械的磨损，从而造成机械的磨损报废，甚至造成故障或事故。如钢丝绳磨损到一定程度必须及时更换，否则会造成大的事故；各种轴承等都是易磨损件也必须定期更换。

（3）润滑系统引起的故障

润滑的作用是减小摩擦力、减少磨损，延长机械寿命，同时还起到冷却、防锈、减振和缓冲等作用。若润滑油太少、质量差、品种不对号或润滑不当，会造成机械部分的过热、烧伤、抱轴或磨损。

（4）机械疲劳造成的故障

某些机械部件经常不断地受到弯曲、剪切、挤压等应力作用，会产生机械疲劳现象，而使得机械强度减小；某些零部件受力超过强度极限，产生断裂，造成机械故障或事故。如钢丝绳长时间受到拉应力、弯曲应力和磨损的产生，长期使用后可能会导致某绳股受力过大而断绳，这样就增加了其余绳股的受力，形成连锁反应，最后全部断绳，可能酿成重大事故。

从上面可以看出，只有做好日常维护保养工作才可以大大减少机械系统的故障。

18.4.2　电梯常见机械故障分析

电梯常见机械故障及可能性分析如下。

（1）蜗轮蜗杆曳引机齿轮齿面磨损故障（表 18-18）

表 18-18　蜗轮蜗杆曳引机齿轮齿面磨损故障

可能的故障	修理方法
齿轮润滑不良	对减速器内零件进行清洗、润滑,选择专用润滑油及正确的润滑方法
齿轮磨损	当齿面磨损严重时及时更换

（2）曳引机轴承磨损故障（表 18-19）

表 18-19　曳引机轴承磨损故障

可能的故障	修理方法
轴承表面有异物	对轴承进行保护,防止异物进入
轴承安装不良	提高安装精度,防止偏载

（3）曳引机轴承烧伤故障（表 18-20）

表 18-20　曳引机轴承烧伤故障

可能的故障	修理方法
润滑不当	选用规定的润滑油,加指定油量,更换严重污染的润滑油
轴承安装歪斜	严防轴承安装歪斜,防止运动干涉,密封件不能太紧、太干
轴承安装过紧	安装曳引机时要严格控制轴向窜动量,不能过小

（4）曳引轮故障（表 18-21）

表 18-21　曳引轮故障

可能的故障	修理方法
曳引轮安装不良	提高安装精度,使得各绳受力均匀
曳引轮磨损	经常清洗曳引钢丝绳及曳引轮绳槽,减少磨损。若磨损严重,则更换曳引轮

（5）制动器发热故障（表 18-22）

表 18-22　制动器发热故障

可能的故障	修理方法
弹簧张紧度过大	调节制动侧弹簧张紧度,保证制动器灵活可靠
闸瓦间隙过小	调节闸瓦间隙,不能产生局部摩擦
电磁铁卡阻	调节制动器电磁铁行程为 2mm 左右,且电磁铁套筒居中,工作时不得有卡阻现象

（6）无法盘车故障（表 18-23）

表 18-23　无法盘车故障

可能的故障	修理方法
齿轮咬死	清洗油箱,保证清洁无杂质,更换符合要求的齿轮油
手动松闸装置失效	修理或更换手动松闸装置
盘车装置接触面齿轮磨损严重	更换盘车装置
制动器间隙过小	按要求调整制动器间隙

（7）钢丝绳打滑故障（表 18-24）

表 18-24　钢丝绳打滑故障

可能的故障	修理方法
曳引轮绳槽磨损	可重新加工曳引轮绳槽,若损坏严重应更换曳引轮
曳引钢丝绳油脂过量	需对曳引钢丝绳进行清洁
曳引钢丝绳延伸过量	根据需要收紧或截短曳引钢丝绳

（8）电梯平层开门时，轿门打开但是层门打不开故障（表 18-25）

表 18-25　电梯平层开门时，轿门打开但是层门打不开故障

可能的故障	修理方法
轿厢变形使得门刀带不动滚轮	校正轿厢
门刀与层门滚轮啮合深度不够，负载稍不平衡，门刀就刮不住层门滚轮	重新调整门刀与层门滚轮，使门刀与层门滚轮啮合深度达到规定要求
导轨支架松动，致使导轨垂直度差、平行度变大等，从而导致层门、轿门不同步	固定导轨支架，调整导轨的垂直度与平行度
某一层门的滚轮脱落，轿门门刀带不动层门	更换层门滚轮

（9）层门、轿门开关时速度不畅故障（表 18-26）

表 18-26　层门、轿门开关时速度不畅故障

可能的故障	修理方法
门导轨与门地坎滑槽不在同一垂直位置	更换磨损严重的滑块，调整门下边距地坎高度（高度为 4～6mm）
门导轨与挂轮轴承磨损，门导轨污垢过多或润滑不良，使滑轮磨损	清洗、擦拭门导轨上的污垢，并调整门导轨与门地坎滑槽的垂直度、平行度及扭曲度，使其上下一致。修正门导轨异常的凸起，以确保滑行通畅
门导轨连接松动使导轨下坠，致使层门和轿门下移，门下边缘碰触门地坎	调整开关门主动撑杆和从动撑杆臂，使两撑杆长度一致，即关门后的中心与曲柄轮中心相交
门地坎滑槽有缺陷，门滑块磨损、折断或滑出地坎滑槽	调整或更换三角带，调整两轮轴的平行度和中心平面
门皮带太松、失去张紧力，或链轮与链条磨损或拉长，引起的跳动使运行不畅或不能运行	更换同步带，调整张力
开门机构从动轮支撑杆弯曲，造成主动轮和从动轮传动中心偏移，引起链条脱落，使开关门受阻	更换拉长的链条并调整两轴的平行度和中心平面

（10）关闭层门、轿门时有撞击声故障（表 18-27）

表 18-27　关闭层门、轿门时有撞击声故障

可能的故障	修理方法
摆杆式开关门机构的摆杆扭曲，碰擦门框边缘	调整摆杆，消除其扭曲现象；调整从动臂的定位长度，确保各层门、轿门门缝中心一致
从动臂的定位过长，造成两门扇在关闭时相撞	调整从动臂，使其在关门时不会发生碰撞，门完全打开时分别与门边缘平齐

（11）开关门时门扇振动和跳动故障（表 18-28）

表 18-28　开关门时门扇振动和跳动故障

可能的故障	修理方法
门导轨弯曲、凹凸不平、严重磨损	修理门导轨或更换门导轨
吊挂轮磨损严重，导致在导轨上运行不畅	更换轿门、层门的吊挂轮
门变形，门下端与地坎摩擦	校正变形的层门、轿门
开关门传动机构螺栓松动或连杆严重变形或扭曲	拧紧传动机构螺栓，修正或更换变形或扭曲的连杆
开门刀与层门开门滚轮间隙过大，中心线不重合	调整开门刀与层门开门滚轮，使其配合公差符合国家标准要求
门地坎内有异物	清除地坎内异物，保持层门附近的卫生

（12）轿厢在运行中有异常振动声故障（表 18-29）

表 18-29　轿厢在运行中有异常振动声故障

可能的故障	修理方法
异步曳引机减速器齿轮啮合不良,引起偏差,导致由传动引起的振动	应调整或更换故障零部件
曳引机安装不平引起曳引机振动或者主机未采取减振措施	调整曳引机或采取减振措施(如加减振垫)
轿厢架变形造成安全钳座体与导轨碰擦产生振动,轿厢外结构紧固件松动,轿底减振块脱落,滑动导靴与导轨配合间隙过大或磨损,两导轨间距尺寸变化或导轨压导板松动引起轿厢运行时漂移振动	检查轿厢是否因为某些加强筋松动,导致轿厢架变形。用水平仪复核轿厢倾斜度,紧固加强筋
滑动导靴与导轨配合间隙过大或磨损	调整导靴与导轨的间隙
两导轨不垂直或导轨压导板松动引起轿厢运行时漂移振动	调整导轨垂直度,固定压导板

（13）轿厢在运行中产生碰击声故障（表 18-30）

表 18-30　轿厢在运行中产生碰击声故障

可能的故障	修理方法
平衡链或补偿链碰撞轿壁	调整平衡链或补偿链的安装位置
平衡链与下梁连接处未加减振橡胶垫或隔振装置,平衡链未加减振绳或金属平衡链未加润滑剂予以润滑	调整更换橡胶垫块,补加橡胶垫或隔振装置
导靴与导轨之间间隙过大,导靴与导轨连接处碰擦	调整导靴与导轨的间隙,更换导靴靴衬使其不与导轨相碰擦
两主导轨向层门方向凸起,引起轿厢护脚板碰擦地坎	调整导轨、压导板、护脚板等部位

（14）轿厢在运行中晃动故障（表 18-31）

表 18-31　轿厢在运行中晃动故障

可能的故障	修理方法
滑动导靴与导轨之间磨损严重,使得轿厢在装载不平衡时,发生前后或左右方向的水平振动。弹性导靴与导轨滑动摩擦时,靴衬严重磨损;滚动导靴与导轨滚动摩擦时,滚动胶轮磨损严重,造成轿厢前后倾斜而产生垂直方向的振动	检查导靴靴衬和滚动胶轮,若磨损严重则需更换
导轨扭曲度大,垂直度与平行度差,两导轨间距误差大	紧固压导板,调整导轨垂直度、平行度以及导轨间距,以到达良好的间隙配合,提高轿厢运行状况
曳引机的减速器传动部件的周期性运动误差传递给轿厢	调整曳引电动机与减速器的同轴度
各曳引钢丝绳与绳槽的磨损不同,造成各曳引钢丝绳在其绳槽接触部位的速度不一致而传递给轿厢使其晃动;曳引钢丝绳张力不均,造成轿厢运行中晃动	调整曳引钢丝绳张力,严重磨损时更换曳引钢丝绳或曳引轮

（15）轿厢发生冲顶或蹲底故障（表 18-32）

表 18-32　轿厢发生冲顶或蹲底故障

可能的故障	修理方法
平衡系数超标	检查对重块数量及其质量,重新进行平衡系数测定
制动器闸瓦与制动轮的间隙过大或制动器主弹簧压力太小	检查制动器工作状况,调整制动器闸瓦与制动轮的间隙或制动器弹簧力
曳引钢丝绳与曳引轮绳槽严重磨损,绳槽内油污或钢丝绳表面油脂太多	更换绳槽和钢丝绳;若无磨损,则应清洁钢丝绳与绳槽
井道内平层开关安装有误,极限开关未动作	调整上下平层开关、极限开关位置,确保可靠动作。调整撞弓架位置,使其在两端站时能起作用

（16）轿厢向下运行时突然制停故障（表 18-33）

表 18-33　轿厢向下运行时突然制停故障

可能的故障	修理方法
限速器钢丝绳松动、张紧力不足或直径发生变化,引起断绳开关动作	调整好限速器钢丝绳的张紧力,确保轿厢运行时钢丝绳不跳动。若钢丝绳的直径与绳槽大小不一致应更换
导轨直线度偏差或安全钳楔块间隙小,导致摩擦阻力增加,轿厢下行时安全钳误动作	调整安全钳楔块与导轨的间隙
限速器失效,限速器离心块弹簧老化,当其拉力不足以克服动作速度的离心力时,离心块甩出,使楔块卡住偏心轮齿槽,引起安全钳误动作	对限速器进行保养,清洗污垢并重新加润滑油,保证运转灵活,动作可靠。定期对限速器进行检查,发现有向下制停情况,应更换限速器
超速保护装置传动机构的运转部位严重缺油,引起抱轴	向超速保护装置传动机构的运转部位补加润滑油

（17）安全钳误动作故障（表 18-34）

安全钳误动作一般由两方面原因造成：一是限速器误动作引起安全钳误动作,二是安全钳自身问题造成误动作。

表 18-34　安全钳误动作故障

可能的故障	修理方法
导轨上有毛刺、台阶	校正导轨垂直度,打磨修光接头台阶与导轨工作面上的毛刺
安全钳与导轨间隙中有污垢,间隙过小造成安全钳楔块误动作	清洗、调校安全钳楔块间隙,使其与导轨两工作面间距一致
安全钳拉杆扭曲变形,复位弹簧刚度小而不能自行复位,导致安全钳误动作	调校安全钳拉杆以及复位弹簧
轿厢变形,引起安全钳误动作	调整轿厢

（18）轿厢称重装置失灵故障（表 18-35）

轿厢称重装置是防止轿厢超载运行的安全装置,若失效将会发生严重后果。

表 18-35　轿厢称重装置失灵故障

可能的故障	修理方法
称重装置损坏	更换称重装置
轿厢底框四边垫块或调整螺栓松动	调整轿厢底框四边垫块或调整螺栓,并且予以锁定

18.5　电梯修理操作安全守则

（1）工地安全知识

① 必须穿戴合身的工作服、安全帽、安全鞋、护目镜、安全带等（图 18-1）。

② 禁止在衣兜中放置工具。如果围栏没有就位,并且存在坠落危险,必须采取防坠落保护措施。确保选择正确、安全的立脚点。密切留意可能引发滑倒危险的润滑油脂或润滑油。

③ 在有移动设备或任何可能造成潜在伤害的地方禁止佩戴戒指、手镯、腕表和项链等物品。

④ 禁止嬉笑打斗、恶作剧或打闹可能引发严重伤害和事故。工作中绝对禁止上述行为。不要打扰其他员工的工作或使其分心。除了对自己的安全负责之外,还应对他人的安全负责。

⑤ 工作区及其周围场地必须始终保持清洁整齐,任何时候都应有防止高空坠物的措施,以防由于坠落、塌陷等危险对工人造成伤害。

⑥ 当员工因疲劳、酒精、药物等能导致对员工本人或他人造成伤害或身体不适等因素,其工作能力或反应能力下降时,不允许上岗。

图 18-1　安全佩戴示意图

安全帽
短发
护目镜
安全带
紧扣的扣子
安全手套
符合规定长度的全身装具
安全鞋

（2）电梯机房电源闭锁程序（表 18-36）

表 18-36　电梯机房电源闭锁程序

内容	图示
①通知甲方(使用单位电梯安全管理员),即将准备对电梯修理,断电上锁、挂牌	
②在要修理的电梯层站设置围栏:一层大厅和轿厢内各设置一个围栏	
③机房用对讲机再次确认电梯轿厢内无人后,将操作装置转至"检修"或"紧急电动"状态	
④确认层门、轿门关闭	—
⑤断开主电源 **小贴士**:站在配电箱侧边,伸手握住闸柄,偏头、眼睛不可看空开拉闸	
⑥使用万用表或验电笔验证电源箱中的 AC220V 是否被完全切断验电	

内容	图示
⑦进行上锁 **小贴士**:专人专锁,多名员工每人都要上自己的锁,钥匙必须本人保管	—
⑧进入修理区域再一次验电,确保工作区没有电	
⑨完成工作后,由上锁本人分别开启自己的锁具	—
⑩清理工作场地的工具,检修试运行,恢复正常后清理围栏,并通知用户电梯正常	—

(3)进入轿顶程序(表 18-37)

表 18-37 进入轿顶程序

内容	图示
①放置围栏:一层大厅和轿厢内各设置一个围栏	—
②确保电梯轿厢内无人	—
③打开层门,将电梯呼到要上轿顶的楼层 **小贴士**:在轿厢内登记两个下方向指令(下一层和底层),将电梯轿厢停到适当位置(能比较容易进入轿顶位置)	
④验证层门锁是否有效打开层门约 100mm 处,放置门阻止器拧紧,按外呼按钮,等 10s,轿厢不移动,确认层门锁有效 **小贴士**:可检看层门缝确定电梯是否移动	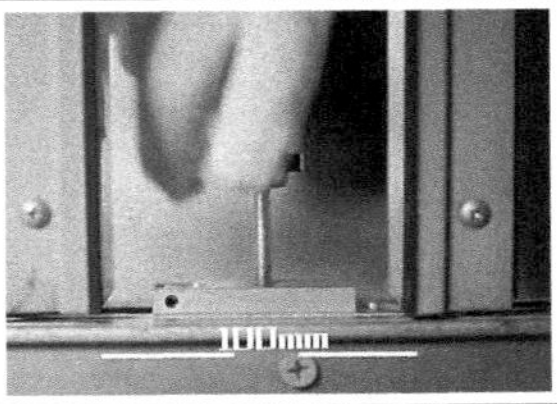
⑤用安全的姿势把门完全打开并放置门阻止器 **小贴士**:放置门阻止器的目的是防止门由于自闭力的作用而自动关闭	
⑥验证急停开关是否有效:按急停开关,使轿厢处于"停止"状态,打开轿顶照明,拆除门阻止器,关闭层门,按外呼按钮,等 10s,电梯不移动,确认轿顶急停开关有效	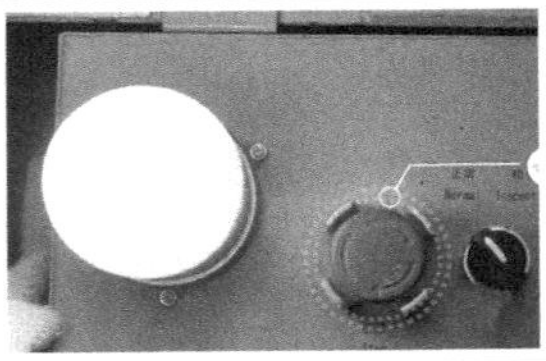
⑦打开层门,用安全的姿势放置门阻止器	—
⑧验证轿顶检修运行按钮是否有效:将检修运行按钮拨至"检修"位置,使轿厢处于检修状态,拆除门阻止器,关闭层门,按外呼按钮,等 10s,电梯不移动,确认检修运行按钮有效	

内容	图示
⑨打开层门,按急停开关使电梯处于"停止"状态,维修人员进入轿顶	—
⑩站在轿顶安全、稳固、便于操作检修开关的地方,关闭层门	—
⑪验证轿顶检修运行按钮是否有效(复验急停开关):首先单独按上行按钮或下行按钮,电梯不运行。同时按公共按钮和下行按钮,电梯检修下行;同时按上行按钮和公共按钮,电梯检修上行,试好后关闭急停 **小贴士**:开始在轿顶工作时,如果不需要移动轿厢,需确保急停开关处于动作状态	

(4)出轿顶程序(表 18-38、表 18-39)

表 18-38 在进入层出轿顶程序

内容	图示
①将轿厢检修运行至最初的进入层,确认轿顶处于可安全离开的位置	—
②将轿顶急停开关转到"停止"的位置	
③打开层门,用安全姿势放置门阻止器并锁紧,将层门保持在开的位置	
④维修人员离开轿顶进入层站	
⑤关闭轿顶照明,将轿顶检修运行按钮转到"正常"的位置	
⑥将轿顶急停开关转到"运行"的位置	
⑦用安全姿势取出门阻止器,关闭层门,移走围栏,确认电梯操作正常	

表 18-39 不在进入层出轿顶程序

内容	图示
①将轿厢开到既可打开层门又能放置门阻止器的安全位置	—
②将轿顶急停开关转到"停止"的位置	—
③打开层门,放置门阻止器将层门保持在最小开的位置	
④将轿顶急停开关转到"运行"的位置	—

内容	图示
⑤按上行按钮、下行按钮、公共按钮来测试和确认门锁触点是否正常	
⑥将轿顶急停开关转到"停止"的位置	—
⑦打开层门	—
⑧用安全姿势放置门阻止器,并锁紧,将层门保持在全开的位置	—
⑨维修人员离开轿顶进入层站	—
⑩关轿顶照明,将轿顶检修运行按钮转到"正常"位置	—
⑪将轿顶急停开关转到"运行"位置	—
⑫用安全姿势取出门阻止器,关闭层门,确认电梯操作正常	—

（5）进入底坑程序（表 18-40）

表 18-40　进入底坑程序

内容	图示
①放置围栏,防止他人误入,坠落底坑	—
②验证层门锁是否有效:呼梯至一楼,确保电梯轿厢内无人。在轿厢内登记两个上行指令(上一层和顶层),电梯运行至合适位置时打开层门,约100mm处放置门阻止器,并拧紧。按外呼按钮,等10s,电梯不移动,确认层门锁有效	
③验证急停开关是否有效:打开层门,用安全姿势放置门阻止器。按下急停开关,使轿厢处于"停止"状态。打开轿顶照明,拆除门阻止器,关闭层门,按外呼按钮,等10s,电梯不移动,确认急停开关有效	
④打开层门,用安全姿势放置门阻止器	—
⑤维修人员进入底坑,按下急停开关;出底坑,复位急停开关,关闭层门,按外呼按钮,等10s,电梯不移动,测试"急停"开关有效	
⑥打开层门,用安全姿势放置门阻止器,按急停开关,进入底坑。关闭层门,用门阻止器固定层门,门缝小于100mm	—
⑦用门阻止器固定层门,进行工作	—

（6）出底坑程序

① 完全打开层门,用门阻止器固定层门。按下急停开关,关闭底坑照明,出底坑,复位急停开关。

② 关闭层门,移走围栏。确认电梯正常,结束工作,交给用户使用。

第19章

电梯维护保养概述

电梯交付使用后，需进行必要的保养和维护。这不仅降低了电梯故障率、延长设备使用寿命，也保证了电梯的安全。电梯维护保养单位及人员应取得相应的资质，保养时应突出重点装置，如机房内的曳引机、控制柜、井道内的层门锁闭装置、开关门机构及轿厢。这些重点装置的维护保养符合要求，其故障率和事故率就越低。

19.1 电梯使用管理

（1）使用单位主要义务

特种设备使用单位主要义务如下。

① 建立并且有效实施特种设备安全管理制度及操作规程。

② 采购、使用取得许可生产（含设计、制造、安装、改造、修理，下同），并且经检验合格的特种设备，不得采购超过设计使用年限的特种设备，禁止使用国家明令淘汰和已经报废的特种设备。

③ 设置特种设备安全管理机构，配备相应的安全管理人员和作业人员，建立人员管理台账，开展安全培训教育，保存人员培训记录。

④ 办理使用登记，领取《特种设备使用登记证》（以下简称使用登记证），设备注销时交回使用登记证。

⑤ 建立特种设备台账及技术档案。

⑥ 对特种设备作业人员作业情况进行检查，及时纠正违章作业行为。

⑦ 对在用特种设备进行经常性维护保养和定期自行检查，及时排查和消除事故隐患，及时提出定期检验申请，接受定期检验，并且做好相关配合工作。

⑧ 制定特种设备事故应急专项预案，定期进行应急演练；发生事故及时上报，配合事故调查处理等。

⑨ 保证特种设备安全必要的投入。

⑩ 法律法规规定的其他义务。

特种设备使用单位应当接受特种设备安全监管部门依法实施的监督检查。

（2）安全管理机构

① 职责。特种设备安全管理机构是指使用单位中承担特种设备安全管理职责的内设机构。特种设备安全管理机构的职责是贯彻执行特种设备有关法律、法规和安全技术规范及相关标准，负责落实使用单位的主要义务。

② 机构设置。符合下列条件之一的特种设备使用单位，应当根据本单位特种设备的类

别、品种、用途、数量等情况设置特种设备安全管理机构，逐台落实安全责任人。

a. 使用为公众提供运营服务电梯的（注1），或者在公众聚集场所（注2）使用30台以上（含30台）电梯的；

b. 使用特种设备总量在50台以上（含50台）的。

注1：为公众提供运营服务的特种设备使用单位，是指以特种设备作为经营工具的使用单位。

注2：公众聚集场所，是指学校、幼儿园、医疗机构、车站、机场、客运码头、商场、餐饮场所、体育场馆、展览馆、公园、宾馆、影剧院、图书馆、儿童活动中心、公共浴池、养老机构等。

（3）安全管理人员

特种设备使用单位应当配备安全管理负责人。特种设备安全管理负责人是指使用单位最高管理层中主管本单位特种设备使用安全管理的人员。安全管理负责人，应当取得相应的特种设备安全管理人员资格证书。

特种设备安全管理员是指具体负责特种设备使用安全管理的人员。安全管理员的主要职责如下：

① 组织建立特种设备安全技术档案。

② 办理特种设备使用登记。

③ 组织制定特种设备操作规程。

④ 组织开展特种设备安全教育和技能培训。

⑤ 组织开展特种设备定期自行检查。

⑥ 编制特种设备定期检验计划，督促落实定期检验和隐患治理工作。

⑦ 按照规定报告特种设备事故，参加特种设备事故救援，协助进行事故调查和善后处理。

⑧ 发现特种设备事故隐患，立即进行处理。情况紧急时，可以决定停止使用特种设备，并且及时报告本单位安全管理负责人。

⑨ 纠正和制止特种设备作业人员的违章行为。

（4）特种设备安全与节能技术档案

使用单位应当逐台建立特种设备安全技术档案。安全技术档案至少包括以下内容。

① 使用登记证。

②《特种设备使用登记表》（以下简称使用登记表）。

③ 特种设备设计、制造技术资料和文件，包括设计文件、产品质量合格证明（含合格证及其数据表、质量证明书）、安装及使用维护保养说明、监督检验证书、型式试验证书等。

④ 特种设备安装、改造和修理的方案、图样、材料质量证明书和施工质量证明文件、安装改造修理监督检验报告、验收报告等技术资料。

⑤ 特种设备定期自行检查记录（报告）和定期检验报告。

⑥ 特种设备日常使用状况记录。

⑦ 特种设备及其附属仪器仪表维护保养记录。

⑧ 特种设备安全附件和安全保护装置校验、检修、更换记录和有关报告。

⑨ 特种设备运行故障和事故记录及事故处理报告。

使用单位应当在设备使用地保存①、②、⑤～⑨规定的资料和特种设备技术档案的原件或者复印件，以便备查。

（5）安全管理制度

① 安全管理制度。特种设备使用单位应当按照特种设备相关法律、法规、规章和安全技术规范的要求，建立健全特种设备使用安全管理制度。安全管理制度至少包括以下内容。

a. 特种设备安全管理机构（需要设置时）和相关人员岗位职责。

b. 特种设备经常性维护保养、定期自行检查和有关记录制度。

c. 特种设备使用登记、定期检验管理制度。

d. 特种设备隐患排查治理制度。

e. 特种设备安全管理人员与作业人员管理和培训制度。

f. 特种设备采购、安装、改造、修理、报废等管理制度。

g. 特种设备应急救援管理制度。

h. 特种设备事故报告和处理制度。

② 特种设备操作规程。使用单位应当根据所使用设备运行特点等，制定操作规程。操作规程一般包括设备运行参数、操作程序和方法、维护保养要求、安全注意事项、巡回检查和异常情况处置规定，以及相应记录等。

（6）维护保养与检查

① 经常性维护保养。使用单位应当根据设备特点和使用状况对特种设备进行经常性维护保养，维护保养应当符合有关安全技术规范和产品使用维护保养说明的要求。对发现的异常情况及时处理，并且作出记录，保证在用特种设备始终处于正常使用状态。

法律对维护保养单位有专门资质要求的，使用单位应当选择具有相应资质的单位实施维护保养。鼓励其他特种设备使用单位选择具有相应能力的专业化、社会化维护保养单位进行维护保养。

② 定期自行检查。为保证特种设备的安全运行，特种设备使用单位应当根据所使用特种设备的类别、品种和特性进行定期自行检查。定期自行检查的时间、内容和要求应当符合有关安全技术规范的规定及产品使用维护保养说明的要求。

（7）安全警示

电梯的运营使用单位应当将安全使用说明、安全注意事项和安全警示标志置于易于引起乘客注意的位置。

除前款以外的其他特种设备应当根据设备特点和使用环境、场所，设置安全使用说明、安全注意事项和安全警示标志。

（8）定期检查

① 使用单位应当在特种设备定期检验有效期届满的 1 个月以前，向特种设备检验机构提出定期检验申请，并且做好相关的准备工作。

② 检验结论为合格时，使用单位应当按照检验结论确定的参数使用特种设备。

注：有关安全技术规范中检验结论为"合格""复检合格""符合要求""基本符合要求""允许使用"统称为合格。

（9）隐患排查与异常情况处理

① 隐患排查。使用单位应当按照隐患排查治理制度进行隐患排查，发现事故隐患应当及时消除，待隐患消除后，方可继续使用。

② 异常情况处理。特种设备在使用中发现异常情况的，作业人员或者维护保养人员应当立即采取应急措施，并且按照规定的程序向使用单位特种设备安全管理人员和单位有关负责人报告。

使用单位应当对出现故障或者发生异常情况的特种设备及时进行全面检查，查明故障和异常情况原因，并且及时采取有效措施，必要时停止运行，安排检验、检测，不得带病运行、冒险作业，待故障、异常情况消除后，方可继续使用。

（10）应急预案与事故处理

① 应急预案。按照《特种设备使用管规则》（TSG 08—2017）要求设置特种设备安全管理机构和配备专职安全管理员的使用单位，应当制定特种设备事故应急专项预案，每年至少演练一次，并且作出记录；其他使用单位可以在综合应急预案中编制特种设备事故应急的内容，适时开展特种设备事故应急演练，并且作出记录。

② 事故处置。发生特种设备事故的使用单位，应当根据应急预案，立即采取应急措施，组织抢救，防止事故扩大，减少人员伤亡和财产损失，并且按照《特种设备事故报告和调查处理规定》的要求，向特种设备安全监管部门和有关部门报告，同时配合事故调查和做好善后处理工作。

发生自然灾害危及特种设备安全时，使用单位应当立即疏散、撤离有关人员，采取防止危害扩大的必要措施，同时向特种设备安全监管部门和有关部门报告。

（11）移装

特种设备移装后，使用单位应当办理使用登记变更。整体移装的，使用单位应当进行自行检查；拆卸后移装的，使用单位应当选择取得相应许可的单位进行安装。按照有关安全技术规范要求，拆卸后移装需要进行检验的，应当向特种设备检验机构申请检验。

（12）达到设计使用年限的特种设备

特种设备达到设计使用年限，使用单位认为可以继续使用的，应当按照安全技术规范及相关产品标准的要求，经检验或者安全评估合格，由使用单位安全管理负责人同意、主要负责人批准，办理使用登记变更后，方可继续使用。允许继续使用的，应当采取加强检验、检测和维护保养等措施，确保使用安全。

（13）使用登记

特种设备在投入使用前或者投入使用后 30 日内，使用单位应当向特种设备所在地的直辖市或者设区的市的特种设备安全监管部门申请办理使用登记，办理使用登记的直辖市或者设区的市的特种设备安全监管部门，可以委托其下一级特种设备安全监管部门（以下简称登记机关）办理使用登记；对于整机出厂的特种设备，一般应当在投入使用前办理使用登记。

国家明令淘汰或者已经报废的特种设备，不符合安全性能或者能效指标要求的特种设备，不予办理使用登记。

电梯应当按台向登记机关办理使用登记。使用登记程序，包括申请、受理、审查和颁发使用登记证。使用单位申请办理特种设备使用登记时，应当逐台填写使用登记表，向登记机关提交以下相应资料，并且对其真实性负责。

① 使用登记表（一式两份）。

② 含有使用单位统一社会信用代码的证明或者个人身份证明（适用于公民个人所有的特种设备）。

③ 特种设备产品合格证。

④ 特种设备监督检验证明（安全技术规范要求进行使用前首次检验的特种设备，应当提交使用前的首次检验报告）可以采用网上申报系统进行使用登记。

（14）停用

特种设备拟停用 1 年以上的，使用单位应当采取有效的保护措施，并且设置停用标志，在停用后 30 日内填写《特种设备停用报废注销登记表》，告知登记机关。重新启用时，使用单位应当进行自行检查，到使用登记机关办理启用手续；超过定期检验有效期的，应当按照定期检验的有关要求进行检验。

（15）报废

对存在严重事故隐患、无改造、修理价值的特种设备，或者达到安全技术规范规定的报废期限的，应当及时予以报废，产权单位应当采取必要措施消除该特种设备的使用功能。特种设备报废时，按台登记的特种设备应当办理报废手续，填写《特种设备停用报废注销登记表》，向登记机关办理报废手续，并且将使用登记证交回登记机关。

非产权所有者的使用单位经产权单位授权办理特种设备报废注销手续时，需提供产权单位的书面委托或者授权文件。

使用单位和产权单位注销、倒闭、迁移或者失联，未办理特种设备注销手续的，登记机关可以采用公告的方式停用或者注销相关特种设备。

19.2　电梯日常维护保养

电梯维护保养的重要性如下。

① 维护保养是电梯生命链中的重要环节。

② 维护保养可延长电梯的使用寿命。

③ 维护保养可确保电梯安全运行。

④ 维护保养可以产生较大的社会效应。

电梯维护保养的基本要求如下。

① 坚持日常巡视检查制度。

② 坚持定期维护保养制度。

③ 坚持计划性检查制度。

④ 坚持电梯维护保养工作考核制度。

⑤ 坚持规范化的使用管理制度。

（1）电梯维保的基本项目

电梯的维保分为半月、季度、半年、年度等四类，各类维保的基本项目（内容）和要求分别见《电梯维护保养规则》（TSG T5002—2017）附件 A 至附件 D。维保单位应当依据各附件的要求，按照安装使用维护说明书的规定，并且根据所保养电梯使用的特点，制定合理的维保计划与方案，对电梯进行清洁、润滑、检查、调整，更换不符合要求的易损件，使电梯达到安全要求，保证电梯能够正常运行。

现场维保时，如果发现电梯存在的问题需要通过增加维保项目（内容）予以解决的，维保单位应当相应增加并且及时修订维保计划与方案。

当通过维保或者自行检查，发现电梯仅依据合同规定的维保内容已经不能保证安全运行，需要改造、维修（包括更换零部件）、更新电梯时，维保单位应当书面告知使用单位。

（2）电梯维保单位

电梯维保单位在依法取得相应的许可后，方可从事电梯的维保工作。

（3）维保单位应当履行的职责

① 按照《电梯维护保养规则》、有关安全技术规范以及电梯产品安装使用维护说明书的要求，制定维保计划与方案。

② 按照《电梯维护保养规则》和维保方案实施电梯维保，维保期间落实现场安全防护措施，保证施工安全。

③ 制定应急措施和救援预案，每半年至少针对本单位维保的不同类别（类型）电梯进行一次应急演练。

④ 设立 24h 维保值班电话，保证接到故障通知后及时予以排除；接到电梯困人故障报告后，维修人员及时抵达所维保电梯所在地实施现场救援，直辖市或者设区的市抵达时间不应超过 30min，其他地区一般不超过 1h。

⑤ 对电梯发生的故障等情况，及时进行详细的记录。

⑥ 建立每台电梯的维保记录，并且归入电梯安全技术档案，并且至少保存 4 年。

⑦ 协助电梯使用单位制定电梯安全管理制度和应急救援预案。

⑧ 对承担维保的作业人员进行安全教育与培训，按照特种设备作业人员考核要求，组织取得相应的《特种设备作业人员证》，培训和考核记录存档备查。

⑨ 每年度至少进行 1 次自行检查，自行检查在特种设备检验机构进行定期检验之前进行，自行检查项目及其内容根据使用状况确定，但是不少于《电梯维护保养规则》所规定的年度维保和电梯定期检验项目及内容，并且向使用单位出具有自行检查和审核人员的签字、加盖维保单位公章或者其他专用章的自行检查记录或者报告。

⑩ 安排维保人员配合特种设备检验机构进行电梯的定期检验。

⑪ 在维保过程中，发现事故隐患及时告知电梯使用单位；发现严重事故隐患，及时向当地特种设备安全监督部门报告。

（4）维保单位应记录的内容

维保单位进行电梯维保，应当进行记录。记录至少包括以下内容。

① 电梯的基本情况和技术参数，包括整机制造、安装、改造、重大修理单位名称，电梯品种（型式），产品编号，设备代码，电梯型号或者改造后的型号，电梯基本技术参数。

② 使用单位、使用地点、使用单位的编号。

③ 维保单位、维保日期、维保人员（签字）。

④ 对于维保的项目（内容），进行的维保工作，达到的要求，发生调整、更换易损件等工作时的详细记载，维保单位应当给使用单位安全管理人员签字确认。

（5）维保记录中技术参数的内容

维保记录中的电梯基本技术参数主要包括以下内容。

① 对曳引或者强制驱动电梯（包括曳引驱动乘客电梯、曳引驱动载货电梯、强制驱动载货电梯），基本技术参数为驱动方式、额定载重量、额定速度、层站数。

② 对液压电梯，基本技术参数为额定载重量、额定速度、层站数、油缸数量、顶升型式。

③ 对杂物电梯，基本技术参数为驱动方式、额定载重量、额定速度、层站数。

④ 对自动扶梯和自动人行道（包括自动扶梯、自动人行道），基本技术参数为倾斜角、名义速度、提升高度、名义宽度、主机功率、使用区段长度（自动人行道）。

（6）维保记录

采用信息化技术实现无纸化电梯维保记录的，其维保记录格式、内容和要求应当满足相关法律、法规和安全技术规范的要求。使用无纸化电梯维保记录系统的，其数据在保存过程中不得有任何程度和任何形式的更改，确保存储数据的公正、客观和安全，并可实时进行查询。

19.3 电梯预防保养

电梯的预防保养，目的是将故障消除在萌芽状态。预防保养这一理念的出现是历史的必然，是电梯维保行业经验的总结，是维保设备的质量有了质的飞越，是用户的需要和高维修成本这两条线交叉的结果。随着维保电梯的数量增加和维保电梯复杂程度的提高，维保人员每天都穷于应付，最后疲惫不堪，客户也是怨声载道，由此进入一个恶性循环。因此要用科学方法建立电梯的预防保养。

电梯物联网监控系统正是为适应我国电梯行业的发展趋势。该系统通过专用的感应器，采集电梯相关运行数据，通过微处理器进行非常态数据分析，经由 3G、GPRS、以太网络或 RS485 等方式进行数据传输，由服务器进行综合处理，可以实现电梯故障报警、困人救援、日常管理、质量评估、隐患防范、多媒体传输等功能的综合性电梯管理平台，是值得推广的电梯预防保养的方法。

电梯预防保养的工作内容如表 19-1 所示。

表 19-1　电梯预防保养的工作内容

方法	说明
电梯控制系统故障自诊断	电梯是当前高技术集成的设备，由于其构造复杂，运行机理多样，跨学科性强，所以电梯维护人员有时难以凭肉眼和经验进行相应的诊断，因而有必要加强对电梯控制系统故障诊断系统的应用和研发，以提高故障诊断和故障排除的效率
提高电梯维护与管理人员的业务水平	电梯维保人员与管理人员是电梯能否正常运行，电梯故障能否及时发现、诊断、排除的人力保障和智力支持。由于电梯构造、运行特征及当前电梯被赋予的使命特征，使电梯维护与管理人员承担着极强的工作压力，这些必然要求维保人员熟悉电梯控制系统硬件构成、功能、保养等知识，而且要求维保人员要有熟练操作和迅速判断故障、准确排除故障的能力
严格遵守电梯使用管理规定	电梯的相关使用管理规定是电梯正常运行的制度保障，严格按规定使用电梯是预防和减少故障的有效方法之一。严格遵守电梯使用管理规定就要严格遵守电梯的采购标准、使用、维护、运行等相关规定，严格执行电梯的例行检查和定期检查制度，及时发现、诊断并解决电梯的潜在故障。只有尽可能将故障消灭在萌芽状态，才能避免因故障造成长时间停梯而降低电梯的使用效率
加强对使用者的教育	影响电梯运行的除设计者、生产者、安装者与保养人员外，还有电梯使用者。电梯的使用者既是电梯正常运行的受益人，也是电梯系统故障的受害者。由于缺乏电梯相关的专业知识，对电梯的不当使用目前已经成为电梯故障的不可忽视的因素，因而应将电梯的相关使用规定张贴在电梯易于观察到的位置，以供使用者学习参考。有条件的地方还可以举办电梯使用知识竞赛、制作橱窗等进行相关知识介绍。通过多途径向使用者宣传电梯的正确使用方法
物联网系统的应用	利用先进的物联网技术，采用小区组网的方式将电梯方便接入互联网，使电梯、制造企业、质监部门、维保企业、配件企业、物业企业、电梯乘客、行业协会和房产企业之间可以进行有效的信息和数据的交换，从而实现对电梯的智能化管理，保障电梯的可靠运行

第20章

电梯核心部件的维护保养

电梯维护保养是电梯使用过程中不可或缺的重要环节，电梯的保养要合理、及时、准确、到位。电梯若缺少保养会使部件老化加速、磨损加速，故障频发，甚至发生事故。

电梯的核心部件在确保电梯安全运行过程中起着至关重要的作用，维保人员必须掌握电梯核心部件的保养规则，才能保证电梯安全的同时保证自己安全。

本章主要介绍电梯曳引机、制动器、限速器、导向系统、安全钳、缓冲器、门系统、电气控制系统的维护保养。

20.1 曳引机的维护保养

曳引机（又称驱动主机）是电梯的动力部件。曳引机作为电梯运转的动力源，承载着整套系统运转，一般由电动机、制动器、曳引轮、机架、导向轮及附属盘车手轮等组成。导向轮一般装在机架或机架下的承重梁上；盘车手轮有的固定在电动机轴上，有的平时挂在附近墙上，使用时再套在电动机轴上。

曳引机的维保项目（内容）和基本要求如表20-1～表20-3所示。

表20-1 曳引机的半月维保项目（内容）和基本要求

序号	维保项目(内容)	维保基本要求
1	机房、滑轮间环境	清洁，门窗完好、照明正常
2	手动紧急操作装置	齐全，在指定位置
3	曳引机	运行时无异常振动和异常声响
4	编码器	清洁，安装牢固

表20-2 曳引机的季度维保项目（内容）和基本要求

序号	维保项目(内容)	维保基本要求
1	减速器润滑油	油量适宜，除蜗杆伸出端外均无渗漏
2	曳引轮绳槽、悬挂装置	清洁，曳引钢丝绳无严重油腻，张力均匀，符合制造单位要求

表20-3 曳引机的半年度维保项目（内容）和基本要求

序号	维保项目(内容)	维保基本要求
1	电动机与减速器联轴器	连接无松动，弹性元件外观良好、无老化等现象
2	驱动轮、导向轮轴承部	无异常声响，无振动，润滑良好
3	曳引轮绳槽	磨损量不超过制造单位要求
4	悬挂装置、补偿绳	磨损量、断丝数不超过要求
5	绳头组合	螺母无松动

（1）机房、滑轮间环境的检查（表20-4）

维保要求：清洁，门窗完好、照明正常。

表 20-4　机房、滑轮间环境的检查

序号	维保内容及操作过程	图示
1	告知客户维护电梯的编号,介绍本次保养内容,询问电梯运行状况,准备开始工作	
2	基站和轿厢内放置围栏,一般在工作层同样需要放置围栏	
3	通向机房的通道应通畅、安全,清除出入口、通道或走廊区域堆积的杂物,机房入口应保持整洁	
4	机房通道门的宽度应不小于 0.60m,高度应不小于 1.80m,并且通道门不得向机房内开启。机房门外侧有下述或者类似的警示标志:"电梯机房——危险未经允许禁止入内" 检查机房门应当装有带钥匙的锁,机房门锁应能从机房内不用钥匙也能打开	
5	打开机房照明,机房应有足够的照明。必要时,可使用照度计检查机房地面上的照度不应小于 200lx	
6	使用机房对讲装置与轿厢通话,确认轿厢无人后,将电梯置于检修状态或紧急电动运行状态,确认紧急电动运行有效	
7	查看机房温度,确认机房内的空气温度应保持在 5~40℃之间 **小贴士**:每次保养时应记录机房的温度,发现超出标准范围时应立即通知使用单位,要求其提出解决方案并落实,如安装空调等	
8	检查机房是否设置消防设施,并检查其是否在有效期限内和是否适用于电气灭火	
9	清除机房地面上的杂物和垃圾,机房不应用于电梯以外的其他用途,不应放置与电梯无关的设施或物品 **小贴士**:机房内建议放置一个保洁用品柜,常备扫帚、畚箕、拖把等,同时用来存放油桶等必需的备件	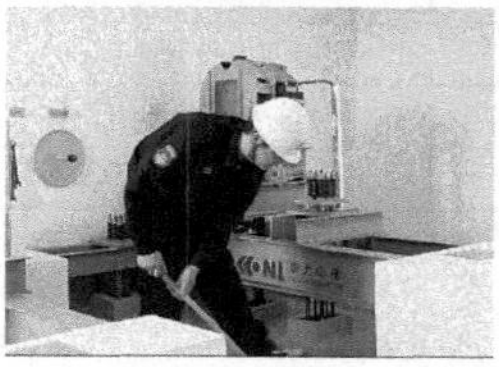

序号	维保内容及操作过程	图示
10	检查机房内靠近入口处的适当高度是否设有主开关,如果机房为几台电梯所共用,各台电梯主开关的操作机构应易于识别 检查主开关是否具有稳定的断开和闭合位置,并且在断开位置时应能用挂锁或其他等效装置锁住,以确保不会出现误操作	
11	检查机房内各种安全标志和说明是否齐全、清晰,如吊钩限吊标识、钢丝绳平层标识、机房电源箱有电危险标识、工字钢小心绊倒标识、主机防护罩小心钢丝绳挤压标识以及紧急操作装置操作说明等	
12	保养结束离开机房后,必须关上所有的窗户、灯并锁上门	
13	通知客户保养结束,经甲方安全管理人员确认后,在日常维护保养单上签字	

（2）手动紧急操作装置的维保（表20-5）

维保要求：齐全，在指定位置。

表20-5　手动紧急操作装置的维保

序号	维保内容及操作过程	图示
1	检查机房内指定位置是否设置有手动紧急操作装置,主要有盘车手轮和手动释放制动器的操作部件 **小贴士**:手动释放制动器的操作部件应涂成红色,盘车手轮外侧面应涂成黄色	
2	对松闸扳手和盘车手轮等手动紧急操作装置的表面使用毛刷、棉纱、百洁布等进行清洁,使其表面无油污、无积尘	
3	检查在电梯曳引机上靠近盘车手轮处是否有与轿厢运行方向对应的明显标志。如果盘车手轮是不可拆卸的,则曳引机上的标志可标在盘车手轮上 **小贴士**:厂家为确保手动盘车时轿厢运行方向的准确性,一般在盘车手轮外侧面标注轿厢运行方向	
4	对于可拆卸式盘车手轮,检查其盘车手轮开关是否有效,最迟在盘车手轮装上曳引机时动作,盘车手轮开关动作后应立即切断电梯安全回路,电梯不能正常运行	
5	检查盘车手轮的齿轮与曳引机齿轮的啮合度,如磨损严重出现打滑现象,需更换对应齿轮	

（3）曳引机的维保（表 20-6）

维保要求：运行时无异常振动和异常声响。

表 20-6　曳引机的维保

序号	维保内容及操作过程	图示
1	在断开主电源的情况下,使用毛刷、棉纱或百洁布对曳引电动机、制动器、曳引轮、底座、机架以及承重梁、导向轮等相关部件进行清洁,清除其表面积尘、油污	
2	检查曳引机表面外露旋转部件是否涂成黄色,并且其外部是否带有防护罩	
3	听曳引机的工作噪声是否正常,正常工作的曳引机应平稳、无异常响动。曳引机空载以额定速度运行时的噪声值应符合下表要求	

空载噪声

项目		曳引机额定速度/（m/s）		
		≤2.5	>2.5 ≤4	>4 ≤8
空载噪声 /dB（A）	无齿轮曳引机	62	65	68
	有齿轮曳引机	70	80	—

小贴士:如无法准确判定曳引机的噪声指标时,应采用声级计对曳引机进行测试

| 4 | 用手背搭在电动机外壳、减速器外壳等部位,简单测试机件运转时是否有异常振动,轴承部位的温度是否异常升高
如发现曳引机有异常振动,应进行轴承的调整或更换,使其达到标准要求的数值 | |

（4）编码器的维保（表 20-7）

维保要求：清洁，安装牢固。

表 20-7　编码器的维保

序号	维保内容及操作过程	图示
1	在主电源断开的状态下,使用毛刷清理编码器周围的积尘,用干净的棉纱或百洁布清洁编码器周围的油污	

序号	维保内容及操作过程	图示
2	检查编码器的固定螺钉、联轴器、轴套螺钉等,应安装牢固无松动 如发现编码器有松动,需紧固编码器,应保证编码器与电动机轴的同轴度,以及与电动机轴运转时不能发生不同步或打滑现象	
3	检查编码器接线端子,接线应牢固无松动	
4	检查编码器电缆线,表面应清洁、无扭曲、无破损或老化,屏蔽层接地良好	
5	如有因编码器引起的电梯故障,应及时更换编码器或其电缆线	

（5）减速器润滑油的检查（表 20-8）

维保要求：油量适宜，除蜗杆伸出端外均无渗漏。

表 20-8　减速器润滑油的检查

序号	维保内容及操作过程	图示
1	观察减速器及箱体分割面、观察窗(孔)等表面是否有积尘、油污。如有,应使用棉纱或百洁布蘸取油污清洗剂清理干净	
2	检查油位镜、油位计、端盖等处是否有渗漏油现象。如有渗漏油,应按照电梯制造单位维护保养说明书的要求更换同规格型号的密封垫 **小贴士**:电梯正常工作时,减速器轴伸出端漏油面积不应超过 $25\mathrm{cm}^2/\mathrm{h}$	
3	停机 10min 后,观察减速器润滑油的油量应保持在刻度线之内 如油位指示低于刻度下限,应根据制造单位要求规定的油品型号加注润滑油 其他齿轮减速器(如斜齿轮、行星齿轮等)的润滑应按照制造单位维护保养说明书中的相关要求执行	
4	用手背搭在减速器外壳表面,如温度过高时,应停止电梯的使用并检查原因 **小贴士**:使用点温计或其他温度测量工具,检测减速器的油温不应超过 85℃,滚动轴承的温度不应超过 95℃,滑动轴承的温度不应超过 80℃	
5	更换减速器内润滑油后,应使用机油清洗剂对减速器内部进行全面清洗	

（6）曳引轮绳槽、悬挂装置的维保（表20-9）

维保要求：清洁，钢丝绳无严重油腻，张力均匀，符合制造单位要求。

表20-9　曳引轮绳槽、悬挂装置的维保

序号	维保内容及操作过程	图示
1	在断开主电源的情况下,检查曳引轮绳槽表面、曳引钢丝绳表面是否有积尘。如有,应使用棉纱或百洁布等清洁 如有严重油腻,应使用钢丝绳专用清洗剂对曳引轮绳槽或曳引钢丝绳进行反复清洗,直至曳引轮绳槽或曳引钢丝绳表面无任何油污	
2	根据制造单位维护保养说明书的要求,结合曳引钢丝绳类型及使用年限确定是否需要对曳引钢丝绳进行润滑 采用纤维绳芯的曳引钢丝绳,不宜进行润滑;采用钢丝或钢丝绳股的曳引钢丝绳,如需要润滑,应使用毛刷蘸取少量的ET极压稀释钢丝绳润滑脂,对曳引钢丝绳表面进行均匀薄层的涂刷润滑	
3	测量曳引钢丝绳张力,测量点一般为曳引钢丝绳的1/2处。测量曳引钢丝绳张力之前,需将轿厢停在适当的位置。 方法:在轿顶操作检修装置,将轿厢运行至井道顶板与对重装置的1/2行程处,断开轿顶急停开关	
4	使用拉力计测量曳引钢丝绳的张力,任何一根曳引钢丝绳的张力与所有绳的张力平均值的偏差均不大于5% **小贴士**:曳引钢丝绳张力的测量,可采用"等力法""等距法"等方法	
5	根据检查的结果,调整绳头组合装置中压缩弹簧的锥套螺母,使各根曳引钢丝绳的张力均匀。在调整锥套螺母时,应限制锥套的旋转。如果调整后不能达到各根曳引钢丝绳受力均匀的要求,说明曳引钢丝绳已过分伸长,应予以截短	

（7）电动机与减速器联轴器的检查（表20-10）

维保要求：连接无松动，弹性元件外观良好，无老化等现象。

表20-10　电动机与减速器联轴器的检查

序号	维保内容及操作过程	图示
1	在断开主电源的情况下,使用棉纱或百洁布等清洁电动机与减速器联轴器,应表面整洁,无积尘、油污、杂质等(对永磁同步无齿轮曳引机不适用)	
2	使用扳手检查电动机与减速器联轴器的螺栓,应紧固无松动 检查弹性联轴器胶套、胶圈,如有磨损、老化,应立即更换	

（8）驱动轮、导向轮轴承部的维保（表20-11）

维保要求：无异常声响，无振动，润滑良好。

表 20-11　驱动轮、导向轮轴承部的维保

序号	维保内容及操作过程	图示
1	根据制造单位维护保养说明书的要求,对曳引轮轴承和导向轮轴承进行润滑,润滑时特别注意润滑油或润滑脂的油质	
2	如轴承发生严重磨损、烧蚀、密封圈损坏、变形、有异常响声等,应根据制造单位维护保养说明书的要求及时更换损坏部件	

（9）曳引轮绳槽的维保（表 20-12）

维保要求：磨损量不超过制造单位要求。

表 20-12　曳引轮绳槽的维保

序号	维保内容及操作过程	图示
1	在断开主电源的情况下,检查曳引钢丝绳卧入曳引轮绳槽内的深度是否一致,以衡量每根曳引钢丝绳的受力是否均匀 方法:使用钢直尺沿轴向紧贴曳引轮外圆面,然后测量曳引轮绳槽内曳引钢丝绳顶点至钢直尺距离。当其差距超过钢丝绳直径的10％时,应使用绳槽检测尺进行验证曳引轮绳槽的磨损量。如超过制造单位维护保养说明书要求,应重新车削绳槽或更换同规格的曳引轮	
2	使用绳槽检测尺对曳引轮绳槽磨损量进行测量,当绳槽磨损至曳引钢丝绳与绳槽底的间隙缩减至1mm时,绳槽需重新车削或者更换同规格的曳引轮。绳槽在切口下面的轮缘厚度,需大于相应曳引钢丝绳直径	
3	在曳引轮及曳引钢丝绳的同一位置上做出标记,全程运行三次后,检查曳引轮绳槽内钢丝绳是否有打滑现象。钢丝绳在绳槽内滑移量应不超过制造单位维护保养说明书要求	

（10）悬挂装置、补偿绳的维保（表 20-13）

维保要求：磨损量、断丝数不超过要求。

表 20-13　悬挂装置、补偿绳的维保

序号	维保内容及操作过程	图示
1	在断开主电源的情况下,用钢丝绳探伤仪或者放大镜全长检测或者分段抽测曳引绳、补偿绳是否出现笼状畸变、绳股挤出、扭结、部分压扁、弯折等现象,如有应报废更换	

序号	维保内容及操作过程	图示
2	检查一个捻距内出现的断丝数大于下表列出的数值时,钢丝绳应报废,重新更换钢丝绳　单位:mm 见下表	

断丝的形式	钢丝绳类型		
	6×19	8×19	9×19
均布在外层绳股上	24	30	34
集中在一根或者两根外层绳股上	8	10	11
一根外层绳股上相邻的断丝	4	4	4
股谷(缝)断丝	1	1	1

注:上述断丝数的参考长度为一个捻距,约为 $6d$(d 表示钢丝绳的公称直径,mm)

序号	维保内容及操作过程	图示
3	检查磨损后曳引绳、补偿绳的直径,用宽座游标卡尺测量曳引绳及补偿绳的公称直径 　测量时,以相距至少 1m 的两点进行,在每点相互垂直的方向测量两次,四次测量的平均值即为钢丝绳的直径,若小于钢丝绳公称直径的 90% 应报废	
4	如出现钢丝绳严重锈蚀、铁锈填满绳股间隙,钢丝绳应报废	
5	当电梯的额定速度大于 3.5m/s 时,应检查补偿绳防跳装置,该装置动作时应当有一个电气安全装置使电梯曳引机停止运转	

（11）绳头组合的维保（表 20-14）

维保要求：螺母无松动。

表 20-14　绳头组合的维保

序号	维保内容及操作过程	图示
1	检查曳引绳绳头是否有积尘,如有应使用棉纱或百洁布等清洁;如有严重油腻,应使用钢丝绳专用清洗剂对曳引绳绳头进行反复清洗,直至曳引绳绳头表面无任何油污	
2	检查绳头组合的各部件是否齐全,开口销是否完好无损	
3	紧固所有绳头的锁紧螺母,保证双螺母紧固无松动	
4	检查绳头二次保护是否完整无缺	

20.2 制动器的维护保养

制动器是动作频繁的电梯安全部件之一，它能使电梯的电动机在没有电源供应的情况下停止转动，并使轿厢有效制停，电梯能否安全运行与制动器的工作状况密切相关。大量事故案例表明，电梯人身伤亡事故发生的主要原因之一就是制动器发生故障或者自身存在设计缺陷，从而导致电梯发生冲顶、蹲底、溜车甚至剪切等现象。

电梯采用的是机电摩擦型常闭式制动器。所谓常闭式制动器，指电梯停止运行时制动器制动，电梯运行时依靠电磁力使制动器松闸，因此又称电磁制动器。

制动器的维保项目（内容）和基本要求如表 20-15～表 20-18 所示。

表 20-15　制动器的半月维保项目（内容）和基本要求

序号	维保项目（内容）	维保基本要求
1	制动器各销轴部位	润滑，动作灵活
2	制动器间隙	打开时制动衬与制动轮不应发生摩擦，间隙值符合制造单位要求

表 20-16　制动器的季度维保项目（内容）和基本要求

维保项目（内容）	维保基本要求
制动衬	清洁，磨损量不超过制造单位要求

表 20-17　制动器的半年维保项目（内容）和基本要求

维保项目（内容）	维保基本要求
制动器动作状态监测装置	工作正常，制动器动作可靠

表 20-18　制动器的年度维保项目（内容）和基本要求

序号	维保项目（内容）	维保基本要求
1	制动器铁芯（柱塞）	进行清洁、润滑、检查，磨损量不超过制造单位要求
2	制动器制动能力	符合制造单位要求，保持有足够的制动力，必要时进行轿厢装载125％额定载重量的制动试验

（1）制动器各销轴部位的维保（表 20-19）

维保要求：润滑，动作灵活。

表 20-19　制动器各销轴部位的维保

序号	维保内容及操作过程	图示
1	在断开主电源情况下，使用棉纱或百洁布对制动器及其各销轴部位进行全面清洁，擦拭表面积尘及油污，保证制动器及各部位表面光滑	
2	检查制动器各销轴是否固定可靠，制动器销轴的开口销、弹性挡圈或其他防脱落部件是否齐全，并安装正确	

序号	维保内容及操作过程	图示
3	观察制动器各销轴在打开和闭合时,应转动灵活,无卡阻现象	
4	对制动器活动部位的销轴按照制造单位的要求加注专用润滑油或润滑脂 **小贴士**:禁止润滑制动闸瓦表面	

（2）制动器间隙的维保

维保要求：打开制动衬与制动轮时不应发生摩擦，间隙值符合制造单位要求。

① 鼓式制动器的间隙调整如表 20-20 所示。

表 20-20　鼓式制动器的间隙调整

序号	维保内容及操作过程	图示
1	在曳引机静止状态下,使用皮老虎或吹风机等工具,清除制动衬与制动轮之间的积尘或杂物,使制动轮表面保持光滑,制动衬表面无杂质	
2	检查制动器的全部固定螺栓和调节螺栓,应紧固无松动	
3	在电梯运行时,听制动闸瓦与制动轮工作面之间是否有摩擦声。观察制动时制动衬是否均匀紧贴制动轮表面,如制动器间隙不合理,应根据制造单位维护保养说明要求进行间隙调节。调整步骤如下 ①调松制动器锁紧螺母 ②调整制动器顶杆螺栓 ③采用塞尺对制动器间隙进行检测 ④检测合格之后,需要将锁紧螺母全部旋紧 **小贴士**:对制动器进行调整时不允许使用活动扳手或用手直接拧螺栓。调整时,应先调整一边,再调整另一边	
4	检查制动器两侧制动臂在打开时是否同步离开制动轮,如不同步需根据制造单位的技术要求进行同步性的调整。一般为,在制动力足够的前提下,打开慢的一侧增大弹簧压力,打开快的一侧减小弹簧压力,直到同步,调整完毕后锁紧所有紧固件	

② 块式制动器的间隙调整如表 20-21 所示。

表 20-21 块式制动器的间隙调整

维保内容及操作过程	图示
用塞尺检查制动器间隙是否符合制造厂家的要求,如不符合要求,则需要调整制动器间隙,调整步骤如下 ①调松制动器外部的固定螺栓 ②调整制动器内部的空心螺栓 ③采用塞尺对制动器间隙进行检测 ④检测合格之后,需要将外部的固定螺栓全部旋紧 **小贴士**:旋紧外部固定螺栓时,应采用对角依次旋紧,以保证制动器闸瓦间隙一致	

（3）制动衬的维保（表 20-22）

维保要求：清洁，磨损量不超过制造单位要求。

表 20-22 制动衬的维保

序号	维保内容及操作过程	图示
1	清洁制动衬之前,需要将电梯停在顶层,方法如下 ①电梯运行到顶层平层位置,断开机房主电源开关并锁闭 ②在曳引电动机轴尾装上盘车装置,制动器上安装松闸扳手 ③两人配合进行松闸,松闸之前,负责松闸的人员需要与负责盘车的人员进行交流。确认按照一松一紧的口令进行松闸盘车(得到松的口令时,负责盘车的人将电梯往顶层方向盘车;得到紧的口令时,把持盘车手轮停止盘车),至对重装置完全压在缓冲器上,轿厢不能继续提升	
2	轿厢停到正确位置之后,就可以拆出制动衬,具体步骤如下(以鼓式制动器制动衬的磨损量检查为例) ①拆制动衬之前,应标记制动弹簧的刻度尺位置(方便重新安装之后,快速调整制动弹簧的张紧度) ②拆除制动臂固定螺栓 ③拆下各销轴,同时检查闸瓦表面有无偏磨现象。使用细砂纸打磨各销轴和制动闸瓦表面。闸瓦表面如磨损严重且钉头已露出,应及时更换,以免损坏制动轮表面,影响制动性能 **小贴士**:禁止润滑制动闸瓦表面	
3	块式制动器制动衬的磨损量检查:拆下块式制动器闸瓦,检查闸瓦表面有无偏磨现象。如磨损不严重,可采用细砂纸进行打磨;如磨损严重且钉头已露出,应及时更换,以免损坏制动轮表面,影响制动性能	

（4）制动器动作状态监测装置的维保（表 20-23）

维保要求：工作正常，制动器动作可靠。

表 20-23 制动器动作状态监测装置的维保

序号	维保内容及操作过程	图示
1	使用毛刷等清洁制动器上的检测开关,应无积尘、油污、杂物,必要时用细砂纸清洁开关电气触点,然后用棉纱、百洁布蘸酒精清洁触点表面	

序号	维保内容及操作过程	图示
2	检查制动器的检测开关,底座应固定可靠	
3	开关触点动作灵敏,接触良好,线路无破损和老化。如果有一组制动器机械部件不起作用,则曳引机应停止运转或不能启动	
4	制动器动作后,检查开关处于压缩状态时,应有一定的活动余量。如不符合要求,按制造单位维护保养说明书的要求及方法调整开关动作间隙	

（5）制动器铁芯（柱塞）的维保（表20-24）

维保要求：进行清洁、润滑、检查，磨损量不超过制造单位要求。

表 20-24　制动器铁芯（柱塞）的维保

序号	维保内容及操作过程	图示
1	保养时,需要观察制动器铁芯及导向套磨损情况,拆出制动器铁芯和导向套步骤如下 ①使用开口扳手,拆松制动器两边的调节螺钉 ②打开制动器接线盒,拆除制动器线圈电缆 ③使用内六角扳手,拆除制动器底座固定螺钉,并取下制动器 ④拆除制动器侧面螺钉,抽出制动器铁芯及导向套 ⑤拆除铁芯上的固定卡簧,从导向套中抽出制动器铁芯	
2	观察制动器铁芯的磨损量不超过制造单位要求时,使用细砂纸进行打磨;如制动器铁芯磨损严重,需予以更换	
3	对满足使用条件的制动器铁芯,还需要按制造单位要求及方法对制动器铁芯表面和导向套使用专用润滑脂进行适当润滑	

（6）制动器制动能力的维保（表20-25）

维保要求：符合制造单位要求，保持有足够的制动力，必要时进行轿厢装载 125％额定载重量的制动试验。

表 20-25　制动器制动能力的维保

序号	维保内容及操作过程	图示
1	检查制动器制动弹簧表面有无裂缝和生锈,如有裂缝或生锈严重应更换	

序号	维保内容及操作过程	图示
2	按技术要求,调整制动器制动弹簧的压缩量,其压缩量应符合制造单位要求制动器制动弹簧每隔一段时间要调整其弹簧力	
3	如没有足够的制动力时,需要进行轿厢装载125%额定载重量的制动试验,以调整制动力	

20.3 限速器的维护保养

电梯限速器,是电梯安全保护系统中的安全保护部件之一。它实时监测轿厢运行速度,当出现超速情况时(即超过电梯额定速度的115%时),能及时发出信号,继而产生机械动作切断供电电路,使曳引机制动。如果电梯仍然无法制动,则通过限速器钢丝绳提拉安装在轿厢底部的安全钳动作将轿厢强制制停。限速器是指令发出者,而安全钳是执行者,两者的共同作用才有"安全电梯"之说。

限速器和安全钳是电梯必不可少的安全装置,当电梯超速、运行失控或悬挂装置断裂时,限速器和安全钳迅速将电梯轿厢制停在导轨上,并保持静止状态,从而避免发生人员伤亡及设备损坏事故。下面主要介绍电梯限速器相关的维保项目(内容)和维保基本要求,维保人员能完成电梯限速器维保工作。

限速器维保的项目(内容)和基本要求如表20-26～表20-29所示。

表 20-26　限速器的半月维保项目(内容)和基本要求

维保项目(内容)	维保基本要求
限速器各销轴部位	润滑,转动灵活;电气开关正常

表 20-27　限速器的季度维保项目(内容)和基本要求

序号	维保项目(内容)	维保基本要求
1	限速器绳槽、限速器钢丝绳	清洁,无严重油腻
2	限速器张紧轮装置和电气安全装置	工作正常

表 20-28　限速器的半年度维保项目(内容)和基本要求

维保项目(内容)	维保基本要求
限速器钢丝绳	磨损量、断丝数不超过制造单位要求

表 20-29　限速器的年度维保项目(内容)和基本要求

维保项目(内容)	维保基本要求
限速器安全钳联动试验(对于使用年限不超过15年的限速器,每2年进行一次限速器动作速度校验;对于使用年限超过15年的限速器,每年进行一次限速器动作速度校验)	工作正常

(1)限速器各销轴部位的维保(表20-30)

维保要求:润滑,转动灵活;电气开关正常。

表 20-30　限速器各销轴部位的维保

序号	维保内容及操作过程	图示
1	断开机房主电源开关并锁闭,使电梯处于静止状态	

序号	维保内容及操作过程	图示
2	使用毛刷清理限速器表面及周围的积尘	
3	根据制造单位维护保养说明书的要求,对限速器旋转部位各销轴加注符合要求的润滑油或润滑脂。运转时不得出现碰擦、卡阻、转动不灵活等现象	
4	检查限速器出厂时的铅封或红油漆标记是否有变化。限速器出厂时已经调整校正,不得随意拆开调整	
5	检查限速器及限速器铭牌是否固定牢固可靠,无松动现象	
6	检查限速器动作方向标记完好无损,与轿厢运行方向一致	
7	检查限速器电气开关位置正确,安装螺栓及接线固定无松动。限速器电气开关动作时,安全回路断开,电梯不能正常运行	
8	检查完毕后,使限速器电气开关及机械动作部件都恢复正常状态,最后将限速器安全防护罩重新安装	
9	根据限速器校验要求,确需重新调整时,应由制造单位或零部件企业进行调整。经过调整后限速器应由具备资质的电梯维保单位进行限速器动作试验,并出具检测报告。整定后的限速器仍加封记	

（2）限速器绳槽、限速器钢丝绳的维保（表 20-31）

维保要求：清洁，无严重油腻。

表 20-31　限速器绳槽、限速器钢丝绳的维保

序号	维保内容及操作过程	图示
1	检查限速器绳槽表面、限速器钢丝绳表面是否有积尘。如有,应使用棉纱或百布布等清洁;如有严重油腻,应使用钢丝绳专用清洗剂对限速器绳槽或限速器钢丝绳进行清洗,直至限速器绳槽或限速器钢丝绳表面无任何油污 清洁限速器钢丝绳夹绳钳装置,应及时清除钳口处的污垢,使之动作可靠	

序号	维保内容及操作过程	图示
2	根据制造单位维护保养说明书的要求,结合限速器钢丝绳的类型及使用年限确定是否需要对限速器钢丝绳进行润滑 a. 采用纤维绳芯的限速器钢丝绳,不宜进行润滑 b. 采用钢丝或钢丝绳股的限速器钢丝绳,应使用毛刷蘸取少量的 ET 极压稀释钢丝绳润滑脂,对限速器钢丝绳表面进行均匀薄层的涂刷润滑 **小贴士**:限速器绳槽表面、限速器夹绳钳等部位严禁使用任何规格的润滑油或润滑脂	

（3）限速器张紧轮装置和电气安全装置的维保（表 20-32）

维保要求：工作正常。

表 20-32　限速器张紧轮装置和电气安全装置的维保

序号	维保内容及操作过程	图示
1	使用毛刷清理张紧轮装置表面及周围的积尘,用棉纱或百洁布清洁张紧轮表面、张紧轮绳槽内、电气开关及周围的油污 使限速器运行时,限速器钢丝绳在张紧轮绳槽内运转平稳、无异常摆动 **小贴士**:为防止限速器钢丝绳在张紧轮绳槽内打滑,对限速器钢丝绳及张紧轮绳槽严禁使用任何规格的润滑油或润滑脂	
2	检查限速器张紧轮装置的位置,应符合制造单位维护保养说明书的要求,如不符合要求,则需要调整 ①如重坨离地还有一定距离,可调节固定支架,方法:将固定支架向下调整至重坨下边缘至少处于水平位置 ②如重坨离地已无调节空间,需收短限速器钢丝绳,方法:一个人在底坑抬高重坨到合适位置,另一个人在轿顶收紧钢丝绳	
3	检查限速器张紧轮电气开关挡板位置,如挡板与电气开关之间的距离不符合技术要求时,则需要调整	
4	测试张紧轮电气开关动作时,安全回路断开,电梯应无法正常运行;检查张紧轮电气开关应可靠固定,外观无破损,接线可靠	
5	检查张紧轮的底座螺栓,应固定可靠,无松动;检查张紧轮装置的导向装置应动作灵活、无运动阻碍,运转时无异响声;限速器运行时,限速器钢丝绳在绳槽内运转平稳、无异常摆动	
6	如有损坏或缺失的零部件,按照原规格型号进行更换	

（4）限速器钢丝绳的维保（表 20-33）

维保要求：磨损量、断丝数不超过制造单位要求。

表 20-33　限速器钢丝绳的维保

序号	维保内容及操作过程	图示
1	用钢丝绳探伤仪或者放大镜全长检测或者分段抽测,检查限速器钢丝绳出现笼状畸变、绳股挤出、扭结、部分压扁、弯折等现象应予以报废	

序号	维保内容及操作过程	图示
2	检查限速器钢丝绳的断丝情况,不超过制造单位要求,一个捻距内出现的断丝数大于下表列出的数值时,建议将钢丝绳报废,重新更换钢丝绳 单位:mm | 断丝的形式	钢丝绳类型		
	6×19	8×19	9×19
均布在外层绳股上	24	30	34
集中在一根或者两根外层绳股上	8	10	11
一根外层绳股上相邻的断丝	4	4	4
股谷(缝)断丝	1	1	1 | 注:上述断丝数的参考长度为一个捻距,约为 6d(d 表示钢丝绳的公称直径,mm)	
3	检查磨损后限速器钢丝绳的直径,不超过制造单位要求,用游标卡尺测量其公称直径。测量时,以相距至少 1m 的两点进行,在每点相互垂直的方向测量两次,四次测量值的平均值即为钢丝绳的直径,若小于钢丝绳公称直径的 90% 建议报废	
4	检查钢丝绳锈蚀情况,如钢丝绳严重锈蚀、铁锈填满绳股间隙等,钢丝绳应予以报废	

（5）限速器安全钳联动试验（表 20-34）

维保要求：工作正常。

表 20-34　限速器安全钳联动试验

序号	维保内容及操作过程	图示
1	轿厢空载,检修运行至井道行程下部	
2	使用螺丝刀手动模拟限速器机械动作,检修向下运行电梯,限速器电气开关应随限速器转动而动作,电梯应立即停止且不能再启动	
3	短接限速器电气开关,继续向下检修运行电梯,安全钳应能动作,安全钳电气开关应动作,电梯应立即停止且不能再启动	
4	短接安全钳电气开关,继续向下检修运行电梯,轿厢应无法移动,钢丝绳在曳引轮上打滑	

序号	维保内容及操作过程	图示
5	测试结束,向上检修运行电梯。限速器锁止部件松开后,先恢复限速器机械到正常状态,再复位限速器和安全钳电气开关	
6	检查安全钳动作处的导轨表面是否有擦痕或毛刺,如有擦痕或毛刺应用锉刀修光 **小贴士**:限速器出厂时,都已经过严格的检查和试验,并加上铅封,使用时不得随意调整 对于使用年限不超过 15 年的限速器,每 2 年进行一次限速器动作速度校验;对于使用年限超过 15 年的限速器,每年进行一次限速器动作速度校验	

20.4 导向系统的维护保养

电梯导向系统包括轿厢的导向和对重装置的导向两部分。导向系统的作用是限定轿厢和对重装置在井道内只能分别沿着位于其两侧的竖直方向的导轨上下运行。导向系统质量的优劣决定着电梯运行效果的好坏。导向系统主要由导轨、导靴、导轨固定支架构成。

导向系统的维保项目（内容）和基本要求如表 20-35～表 20-37 所示。

表 20-35 导向系统的半月维保项目（内容）和基本要求

维保项目(内容)	维保基本要求
导靴上油杯	吸油毛毡齐全,油量适宜,油杯无泄漏

表 20-36 导向系统的季度维保项目（内容）和基本要求

维保项目(内容)	维保基本要求
靴衬、滚轮	清洁,磨损量不超过制造单位要求

表 20-37 导向系统的年度维保项目（内容）和基本要求

序号	维保项目(内容)	维保基本要求
1	轿厢和对重装置/平衡重的导轨	清洁,压板牢固
2	轿厢和对重装置/平衡重的导轨支架	支架固定,无松动

（1）导靴上油杯的维保（表 20-38）

维保要求：吸油毛毡齐全，油量适宜，油杯无泄漏。

表 20-38 导靴上油杯的维保

序号	维保内容及操作过程	图示
1	使用棉纱或百洁布清洁导靴上油杯外部及导靴下部的积尘、油污、杂物,检查油杯固定是否完好、有无漏油现象	
2	检查油杯的吸油毛毡,清除毛毡上的油泥垢、杂质等	—

序号	维保内容及操作过程	图示
3	检查毛毡是否有破损,油杯毛毡夹板的固定螺栓是否牢固(保证毛毡运行中对导轨具有一定压力),如有松动应予以调整 检查油杯的储油量是否在油杯容积的 1/4~3/4 之间。如油杯缺油,应按照制造单位使用维护说明书的要求,向油杯中加注润滑油 **小贴士**:使用滚动导靴时,可不设油杯且严禁向导轨加润滑油。轿厢导靴油杯、对重导靴油杯需要同时检查	

(2)靴衬、滚轮的维保(表 20-39)

维保要求:清洁,磨损量不超过制造单位要求。

表 20-39 靴衬、滚轮的维保

序号	维保内容及操作过程	图示
1	使用棉纱或百洁布等清洁导靴表面及底座,应无积尘、无杂物、无油污 将靴衬从滑动导靴中抽出,清洁附着在靴衬内部表面的杂质、油腻等	
2	检查导靴底座有无局部裂缝,组件有无变形,各紧固部位的螺栓有无松动等,螺栓如有松动应重新紧固	
3	检查滑动导靴的靴衬与导轨顶面和侧面的内部磨损,是否超出规定要求。如有磨损,按照制造单位维护保养说明书的要求调节对应紧固件,调整靴衬对导轨的压紧力,防止轿厢在运行中出现晃动;如磨损严重,应更换靴衬	
4	检查滚轮架固定是否可靠,滚轮应无变形、老化等现象 清理滚动导靴的滚轮表面的杂质及油污 **小贴士**:滚动导靴的滚轮表面及导轨工作面严禁润滑	
5	检查滚动导靴滚轮的轴承,运行时应无异响、振动;如有磨损严重,应更换	
6	检查滚动导靴的压缩弹簧预压力,保证各滚轮的压力均匀,防止因压力不均匀造成轿厢运行偏斜或摆动。如有压力不均匀,需按照制造单位维护保养说明书的要求进行调整	—
7	检查轿厢和对重下梁导靴的靴衬和滚轮,应确定停止装置动作后,方可在底坑内进行工作	—

（3）轿厢和对重装置/平衡重的导轨的维保（表 20-40）

维保要求：清洁，压板牢固。

表 20-40　轿厢和对重装置/平衡重的导轨的维保

序号	维保内容及操作过程	图示
1	观察导轨表面,应无严重油污,如油污较多时,可以用煤油进行清洗	
2	检查导轨工作面有无锈蚀、损伤,如发现导轨工作面有锈斑、划伤等缺陷,应细心打磨光滑	—
3	检查导轨的压导板、导轨连接板的固定螺栓有无松动,如有松动应紧固 检查压板固定螺栓有无歪斜和压实	

（4）轿厢和对重装置/平衡重的导轨支架的维保（表 20-41）

维保要求：固定，无松动。

表 20-41　轿厢和对重装置/平衡重的导轨支架的维保

序号	维保内容及操作过程	图示
1	使用棉纱或百洁布等清洁导轨支架表面,应整洁,无积尘、油污、杂质等	
2	按规定方法进入轿顶,检修运行电梯井道全程逐一检查轿厢和对重导轨支架的固定螺栓有无松动,如有松动应紧固	—

20.5　安全钳的维护保养

电梯安全钳装置是在限速器的操纵下，当电梯实际运行速度大于等于额定速度的 115％时，限速器的联动机构首先将非自动复位开关触点断开，从而断开安全回路，然后通过限速器钢丝绳带动安全钳动作，将轿厢制停并夹持在导轨上的一种安全装置。它对电梯的安全运行提供有效的保护作用，一般将其安装在轿厢架或对重架上。

安全钳分为瞬时式安全钳和渐进式安全钳，瞬时式安全钳适用于运行速度小于等于 0.63m/s 的电梯，渐进式安全钳适用于运行速度大于 0.63m/s 的电梯。

安全钳的年度维保项目（内容）和基本要求如表 20-42 所示。

表 20-42　安全钳的年度维保项目（内容）和基本要求

维保项目(内容)	维保基本要求
安全钳钳座	固定,无松动

安全钳钳座的维保如表 20-43 所示。

维保要求：固定，无松动。

表 20-43　安全钳钳座的维保

序号	维保内容及操作过程	图示
1	安全钳安装在轿厢下部的，应在底坑检查安全钳钳座。两人配合，按规定方法一人进入轿顶，一人进入底坑。先由轿顶人员检修向下运行电梯至合适位置，再由底坑人员将底坑急停开关置于停止位置 　安全钳安装在轿厢上部的，应在轿顶检查安全钳钳座。将轿厢停在合适位置，并将轿顶急停开关置于停止位置	—
2	清洁安全钳钳座内油污，应保持清洁 　清除安全钳传动机构表面积灰和污垢，钳块动作机构应灵活无阻碍，尤其是转动部位以及模块与钳口的摩擦面应保持清洁	
3	转动部位每月一次以机油润滑，保持转动部件和传动机构动作灵活可靠。安全钳钳口内的滑动部件和滚动部件应涂适量的润滑脂	—
4	检查安全钳铭牌，应标明制造单位名称及其制造地址、型号、规格参数和型式试验机构或标志。铭牌、型式试验证书、调试证书内容与实物应当相符	—
5	检查轿厢安全钳开关是否良好固定，线路有无破损；拉杆上提时，安全钳开关应动作并切断安全回路	—
6	用塞尺检查模块工作面与导轨工作面的间隙，使之保持在 2.5～3mm 的范围内或按生产厂家的要求值进行调整，各处间隙应均匀一致	
7	检查传动机构、拉杆及钳座各处的紧固螺栓有无松动，必要时应逐一进行紧固，保证其相对位置的正确	
8	检查拉杆、连杆等细长杆件有无弯曲变形，异形件有无裂痕，如有缺陷应校正或更换	
9	检查限速器与其传动机构的连接是否紧固	

20.6 缓冲器的维护保养

电梯缓冲器（分为蓄能型和耗能型两种）通常安装在电梯的井道底坑内，位于轿厢和对重装置的正下方。当由于钢丝绳断裂、曳引力不足、制动力不足或者控制系统失灵而发生轿厢或对重装置冲顶或蹲底时，缓冲器起缓冲作用，保护乘客和电梯的安全。

当轿厢或者对重装置失控垂直下落时，具有相当大的动能，为尽可能减少和避免损失，就必须吸收和消耗轿厢或者对重装置的能量，使其有效减速、平稳地停止在底坑。

所以缓冲器的原理就是使轿厢或对重装置的动能、势能转化为一种无害或者安全的能量形式。

缓冲器的维保项目（内容）和基本要求如表 20-44、表 20-45 所示。

表 20-44　缓冲器的季度维保项目（内容）和基本要求

维保项目(内容)	维保基本要求
耗能缓冲器电气安全装置	功能有效,油量适宜,柱塞无锈蚀

表 20-45　缓冲器的年度维保项目（内容）和基本要求

维保项目(内容)	维保基本要求
缓冲器	固定,无松动

（1）耗能缓冲器的维保（表 20-46）

维保要求：功能有效，油量适宜，柱塞无锈蚀。

表 20-46　耗能缓冲器的维保

序号	维保内容及操作过程	图示
1	断开底坑急停开关,按规定方法进入底坑检查耗能缓冲器柱塞是否生锈,如有生锈应使用棉纱或百洁布等加以清洁 耗能缓冲器柱塞的外露部分应保持清洁,并涂以防锈油脂,套上防尘罩	
2	检查耗能缓冲器油位,应保证油位高度,至少每季检查一次。若发现油面低于油标则添加新油	—
3	检查耗能缓冲器的柱塞复位电气安全装置动作时,安全回路是否断开,电梯是否不能运行	

（2）缓冲器的维保（表 20-47）

维保要求：固定，无松动。

表 20-47　缓冲器的维保

序号	维保内容及操作过程	图示
1	检查缓冲器是否有晃动,如有晃动应用扳手紧固缓冲器的固定螺栓 检查缓冲器是否有明显倾斜,是否有断裂、塑性变形、剥落、破损等现象,若有应予以更换	

序号	维保内容及操作过程	图示
2	检查缓冲器铭牌或者标签,应标明制造单位名称及其制造地址、型号、规格参数和型式试验机构名称或标志。铭牌或者标签和型式试验证书内容与实物应当相符	

20.7 门系统的维护保养

门系统主要包括轿门、层门及其附属的零部件。

层门和轿门是电梯的重要安全保护设施,可防止乘客和物品坠入井道或轿厢内乘客和物品与井道相撞而发生危险。为了将轿门的运动传递给层门,轿门上一般设有门刀,门刀通过与层门滚轮的配合,使轿门能带动层门运动。

电梯门按开门方式分为中分式、旁开式和直分式三种。

门系统的维保项目(内容)和基本要求如表 20-48～表 20-51 所示。

表 20-48　门系统的半月维保项目(内容)和基本要求

序号	维保项目(内容)	维保基本要求
1	轿门防撞击保护装置(安全触板、光幕、光电等)	功能有效
2	轿门锁电气触点	清洁,触点接触良好,接线可靠
3	轿门运行	开启和关闭工作正常
4	层门地坎	清洁
5	层门自动关门装置	正常
6	层门锁自动复位	用层门钥匙打开手动开锁装置释放后,层门锁能自动复位
7	层门锁电气触点	清洁,触点接触良好,接线可靠
8	层门锁紧元件啮合长度	啮合长度不小于 7mm
9	轿顶	清洁,防护栏安全可靠

表 20-49　门系统的季度维保项目(内容)和基本要求

序号	维保项目(内容)	维保基本要求
1	门系统中传动钢丝绳、链条、传动带	按照制造单位要求进行清洁、调整
2	门扇	门扇各相关间隙符合标准
3	层门导靴	磨损量不超过制造单位要求

表 20-50　门系统的半年度维保项目(内容)和基本要求

维保项目(内容)	维保基本要求
补偿链(绳)与轿厢、对重装置接合处	固定、无松动

表 20-51　门系统的年度维保项目(内容)和基本要求

序号	维保项目(内容)	维保基本要求
1	轿顶、轿厢架、轿门及其附件安装螺栓	紧固
2	层门装置和地坎	无影响正常使用的变形,各安装螺栓紧固
3	轿厢超载保护装置	准确有效
4	轿底各安装螺栓	紧固

（1）轿门防撞击保护装置（安全触板、光幕、光电等）的维保（表 20-52）

维保要求：功能有效。

表 20-52　轿门防撞击保护装置（安全触板、光幕、光电等）的维保

序号	维保内容及操作过程	图示
1	使用毛刷清洁轿门防撞击保护装置,保持外观整洁,无积尘、无油污、无杂物 **小贴士:**若采用安全触板,应按照制造单位使用维护说明书的要求,对安全触板的活动部位进行适当润滑,保证各活动部位工作灵活	
2	检查轿门防撞击保护装置是否固定可靠,活动部位在轿门开启、关闭过程中是否发生刮擦、碰撞现象,如有则需要调整	
3	确认电梯在正常状态下,在轿门自动关闭过程中人为使轿门安全装置动作,轿门应能重新开启。如不符合要求,应及时调整开关的动作位置及反应时间,保证轿门在安全装置动作后立即反向开启 **小贴士:**如有损坏或缺失的零部件,按照原规格型号进行更换。安全装置的功能在轿门运行的整个行程内有效(每个主动门扇的最后 50mm 行程除外)。如将安全触板更换为光幕,应保证动作可靠	

（2）轿门锁电气触点的维保（表 20-53）

维保要求：清洁，触点接触良好，接线可靠。

表 20-53　轿门锁电气触点的维保

序号	维保内容及操作过程	图示
1	使用毛刷或百洁布清洁轿门锁电气触点,保持外观整洁,无积尘、无油污、无杂物	—
2	检查轿门锁装置,应固定可靠,动作灵敏无阻碍	—
3	检查轿门锁电气触点接线是否紧固,检查线路有无破损、老化现象	
4	检查轿门锁电气触点接触是否良好,有无扭曲变形、锈蚀,必要时用金相细砂纸清洁电气触点	
5	轿门完全关闭后,轿门锁电气触点才能接通。电气触点接通后,轿门锁开关打板与电气触点应有一定的初压力,且电气触点不能被完全压缩无任何余量 **小贴士:**如有损坏或缺失的零部件,按照原规格型号进行更换	

（3）轿门运行的维保（表 20-54）

维保要求：开启和关闭工作正常。

表 20-54　轿门运行的维保

序号	维保内容及操作过程	图示
1	清洁轿门各转动部位,如轿门挂板的导向装置、门挂轮、门滑道、偏心轮等表面应光洁无油污、无杂物	—
2	清洁轿厢地坎,应保持地坎内无积尘、无油污、无杂物	

序号	维保内容及操作过程	图示
3	按照制造单位维护保养说明书要求,对轿门挂轮、门滑道、门刀、传动机构等进行适当润滑,轿厢地坎严禁润滑	—
4	检查轿门运行状态,轿门及轿门部件无松动、锈蚀、破损和变形。如有损坏或缺失的零部件,按照原规格型号进行更换	—
5	检查轿门导向装置是否固定可靠,运行中有无脱轨、机械卡阻或行程终端时错位现象。如有则需要进行调整	—
6	检查传动带、门挂轮、偏心轮等均无破损,运行中轴承无异响	
7	检查门电动机、门机编码器、调速开关等电气部件应工作正常,牢固可靠无位移,接线牢固无松动	—
8	检查门扇的启闭应轻便无跳动,无摇摆和噪声。如有异常,应立即修理	—
9	检查门刀开启和关闭应正常,门刀最外侧部分距离层门地坎内侧的间隙应保持在 5~10mm	
10	门刀与层门门锁滚轮的啮合深度应保持在 5~10mm	
11	轿门关闭后,门扇与地坎之间的间隙应尽可能小。对于乘客电梯,此间隙不得大于 6mm;对于载货电梯,此间隙不得大于 8mm(使用过程中由于磨损可允许达到 10mm)	

（4）层门地坎的维保（表 20-55）

维保要求：清洁。

表 20-55　层门地坎的维保

序号	维保内容及操作过程	图示
1	使用毛刷清理层站地坎内的积尘、油污、杂物垃圾等。清理时应注意防止地坎内垃圾等通过地坎底部的吊孔落入下一层层门上坎	—
2	清理层门地坎时,应从最高层向下逐层清理地坎 **小贴士**:如有损坏或缺失的零部件,按照原规格型号进行更换	

（5）层门自动关门装置的维保（表 20-56）

维保要求：正常。

表 20-56　层门自动关门装置的维保

序号	维保内容及操作过程	图示
1	使用毛刷清理层门自动关门装置的积尘、油污,保证层门关闭过程中无阻碍	

序号	维保内容及操作过程	图示
2	当轿厢在开锁区域之外时,人为打开层门 20mm 左右,层门自动关闭装置应在没有外力作用下使层门自动关闭,层门关闭过程中应无阻碍 　如不符合要求,根据制造单位使用维护说明书的要求,对层门自动关门装置进行调整 　**小贴士**:底层端站层门的检查,应在轿厢内进行	

（6）层门锁自动复位的维保（表 20-57）

维保要求：用层门钥匙打开手动开锁装置释放后，层门锁能自动复位。

表 20-57　层门锁自动复位的维保

序号	维保内容及操作过程	图示
1	使用毛刷、棉纱、百洁布等清洁层门锁的自动复位装置	—
2	使用三角钥匙紧急开锁后,检查每个层门三角锁顶杆应可靠复位。如开锁装置的顶杆不能自动复位,应进行调整	
3	检查在层门闭合时门锁装置不应保持在开锁位置,门锁复位应动作灵敏、无阻碍。如层门锁不能自动复位,应进行调整 　**小贴士**:如有损坏或缺失的零部件,按照原规格型号进行更换。底层端站层门锁的检查,应在轿厢内进行	—

（7）层门锁电气触点的维保（表 20-58）

维保要求：清洁，触点接触良好，接线可靠。

表 20-58　层门锁电气触点的维保

序号	维保内容及操作过程	图示
1	使用毛刷清洁层门锁电气触点,保持外观整洁,无积尘、无油污、无杂物	
2	检查层门锁电气触点接触是否良好,有无扭曲变形、锈蚀。层门完全关闭后,电气触点才能接通。电气触点接通后,门锁开关打板与电气触点应有一定的初压力,且电气触点不能被完全压缩无任何余量	
3	检查层门锁电气触点接线是否紧固,检查线路有无破损、老化现象 　**小贴士**:如有损坏或缺失的零部件,按照原规格型号进行更换	—

（8）层门锁紧元件啮合长度的维保（表 20-59）

维保要求：啮合长度不小于 7mm。

（9）轿顶的维保（表 20-60）

维保要求：清洁，防护栏安全可靠。

（10）门系统中传动钢丝绳、链条、传动带的维保（表 20-61）

维保要求：按照制造单位要求进行清洁、调整。

表 20-59　层门锁紧元件啮合长度的维保

序号	维保内容及操作过程	图示
1	检查层门完全关闭后,层门锁机械锁钩啮合深度应≥7mm,这样电气触点才能接通。如不符合要求,应予以调整 　　如果门锁机械锁钩不符合要求,可通过以下方法调整:一是调整门锁机械锁钩水平刻度尺与锁钩对齐,保证电气触点有一定的初压力;二是调整门锁机械锁钩垂直刻度尺与锁钩对齐,保证电气触点可靠接通的同时,门缝间隙处在合理的范围内 　　**小贴士**:底层端站层门锁的检查,应在轿厢内进行	
2	检查层门锁电气触点接通后,门锁锁紧元件是否仍有一定的行程。电气触点接通后,层门锁触片与电气触点应有一定的初压力,且电气触点不能被完全压缩无任何余量	
3	保持门锁锁紧元件应无缺失且动作灵敏有效。如有损坏或缺失的零部件,按照原规格型号进行更换	—

表 20-60　轿顶的维保

序号	维保内容及操作过程	图示
1	使用吸尘器、毛刷、百洁布等工具清洁轿顶各位置的积尘、垃圾。轿顶不得放置杂物	
2	检查护栏上适当位置是否张贴"俯伏或斜靠护栏危险"的警示标志。如警示标志缺失、破损或字迹模糊不清,应予以更换	
3	用手晃动轿顶护栏,观察护栏是否有明显晃动或位移。如护栏有松动或位移,应紧固护栏的紧固螺栓	
4	检查轿顶电气部件的接线,应使用线槽或线管,无外露部分。电缆线应绑扎牢固无松动	

表 20-61　门系统中传动钢丝绳、链条、传动带的维保

序号	维保内容及操作过程	图示
1	使用棉纱、百洁布等清洁门系统中传动钢丝绳、胶带表面,应无油污、锈蚀、杂质	—
2	检查层门、轿门系统中传动钢丝绳、链条、传动带的表面,有无断丝、变形、锈蚀等现象。如有损坏或缺失的零部件,按照原规格型号进行更换	

序号	维保内容及操作过程	图示
3	检查层门、轿门系统中传动钢丝绳、链条、传动带的张力是否符合制造单位的要求；如张力不符合要求，应根据制造单位技术要求和方法调整门机传动带、传动钢丝绳或链条的张紧度，运行中无打滑现象	
4	检查层门、轿门系统中传动钢丝绳、链条、传动带两端固定螺母、长度调节螺母等是否有松动，如有松动，应予以紧固	

（11）门扇的维保（表 20-62）

维保要求：门扇各相关间隙符合标准。

表 20-62　门扇的维保

序号	维保内容及操作过程	图示
1	使用塞尺测量层门、轿门门扇的间隙，应满足门扇之间及门扇与立柱、门楣和地坎之间的间隙，乘客电梯应不大于 6mm，载货电梯应不大于 8mm（使用过程中由于磨损，可允许达到 10mm 的要求）。测量各门扇的间隙后，对不符合要求的，应通过调节层门、轿门固定螺钉进行调整	
2	门关闭时，使用测力计、钢直尺等测量在水平移动门和折叠门主动门扇的开启方向，以 150N 的推力施加在最不利的点，两门扇间的间隙对于旁开门不大于 30mm，对于中分门其总和不大于 45mm 测量层门和轿门挂板门滚轮、偏心轮的位置和间隙，如不符合要求，按照制造单位维护保养说明书的要求进行调整 **小贴士**：如有损坏、缺失或磨损严重的零部件，按照原规格型号进行更换	

（12）层门导靴的维保（表 20-63）

维保要求：磨损量不超过制造单位要求。

表 20-63　层门导靴的维保

序号	维保内容及操作过程	图示
1	检查层门导靴（门滑块）在门扇端部固定螺栓是否松动。如有松动，则需要调整	
2	如门扇在地坎内运行的间隙过大，门扇在运动时产生晃动现象，则应及时检查层门导靴（层门滑块）磨损状态。层门导靴侧面磨损量超过原层门导靴厚度 1mm 时，按照制造单位维护保养说明书要求进行更换	
3	检查层门导靴在层门地坎内的啮合深度，应至少为地坎槽深度的 2/3，或按照制造单位维护保养说明书要求调整	—

序号	维保内容及操作过程	图示
4	检查层门导靴在层门扇端部的固定应保持一致,保证四个层门导靴在地坎同一垂直面内运行,防止门扇运行中对个别导靴门产生过度磨损	

（13）补偿链（绳）与轿厢、对重装置接合处的维保（表 20-64）

维保要求：固定、无松动。

表 20-64　补偿链（绳）与轿厢、对重装置接合处的维保

序号	维保内容及操作过程	图示
1	检查补偿链(绳)与轿厢和对重装置的接合处,应固定且无松动,同时应有辅助保护装置,防止因补偿链(绳)断裂与轿厢脱离	
2	检查补偿链(绳)自身的旋转和扭曲状态,应无自旋现象	
3	检查补偿链(绳)的伸长情况,不能与底坑地面接触或与其他金属件碰擦。当补偿链的伸长量超过制造单位维护保养说明书的允许值时,应予以截短。如有损坏或缺失的零部件,按照原规格型号进行更换	

（14）轿顶、轿厢架、轿门及其附件安装螺栓的维保（表 20-65）

维保要求：紧固。

表 20-65　轿顶、轿厢架、轿门及其附件安装螺栓的维保

维保内容及操作过程	图示
检查轿顶、上梁、立柱、门机、安全钳联动机构、轿顶接线盒、感应器、滑轮或链轮防护罩等部件的固定螺栓是否松动,如有松动,应进行紧固	

（15）层门装置和地坎的维保（表 20-66）

维保要求：无影响正常使用的变形，各安装螺栓紧固。

表 20-66　层门装置和地坎的维保

序号	维保内容及操作过程	图示
1	检查层门各部位有无影响正常使用的变形,如变形严重而影响正常使用的,应拆下层门进行整形;不能整形的应予以更换同型号层门	—

序号	维保内容及操作过程	图示
2	检查各层门挂板上的固定螺栓是否紧固,如有松动,应用扳手进行紧固	
3	检查各层门地坎的固定螺栓是否紧固,如有松动,应用扳手进行紧固	
4	检查各层门地坎有无明显变形、地坎槽有无过度磨损。如变形或磨损严重而影响电梯正常使用的,应予以更换	—

（16）轿厢超载保护装置的维保（表 20-67）

维保要求：准确有效。

表 20-67　轿厢超载保护装置的维保

序号	维保内容及操作过程	图示
1	将轿厢停于底层端站平层位置,轿厢内装载额定载荷,超载保护装置应不动作	
2	继续加载至超过额定载重量时,检查超载保护装置是否能够发出警示信号,并使电梯不能运行。最迟在轿厢内的载荷达到110%额定载重量（对于额定载重量小于750kg的电梯,最迟在超载量达到75kg）时动作,防止电梯正常启动及再平层,并且轿厢内有音响或者发光信号提示,动力驱动的自动门完全打开,手动门保持在未锁状态。如不符合要求,根据厂家要求重新调整	—

（17）轿底各安装螺栓的维保（表 20-68）

维保要求：紧固。

表 20-68　轿底各安装螺栓的维保

序号	维保内容及操作过程	图示
1	两人配合,按规定方法一人进入轿顶,一人进入底坑。先由轿顶人员检修向下运行电梯至合适位置后,再由底坑人员将底坑急停开关置于急停位置	—
2	检查轿底固定螺栓是否松动,如有松动,应进行紧固	

20.8　电气控制系统的维护保养

电梯控制柜是整个电梯的控制中心，它担负着电梯运行过程中各类信号的处理、启动与制动、调速等过程的控制及安全检测几大职能。控制柜通常由逻辑信号处理、驱动调速和安全检测三大主要部分组成。

它是由逻辑控制器（PLC 或微机板）、变频器（如果有）、接触器、继电器、变压器、整流器（如果有）、熔断器、开关、检修按钮等电气元件组成，用导线相互连接。

电气控制系统维保项目（内容）和要求如表 20-69～表 20-71 所示。

表 20-69 电气控制系统的半月维保项目（内容）和要求

序号	维保项目(内容)	维保基本要求
1	轿顶检修开关、停止装置	工作正常
2	井道照明	齐全、正常
3	轿厢照明、风扇、应急照明	工作正常
4	轿厢内报警装置、对讲系统	工作正常
5	轿厢内显示器、指令按钮	齐全、有效
6	轿厢平层保持精度	符合标准
7	底坑停止装置	工作正常
8	层站召唤、层楼显示	齐全、有效

表 20-70 电气控制系统的半年度维保项目（内容）和要求

序号	维保项目(内容)	维保基本要求
1	控制柜内各接线端子	各接线紧固、整齐，线号齐全清晰
2	控制柜各电气部件	显示正常
3	上下极限开关	工作正常

表 20-71 电气控制系统的年度维保项目（内容）和要求

序号	维保项目(内容)	维保基本要求
1	控制柜内接触器、继电器触点	接触良好
2	导电回路绝缘性能测试	符合标准

（1）轿顶检修开关、停止装置的维保（表 20-72）

维保要求：工作正常。

表 20-72 轿顶检修开关、停止装置的维保

序号	维保内容及操作过程	图示
1	按照修理操作安全守则要求，验证门锁、轿顶停止装置、轿顶检修开关是否工作正常，然后才可以进入轿顶	—
2	用毛刷清洁轿顶接线箱、轿顶检修箱等电气部件。轿顶电气部件应整洁，表面无灰尘、无油污	
3	检查轿顶停止装置的安装位置，是否从层门入口处易于触及；停止装置应外观完好，固定可靠 按下停止装置按钮时，安全回路应断开，电梯不能运行 **小贴士**：停止装置为双稳态、红色，并标以"停止"字样，并且有防止误操作的保护	—
4	检查轿顶检修开关、运行按钮检修公共按钮、急停开关，应外观完好，固定可靠	—

（2）井道照明的维保（表 20-73）

维保要求：齐全、正常。

表 20-73 井道照明的维保

表 20-73 井道照明的维保

序号	维保内容及操作过程	图示
1	检查井道照明开关,是否设置在机房内和底坑易于触及处,这两个地方均能控制井道照明。检查井道照明开关上或附近是否有清晰明显的标志	
2	当电梯停止时,先切断电梯主电源,再打开井道照明开关,从机房地面绳孔内观察井道内照明应已经点亮。井道照明电源应与电梯动力电源分开敷设,切断动力电源后井道照明应保持正常照明	
3	使用吹风机或毛刷清洁井道照明灯的表面,无积尘、无油污、无杂物	
4	按照安全操作流程进入轿顶,操作轿顶检修运行装置使电梯检修运行井道全程,站在轿顶安全位置观察井道各照明灯工作是否正常。如有损坏或缺失的零部件,应予以更换	—
5	观察轿顶的照度是否足够,当电梯运行到接近底坑时,观察底坑地面是否有足够的照度,必要时使用照度计在轿顶和底坑进行测量。在所有的门都关闭时,在轿顶面和底坑地面以上 1m 处的照度至少为 50lx	

（3）轿厢照明、风扇、应急照明的维保（表 20-74）

维保要求：工作正常。

表 20-74 轿厢照明、风扇、应急照明的维保

序号	维保内容及操作过程	图示
1	使用棉纱、百洁布、吸尘器等清洁轿厢照明灯,保持整洁 使用吹风机或吸尘器清洁轿厢风扇扇叶上的积尘 使用棉纱、百洁布清洁轿厢停电应急照明灯,保证整洁	
2	检查在电梯停止运行时,断开机房主电源开关,轿厢照明和风扇仍应正常工作	—
3	打开操纵箱的开关面板,观察轿厢照明开关、风扇开关外观和标志是否齐全,开关应可靠固定	—
4	检查如果电气照明是白炽灯,至少要有两只并联的灯泡	

序号	维保内容及操作过程	图示
5	测试轿厢照明控制开关,轿厢照明应能正常开启和关闭。轿厢控制装置上和轿厢地板上的照度宜不小于50lx,必要时可用照度计进行测量照度。运行过程中轿厢照明应连续,如有损坏或缺失的零部件,应予以更换	—
6	在机房切断轿厢照明电源后,观察轿厢停电应急照明应能自动启动,并且至少持续点亮1h。轿厢停电应急照明应由可充电的应急电源供电	—

（4）轿厢内报警装置、对讲系统的维保（表20-75）

维保要求：工作正常。

表 20-75　轿厢内报警装置、对讲系统的维保

序号	维保内容及操作过程	图示
1	检查轿厢内警铃按钮及对讲装置的标志是否齐全,如不齐全或损坏,应予以补加或更换	
2	按轿厢内警铃按钮,测试警铃工作是否正常。如警铃不正常工作,应对警铃进行维修或更换	
3	将电梯停在某一层站,打开电梯门,测试轿厢和机房的对讲装置,应能有效沟通	
4	切断机房主电源开关,操作轿厢内对讲装置,测试对讲装置能否与建筑物内管理部门进行有效通话。如不能通话,应检查相关对讲设备和通信线路	—
5	检查轿厢内安全检验合格标志、安全乘梯须知应齐全,并张贴在明显位置	

（5）轿厢内显示器、指令按钮的维保（表20-76）

维保要求：齐全、有效。

表 20-76　轿厢内显示器、指令按钮的维保

序号	维保内容及操作过程	图示
1	使用棉纱、百洁布等清洁轿厢显示器及操纵箱的各指令按钮	

序号	维保内容及操作过程	图示
2	检查轿厢内显示器和按钮应齐全,固定可靠,无破损	
3	逐一操作按钮,观察按钮是否点亮,按钮灯显示应清晰 电梯运行时,对应按钮字符与轿厢内显示应一致,且显示清晰 电梯停止运行时,对应楼层按钮灯应熄灭	
4	对于消防、超载等功能性显示,将轿厢处于对应状态后观察显示是否准确正常	—
5	检查轿厢内制造单位设置的产品铭牌,应完好	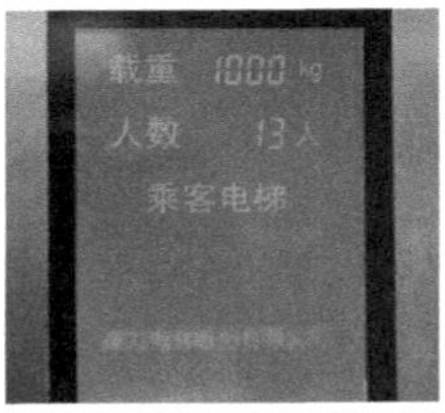

（6）轿厢平层保持精度的维保（表 20-77）

维保要求：符合标准。

表 20-77　轿厢平层保持精度的维保

序号	维保内容及操作过程	图示
1	电梯正常运行,检查轿厢停靠在层站后,平层准确度应在 ±5mm 范围内	
2	检查平层保持精度应为 ±20mm,如果装卸载时超出 ±20mm,应校正到 ±10mm 以内(不同制造单位的平层保持精度要求不同,应以制造单位要求为准)。如超过上述范围,需根据制造单位维护保养说明书要求进行调整 **小贴士**:如有影响平层保持精度的部件损坏或缺失(如平层感应器),应予以更换	—

（7）底坑停止装置的维保（表 20-78）

维保要求：工作正常。

表 20-78　底坑停止装置的维保

序号	维保内容及操作过程	图示
1	按照修理操作安全守则要求进入底坑修理操作程序,验证急停开关是否工作正常 **小贴士**:维保人员未进入底坑前,应能操作底坑停止装置	—

序号	维保内容及操作过程	图示
2	使用毛刷清洁底坑停止装置表面积尘,应整洁,无油污	—
3	检查底坑停止装置应固定可靠,外观无破损。检查停止装置是否为双稳态,并且是红色,标有"停止"字样。如有损坏或缺失的零部件,应予以更换	—

(8)层站召唤、层楼显示的维保(表 20-79)

维保要求:齐全、有效。

表 20-79　层站召唤、层楼显示的维保

序号	维保内容及操作过程	图示
1	使用棉纱或百洁布清洁层站显示器及召唤盒的各指令按钮	
2	检查层站显示器,应显示清晰正确,功能正常	
3	对于检修、停止、消防、超载等功能性显示,将轿厢处于对应功能状态后观察显示是否准确正常	—
4	检查所有按钮有无破损,固定是否可靠,按钮活动自如,无卡阻	—
5	逐一操作按钮,观察按钮是否点亮,按钮灯显示应清晰 电梯停止运行时,对应楼层按钮灯应熄灭 **小贴士**:如有损坏或缺失的零部件,按照原规格型号进行更换	—

(9)控制柜内各接线端子的维保(表 20-80)

维保要求:各接线紧固、整齐,线号齐全清晰。

表 20-80　控制柜内各接线端子的维保

序号	维保内容及操作过程	图示
1	按照修理操作安全守则要求进入电梯机房电源锁闭程序,断开主电源、轿厢照明电源、井道照明等控制柜进线电源	—
2	用软刷或吹风机清除控制柜内变频器、微机板、继电器、接触器等元器件的接线端子表面灰尘及杂物,以免影响其散热或短路	
3	检查控制柜内各接线端子线号是否齐全,标记是否清晰。如有缺失或模糊不清的,应参照制造单位提供的电气布线图或者电气原理图重新标注	

序号	维保内容及操作过程	图示
4	检查控制柜内各元器件接线端子压线有无松动现象。如有松动,应予以紧固。接线端子如有损坏,应予以更换	
5	检查控制柜内各元器件接线应整齐,无松散、零落现象。如果有散落的接线,应绑扎整齐	—

（10）控制柜内各电气部件的维保（表 20-81）

维保要求：显示正确。

表 20-81　控制柜内各电气部件的维保

序号	维保内容及操作过程	图示
1	根据电气原理图,检查 PLC、微机板的 I/O 接口显示是否正常	
2	检查变频器、制动电阻、变压器等元器件有无过热现象 **小贴士**:如有损坏的零部件,按照原规格型号进行更换	—

（11）上下极限开关的维保（表 20-82）

维保要求：工作正常。

表 20-82　上下极限开关的维保

序号	维保内容及操作过程	图示
1	使用棉纱、百洁布等清洁上下极限开关、限位开关、减速开关,保持外观整洁,无积尘、无油污、无杂物	
2	检查井道上下两端装设的极限开关、限位开关、减速开关,开关支架和底座应固定可靠,外观无破损。如有损坏或缺失的零部件,应进行更换	
3	检查上极限开关的安装位置应正确,当上极限开关动作时,电梯曳引机应停止运转并保持其停止状态。上极限开关在接触对重接触缓冲器前起作用,并且在缓冲器被压缩期间保持其动作状态 检查下极限开关的安装位置应正确,当下极限开关动作时,电梯曳引机应停止运转并保持其停止状态。下极限开关在接触轿厢缓冲器前起作用,并且在缓冲器被压缩期间保持其动作状态	

序号	维保内容及操作过程	图示
4	检查轿厢上的撞弓架有无扭曲变形,减速开关、限位开关、极限开关的滚轮沿撞弓架全程移动时,轮边不应有卡阻 根据上述检查结果,对不符合标准或制造单位维护保养说明书要求的项目进行调整	

（12）控制柜内接触器、继电器触点的维保（表 20-83）

维保要求：接触良好。

表 20-83　控制柜内接触器、继电器触点的维保

序号	维保内容及操作过程	图示
1	检查接触器和继电器是否固定可靠,外观有无破损。如破损严重,应进行更换	
2	检查辅助触点不应断裂、扭歪或阻滞,否则会妨碍动静磁铁的吸合动作	
3	检查接触器和继电器触点表面有无烧蚀现象,有无异常气味。如触点烧蚀严重,应予以更换	—
4	观察电梯运行时接触器和继电器动作机构是否灵活,有无异常声音。如出现卡阻,应予以更换	—

（13）导电回路绝缘性能测试（表 20-84）

维保要求：符合标准。

表 20-84　导电回路绝缘性能测试

序号	维保内容及操作过程
1	断开机房主电源开关和照明开关,并断开所有连接到控制电路板的连接线
2	使用绝缘电阻测试仪测量动力电路的绝缘电阻值,加载 500V 的直流电压,测试绝缘电阻不应小于 $0.50M\Omega$
3	使用绝缘电阻测试仪测量照明电路的绝缘电阻值,加载 500V 的直流电压,测试绝缘电阻不应小于 $0.50M\Omega$
4	使用绝缘电阻测试仪测量电气安全装置电路的绝缘电阻值,加载 500V 的直流电压,测试绝缘电阻不应小于 $0.50M\Omega$
5	使用绝缘电阻测试仪测量安全电压控制电路的绝缘电阻值,加载 250V 的直流电压,测试绝缘电阻不应小于 $0.25M\Omega$ 小贴士：①导电回路绝缘性能测试如不符合标准,应予以整改或更换 ②导电回路中如含有电子元件,需拆除或短路后才能进行绝缘性能测试

第*21*章

电梯应急救援

电梯是日常生活中不可缺少的运载工具，因此电梯运行质量一直成为人们关心的焦点。电梯困人、故障停梯、电梯运行不正常等问题是高层楼宇中人们抱怨较多的话题，抱怨、投诉甚至要求仲裁的事件逐年增多。

21.1 应急救援概述

21.1.1 专业机构救援

电梯应急救援处置中心以 96333 应急处置平台为核心、电梯三级救援体系为载体、电梯救援电话 96333 为纽带，全天候 24h 接警，指挥处理困人等事件。其中，电梯应急处置平台具备四大功能，包括电梯困人故障快速处置功能、咨询服务功能、风险监控功能和社会监督功能。最重要的功能就是电梯困人故障快速处置功能。

目前应急处置平台为每台电梯分配了一个唯一性的"五位识别码"，并在每台电梯的"96333 乘梯警示牌"上标识。受困人员只要拨通 96333 号码，报出所在电梯的"五位识别码"，中心接线人员便能立即定位事故电梯的准确位置，10s 之内触发救援指挥系统，分三个层次依次指挥调度签约维保单位、网格救援单位和电梯安全值班工程师赶赴现场救援，保证受困人员在最短时间内得到解救。同时，96333 应急处置平台已纳入应急救援体系，与110 以及 119 实现联动。救援过程如表 21-1 所示。

表 21-1　救援过程

序号	救援过程
1	中心接线人员询问受困人员电梯基本情况 安慰受困人员,提醒受困人员寻找 96333 标签并提供标签下方的电梯识别码,中心接线人员便能立即定位事故电梯的准确位置,10s 之内触发救援指挥系统
2	(1)派遣维保,并同时开始计算应急救援人员的到达时间 (2)通知物业,告知发生电梯困人事件,并督促电梯维保单位到现场进行救援
3	对受困人员进行安抚,并告知已经派出应急救援人员,很快就会到。询问电梯内受困人员数,并告之耐心等待,远离电梯门,不要用手扒门,再有情况可与 96333 联系
4	确认派遣情况,了解需要的到达时间 ①维保单位来电告知平台,已经派遣人员前往被困梯现场,并提供应急救援人员的电话 ②致电应急救援人员,询问出动情况以及所需要到达现场的大概时间

序号	救援过程
5	中心工作人员确认应急救援人员能够按规范要求到达故障电梯现场。如果无法成功派遣,监控中心会根据情况启动二级救援甚至三级救援。在确定应急救援出动情况后,监控中心需要再次了解电梯内情况,对受困人员进行第二次安抚,并告知派遣情况
6	在监控中心对受困人员第二次安抚完之后应确认应急救援人员是否到达现场。如果应急救援人员没有主动来电,监控中心工作人员应致电应急救援人员询问详细情况
7	监控中心确认应急救援人员到达现场后停止计时,并提醒应急救援人员将受困人员救出后回电监控中心,告知受困人员已成功救出
8	①回访受困人员。收到应急救援人员对救援情况的回复后,确认受困人员是否出梯以及身体状况 ②回访应急救援人员。监控中心确认受困人员安全出梯后,应在一定时间与应急救援人员确认电梯的维修情况、故障原因及注册代码,核对电梯位置

21.1.2 特殊情况救援

以消防员救援受困人员为例。

（1）从轿厢外救援（表 21-2）

表 21-2 从轿厢外救援

序号	救援过程	图示
1	消防员打开轿厢停止位置上方的层门并进入轿顶	
2	轿顶上的消防员打开安全窗,拉出储存在轿厢上的梯子,并把梯子放入轿厢内	
3	受困人员沿梯子爬上轿顶	
4	消防员和受困人员从打开的层门撤离	

（2）轿厢内自救（救援的梯子放置在轿厢外侧时，见表 21-3）

表 21-3　**轿厢内自救**（救援的梯子放置在轿厢外侧时）

序号	救援过程	图示
1	被困的消防员打开安全窗	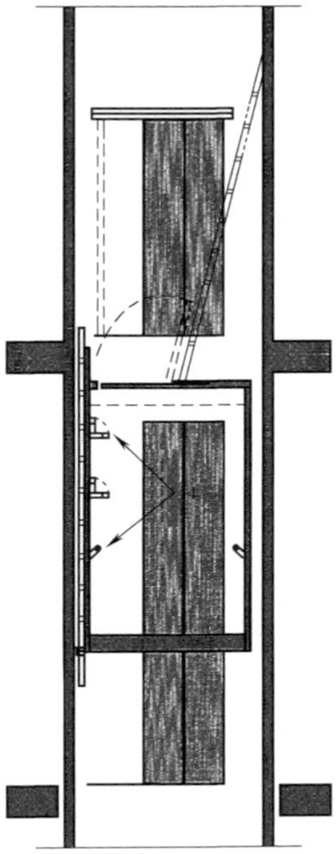
2	被困的消防员利用轿厢内的踩踏点爬上轿顶	
3	被困的消防员利用储存在轿厢上的便携式梯子（如有必要）从井道内打开层门门锁并撤离 **小贴士**：仅当层门地坎间的距离与梯子的长度相适应时才能使用此方法	

（3）轿厢内自救（救援的梯子放置在轿厢内时，见表 21-4）

表 21-4　**轿厢内自救**（救援的梯子放置在轿厢内时）

序号	救援过程	图示
1	被困的消防员打开存储室的门，搬出储存的梯子	
2	被困的消防员打开安全窗	
3	被困的消防员利用梯子爬上轿顶	
4	被困的消防员利用梯子（如有必要）从井道内打开层门门锁并撤离 **小贴士**：仅当层门地坎间的距离与梯子的长度相适应时才能使用此方法	

21.2 有（小）机房电梯应急救援

对困于电梯的乘客而言，无需恐慌，因为轿厢内有良好的通风，有求救警铃或者电话，有应急照明。只要乘客放松心情，保持冷静，采取正当的措施，就不会受到伤害。在现实生活中就是因为乘客被困后未能得到及时解救，或施救方法不当才引发人身伤害事故的。

对于有（小）机房电梯，因为电梯曳引机设置在方便进出的机房空间内，而且都配有盘车手轮。当发生轿厢困人时，可采用手动盘车的方式进行紧急救援，不仅操作非常简便和安全，而且不受停电的影响。

救援时的注意事项如下。

① 应急救援小组成员应持有特种设备安全监督管理部门颁发的《特种设备作业人员证》。

② 救援人员至少两人。

③ 应急救援设备、工具：层门开锁钥匙、盘车轮或盘车装置、松闸装置、常用五金工具、照明器材、通信设备、单位内部应急组织通讯录、安全防护用具、警示牌等。

④ 在救援的同时还要保证自身安全。

有机房电梯应急救援如表 21-5、表 21-6 所示。

表 21-5　有机房电梯应急救援（一）

序号	救援过程	图示
1	在基站放置围栏,电梯停止对外使用	
2	使用三角钥匙,打开层门 100mm 左右,确认轿厢初步位置 如果电梯停在距平层位置约±60cm 范围时,可直接救援	
3	通过机房对讲装置安慰乘客	
4	切断主电源开关并锁闭,防止电梯意外启动,但必须保留轿厢照明	
5	救援人员使用三角钥匙打开轿门,然后协助乘客安全撤离轿厢并确认乘客数量	

当电梯未停在距平层位置约±60cm 范围时，则必须用机械方法移动轿厢后救人，救援过程如表 21-6 所示。

表 21-6　有机房电梯应急救援（二）

序号	救援过程	图示
1	使用机房对讲装置,安慰乘客及确认乘客数量。告知乘客轿厢将会移动,要求乘客静待轿厢内,不要乱动,远离轿门。如轿门已被拉开,则要求乘客把轿门手动关上	
2	切断主电源开关并锁闭,防止电梯意外启动,但必须保留轿厢照明	
3	在曳引电动机轴尾装上盘车装置,制动器上安装松闸扳手	
4	两人配合进行松闸救援,松闸之前,负责松闸的人员需要与负责盘车的人员进行交流 确认按照"一松一紧"的口令进行松闸(得到松的口令时,进行盘车;得到紧的口令时,把持盘车手轮停止盘车),得到负责盘车的人员确认后,进行盘车救援操作	
5	一人把持盘车装置,防止电梯在机械松制动器时意外或过快移动,然后另一人采用机械方法一松一紧制动器。当制动器松开时,另外一人用力绞动盘车装置,使轿厢向正确的方向移动 **小贴士**:当按上述方法和步骤操作发生异常情况时,应立即停止救援并及时通知相关人员作出处理	
6	按正确方向使轿厢断续地缓慢移动到就近层站平层±15cm 位置上	
7	使松闸装置恢复正常,然后利用三角钥匙打开轿厢,并协助乘客撤出轿厢,同时再次安慰乘客及确认乘客数量	
8	检查困人原因,排除后试运行,并做相应记录,经确认无故障后交付使用 **小贴士**:轿厢移动时应谨防坠落和挤压	

21.3　无机房电梯应急救援

传统的电梯都是有机房的，曳引机、控制屏等放置在机房。随着电梯技术的不断发展，特别是永磁同步曳引电动机技术的成熟，为了美化建筑物设计、减小电梯所占空间，无机房电梯越来越多地被广泛应用于各种场所。无机房电梯因没有机房，其曳引机等都设置在井道内，使得维修人员无法直接接触曳引机进行松闸和盘车操作，要想在保证同等安全的情况下实施紧急救援就有点困难了。

无机房电梯应急救援如表 21-7、表 21-8 所示。

表 21-7　无机房电梯应急救援（一）

序号	救援过程	图示
1	在基站放置围栏,电梯停止对外使用	
2	使用三角钥匙,打开层门 100mm 左右,确认轿厢初步位置 如果电梯停在距平层位置约±60cm 范围时,可直接救援	
3	通过机房对讲装置安慰乘客	
4	切断主电源开关并锁闭,防止电梯意外启动,但必须保留轿厢照明	
5	救援人员可以直接打开轿门,然后协助乘客安全撤离轿厢并确认乘客数量	

当电梯未停在距平层位置约±60cm 范围位置时，则必须用机械方法移动轿厢后救人。救援过程如表 21-8 所示。

表 21-8　无机房电梯应急救援（二）

序号	救援过程	图示
1	使用机房对讲装置,安慰乘客及确认乘客数量。告知乘客轿厢将会移动,要求乘客静待轿厢内,不要乱动,远离轿门,如轿门已被拉开,则要求乘客把轿门手动关上	

序号	救援过程	图示
2	切断主电源开关并锁闭,防止电梯意外启动,但必须保留轿厢照明	
3	使用松闸扳手,间歇性地释放扳手,使轿厢向上或向下运行 当按上述方法和步骤操作发生异常情况时,应立即停止救援并及时通知相关人员作出处理 **小贴士**:如轿厢重置和对重装置重量平衡,可在轿顶上放置适当重物	
4	通过观察口观察轿厢位置或根据平层指示灯,将轿厢移动到邻近合适的层门位置,然后停止松闸,松闸装置恢复正常	
5	打开轿门,协助乘客撤出轿厢,同时再次安慰乘客及确认乘客数量	
6	检查困人原因,排除后试运行,并做相应记录,经确认无故障后交付使用 **小贴士**:轿厢移动时应谨防坠落和挤压	

第**22**章

典型电梯维修实例

22.1　瑞士 DYNATRON2 调速系统调试及故障处理

瑞士迅达公司的 DYNATRON2 调速装置，同样适用于与继电器控制系统或微机控制系统相配套。此处以使用电气选层器的继电器控制系统为例，对其调试过程加以说明。

22.1.1　表态调试

在熟悉电路原理和调速装置内部控制单元电路板的基础上，分别进行零线绝缘程度的测量、电源电压的测试、单元板功能的检测和电磁制动器的调整。

（1）零线绝缘程度的测量

首先断开控制柜上的三相电源开关 KTHS 和电源装置 NG8022，然后断开电子调速装置上端子 16 至 M01 的连接线，测量端子 16 到接地端子的电阻值应不小于 20kΩ。

（2）电源电压的测试

为了防止连接测试时造成短路和防止插上印制板后装置内部接线存在短路，建议在每测试完一个项目后，都要断开电源开关 KTHS。先拔下全部控制单元板。

接通 KTHS 开关和电源装置 NG8022，测试下列电压。

装置端子 1 和 2 之间电压为（168±17）V。

装置端子 3 和 4 之间电压为（168±17）V。

装置端子 13 和 16 之间电压为 28～20V。

装置端子 13 和 58 之间电压为 28～20V。

如果上述测试中，有的端子之间无电压，则应检查控制柜和其他部分的接线是否正确，或是其他原因，应把故障排除。如果这些电压值是正确的，则断开电源开关 KTHS，把 BEL、BLD、RED、SWD 单元板插入插座内。必须保证单元板的插入在机械上是锁紧的，无虚接之可能。

再次接通电源开关 KTHS，再次检查电源装置 NG8022 上 22V 输出电压应为 27～21V。在装置端子 51 和 16 之间电压为（12±10）V，在装置端子 16 和 52 之间电压为（12±1）V；在 RED 板上的测试孔 BU1 和 BU4 之间电压为（12±1）V，在 RED 板上的测试孔 BU6 和 BU1 之间电压为（12±1）V，在 RED 板上的测试孔 BU7 和 BU1 之间电压为（12±1）V。最后断开电源开关 KTHS。

（3）单元板功能的检测

测试触发器 TRVZ 和涡流制动的零电流时，拆除装置端子 2 和 4 的短接线，接入量程为 30A 的直流电流表。将高内阻万用表置于 5V 直流电压挡，并红、黑表笔分别接至 RED 板的测试孔 BU8 和 BU1 之间，接通电源开关 KTHS，万用表将显示 1.3V。

测试减速信号时，将万用表置于量程为直流 25V 挡，红、黑表笔分别接至装置端子 42 和 16 上，万用表指示为 0V。按下曳引机制动器上的开关 KB，万用表指示为（DC22±4）V；释放开关 KB，万用表指示为 0V。短接 P01 和 707# 线、短接装置端子 44 和 16。拆除 703# 线，按下开关 KB 后，再按下 CR-D，万用表指示为（22±4）V；释放开关 KB，万用表指示为 0V。在上述条件下，拆除 704# 线。按下开关 KB 后，再按动 CR-U，万用表指示为（22±4）V；释放开关 KB，万用表指示为 0V。拆除所有短接线，恢复原来接线。如上述三种测试结果均正确，则说明输入减速命令信号已没有问题。

模拟无安装测试运行板 MFV5 时的 NRBR 信号有两种方法。第一种方法：当用 BEL 板模拟信号时，首先将 707# 线与 P01 短接，接着将 727# 线与 P01 短接，然后断开 707# 线与 P01 的短接，就可输出 NRBR 信号。要消除 NRBR 信号，只要断开 727# 线与 P01 的短接线即可。第二种方法：当用电阻模拟 NRBR 信号时，将 1 个 1.5kΩ、1/2W 电阻一端接于装置端子 42，另一端悬空。当要求产生 NRBR 信号时，把悬空的一端插入 P01 即可。

测试控制减速制动的积分器的触发器 BG3-1 工作状态时，将万用表量程选择在直流 25V 挡，红、黑表笔分别接装置端子 54 和 55。在电源开关接通下测得电压为（11±1）V，再用上述产生 NRBR 的方法产生一个 NRBR 信号，则触发 BG3-1 翻转，万用表显示（−10±1）V。拆除 NRBR 信号，万用表重新指示（11±1）V。

测试预置距离电压和积分器动态参数时，将万用表红、黑表笔分别接在 RED 板的 BU1 和 SWD 板的 BU1 之间，将指示出预定距离电压值为（9±0.2）V。把 SWD 板的 BU4 和 RED 板的 BU4 互相连接，接通电源开关 KTHS，万用表上的电压值慢慢下降，约 20s 后电压降到 0V 以下，制动电流很快升到最大值 25～30A。电流继电器 JKBI 吸合，一旦电压下降到 0V 以下，制动电流升到最大值后立即断开电源开关 KTHS。以下亦相同。电源开关 KTHS 断开后，制动电流消失，电压再次跳变到（9±0.2）V。

测试平方根发生器时，将万用表红、黑表笔分别接在平方根发生器的输出端，即 SWD 板的 BU2 和 RED 板的 BU1 之间，万用表指示为 9.7～10.3V。接通电源开关 KTHS，电压开始慢慢下降，然后逐渐加快。当电压降到 0V 时，即出现制动电流，电流继电器 JKBI 吸合。然后，断开电源开关 KTHS。

测试调节放大器时，将万用表红、黑表笔分别接在 RED 板的 BU9 和 BU1 上，万用表指示为 11V。接通电源开关 KTHS，约 20s 后，电压突然下降变为负值，同时制动电流开始流动。若为数字式万用表，可直接读出这个负电压约为 11V。若为指针式万用表，则要迅速地反接测试。断开电源开关 KTHS。

测试圆滑电路时，把电压表跨接在 RED 板上的电容器 C4 两端。合上电源开关 KTHS，电压约为 2V，约 20s 后电压降至 0.6V。同时制动电流开始流动，电流继电器 JKBI 吸合。断开电源开关 KTHS，拆去万用表、电流表及临时连接，恢复原接线。

（4）电磁制动器的调整

利用机械松闸扳手松开制动器，使电梯轿厢慢慢移至中间楼层位置。BLD 板属于电磁制动器的标准控制设备。在该电路板可调的时间范围内，电磁制动器的励磁电流是可控的，电梯借此获得近似线性增长的启动曲线。

根据电磁制动器的结构和额定励磁电流值、磁体尺寸的不同，调整制动器主弹簧张紧后的长度，如表 22-1 所示。

表 22-1　制动器主弹簧参数

制动盘直径/mm	磁体型号	制动器弹簧张紧后长度/mm
250	10E	29
	11E	31
	13E	29
	14E	57
	16E	61
300	13E	59
	14E	58
	16E	63

调整功能间隙时，必须保证磁铁行程为 3～10mm；限位点间隙约 2mm（不适用于 W200 型曳引机）；与磁铁同轴的带孔螺栓必须水平；以上各点应在保证制动器松闸后，制动瓦与制动盘的间隙不大于 0.6mm。

调整制动器行程开关，当磁铁动作行程约 1.5mm 以后，制动器行程开关 KB 闭合。当磁铁复位后，行程开关 KB 应有足够的断开间隙。

如果制动器线圈的额定励磁电流值不大于 1.6A，必须把 BLD 板上的电阻 R26 拆除；如果额定励磁电流大于 1.6A，则不必拆除电阻 R26。

把万用表（200V 或 250V 挡）红、黑表笔分别接在装置端子 17 和 16 上。接通电源开关 KTHS，万用表应显示（80±5）V。断开电源开关 KTHS。

沿逆时针方向将 BLD 板上的 W1（励磁电流电位器）和 W2（制动器松闸时间电位器）旋转到极限位置。用导线跨接 BLD 板的 BU1 和 BU2。接通电源开关 KTHS，闭合所有的电磁制动器电气回路中的接点，即用手按下接触器 CB 和 CR-D（或 CR-U）。沿顺时针方向慢慢地旋动 BLD 板的 W1（顺时针转动励磁电流增加），直到制动器松闸；准确地调整 W1，使得制动器线圈回路通电 3～4s 后才全部松闸。断开电源开关 KTHS，拆除 BLD 板上的 BU1 和 BU2 之间的短接线。

22.1.2　动态调试

（1）慢车运行和调整

在进行机房测试运行、复位运行和轿顶检修运行时，把门机开关 KRET 置于关断状态，轿厢开关门运行。并且注意所有层门均应关闭；轿门门刀要避开层门滚轮；至门扇的电缆线不可凸出外露以免碰擦、勾挂井道层门地坎、上坎和井道线管（线槽）或其他异物。必须保证不会产生轿厢冲顶和蹲底。

首先检查触发器 TRVZ 的调整情况，将万用表红、黑表笔分别接在装置端子 53 和 14 上，接通门机开关 KTHS，电压指示（155±5）mV。必要时用 RED 板的 W1 来校正。然后断开门机开关 KTHS。

制动器松闸时间最长延迟 0.5s，否则就有不希望的温升使电动机过热。制动器松闸时间用 BLD 板的 W2（顺时针转动松闸时间提前）来调整。在慢车运行期间，将松闸延迟调到该时间点。

利用点动检查电动机 6 极和 4 极的转动方向与轿厢运动方向是否相同。先接通门机开关 KTHS，人为使 CR-D、CB、CFK 和 CH1 动作，轿厢向下运行；人为使 CR-U、CB、CFK 和 CH1 动作，轿厢向上运行。如果运动方向错了，必须倒相，即互换相线（注意互换时必须断开门开关 KTHS）。对于没有附设启动装置的，则互换端子 2L1 和 2L2 或端子 2L2 和

2L3 的进线，同时互换相序装置 JKPH 的三相进线中的相应两相；对于附设启动装置的，则互换端子 9L1 和 9L2 或端子 9L2 和 9L3 的出线，同时不必互换相序装置的三相进线。

如果在机房内的慢车运行正确无误，就可进入轿顶开始检修运行。倘若轿顶磁开关还未安装，那么临时短接 $742^{\#} \sim 745^{\#}$、$797^{\#} \sim 746^{\#}$ 线。控制轿厢运行整个井道行程。

（2）轿顶磁开关和井道圆磁铁的安装及功能测试

磁开关是作为一个完整的组件被提供到现场的。圆磁铁也是装配于框架上作为组件被提供到现场的。将印有名称的自粘标签依据安装说明图贴在相应的磁开关上，或用油墨笔直接写在其上。用标准的圆磁铁测量每个磁开关的动作状态，应符合如下定义。

① 磁开关固定于开关盒上，磁开关按正常位置摆放。

② 当圆磁铁的 N 极对准磁开关的垂直中心自上而下经过后，磁开关触点应呈现断开状态；然后圆磁铁再自下而上经过，磁开关触点应呈现闭合状态。

用标准的圆磁铁对所有的固定于磁体架上的圆磁铁进行极性测量。

每层减速距离参照中心（即门区磁体架中心）是这样确定的：磁开关盒水平地固定在轿顶上，使轿厢停平在每个层楼上（内外地坎的水平误差≤±1mm），同时将磁开关组端面的水平中心线（由每个磁开关的水平中心形成）衍复到导轨上，该标志即为每层减速距离（亦为门区磁体架）的参照中心。

磁体架必须水平地固定在导轨上。圆磁铁的垂直中心与对应磁开关的垂直中心必须吻合。每个磁开关端面与对应圆磁铁端面的间隙距离为 8～10mm。

安装完毕，去掉 $742^{\#} \sim 745^{\#}$、$797^{\#} \sim 746^{\#}$ 的短接线，暂时将轿顶接线箱 OKR 内的 $1256^{\#}$ 和 $1260^{\#}$ 电缆线从端子上拆除。利用检修运行将电梯从下而上走过每个圆磁铁点，同时用电压表（量程＞80V）测量接线箱 OKR 内接线端子上相应的磁开关状态，其应与井道传感器安装说明图中的规定相符：即相对于粗线为磁开关闭合（1 状态），电压表显示（22±4.4）V 或（80±5）V；相对于细线为磁开关断开（0 状态），电压表显示 0V。否则，应予以纠正。测试完毕恢复 $1259^{\#}$ 和 $1260^{\#}$ 接线。

（3）快车运行

① 快车运行的条件和准备。检查安全回路的每个开关、触点和按钮是否起保护作用，特别是轿门锁触点 KTC、层门锁触点 KTS 和继电器 JUET、JUET1、JKUET 触点构成的门区跨接回路；轿顶急停开关 KHC 和轿顶检修终端开关 KSERE-D 或 KSERE-U；井道终端限位开关 KNE，其动作点在超出上下端站平层范围 100～150mm 处，并把限位动作距离标在机房内的机械指层器上；底坑中的急停开关 KHSG。拆除所有临时跨接线。

调整开门机和轿门、层门系统，这里不再详述。

内选和召唤线路的测量可采用电流测量法或电压测量法。用 100mA 电流挡，表笔一端串入一个 500Ω、1/2W 电阻，另一端接端子 M01。用另一表笔测量控制屏端上的 101…100＋N、202…200＋N 和 301…300＋（N-1）。不按下按钮显示（22±4.4）V，按下按钮显示 0V。没有电压或没有电压变化均属于不正常。

在 SWD 板上作下列调整：W1 积分电位器处在中间位置，W3 负载校正电位器处在中间位置，W7 减速电位器处在中间位置。按照表 22-2 所列参数，选择插头 Be2 的位置。

门触发器 TRT 的调整应根据安全规则要求，即电梯减速制动进入门区开门时，其速度不能超过 0.5m/s。这个功能由 SWD 板上的门触发器 TRT 完成，其调节由 SWD 板上的 Be1 短路插头进行。当 $v=1.0$m/s 时，Be1 插入 1.0m/s 位置；当 $v=1.5～1.6$m/s 时，Be1 插入 1.6m/s 位置；当 $v=1.7～2.0$m/s 时，Be1 插入 2.0m/s 位置。

表 22-2 　插头 Be2 位置

速度 $v/(m/s)$	最小层楼距 $H_{B,min}/m$	Be2 插头位置	制动距离 SKA/mm	制动控制 SKK/mm
1.0	2.60	1	1200	340
1.5	2.10	1	1800	515
1.6	2.20	1	1920	545
1.75	2.45	1	2100	600
2.0	2.90	1	2400	685
2.0	2.75	1	2250	640
2.0	2.60	1	2100	600

此外，应注意测速发电机必须备有温度补偿电器（在测速发电机内的端子上）和银-碳电刷。测速信号馈电电路的屏蔽线应单独地接到控制屏柜 02 端子上。三相门电动机主回路应设置 RC（消除浪涌电压干扰）电路。同样，门电动机制动器绕组两端（俗称磁罐）也应设置该 RC 电路。如果某一层的高度是最短的（但不应低于额定速度下的最小层楼距），同时又不是上下端站或上端站倒数第二站，那么这样的中间楼层将被优先选择作为测试层。

② 第一次快车的开始和操作。撤除轿顶检修，转入机房复位控制。接通门机开关 KTHS，使电梯处于等待运行状态。根据继电器系统原理图，对空轿厢、轿门开启、开关 KB 调整正确等情况进行检测。如结果正确无误，按下一个内选信号，电梯即可完成一次快车运行。

观察快车向下运行减速制动后在测试层的平层情况，若制动距离超长，而使轿厢越过门区磁体架，那么逆时针转动 SWD 板上的 W6（当 Be2 在位置 1 时），或 SWD 板上的 W8（当 Be2 在位置 2 时），或 SWD 板上的 W9（当 Be2 在位置 3 时），大约旋 3 圈可增长 150mm 的距离，直到轿厢能够进入门区即可。

22.1.3 　整机联调

（1）减速点的调整

用呼梯插头长久接触 $100+N$ 端子，在空轿厢向上运行超过一半行程以后，沿逆时针方向慢慢旋转 SWD 板上的 W7，直到触发继电器 JTRVZ 吸合，电梯急停抱闸。从 W7 的这个调整点稍微沿顺时针方向转一点，使空轿厢恢复向上运行，同时呼梯插头离开 $100+N$ 端子。在此基础上将 W7 再沿顺时针方向稍微转一点，以防当摩擦力减小引起轿厢运行速度加快而误触发继电器 JTRVZ 吸合。

随着上述调整的完成，找到一个舒适的减速点。SWD 板上的 W7 顺时针方向旋减速感强，反之减速感弱。

（2）曳引机电磁制动器抱闸时间的设定

调整控制柜上的延时继电器 JSB 延时，使得当空轿厢下行减速后，电气制动保证转速降为零；电动机轴端的飞轮快要反转时，制动器抱闸。延时继电器 JSB 时间调整：顺时针旋转抱闸晚，逆时针旋转抱闸早。

（3）平层的精调

轿厢内加上额定负载量的 1/2。以最小两个楼层的距离，从上往下运行到测试层站，检查平层误差。如果平层误差约为 $\pm 200mm$，当 SWD 板上的短路插头 Be2 在位置 1 时，调整 SWD 板上的 W6（制动距离电位器）。顺时针转动 W6，制动（行程）距离增长，反之则缩短。

如果通过以上调整，轿厢仍然超行程，则把 SWD 板上的 Be2 插到位置 2，调整 SWD 板上的 W8，可缩短制动距离 6％以上；或把 SWD 板上的 Be2 插到位置 3，调整 SWD 板上的 W9，可缩短制动距离 12％以上。

如果平层误差≤±10mm，可调 SWD 板上的 W1（积分电位器）来校正。顺时针转动 W1，制动距离变短，反时针转动 W1，制动距离变长。大约转动 3 圈可以校正 5mm。通过反复调整，使最大平层误差≤±2mm。

（4）负载校正的调整

将空轿厢和满负荷轿厢各做一次从上往下向测试楼层的满速运行，测量平层误差。如果空轿厢平层误差超层大于 5mm，满轿厢平层误差欠层大于 5mm，则负载校正效果太强，向左旋转 SWD 板上的 W3 约 1/4 圈。

当负载校正环节调整完毕，再做半载轿厢的测试运行，对可能出现的在测试层的平层误差用 SWD 板上的 W1 来校正。

（5）全部停站的平层调整

随着上述调试项目的完成，得到一个十分理想而又精确的制动距离（SKA）值。此时直接驱动电梯停至每个层站，检查平层误差，并通过移动与上下端站减速磁开关 KSE 相对应的减速点上的圆磁铁，和与其他各层的下行/上行减速磁开关 KBR-D/U 相对应的减速点上的圆磁铁，而使平层误差≤±2mm。

对于装在电路板上的其他电位器（在上述各个调整环节未加以说明），不要轻易地改变它们调整好的正常位置。如果有任何变动，就有必要由制造厂进行调整。

22.1.4 安全监护系统的测试和调整

（1）减速监视点的调整

如果电梯经过端站预定的减速点（SKA 范围）而不减速，即没有制动涡流产生，则一旦进入监控范围（SKK），立即产生紧急停车。用磁开关 KBR-U、KBR-D 及相应的圆磁铁，在上下端站执行监视。

① 下端站减速监视的测试。

a. 利用井道检验法。把半载轿厢置于第二站，用内选信号使轿厢驶向下端站，电梯应能准确地停车平层。设法缩小 SKK 和 SKA 的差值：可采用向上移动下端站的 KBR-D 的圆磁铁架，或采用互换 KBR-D 在下端站的圆磁铁等方法来实现。接着做从第二站到下端站的运行，电梯应产生紧急停车。若电梯未处于等待运行状态，则产生校正运行。检验完毕，把圆磁铁架或圆磁铁恢复到正常位置并固定。

b. 利用机房检验法。把半载轿厢停在第二站，拆除控制柜 703# 端子上的接线，用内选信号使电梯驶向下端站，一旦进入 KSE 区即产生紧急制动。当条件满足时，将产生校正运行。检验完毕，恢复 703# 端子的接线。

当用上述其中一种方法检验完成后，用空载轿厢做从第二站到下端站的运行。如果发生紧急制动，则下端站的 SKK 距离应缩短。

② 上端站减速监视的测试。

a. 利用井道检测法。把半载轿厢置于最高倒数第二站，用内选信号使轿厢运行到上端站，电梯必须准确地停车平层。设法缩小 SKK 和 SKA 的差值：可采用向下移动上端站的 KBR-U 的圆磁铁架，或采用互换 KSE 和 KBR-U 在上端站的圆磁铁等方法实现。接着做从最高倒数第二站到上端站的运行，电梯应产生紧急停车。若电梯未处于等待运行状态，则产生校正运行。检验完毕，把圆磁铁架或圆磁铁恢复到正常位置并固定。

b. 利用机房检验法。把半载轿厢停在最高倒数第二站，拆除控制柜 704$^\#$ 端子上的接线，用内选信号使电梯驶向上端站，一旦进入 KSE 区即产生紧急制动。当条件满足时，将产生校正运行。检验完毕，恢复 704$^\#$ 端子的接线。

当用上述其中一种方法检验完成后，用重载轿厢做从最高倒数第二站到上端站的运行。如果发生紧急制动，则上端站的 SKK 距离应缩短。

（2）安全监视保护功能的测试

对安全回路以及所有监视回路（如电动机热保护器、涡流变压器热保开关、相序保护继电器、门机热保开关等）做必要的测试。

（3）制动电流检查功能的测试

拆除电子调速装置上的两个熔丝 RDSIBI，观察电梯在向上或向下运行减速后，因没有制动电流（JKBI 不吸）而紧急停车。此项测试不能在端站进行。测试完毕插上两个熔丝 RDSIBI。

（4）制动时间限制功能的测试

在机房用内选信号使空轿厢向上运行到任意楼层。在减速开始 JKBI 吸合后，迅速去掉控制柜接线端子 706$^\#$ 上的接线。在涡流制动器被激励（涡流变压器发出响声）的情况下，抱闸打开，电梯处于爬行蠕动状态，一直到延时元件 JSW 计时（约 5s）终了，制动器抱闸。恢复控制柜接线端子 706$^\#$ 上的接线。

22.1.5 改善启动、制动舒适感

（1）启动和 6/4 极转换舒适感的调整

对于使用 BLD 板的，如果初始启动太猛，在机械部分上检查制动瓦和制动盘的接触面积是否全面，制动器弹簧的张紧度是否恰当，制动器线圈内的铁芯是否存在不应有的碰撞；在电气部分上反复调整 BLD 板上的电位器 W1 和 W2，以期寻找到在某一励磁电流和松闸时间配合下的制动瓦与制动盘初始摩擦的最佳启动点。但应注意，励磁电流不可调得过小，松闸时间也不可调得过长（前者往往造成电动机堵转，后者往往造成电动机升温）。

对于使用附加启动装置的，为求启动舒适，首先使空载轿厢向下运行，反复细调 SAD 板上的 W1（顺时针旋转，转矩增大），直到电动机启动时刚可避免轿厢往上溜车。不管怎样，SAD 板上的 UST 和地线间的电压应≥1V。然后细调 SAD 板上的 W2（逆时针旋转，加速时间延长），以改变加速度，使电梯平稳启动。

当电梯运行行程为两个楼层距离或某个特殊层距超过 5m 时，在曳引电动机转速达到额定转速的 45%（即 650r/min），于是 6 极绕组到 4 级绕组的转换发生。该转换点在 SWD 板上是不可调的。

如果由于 6/4 极转换而引起轿厢跳动，可以去掉跨接在 CH1 线圈上的 RD 元件。CH1 线圈两端接入一个高阻的 RD 将使换极的重叠时间缩短，去掉 RD 元件后重叠时间更短。RD 阻值的调整范围是 4.7Ω~4.7kΩ。

（2）减速初始舒适感的调整

如果初始制动感觉太猛，可微调 RED 板上的 W1（减速开始触发器电位器）来改善。继电器 JTRVZ 应比 JKRI 稍微早一点（约早 0.1s）吸合。顺时针转动 RED 板上的 W1，可使继电器 JTRVZ 早点吸合。这种调整要求运行距离超过 1~2 个楼层，并且在两个方向都要进行。

W1 调整完毕，转至机房复位运行，观察在一次运行过程中继电器 JTRVZ 是否保持吸合和在一次运行结束后继电器 JTRVZ 是否释放，否则逆时针微旋 RED 板上的 W1 进行校正。

如果电气制动仍使轿厢存在跳动，则更换 CH2 线圈两端的 RD 元件。低阻的 RD 使 CH2 线圈释放延长，高阻的 RD 则使 CH2 线圈释放缩短。RD 阻值的调换范围为 $47\Omega \sim 4.7k\Omega$。

22.1.6　常见故障及处理

涡流制动器调速系统 DYNATRON2 的常见故障不仅与调速装置有关，而且与控制系统某些环节有关。

下面列举系统的主要常见故障加以说明。

（1）电梯刚启动立即停车

此类故障常由于门刀碰撞门锁，造成安全回路起保护作用。机械制动器上的开关 KB 动作迟缓和接触器 CH 吸合对 DC22V 电源有干扰而造成停车。对于前者，必须重新调整制动器；对于后者，可在 DC22V 电源输出端并联大容量的电容。

（2）电梯平层不准确

此类故障产生的原因较多，如涡流变压器质量不佳、阻容保护环节损坏、SWD 板由于温度补偿差而有零位漂移、测速发电机输出信号有跳跃变化、RED 板输出信号变化、电动机轴端飞轮动平衡差和电缆布线干扰等。对于上述原因应分别测试，再加以调整或更换损坏的元器件。

（3）涡流变压器热保护开关动作

此类故障常常由于制动器上的开关 KB 复位迟缓和 RED 板功率放大级损坏造成涡流变压器过热，使其热保护开关动作。对于前者，必须重新调整；对于后者，只能更换电路板或损坏的器件。

（4）制动减速有强烈振动

此类故障主要由测速发电机电枢绕组脱焊和 RED 板上的调节放大器故障所引起。对于前者，只能更换新测速发电机；对于后者，需要找出虚焊点或损坏的器件，加以修理或更换。

（5）电梯因无减速信号而溜层

此类故障主要由井道磁开关 KBR-U（或 KBR-D）失效或动作迟缓、SWD 板上触发器 BG3-1 未翻转所引起。对于前者，只能更换新的磁开关并加以测试调整；对于后者，可更换电路板或更换损坏的元器件。

（6）停车时有强烈振动

此类故障常常由于时间继电器 JSB 延时不准，提前动作，使电梯未达零速就上抱闸所引起；还有一种原因是测速发电机低速区输出特性变差。对于前者，可重新调整；对于后者，只能更换测速发电机。

（7）无制动减速过程

此类故障常见原因有因熔断器烧断而无涡流电流、无测速反馈信号和 RED 板上 22V/12V 直流稳压电源损坏。其中无测速反馈信号有可能是由测速发电机故障或电缆断路所引起的。

（8）两端站冲层

此类故障比较容易判断，其原因不外乎是井道磁开关 KSE 损坏、端站保护距离 SKK 不符合要求和端站限位保护开关不动作或动作迟缓。必须重新调整或更换损坏开关。

22.2　奥的斯 TOEL-40 型电梯故障排除及调整

22.2.1　安全回路动作

（1）原因

MIB 板上 SAF 输入端 CN2-1 关断，会出现以下现象：在输入接口板 IIB 上 "SAFL" 安全回路的发光二极管亮，电源切断才会熄灭。在测试工具 TT 上显示 "SAF?"。

（2）处理方法

检查去运动接口板 MIB 的 SAF 安全回路输入线上各接点（如 7LS/8LS、OS、SOS…）是否接触不良。当 SAF 输入到 MIB 运动接口板后，电梯会自动复原。

注意：电梯在检修或救援状态，安全回路动作，电梯同样不能运行。

22.2.2　减速保护故障

（1）原因

在减速期间，当输入接口板 IIB 上 CN2-12 时，SDP 非减速保护输出关断。其表现是在输入接口板 IIB 上发光二极管 "SDPL" 安全回路应点亮。测试工具 "TT" 应表示 "SDP" 故障。

（2）处理方法

① 检查轿厢是否在预定的停车楼层减速，用 "TT" 测试，显示的是 "DZ" 或 "DZ?" 两种。

② 如果减速，此时 "TT" 显示 "DZ?"。在 SDP 减速保护检测点（长行程减速/短行程减速）LRSL/SRSL 检查轿厢速度是否降低至 89%。检查在输入接口板 IIB 上的非减速保护 SDP 的输入连线是否接触不良，特别注意检查减速保护 SDP 继电器触点以及输入接口板 IIB 接头。

③ 如果轿厢不减速，此时 "TT" 显示 "DZ?"。一是检查减速信号 ST1 是否从计算机输出到计数器板，在计数器板 CUB1 发光二极管 "STI"（减速）应点亮。二是检查减速信号 "ST" 是否从计数器板输出到 DMCU，如果在计数器板 CUB2 上，发光二极管 "ST"（减速）点亮，减速控制指令信号有输出。三是检查 DMCU（CNF6）上（P＋24V）是否有一信号到减速 ST 输入。四是检查从 DMCU 上线路到 ST 输出是否接触不良。

恢复正常的操作方法：在轿厢停车后，以救援速度将轿厢运行到最近一层的门区 "DZ"，门应开启或关闭，如果非减速保护 SDP 输入接通，电梯应自动复原。

22.2.3　超速或欠速保护动作

（1）原因

在运行期间当非超速或欠速保护时 "OUS" 切断。

（2）现象

① 在输入接噪反 IIB 上，超速/欠速发光二极管 "OUSL" 应点亮。此管将不关断，直到关断电源为止。

② 测试仪 "TT" 上显示故障 "OUS?"。

（3）处理方法

① 检查是否由于调整不良（总速度过长），发生超速或欠速。

② 检查非超速或欠速 OUS 输入接口板（CN210）线路上是否接触不良，特别检查输入接口板 IIB 插头（CN2）和 DMCU 的计数器（CN2）。

恢复正常的操作如下。

① 在轿厢停车以后，以营救速度运行到最近一层门区 DZ，门开启或关闭。如果非超速/欠速保护"OUS"输入接通，电梯应自动复原。

② 如果已进行五次营救操作，轿厢应停在门区。

22.2.4 缺少 IP 脉冲保护

（1）原因

① 当轿厢正等待脉冲 IP 信号时，有门区 DZ 信号输入。

② 当轿厢等待门区 DZ 信号时，有 IP 脉冲信号输入。

③ 在整个运行过程中，无脉冲 IP 或门区 DZ 信号输入。

（2）现象

① 在输入接口板 IIB 上发光二极管"MIPL"点亮，此发光二极管将不关断，直到切断电源为止。

② 测试仪"TT"应显示缺少脉冲"MIP"。

③ 缺 DZ 时，测试仪"TT"显示"DZ?"。

（3）处理方法

① 当轿厢通过各个的桥时，检查发光二极管上向脉冲开关和下向脉冲开关"IPU/IPD"是否每次都点亮。

② 检查发光二极管脉冲"IP"是否点亮。

③ 检查旋转编码器的 A 相和 B 相信号是否有输出，可通过计数器板（CUB1）上发光二极管"A/B"检测到。

脉冲 IP 信号的输出：①轿厢上行进入上向脉冲开关 IPU 桥。②轿厢下行进入下向脉冲开关 IPD 桥。

恢复正常操作：轿厢应做校正调整运行，然后做全行程运行。如果无脉冲 IP 或门区 DZ 输出，轿厢停止在终端楼层，而且直到切断电源，将不复原。

22.2.5 营救故障

（1）原因

① 轿厢没有抵达门区。

② 电梯运行时轿厢离开（停车时过了）门区。

（2）现象

在输入接口板 IIB 上，营救发光二极管"RSCL"点亮，发光二极管在电源切断前不关断。

（3）处理

① 轿厢没有抵达门区 DZ。一是检查 DMCU 的调整。二是检查门区 DZ 信号是否进入到运行接口板 MIB（CN2-5）；如果没有进入，计算机判断轿厢没有进入门区 DZ。三是检查输入接口板 IIB 上信号是否正确输入到非电梯停车/ZXT。如果非电梯停车/ZXT 信号在抵达门区 DZ 前就变为零，计算机判断轿厢没有抵达门区 DZ。

② 轿厢运行时离开门区 DZ。电梯在正常减速时将不发生营救现象，如果发生应检查轿厢是否正常减速。

22.2.6　电动机的热保护动作

（1）原因

当电动机表面温度为 100℃时热保护动作。

（2）现象

在输入接口板上电动机热保护发光二极管"MTCL"点亮，直到电源关断。测试仪"TT"应显示"MTC"。

（3）恢复正常

在 80℃时热保护触点接通，电梯自动复原。

22.2.7　电梯不启动

（1）原因

在 10s 以内如果零速度时间继电器 ZXT 信号不通过微机输入到输入接口板 IIB，在接通向上/向下继电器 U/D 之后，继电器应立即断开。如果信号不输入，即便在继电器再接通以后，轿厢也将处于等候召唤状态。

（2）现象

不启动发光二极管"CNSL"点亮，并不关断。测试仪"TT"显示"故障""CNS"。

（3）处理

① 当有一召唤信号时，检查向上/向下继电器 U/D 是否吸合。通过运动接口板（MIB）CN3-27 驱动 U、CN3-26 驱动 D。

② 在 ZXT 信号没有输入到输入接口板 IIB 的情况下，如果轿厢的"不启动保护 CNS"工作，轿厢启动。ZXT 信号输入到了输入接口板 IIB，应检查＋42V 电源是否有问题。

③ 在向上/向下继电器 U/D 吸合时，检查 DMCU（CN2-6）的 UD 输入是否有 AC100V 电源。

恢复正常：切断的电源再次接通。

22.2.8　变压器电压继电器保护（TRV）动作

（1）原因

当运动接口板 MIB（CN2-7）的 TRV 输入关断时此保护动作。

（2）现象

测试仪"TT"应显示"TRV?"。

（3）处理

检查到运动接口板 MIB（100V 交流电源）的 TRV 输入接线是否断开。检查熔断器 7、IP、J，以及运动接口板 MIB 的插头 CN2。

恢复正常：当有 TRV 输入时，轿厢将（校正运行）自动复原。

22.2.9　群控电梯连接误差现象

（1）原因

在某一时期内（2s），轿厢 A 和轿厢 B 之间群控连接出现差错而不工作。

（2）现象

群控发光二极管"SERL"点亮，群控恢复正常二极管关断。

（3）处理

检查逻辑板数据联络线路的接线以及与 P2 插头连接是否正确或接触不良。

恢复正常：群控联络线正常后系统应复原。

22.2.10 其他故障的诊断

（1）安全回路异常

应检测减速保护 SDP 是否接通，急停（ESS）、层门（DS）、轿门（GS）、减速保护（SDP）、超速/欠速保护（OUS）等。

（2）端站保护 TPC 检查

① 在底部端站做校正运行中，轿厢应做一次终端保护停车。减速点应是正常的，在楼层平面＋80mm。

② 在正常运行期间，如果 DMCU（CN2-C）的终端保护输入上加上 0V，轿厢应不能启动，轿厢应处于不能启动状态。

（3）检查不良的插头

① 每块印制板的前面插头是否接触不良。

② 正确地插入插头（不能插错），否则印制板有可能被烧毁。

③ 母板侧的逻辑板（LB）和召唤板（CIB）的插头不应频繁拔出和插入，否则有可能造成接触不良。如果母板插头发生接触不良，CPU 将停止工作，而启动辅助板开始工作。

（4）集成电路等故障

① 如果辅助板工作，应是逻辑板异常，或是母板插头接触不良。

② 逻辑板有误动作，有可能是由于灰尘、控制柜内温度高等造成的。

③ 逻辑板上的插脚不要用手触摸，还应注意静电问题。

（5）电源瞬间切断以及电压降低

① 当＋5V 电压低于 4.75V 时，逻辑板内电压降落，检测回路动作。如果电源瞬间故障，此电路也动作，轿厢应进入校正运行。

② 轿厢经常进入校正运行，应检查电源输出电压是否太低，在母板端子电压是否为＋5V 电压，电源或母板插头（端子）上有无接触不良，电源熔断器接触是否良好。

③ 选择适当的电源变压器一次侧抽头，电压不要过高，否则会造成晶闸管和稳压器过热。

（6）干扰问题的检查

① ＋42V 与 100V 等高电压线路分开。

② 如果逻辑回路＋5V 电源线上有干扰，电梯将做校正运行。

③ 如果电梯经常校正运行，应检查电梯电源是否同时供给其他设备，而当这些设备送电或停电时干扰就会发生。

（7）在继电器 U 或 D 和 UD 已经吸合后电梯仍不启动

检查并排除故障如下。

① DMCU 板上的"控制开关（SW2）"是否接通，如没有接通则转向接通状态。

② 检查 DMCU 板上的发光二极管是否点亮，如不亮，应逐一检查。如检查 GS、5V 插头"CN3"装置是否正确，P（正）、N（负）是否接线正确，UD 的端子"CN2-6"接触是

否正确。

③ 检测端子 "E" 和 DMCU 板上端子之间电压：ST-E 为 -11.5V，UDA-E 为 -11.5V，NA_2-E 为 $0\sim11.5$V，SP-E 为 0.27V。如果电压数据不符，可能是 DMCU 板 J06840GF 有故障。

④ 检查 DMCU 板上发光二极管是否点亮。如果发光二极管 G1~G6 点亮，但电梯仍不启动，应检查以下几处。

　　a. 曳引电动机控制柜的 U、V、W、X、Y、Z 接线可能不正确。

　　b. DMCU 电源控制的晶闸管可能有故障。

　　c. 曳引电动机的绕组可能不正常。

（8）电梯不在额定速度状态下运行

应进行以下的检查。

① 检测端子 SP 与 E 之间的电压应符合表 22-3 的数值，如不符合，应更换 ROM-D（只读存储器 D）。

表 22-3　SP-E 电压

运行方式	轿厢速度 /(m/min)	额定速度/(m/min)				
		105	90	60	45	30
长程运行	额定速度	$9\sim8.8$V				
短程运行	60	5.14V	6V			
检修运行	30	2.57V	3V	4.5V	6V	6V
营救运行	25	2.14V	2.5V	3.75V	5V	6V
再平层	4.4	0.37V	0.44V	0.66V	0.88V	0.88V

② 检查接口发光二极管指示和运行方式是否符合表 22-4 内容，如不符合应检查 DM-CU 到主控制柜的接线与插头。

表 22-4　接口发光二极管指示状态

运行方式	发光二极管指示			再平层 RL 到 E 电压/V
	检修	短程运行	终端保护	
长程运行	灯亮	灯灭	灯亮	$+11.5$
短程运行	灯亮	灯亮	灯亮	$+11.5$
检修运行	灯灭	灯灭	灯亮	$+11.5$
营救运行	灯灭	灯灭	灯亮	-11.5
再平层	灯亮	灯灭	灯亮	-11.5

（9）电动机制动转矩不足

由于制动转矩不足，电梯不能正常减速应做如下检查。

① 检查 DMCU 控制极装置保护的熔断器。

② 使电梯运行，检查 DMCU 控制极装置板上发光二极管 G1~G6 是否按功能点亮，如果不符合要求，应检查 DMCU 上的 "CN_3" 插头。

（10）加速时实际速度（NF）与给定速度（SP）差异过大

应从以下几方面找原因。

① 在井道是否有过大的摩擦。

② 加速时间设置不当。

③ 飞轮或轿厢重量是否与规定不符，用示波器检查满负载上行制动曲线的实际速度。并检查自然减速度是否在 $0.3\sim0.4$m/s^2 之内，如偏离此值很大，可改变飞轮规格。

（11）超速/欠速保护动作

如果 OUS 动作，应做如下检查。

① DMCU 上的"启动转矩"设置值是否合适，否则应重新调整。

② 检查速度传感器（V、T、R）的输出是否正常，如果不正常，应更换电动机上的脉冲发生器，否则有可能引起电梯突然地启动运行。

（12）平层准确度差

若实际速度超调量过大，应做以下调整。

① DMCU 板上的"给定增益"太低，应重调。

② "制动灵敏度"和"制动偏压"设置不当，应重调。

③ "L_1 和 L_2 平层"与"速度增益调整"，参照前面相关部分重调进行修正测定。

参 考 文 献

[1] 中华人民共和国国家质量监督检验检疫总局. TSG T5002—2017 电梯维护保养规则 [S]. 北京：新华出版社，2017.

[2] 中华人民共和国国家质量监督检验检疫总局. TSG T7001—2009 电梯监督检验和定期检验规则—曳引与强制驱动电梯 [S]. 北京：中国标准出版社，2009.

[3] 中华人民共和国国家质量监督检验检疫总局. GB 7588—2003/XG1—2015 电梯制造与安装安全规范 [S]. 北京：中国标准出版社，2016.

[4] 中华人民共和国国家质量监督检验检疫总局. GB/T 10058—2009 电梯技术条件 [S]. 北京：中国标准出版社，2010.

[5] 中华人民共和国国家质量监督检验检疫总局. GB/T 10059—2009 电梯试验方法 [S]. 北京：中国标准出版社，2010.

[6] 中华人民共和国国家质量监督检验检疫总局. GB/T 10060—2011 电梯安装验收规范 [S]. 北京：中国标准出版社，2012.

[7] 中华人民共和国国家质量监督检验检疫总局. GB/T 20900—2007 电梯、自动扶梯和自动人行道风险评价和降低的方法 [S]. 北京：中国标准出版社，2007.

[8] 中华人民共和国国家质量监督检验检疫总局. TSG 08—2017 特种设备使用管理规则 [S]. 北京：新华出版社，2017.

[9] 陈路阳，庞秀玲，陈维祥，等. 电梯制造与安装安全规范：GB 7588 理解与应用 [M]. 2 版. 北京：中国质检出版社，中国标准出版社，2017.

[10] 顾德仁. 电梯电气原理与设计 [M]. 苏州：苏州大学出版社，2013.

[11] 朱德文，张柏成. 电梯使用、保养和维修技术 [M]. 北京：中国电力出版社，2005.

[12] 陈家盛. 电梯结构原理及安装维修 [M]. 北京：机械工业出版社，1998.

[13] 叶安丽. 电梯技术基础 [M]. 北京：中国电力出版社，2004.

[14] 梁延东. 电梯控制技术 [M]. 北京：中国建筑工业出版社，1997.

[15] 安振木，等. 电梯安装维修实用技术 [M]. 郑州：河南科学技术出版社，2002.

[16] 杨江河，金少红. 迅达电梯维修与故障排除 [M]. 北京：机械工业出版社，2005.

[17] 王志强，等. 最新电梯原理、使用与维护 [M]. 北京：机械工业出版社，2006.

[18] 刘连昆，等. 电梯安全技术——结构、标准、故障排除、事故分析 [M]. 北京：机械工业出版社，2003.

[19] 何峰峰. 新型电梯维修实例 [M]. 广州：广东科技出版社，2003.